032 *Page 56*
用线条工具绘制小兔子
实例位置：实例文件>CH02>实例032.fla

036 *Page 68*
用径向渐变绘制光晕
实例位置：实例文件>CH02>实例036.fla

037　用矩形工具绘制电视机

038　用线性渐变绘制毛笔

039　用位图填充绘制计算机屏幕

040　用多角星形工具绘制闪烁的星星

041　用钢笔工具绘制蓝鲸

042　用钢笔工具绘制阿狸

043　用铅笔工具绘制云朵

044　用铅笔工具绘制蔷薇

045　用刷子工具绘制Q版头像

046　综合使用绘图工具绘制背景

绘图工具的使用>>>>>>

技术概要：
　　绘图工具是绘制Flash动画的基本工具，其中包括线条工具、几何工具、钢笔工具和画笔工具等，综合使用这些工具能够在Flash中绘制出精美的图像。
　　学习目标：
　　快速处理素材背景
　　灵活运用绘图工具
　　几何工具的组合使用
　　快速为对象填充材质

049　用文本工具插入文本

050　用文本工具制作信笺

051　用动态文本制作文字出现

052　用输入文本制作可输入文本

053　用分离命令制作变形文字

054　用线条工具制作立体文字

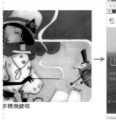

056　用超级链接为文字添加链接

057　用文本工具制作滚动文本

058　用脚本语言加载外部文本

055 *Page 110*
用墨水瓶工具制作描边文字
实例位置：实例>CH03>实例055.fla

059 *Page 116*
用滤镜制作发光文字
实例位置：实例>CH03>实例059.fla

文本工具的使用 >>>>>>>

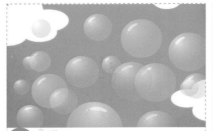

061 用图形元件制作气泡
Page 120

062 用图形元件绘制安娜
Page 123

063 用图形元件制作河边的小花
Page 126

064 用图形元件制作开心的太阳
Page 128

065 用图形元件制作跳跃的篮球
Page 132

066 用影片剪辑制作美女眨眼
Page 132

067 用滤镜制作发光的月亮
Page 136

068 用影片剪辑制作飞舞的蝴蝶
Page 139

069 用按钮元件制作动画
Page 142

070 用脚本代码制作控制按钮
Page 144

071 *Page 147*
用指针经过制作文字按钮
实例位置：实例>CH04>实例071.fla

074 *Page 156*
用交换元件命令转换元件
实例位置：实例>CH04>实例074.fla

Examples

075 用逐帧动画制作头发飘动

076 用逐帧动画制作手写字

077 用逐帧动画制作听歌的小女孩

078 用导入命令制作奔跑的独角兽

079 用补间形状制作图形间的变化

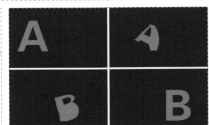

080 用补间形状制作字母间的变化

081 用补间形状制作活跃的小球

082 用传统补间制作夕阳西下

084 用补间的缓动制作镜头淡入

085 *Page183*
用补间的旋转制作飘落的枫叶
实例位置：实例文件>CH05>实例085.fla

087 *Page186*
用补间动画制作飞行的小鸟
实例位置：实例文件>CH05>实例087.fla

Examples

091 用遮罩动画制作水波

092 用遮罩层制作水漂字

093 用遮罩动画制作聚光灯效果

094 用遮罩动画制作霓虹灯

095 用遮罩动画制作画卷打开

096 用引导层动画制作上升的热气球

097 用引导层动画制作萤火虫飞舞

098 使用引导层制作飞舞的蝴蝶

100 用3D平移工具制作前行的汽车

101 用场景动画制作自动播放的图片

菜单 1　　　菜单 2　　　菜单 3

103　Page 227
用模板制作网页导航
实例位置：实例>CH06>实例103.fla

104　Page 231
用模板制作缓缓显示的画面
实例位置：实例>CH06>实例104.fla

107 用影片剪辑制作吼叫的狮子

108 用导入视频命令导入嵌入视频

109 使用组件播放视频

110 制作有透视效果的视频

111 用ActionScript代码制作多彩的星星

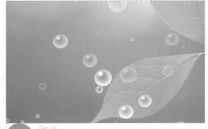
113 用ActionScript代码制作上浮的气泡

112 用脚本语言制作鱼群效果

114 用线条工具制作下雨效果

115 用ActionScript文件制作3D旋转小球

119 用代码片断制作镜头叠画效果

121 用代码片断定义鼠标光标

123 用ActionScript3.0制作时钟

003 *Page 298*
富有弹性的文字动画
本例以制作一则培训网站的通栏广告为案例背景，主要目的是吸引儿童参与暑期绘画培训。

005 *Page 309*
动画片头文字渐显
本例以制作一段动画的片头入场动画，主要目的是吸引用户观看动画。

006　水波文字动画

007　放大镜文字效果

008　制作登录界面

009　使用图片制作表情

010　制作文字表情

011　制作背景切换表情

013　新年贺卡

012　制作角色动画表情

014

Page 362

秋的祝福

本例以制作一个秋天的祝福贺卡为实例背景，主要目的是传达秋天的祝福。

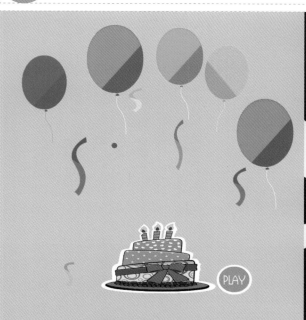

015

Page 371

生日贺卡

本例以制作一个生日贺卡为实例背景，主要目的是向朋友表达生日祝福。

016 圣诞贺卡

017 旅游网站广告

020 珠宝广告   021 圣诞节快乐

023 幻灯片广告   024 网络游戏banner   022 七夕主题广告

025 儿童文学广告   026 家居横幅广告   027 网络促销广告

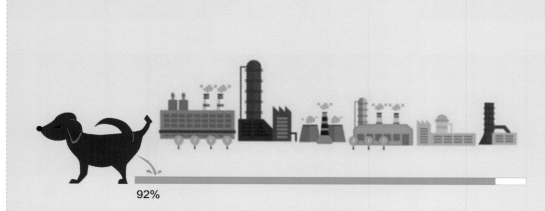

92%

036 *Page 461*
宠物网站进度条
本例以制作一个宠物网站的进度条案例背景，主要目的是提醒用户网站的加载进度以及网站的性质。

040 *Page 482*
制作照片墙
本例以制作一个照片墙为案例背景，主要目的是方便用户查看照片，同时提升网站的用户体验度。

综合实例——制作特效、综合实例——制作图片展示

029　指针经过弹起　　Page 446

030　声音控制按钮　　Page 445

031　下画线缓冲菜单　　Page 447

032　滚动镜像菜单　　Page 451

033　散落的星火　　Page 455

034　鼠标跟随动画　　Page 458

039　制作透视图片展示　　Page 480

041　在一定区域中显示图片　　Page 483

042　图片滚动展示　　Page 488

043　查看图片细节　　Page 492

28
Mar
风景
清晨的阳光

045　房地产网站片头　　Page 501

046　游戏网站片头　　Page 504

爱读网
IREAD
精准读者定位
专注在线教育

进入官网

044　企业网站片头　　Page 506

中文版 **Flash** CC

实例教程

李昔 侯琼芳◎编著

人民邮电出版社

北 京

图书在版编目（CIP）数据

中文版Flash CC实例教程 / 李昔，侯琼芳编著. --
北京 ：人民邮电出版社，2016.7
  ISBN 978-7-115-42221-7

  Ⅰ．①中… Ⅱ．①李… ②侯… Ⅲ．①动画制作软件
—教材 Ⅳ．①TP391.41

  中国版本图书馆CIP数据核字（2016）第126678号

内 容 提 要

这是一本全面介绍如何使用中文版 Flash CC 制作各种动画项目的专业教程。本书从易到难，是入门级读者快速、全面掌握中文版 Flash CC 动画制作的必备参考书。

本书从 Flash CC 的基本操作入手，结合 170 个实际工作中的项目操作实例，全面而深入地阐述了中文版 Flash CC 在文字动画、表情制作、电子贺卡、网页广告、按钮特效、图片展示、网站片头和教学课件等方面的运用，基本囊括了实际工作中常用的动画项目制作。

全书共 15 章，第 1 章～第 8 章为 Flash CC 的基础应用，通过一些简单的案例向读者介绍 Flash CC 的基本功能；第 9 章～第 15 章为综合实例，结合实际工作中的常见项目进行讲解，使读者能够更加熟练地使用 Flash CC 制作动画项目。本书讲解详细，实例丰富，读者可以通过丰富的实战练习，轻松而有效地掌握软件操作技巧，避免被枯燥密集的理论困扰。

本书的配套学习资源包括素材文件、实例文件、案例效果图文件和附赠案例文件，读者可通过在线方式获取这些资源，具体方法请参看本书前言。

本书非常适合作为初、中级读者学习 Flash CC 动画制作的入门及提高参考书，尤其适合零基础的读者阅读。另外，本书所有内容均采用中文版 Flash CC 进行编写，请读者注意。

◆ 编　　著　李　昔　　侯琼芳
　　责任编辑　张丹丹
　　责任印制　陈　犇

◆ 人民邮电出版社出版发行　　北京市丰台区成寿寺路 11 号
　　邮编 100164　电子邮件 315@ptpress.com.cn
　　网址 http://www.ptpress.com.cn
　　北京昌平百善印刷厂印刷

◆ 开本：787×1092　1/16
　　印张：33.25　　　　　　　　　彩插：8
　　字数：1100 千字　　　　　　　2016 年 7 月第 1 版
　　印数：1 – 2 000 册　　　　　　2016 年 7 月北京第 1 次印刷

定价：69.80 元
读者服务热线：(010)81055410　印装质量热线：(010)81055316
反盗版热线：(010)81055315

前言

Flash作为Adobe公司推出的一款用于二维矢量动画设计和Web交互设计的软件，能够帮助动画师创造出精美的动画效果，同时还可以在Flash中快速预览动画效果，帮助动画师更好地定位最终成片效果。另外，由于Flash能够满足Web交互设计的特点，这使它成为了网页设计中必不可少的软件，并在网页设计软件中占据了不可忽视的地位。

本书的结构与内容

本书从实际应用角度出发，全面、系统地讲解了中文版Flash CC的常用操作以及在文字动画、表情动画、电子贺卡、网页广告、按钮特效、图片展示、网站片头和教学课件中的应用。书中不讲晦涩难懂的理论知识，全部以实例（共170个实例）形式进行讲解，可避免读者被密集的理论困扰。

本书共15章，第1章为Flash CC软件基本功能和操作的讲解；第2章~第8章用123个实例详细介绍了Flash的基础操作，分别从图形绘制、元件制作、基础动画、高级动画和脚本应用等几个方面进行讲解，使读者通过实例练习从而熟练掌握Flash的基础应用；第9章~第15章结合47个实际项目，向读者介绍实际工作中常用的动画效果和制作方法，分别从文字动画、表情动画、电子贺卡、网络广告、按钮特效、图片展示、网站片头和教学课件等几个方面进行讲解。

培训指导

培训老师在教学时，可以参照如下表格来对各部分内容进行讲解。

章	实例数量	难易指数
第1章 Flash CC的基本操作	30	低
第2章 绘图工具的使用	18	中
第3章 文本工具的使用	12	中
第4章 元件的编辑与应用	14	高
第5章 基础动画制作	16	中
第6章 高级动画制作	15	高
第7章 声音和视频的应用	5	高
第8章 ActionScript 3.0的应用	13	中
第9章 综合实例——制作文字动画	8	中
第10章 综合实例——制作有趣的表情	4	中
第11章 综合实例——制作电子贺卡	4	中
第12章 综合实例——制作网页广告	12	高
第13章 综合实例——制作特效	10	高
第14章 综合实例——制作图片展示	5	高
第15章 综合实例——制作片头与课件	4	高

策划/编辑

总编	王祥
策划编辑	孟俊宏
执行编辑	侯琼芳 吴梦娇
校对编辑	侯琼芳 吴梦娇
美术编辑	胡蕊

售后服务

本书由侯琼芳老师和长春科技学院的李昔老师共同编写，在编写过程中力求严谨、细致，但由于水平有限，时间仓促，书中难免有不妥之处，恳请广大读者批评指正。

本书所有的学习资源文件均可在线下载，扫描封底的"资源下载"二维码，关注我们的微信公众号即可获得资源文件下载方式。资源下载过程中如有疑问，可通过我们的在线客服或客服电话与我们联系。在学习的过程中，如果遇到问题，也欢迎您与我们交流，我们将竭诚为您服务。

您可以通过以下方式来联系我们。

官方网站：www.iread360.com

客服邮箱：press@iread360.com

客服电话：028-69182687、028-69182657

编者

2016年5月

Contents 目录

第1章 Flash CC的基本操作 / 11

实例 001 Flash CC的安装与卸载 / 12
实例 002 Flash CC的启动与退出 / 14
实例 003 新建与设置文档 / 16
实例 004 修改文档 / 16
实例 005 关闭文档 / 18
实例 006 保存文档 / 18
实例 007 测试影片 / 20
实例 008 设置首选项参数 / 21
实例 009 设置快捷键 / 23
实例 010 工作区的编辑与恢复 / 24
实例 011 创建笔触与填充色 / 27
实例 012 文件的导入与导出 / 28
实例 013 辅助线的使用 / 31
实例 014 新建图层 / 32
实例 015 编辑图层类型 / 34
实例 016 切换图层的显示模式 / 35
实例 017 帧的新建与编辑 / 37
实例 018 导入序列图片 / 39
实例 019 将对象分散到图层或帧 / 39
实例 020 翻转帧 / 40
实例 021 场景的新建与编辑 / 41
实例 022 洋葱皮的启用与关闭 / 42
实例 023 对象的复制与粘贴 / 45
实例 024 用任意变换工具变换对象 / 46
实例 025 位图与矢量图的转换 / 47
实例 026 将线条转换为填充 / 48
实例 027 新建或转换元件 / 49
实例 028 将对象转换为组 / 50
实例 029 生成Sprite表 / 50
实例 030 将元件导出为序列图 / 51

第2章 绘图工具的使用 / 53

实例 031 用魔术棒去除图片背景 / 54
实例 032 用线条工具绘制小兔子 / 56
实例 033 用颜料桶工具绘制花猫 / 59
实例 034 用椭圆工具绘制向日葵 / 62
实例 035 用矩形工具绘制漂流瓶 / 64
实例 036 用径向渐变绘制光晕 / 68
实例 037 用矩形工具绘制电视机 / 70
实例 038 用线性渐变绘制毛笔 / 72
实例 039 用位图填充绘制计算机屏幕 / 75
实例 040 用多角星形工具绘制闪烁的星星 / 76

实例 041　用钢笔工具绘制蓝鲸 / 78
实例 042　用钢笔工具绘制阿狸 / 80
实例 043　用铅笔工具绘制云朵 / 82
实例 044　用铅笔工具绘制蔷薇 / 84
实例 045　用刷子工具绘制Q版头像 / 86
实例 046　综合使用绘图工具绘制背景 / 89
实例 047　综合使用绘图工具绘制卡通角色 / 92
实例 048　综合使用绘图工具绘制写实角色 / 95

第3章　文本工具的使用 / 99

实例 049　用文本工具插入文本 / 100
实例 050　用文本工具制作信笺 / 101
实例 051　用动态文本制作文字出现 / 103
实例 052　用输入文本制作可输入文本 / 105
实例 053　用分离命令制作变形文字 / 106
实例 054　用线条工具制作立体文字 / 108
实例 055　用墨水瓶工具制作描边文字 / 110
实例 056　用超级链接为文字添加链接 / 112
实例 057　用文本工具制作滚动文本 / 113
实例 058　用脚本语言加载外部文本 / 114
实例 059　用滤镜制作发光文字 / 116
实例 060　用投影滤镜制作文字投影 / 117

第4章　元件的编辑与应用 / 119

实例 061　用图形元件制作气泡 / 120
实例 062　用图形元件绘制安娜 / 123
实例 063　用图形元件制作河边的小花 / 126
实例 064　用图形元件制作开心的太阳 / 128
实例 065　用图形元件制作跳跃的篮球 / 132
实例 066　用影片剪辑制作美女眨眼 / 134
实例 067　用滤镜制作发光的月亮 / 136
实例 068　用影片剪辑制作飞舞的蝴蝶 / 139
实例 069　用按钮元件制作动画 / 142
实例 070　用脚本代码制作控制按钮 / 144
实例 071　用指针经过制作文字按钮 / 147
实例 072　用按下帧制作有声按钮 / 149
实例 073　综合应用元件制作上升的气球 / 152
实例 074　用交换元件命令转换元件 / 156

第5章　基础动画制作 / 159

实例 075　用逐帧动画制作头发飘动 / 160
实例 076　用逐帧动画制作手写字 / 162
实例 077　用逐帧动画制作听歌的小女孩 / 164
实例 078　用导入命令制作奔跑的独角兽 / 166

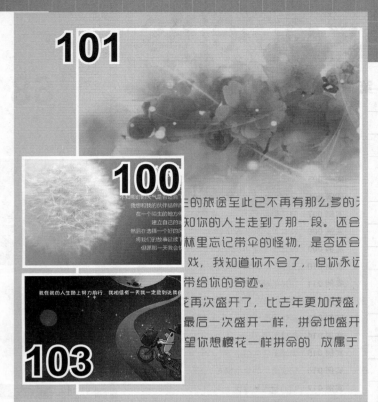

实例 079 用补间形状制作图形间的变化 / 168

实例 080 用补间形状制作字母间的变化 / 170

实例 081 用补间形状制作活跃的小球 / 172

实例 082 用传统补间制作夕阳西下 / 176

实例 083 用传统补间制作飘移的云朵 / 178

实例 084 用补间的缓动制作镜头淡入 / 180

实例 085 用补间的旋转制作飘落的枫叶 / 183

实例 086 用传统补间制作下落的水滴 / 184

实例 087 用补间动画制作飞行的小鸟 / 186

实例 088 用补间动画制作跳跃的足球 / 188

实例 089 用动画预设制作飞舞的蒲公英 / 191

实例 090 用动画预设制作快速飞入的蜜蜂 / 193

第6章 高级动画制作 / 195

实例 091 用遮罩动画制作水波 / 196

实例 092 用遮罩层制作水漂字 / 199

实例 093 用遮罩动画制作聚光灯效果 / 201

实例 094 用遮罩动画制作霓虹灯 / 204

实例 095 用遮罩动画制作画卷打开 / 207

实例 096 用引导层动画制作上升的热气球 / 210

实例 097 用引导层动画制作萤火虫飞舞 / 212

实例 098 使用引导层制作飞舞的蝴蝶 / 215

实例 099 用3D旋转工具制作翻转的钱币 / 217

实例 100 用3D平移工具制作前行的汽车 / 219

实例 101 用场景动画制作自动播放的图片 / 221

实例 102 用场景动画制作自动切换的促销 / 223

实例 103 用模板制作网页导航 / 227

实例 104 用模板制作缓缓显示的画面 / 231

实例 105 将动画发布网页 / 234

第7章 声音和视频的应用 / 237

实例 106 用导入命令为短片添加背景音乐 / 238

实例 107 用影片剪辑制作吼叫的狮子 / 241

实例 108 用导入视频命令导入嵌入视频 / 243

实例 109 使用组件播放视频 / 246

实例 110 制作有透视效果的视频 / 248

第8章 ActionScript 3.0的应用 / 251

实例 111 用ActionScript代码制作多彩的星星 / 252

实例 112 用脚本语言制作鱼群效果 / 255

实例 113 用ActionScript代码制作上浮的气泡 / 258

实例 114 用线条工具制作下雨效果 / 260

实例 115 用ActionScript文件制作3D旋转小球 / 263

实例 116 用类和脚本制作涟漪效果 / 265

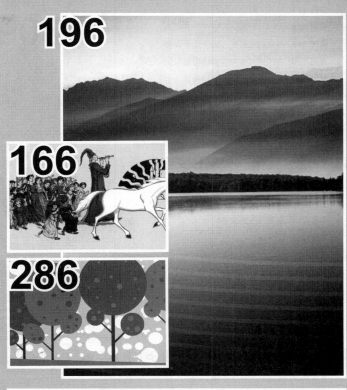

196

166

286

241

238

201

207

实例 117　用脚本代码制作网页链接 / 267
实例 118　用BitmapData类制作平铺背景 / 270
实例 119　用代码片断制作镜头叠画效果 / 272
实例 120　用代码片断制作键盘控制对象 / 274
实例 121　用代码片断定义鼠标指针 / 276
实例 122　用gotoAndplayStop()制作跳转动画 / 277
实例 123　用ActionScript3.0制作时钟 / 280

第9章　综合实例——制作文字动画 / 283

项目 001　制作过光文字动画 / 284
项目 002　碎裂文字动画制作过光文字动画 / 290
项目 003　富有弹性的文字动画 / 298
项目 004　文字渐显 / 303
项目 005　动画片头文字渐显 / 309
项目 006　水波文字动画 / 315
项目 007　放大镜文字效果 / 322
项目 008　制作登录界面 / 326

第10章　综合实例——制作有趣的表情 / 331

项目 009　使用图片制作表情 / 332
项目 010　制作文字表情 / 336
项目 011　制作背景切换表情 / 342
项目 012　制作角色动画表情 / 350

第11章　综合实例——制作电子贺卡 / 355

项目 013　新年贺卡 / 356
项目 014　秋的祝福 / 362
项目 015　生日贺卡 / 371
项目 016　圣诞贺卡 / 381

第12章　综合实例——制作网页广告 / 391

项目 017　旅游网站广告 / 392
项目 018　体育网站广告 / 397
项目 019　音乐网站竖边广告 / 400
项目 020　珠宝广告 / 404
项目 021　圣诞节快乐 / 407
项目 022　七夕主题广告 / 409
项目 023　幻灯片广告 / 416
项目 024　网络游戏banner / 419
项目 025　儿童文学广告 / 421
项目 026　家居横幅广告 / 424
项目 027　网络促销广告 / 427
项目 028　汽车广告 / 433

第13章 综合实例——制作特效 / 439

项目 029 　指针经过弹起 / 440
项目 030 　声音控制按钮 / 445
项目 031 　下画线缓冲菜单 / 447
项目 032 　滚动镜像菜单 / 451
项目 033 　散落的星火 / 455
项目 034 　鼠标跟随动画 / 458
项目 035 　抓泡泡 / 460
项目 036 　宠物网站进度条 / 467
项目 037 　游戏加载进度条 / 470
项目 038 　圆形进度条 / 474

第14章 综合实例——制作图片展示 / 479

项目 039 　制作透视图片展示 / 480
项目 040 　制作照片墙 / 482
项目 041 　在一定区域中显示图片 / 485
项目 042 　图片滚动展示 / 488
项目 043 　查看图片细节 / 492

第15章 综合实例——制作片头与课件 / 495

项目 044 　企业网站片头 / 496
项目 045 　房地产网站片头 / 501
项目 046 　游戏网站片头 / 508
项目 047 　小学几何课件 / 517

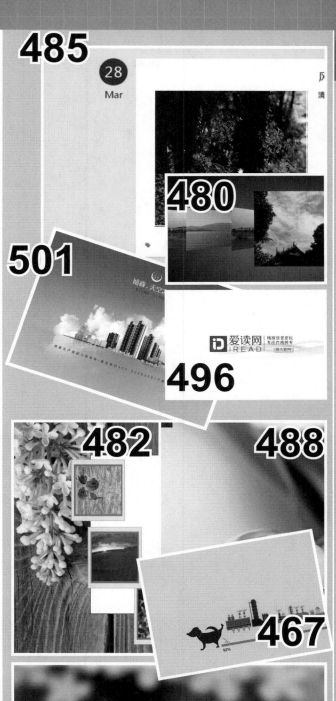

01

第1章
Flash CC的基本操作

■ 测试影片/20页　　■ 导入序列图片/39页　　■ 将对象分散到图层或帧/39页　　■ 翻转帧/40页　　■ 洋葱皮的启用与关闭/42页

■ 对象的复制与粘贴/45页　　■ 用任意变换工具变换对象/46页　　■ 位图与矢量图的转换/47页　　■ 生成Sprite表/50页　　■ 将元件导出为序列图/51页

 网页设计师　 广告设计师　 游戏特效师　 动画设计师　 交互设计师

实例001 Flash CC的安装与卸载

实例位置　无

　　Flash CC的安装方式和其他软件都差不多，并没有太多的特殊之处，其操作步骤如下。

01 打开Flash CC安装光盘，在光盘中找到Set-up.exe安装启动程序，如图1-1所示。

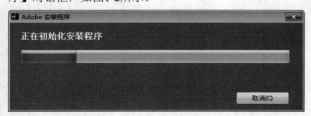

名称	修改日期	类型	大小
deploy	2014/5/8 13:49	文件夹	
packages	2014/5/8 13:49	文件夹	
payloads	2014/5/8 13:49	文件夹	
resources	2014/5/8 13:49	文件夹	
Set-up.exe	2014/5/8 18:37	应用程序	2,766 KB

图1-1

技巧与提示

　　一般软件的安装程序的命名都是Set-up.exe，这一点在大部分软件中基本都是通用的。另外Flash CC的安装包可以在Adobe公司的官网中下载，用户可以试用30天，30天后则需要购买才能试用。

02 选中Set-up.exe，然后双击鼠标左键启动Flash CC安装程序，接着就会弹出【Adobe初始化安装程序】对话框，如图1-2所示。

图1-2

03 初始化程序完成后，会自动弹出Adobe Flash Professional CC（以下简称Flash CC）的【欢迎】对话框，用鼠标选中【安装】选项，然后单击鼠标左键，如图1-3所示。

图1-3

04 接着会进入【Adobe软件许可协议】界面，用鼠标左键单击【接受】按钮，如图1-4所示。

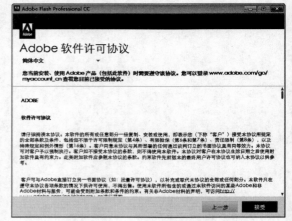

图1-4

05 单击【接受】后就会进入【序列号】界面，在对应位置输入序列号，然后单击【下一步】按钮，如图1-5所示。

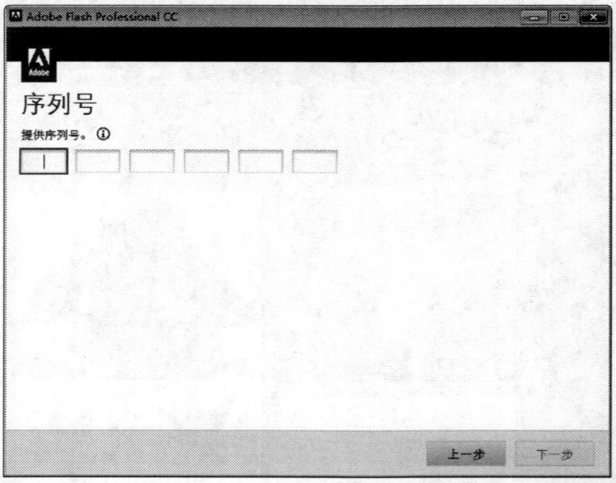

图1-5

06 进入【登录】界面，输入Adobe ID和密码，然后单击【登录】按钮，如图1-6所示。

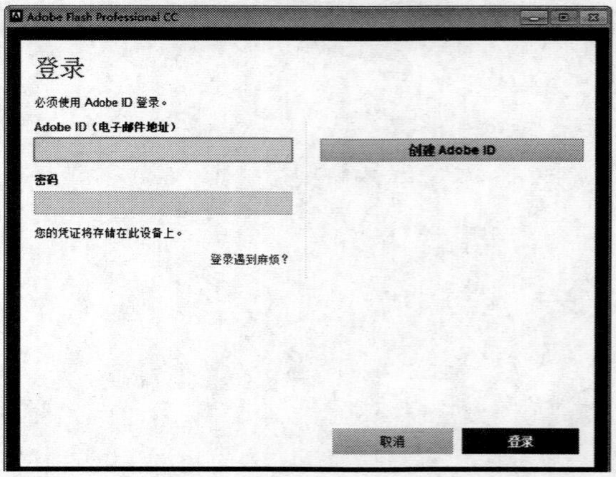

图1-6

问：没有Adobe ID怎么办？

答：单击【登录】界面右侧的【创建Adobe ID】按钮进入【创建Adobe ID】界面创建一个ID即可。

07 登录ID后即可进入【选项】界面，在该界面中指定安装语言和安装位置，然后单击【安装】按钮，如图1-7所示。

图1-7

技巧与提示

在选择安装位置的时候尽量不要选择安装在C盘，除非特殊需要。这样选择主要是因为C盘中主要安装的是计算机的系统文件，如果内存占用量过大会影响整个计算机的运行速度，一般情况下C盘的占用量尽量不要超过整个C盘内存的一半。

08 完成以上设置以后，该界面就会进入到Flash CC的【安装】进度显示界面，如图1-8所示。

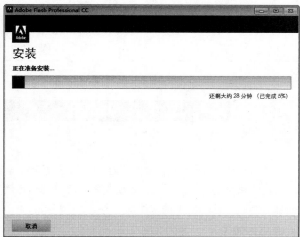

图1-8

09 安装完成后，进入【安装完成】界面，如图1-9所示，单击【关闭】按钮，退出安装文件，此时

Flash CC完成安装。

图1-9

10 运行Flash CC，进入Flash CC的操作界面，Flash CC的操作界面的默认颜色为深灰色，如图1-10所示。

图1-10

卸载Flash CC的方式比较简单，下面先来了解最常用的卸载方式，其操作步骤如下。

01 单击左下角的【开始】按钮打开【开始】菜单，在【控制面板】上单击鼠标左键，如图1-11所示。

图1-11

02 在弹出的【控制面板】窗口中找到【程序-卸载程序】选项，单击鼠标左键，如图1-12所示。

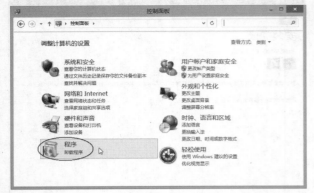

图1-12

03 进入【卸载或更改程序】窗口，在这个窗口中我们能够看到系统中的所有应用程序，选择Flash CC程序，单击【卸载】按钮，如图1-13所示。

图1-13

04 接着就会弹出【卸载选项】界面，根据自己的需求勾选卸载内容，然后单击【卸载】按钮，如图1-14所示。

图1-14

05 进入【卸载】界面，查看卸载进度，如图1-15所示。

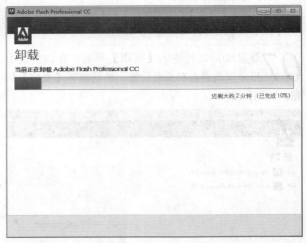

图1-15

06 卸载完成后，会弹出【卸载完成】界面，单击【关闭】按钮，关闭Flash CC卸载窗口，完成Flash CC卸载，如图1-16所示。

图1-16

实例002 Flash CC的启动与退出

实例位置 实例文件>CH01> 无

当用户需要应用一个软件的时候，首先需要学会启动软件和退出软件的方法，本实例将向读者介绍启动Flash CC和退出Flash CC的方法。

【操作步骤】

01 执行【开始\程序\Adobe Flash Professional CC】菜单命令，如图1-17所示。或者直接在桌面上双击 **Fl** 快捷图标也可以启动Flash CC。

02 单击该选项后即可进入Flash CC的操作界面，如图1-18所示。

图1-17

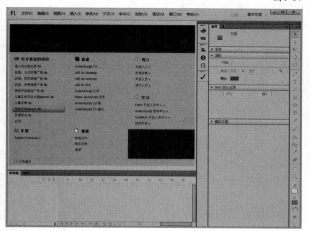

图1-18

学会了怎么打开Flash CC，接下来看看怎么退出Flash CC，常见的退出方式有两种。

01 单击Flash CC程序窗口右上角的【关闭】 按钮，如图1-19所示。

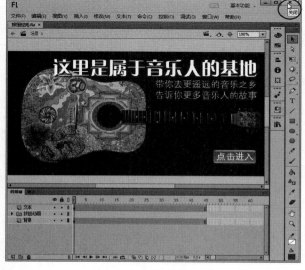

图1-19

02 单击Flash CC程序窗口左上角的 **Fl** 图标，在弹出的下拉菜单中选择【关闭】命令即可，快捷键为Alt+F4，如图1-20所示。

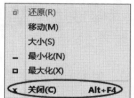

图1-20

技巧与提示

在关闭Flash CC前一定要注意当前所操作的文档是否保存，如果没有保存在关闭Flash CC的时候会弹出询问是否保存的对话框，单击【是】即可保存文档。

【举一反三】

启动Flash CC的方式不止两种，用户还可以双击Flash CC相关联的文档，即双击一个Flash CC文档启动Flash CC，如图1-21所示。

双击鼠标左键

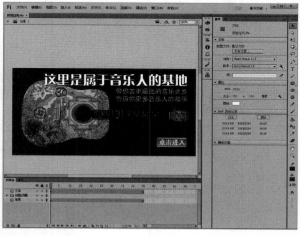

图1-21

技巧与提示

这种启动方式与第1种方式的区别是Flash CC启动后进入的界面是文档的操作界面，并不是Flash CC的开始界面。

实例003 新建与设置文档

实例位置　实例文件>CH01>实例003.fla

制作Flash动画的第一步就是新建文档，用户可以根据不同的项目设置新建文档的【舞台尺寸】【帧频】和【舞台颜色】，并且针对不同的项目用户还可以选择不同类型的文档。

【操作步骤】

01 运行Flash CC后，然后执行【文件\新建】菜单命令，或按快捷键Ctrl+N打开【新建文档】对话框，如图1-22所示。

图1-22

02 在对话框中设置【舞台大小】为【宽（W）970像素×高（H）195像素】，设置完成后单击【确定】按钮即可新建一个文档，如图1-23和图1-24所示。

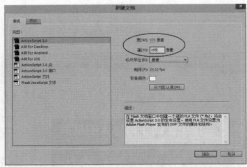

图1-23

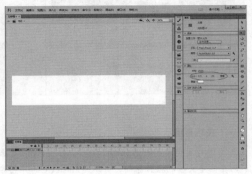

图1-24

实例004 修改文档

实例位置　实例文件>CH01>实例004.fla

制作Flash动画的过程中常常需要修改文档的参数，使其达到项目需求。本实例是将一个【舞台大小】为550像素×400像素的Flash文档修改为一个【舞台大小】为970像素×480像素、【舞台颜色】设为浅蓝色的Flash文档。

【操作步骤】

01 新建一个【舞台大小】为550像素×400像素的文档，如图1-25所示。

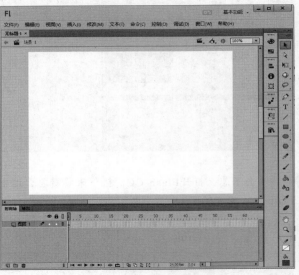

图1-25

02 执行【修改\文档】菜单命令，打开【文档设置】对话框，然后设置【舞台大小】为970像素×480像素、【舞台颜色】为浅蓝色，如图1-26所示。

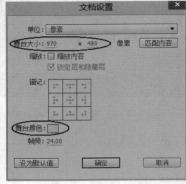

图1-26

03 设置完成后单击
【确定】按钮,
即可保存设置,如图1-27
和图1-28所示。

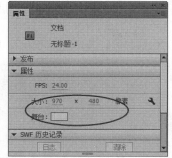

图1-27

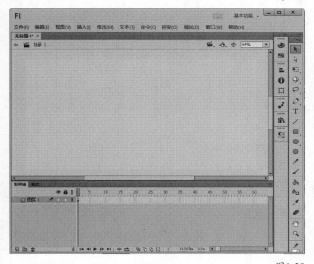

图1-28

【参数掌握】

■ **单位**:表示图像的计量单位,主要包括【英寸】
【英寸(十进制)】【点】
【厘米】【毫米】和【像
素】,一般常用的是【像
素】,如图1-29所示。

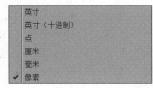

图1-29

■ **舞台大小**:即舞台的长宽比,双击即可输入更改
数值,调整舞台大小。

■ **匹配内容**:单击这个按钮,系统会自动将舞台大
小调整为当前图片的大小,如图1-30所示。

■ **缩放**:在修改完成舞台大小以后,该选项就会被
激活,勾选以后舞台中的内容将会随着舞台的大小等
比例缩放,如图1-31所示。

技巧与提示
【缩放】选项要在单击舞台大小,且显示出文本框以后
才会被激活。

■ **锚记**:表示舞台中内容缩放的中心点,这个点以
舞台的边缘为标准,但是它只能在勾选【缩放内容】
复选项后才能被激活使用,如图1-32所示。

图1-30

原文档设置

修改文档设置1

修改文档设置2

图1-31

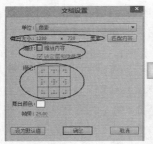
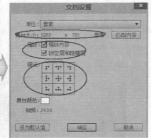

图1-32

■ **舞台颜色：**一般默认的舞台颜色为白色，双击颜色

块调出调色盘，如图1-33所示，然后根据需要选择颜色即可。

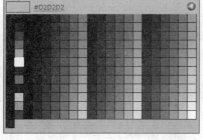

图1-33

■ **帧频:** 指一分钟内播放画面的帧数，常用帧频为24.00。

■ **设为默认值:** 单击后可以将当前文档的参数设置为默认参数。

实例005 关闭文档
实例位置 无

在制作完成Flash动画后，如果需要关闭文档，可以通过以下方式来关闭文档。

【操作步骤】

01 双击【素材文件\CH01\素材.fla】文档，运行 Flash CC，如图1-34所示。

图1-34

02 单击文档名称右侧的【关闭】▣按钮，即可关闭当前文档，关闭文档后软件界面将回到运行Flash CC启动界面，如图1-35所示。

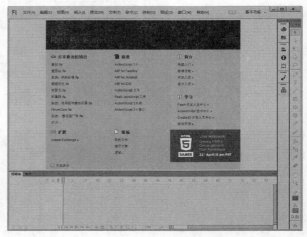

图1-35

> **技巧与提示**
>
> 选中需要关闭的文档，然后执行【文件\关闭】菜单命令也可关闭当前文档，其快捷键为Ctrl+W。

【举一反三】

在Flash中打开多个Flash文档时，分别单击每个文档名称右侧的【关闭】▣按钮即可关闭在Flash中打开的文档。如果需要同时关闭多个文档，执行【文件\全部关闭】菜单命令或按快捷键Ctrl+Alt+W，即可关闭当前多个文档，如图1-36所示。

图1-36

实例006 保存文档
实例位置 实例文件>CH01>实例006.fla

保存文档在制作Flash的过程中是必不可少的一步，这样可以有效存储制作完成的动画，以便后期进行调整。当Flash文档被保存后，会自动生成一个Flash文档，

用户可以在保存文档时手动设置文档的【名称】【保存位置】和【文档类型】。

【操作步骤】

01 新建一个【舞台大小】为550像素×400像素的Flash文档，如图1-37所示。

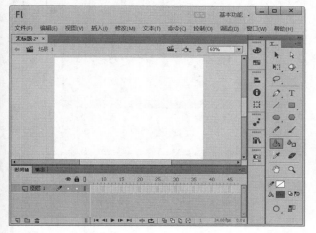

图1-37

02 执行【文件\打开】菜单命令，打开【素材文件\CH01\爱丽丝.fla】文档，选中舞台中的元件，然后按快捷键Ctrl+C复制元件，接着回到新建文档，并按快捷键Ctrl+V复制元件，如图1-38所示。

图1-38

03 执行【文件\保存】菜单命令，或按快捷键Ctrl+S，打开【另存为】对话框，然后在对话框中设置【存储位置】【文件名】和【保存类型】，如图1-39所示。

04 设置完成后单击【保存】按钮即可保存文档，打开存储位置即可查看保存好的文档，如图1-40所示。

技巧与提示

一般常用保存文件格式为.fla。

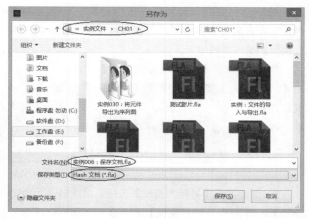

图1-39

图1-40

【举一反三】

在文件菜单中有多种命令都可以用来保存文档，如图1-41所示。

在需要将文件另存为其他格式或者保存时，常会用到【文件\另存为】菜单命令，或者按快捷键Ctrl+Shift+S，可以将已有文档另存为一个新的文档，并且不会更改原文档的内容。如果用户需要同时保存多个文档，执行【文件\全部保存】菜单命令，即可保存Flash中全部打开的文档。

图1-41

用户也可以将当前制作完成的动画文件保存为模板，以便在制作相同效果时直接调用模板，将文档保存为模板的操作步骤如下。

第1步：执行【文件\另存为模板】菜单命令，会弹出【另存为模板警告】对话框，如图1-42所示。

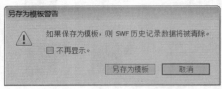

另存为模板警告

⚠ 如果保存为模板，则 SWF 历史记录数据将被清除。

☐ 不再显示。

另存为模板　　取消

图1-42

第2步：单击【另存为模板】按钮，清除SWF历史记录数据，弹出【另存为模板】对话框，如图1-43所示。输入模板信息后，单击【保存】按钮，即可将文档保存为模板。

另存为模板

名称(N)：
类别(C)：
描述(D)：

预览

保存　取消

图1-43

【参数掌握】

- **名称：** 将保存为模板的文件命名。
- **类型：** 将保存为模板的文件进行归类。
- **描述：** 用户填写该模板的主要作用。
- **预览：** Flash提供该模板预览图。

实例007　测试影片

实例位置　实例文件>CH01>实例007.fla

当一段Flash动画制作完后可以测试影片效果，测试影片后，文件的存储位置会自动生成一个.swf文件，双击其可以在播放器中播放，本实例将使用【控制\测试】菜单命令测试影片。

【操作步骤】

01 运行Flash CC，然后执行【文件\打开】菜单命令，打开【素材文件\CH01\蔷薇步骤.fla】，如图1-44所示。

02 按快捷键Ctrl+Shift+S，打开【另存为】对话框，然后在【文件名】栏输入【测试影片】，如图1-45所示。

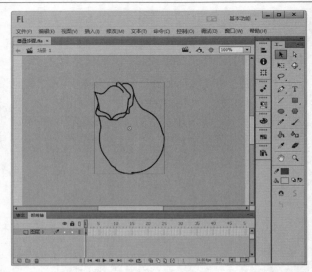

图1-44

图1-45

03 单击【保存】按钮保存文档，然后执行【控制\测试】菜单命令，或按快捷键Ctrl+Enter测试影片，最终完成效果如图1-46所示。

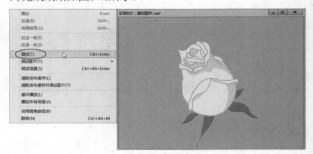

图1-46

【举一反三】

针对多场景动画，用户可以执行【控制\测试场景】菜单命令，对当前显示的场景进行测试，而不会测试整个Flash文档中的全部动画。不仅如此，用户还可以根据需求选择影片的测试环境，执行【控制\测试影片】菜单命令，在弹出的子菜单中可以选择测试环境，如图1-47所示。

图1-47

用户根据需要选择测试环境即可，如单击【在浏览器中】选项，即可在浏览器中完成影片的测试，如图1-48所示。

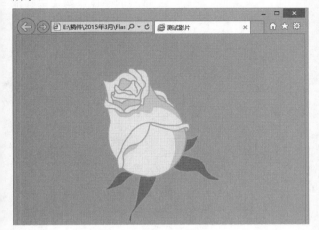

图1-48

技巧与提示

在浏览器中完成测试的前提是当前使用的计算机上必须安装Flash player。

实例008 设置首选项参数

实例位置 无

有效设置首选项参数，可以帮助动画师提升Flash动画的制作进度，执行【编辑\首选项】菜单命令，打开【首选参数】对话框。本实例将使用【首选参数】对话框，对【常规】和【文本】的参数进行设置。

【操作步骤】

01 执行【编辑\首选参数】菜单命令，或按快捷键Ctrl+U打开【首选参数】对话框，如图1-49所示。

图1-49

02 选择【常规】，即可在该选项的下设参数中设置撤销的层级、自动回复的时间跨度、界面的颜色、工作区的属性及加量的颜色。图1-50所示为Flash CC安装完成后初次运行时的默认参数设置。

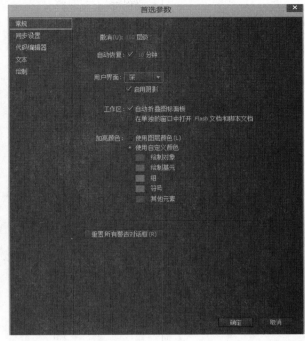

图1-50

03 在【首选参数】对话框中设置【撤销】为200层级、【自动恢复】为5分钟且【用户界面】为【浅】，其他设置保持不变，如图1-51所示。

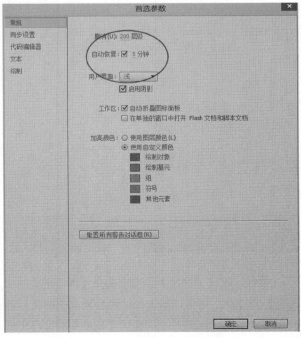

图1-51

【参数掌握】

- **撤销**: 在文本框中输入一个2~300的值，从而设置【撤销】的级别数。撤销级别需要消耗内存，使用的撤销级别越多，占用的系统内存就越多，它的默认值为100。

- **自动恢复**: 指在Flash非正常关闭后，再次打开Flash能将未保存的文档恢复到Flash关闭时前1分钟的状态，在文本框中可以输入1~1440的数值来调整恢复时间。

- **用户界面**: 这是Flash CC新增添的选项，可以在这个选项的下拉菜单中设置工作界面的颜色为【深色】或者【浅色】，勾选复选项【启动阴影】能够让工作界面更富有立体感，如图1-52和图1-53所示。

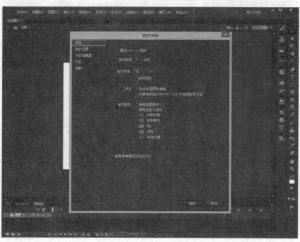

图1-52

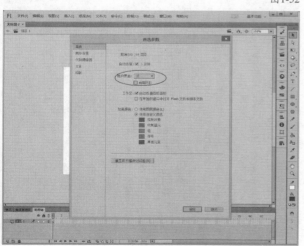

图1-53

- **工作区**: 在【工作区】选项中选择【自动折叠图标面板】复选项，则可以单击处于图标模式中的面板的外部使这些面板自动折叠。选择【在单独的窗口中打

04 开Flash文档和脚本文档】复选项，则可以执行测试影片时在应用程序窗口中打开一个新的文档选项卡。

- **加亮颜色**: 可以从颜色按钮中选择一种颜色，或选择【使用图层颜色】单选按钮以使用当前图层的轮廓颜色。

【常规】参数设置完成后，单击【文本】即可进入文本的参数设置窗口，然后单击【默认映射字体】选项，在弹出的下拉菜单中选择一个常用的字体，如【微软雅黑】，如图1-54所示。

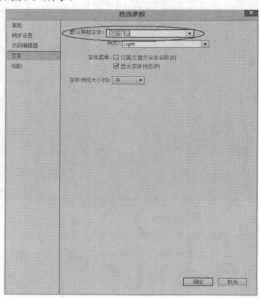

图1-54

【参数掌握】

- **默认映射字体设置**: 在下拉列表中，选择在Flash中打开文档时替换缺失字体所使用的字体，在复选项【样式】的下拉菜单中可以选择字体的样式，但是这种样式多是针对于英文字体设定的。

- **字体菜单**: 选择【以英文显示字体名称】复选项，将会以英文显示所有字体的名称。选择【显示字体预览】复选项，可以在选择字体时显示字体的样式。

- **字体预览大小**: 主要用于设置字体预览显示的大小，在其下拉菜单中设有【小】【中】【大】【特大】和【巨大】5个选项，如图1-55所示

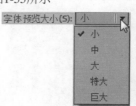

图1-55

技巧与提示

用户在设置首选参数时，可以根据自己的习惯来设置，但需要注意以下4点。

第1点：撤销层级设置适中数值即可，不宜设置太多，否则会影响软件的运行速度。

第2点：自动恢复的时间跨度不宜设置太小，否则会增加软件的运行负担。

第3点：界面颜色最好设置为浅色，因为浅色对人眼的伤害较小。

第4点：Flash主要是针对网络发布开发的软件，所以在设置映射字体时最好设置网络中使用率最高的字体，如【黑体】和【宋体】。

实例009 设置快捷键

实例位置 无

快捷键在任何一个软件中都是必不可少的，合理的快捷方式可以帮助用户有效地提高工作效率，从而节约Flash动画制作的时间成本。

在Flash中执行【编辑\快捷键】菜单命令调出【键盘快捷键】对话框，在该对话框中包含了Flash中的所有命令，用户可以根据自己的需求对快捷键进行设置，本实例将对【扩展填充】命令的快捷键进行设置。

【操作步骤】

01 执行【编辑\快捷键】菜单命令，打开【键盘快捷键】对话框，然后在编辑窗口单击【形状】，如图1-56所示。

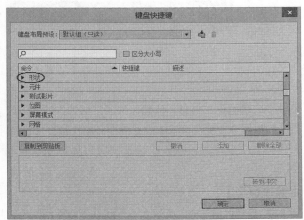

图1-56

02 在【形状】的下拉选项中选中【扩展填充】命令，然后在该选项上单击鼠标左键添加快捷键输入框，如图1-57所示。

03 保持选中对快捷键输入框，然后按需要输入的

快捷键，如Ctrl+Shift+F，在输入框中就会出现所设置的快捷键，如图1-58所示，最后单击【确定】按钮完成设置。

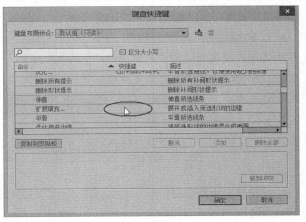

图1-57

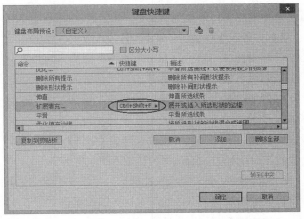

图1-58

技巧与提示

在设置快捷键的时候如果冲突警告栏出现提示，表示当前设置的快捷键与另一个命令的快捷键重合，这时就必须从新设置一个不会发生冲突的快捷键或者更改冲突命令的快捷键。

04 为了帮助用户更快速地完成快捷键的设置，接下来将对【键盘快捷键】对话框中的常用参数进行介绍，如图1-59所示。

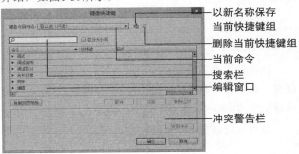

以新名称保存当前快捷键组
删除当前快捷键组
当前命令
搜索栏
编辑窗口
冲突警告栏

图1-59

【参数掌握】

■ **当前命令**：即键盘布局预设，表示当前所选则的快捷键组，一般还没有进行自定键盘设置之前，它的下拉菜单中的选项只有【默认组（只读）】这一个选项。

■ **以新名称保存当前快捷键组**：单击这个按钮以后会弹出【保存键盘布局预设】对话框，在文本框中输入名称后单击确定即可保存当前所设置的快捷键组，如图1-60所示。

图1-60

■ **删除当前快捷键组**：单击后可以删除当前所选择的快捷键组，但只能删除自定义设置的快捷键组。

■ **搜索栏**：在文本框中输入命令名称或者快捷键可以快速在编辑窗口中找到该命令，勾选复选项【区分大小写】则在输入快捷键的时候必须注意区分大小写。

■ **编辑窗口**：包含了Flash中的所有命令，可以在该窗口编辑不同命令的快捷键。

■ **添加**：单击后会在选中的命令上添加一个快捷键输入框。

■ **撤销**：编辑完成快捷键后，单击【撤销】自动恢复到设置该命令之前，并只能撤销至最近的一步操作。

■ **删除全部**：编辑完成快捷键后，单击【删除全部】可以删除当前选中命令的所有快捷键设置。

■ **冲突警告栏**：当设置的快捷键和其他命令重合的时候会给出相应的文字警告。

■ **复制到剪贴板**：单击后会将Flash中所有的命令以及该命令的快捷键复制到剪贴板。

> **？ 疑问解答**
>
> 问：【撤销】与【删除全部】有什么区别？
> 答：【撤销】是针对整个设置快捷键的过程，它能撤销的是整个设置过程中最近的一步操作步骤，【删除全部】只针对当前选中的单个命令，它能够删除单个命令上的一个或者多个快捷键设置。

【举一反三】

快捷键设置完成后，用户可以将当前设置完成的快捷键另存为一个新的快捷键组，在需要的时候直接将该快捷键组调用即可，如图1-61所示。

用户也可新建多个快捷键组，可以在制作不同类型

的实例时进行切换，如图1-62所示。

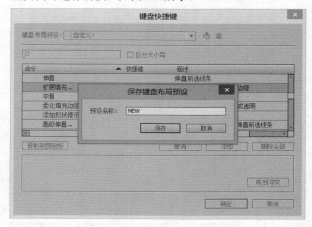

图1-61

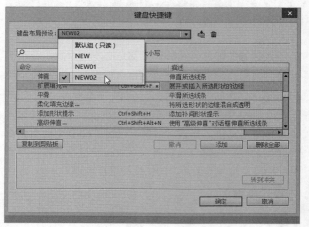

图1-62

实例010 工作区的编辑与恢复

实例位置 无

任何软件都会根据自身的特点和功能来设置合适的工作界面（软件的核心工作区），Flash CC的工作界面秉承了一贯的设计理念，依然保持了简洁大方的界面风格。如果用户需要更改或者设置界面布局，执行【窗口\工作区】菜单命令，在其子菜单中即可选择对应的工作区。

【操作步骤】

01 运行Flash CC，并新建一个Flash空白文档，如图1-63所示。

02 执行【窗口\工作区】菜单命令，即可在子菜单中看到【动画】【传统】【调试】和【设计人员】等工作界面布局，此处选择【动画】选项，如图1-64所示。

可，用户也可以直接拖曳工作区中的活动面板自行布局工作区，如图1-66所示。

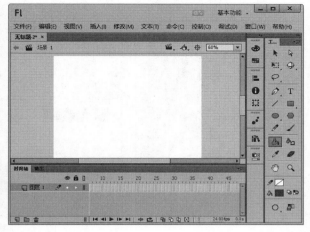

图1-63

图1-64

03 选择【动画】选项后，工作区布局将自动由【基本功能】切换为【动画】，如图1-65所示。

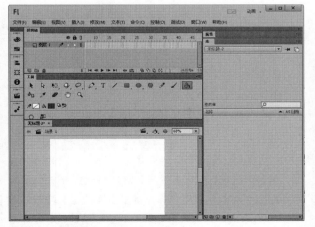

图1-65

04 如果用户还需要将工作区切换为其他布局模式，只需在【工作区】的子菜单中选择对应的选项即

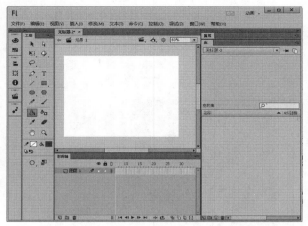

图1-66

05 更改了【动画】的工作区布局后，如需恢复到【动画】的原始工作区布局，执行【窗口\工作区\重置'动画'】菜单命令，如图1-67所示。接着会弹出一个询问窗口，单击【是】按钮，即可恢复【动画】的原始工作区布局，如图1-68和图1-69所示。

图1-67　　　　　　图1-68

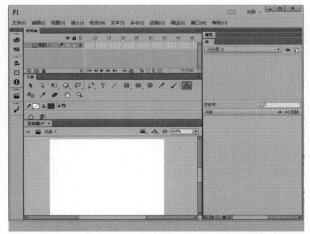

图1-69

25

技巧与提示

【重置'动画'】并不是一个固定的命令，它的功能是在整个工作区的布局发生更改以后进行修复，修复完成后的工作区布局是用户当下所使用的工作区布局，如所选择的工作区布局是【基本功能】，如图1-70所示。

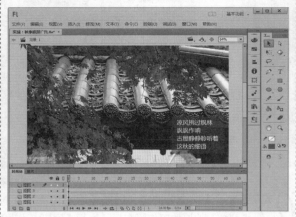

图1-70

当再次调出工作区的主菜单，会发现【重置'动画'】变成了【重置'基本功能'】，如图1-71所示，单击它可以将不小心弄乱的工作区布局恢复到系统设置的原始状态。

图1-71

【举一反三】

更改工作区的布局方式不仅仅只有这一种方法，用户还可以单击工作界面右上角的【基本功能】按钮，调出工作区的切换菜单，如图1-72所示，然后在该快捷菜单中选择对应的工作区布局模式即可。

图1-72

Flash的工作区中各个面板都是可移动的，用户也可以根据个人习惯新建一个工作区，新建工作区的操作步骤如下。

第1步：打开一个Flash文档，然后拖曳工作区中的各个活动面板，并将其停靠至合适位置，如图1-73所示。

图1-73

第2步：单击右上角的【基本功能】按钮，然后在弹出的快捷菜单中选择【新建工作区】选项，打开【新建工作区】对话框，接着在名称栏中输入工作区的名称，如图1-74所示。

第3步：单击【确定】按钮即可保存当前已更改的工作区布局，如图1-75所示。

图1-74　　　　　　图1-75

如果需要删除工作区，可以使用【删除工作区】来删除，但该命令只针对于用户自己新建的工作区布局，对于系统自带的工作区布局不起任何作用，删除工作区的具体操作步骤如下。

第1步：执行【窗口\工作区\删除工作区】菜单命令，会弹出一个【删除工作区】对话框，如图1-76所示。

图1-76

第2步：在【删除工作区】对话框中选择需要删除的工作区布局，然后用鼠标左键单击【确定】按钮，即可完成删除该工作区布局，如图1-77所示。

图1-77

实例011 创建笔触与填充色

实例位置 无

在Flash中笔触和填充是动画的主要组成部分，在开始制作一段Flash动画之前首先要做的就是设置笔触颜色和填充颜色，然后开始绘制动画对象。在Flash中用户如果需要设置笔触和填充的颜色，可以使用【工具箱】中的【填充颜色】和【笔触颜色】进行设置。

【操作步骤】

01 在【工具箱】中单击【笔触颜色】按钮即可打开颜色的样本面板，如图1-78所示，然后在样本面板中选择需要的颜色即可。

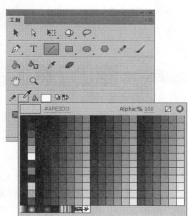

图1-78

02 选择颜色后还可以在【样本】面板的右上角设置选中颜色的Alpha值，如图1-79所示。

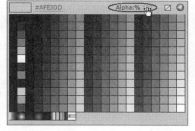

图1-79

03 如需将【笔触颜色】设置为无色，单击【样本】面板右上角的按钮即可，如图1-80所示。

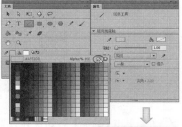

图1-80

04 若对当前选择的颜色不满意，可以单击【样本】面板中的按钮打开【颜色选择器】对话框，然后在该面板中选择合适的颜色，如图1-81所示。

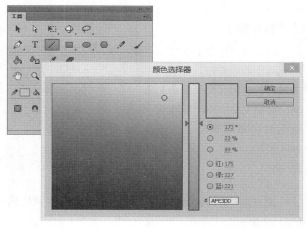

图1-81

> **技巧与提示**
>
> 在【颜色选择器】窗口右侧单击颜色值，激活文本框，接着输入颜色值即可精确地定位颜色，如图1-82所示。
>
>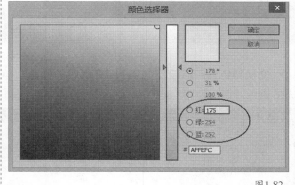
>
> 图1-82

05 创建【填充颜色】的方式与创建【笔触颜色】的方式是一样的，即单击【填充颜色】按钮，打开【样本】面板，然后在该面板中选择需要的颜色，如图1-83所示。

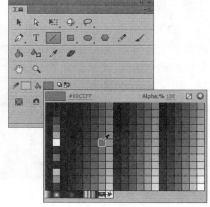

图1-83

【参数掌握】

在【填充颜色】按钮后还有两个功能按钮，分别为【黑白】🔲和【交换颜色】🔄，它们主要被用来快速切换笔触和填充颜色，如图1-84所示。

图1-84

- **黑白🔲**：单击此按钮可以直接将当前创建完成的笔触和填充颜色切换为黑色和白色，如图1-85所示。

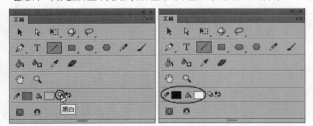

图1-85

- **交换颜色🔄**：单击此按钮可以将笔触的颜色与填充的颜色对调，如图1-86所示。

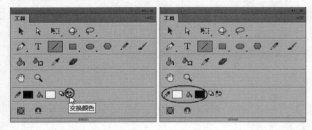

图1-86

【举一反三】

在Flash中绘制完图形后，如果需要更改笔触或填充的颜色，选中需要更改颜色的区域，然后单击对应的颜色按钮，在【样本】面板中更改颜色即可，如图1-87所示。

图1-87

创建笔触和填充颜色的方式是多种多样的，用户还可以使用【颜色】面板来创建出更多丰富的笔触颜色或填充颜色。执行【窗口/颜色】菜单命令，打开【颜色】面板，可以在【颜色类型】的下拉菜单中选择【无】【纯色】【线性渐变】【径向渐变】和【位图填充】5种颜色类型中的任意一种，如图1-88所示。

图1-88

实例012 文件的导入与导出

实例位置　实例文件\CH01\实例012.fla

制作Flash动画的过程中，常常需要利用较多的素材文件制作出富有创意的动画效果，动画制作完成后还需要导出动画效果，以便于交流。

本实例主要使用导入命令将素材文件导入到文档中，然后再将文档导出为需要的文件格式。

【操作步骤】

01 运行Flash CC，新建一个空白文档，然后执行【文档\修改】菜单命令，打开【文档设置】对话框，并在对话框中设置【舞台大小】为920像素×640像素，如图1-89所示。

图1-89

02 单击【确定】按钮保存设置，然后执行【文件\导入\导入到舞台】菜单命令，如图1-90所示。打开【导入】对话框，如图1-91所示。

03 在【导入】对话框中选择【素材文件\CH01\素材01.jpg】文件，然后单击【打开】按钮将其导入到舞台中，并将其调整至合适位置，如图1-92所示。

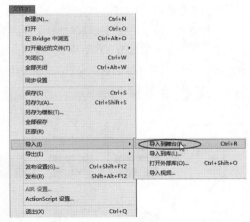

图1-90

图1-93

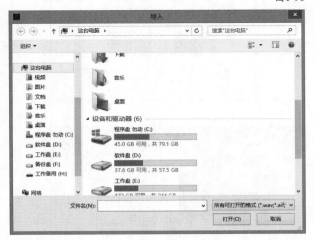

图1-91

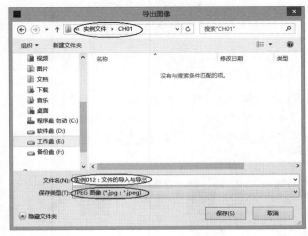

图1-94

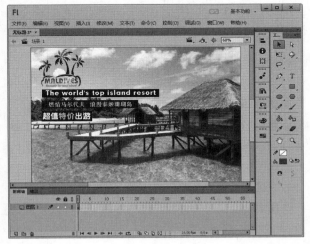

图1-92

技巧与提示

在【导出图像】对话框中编辑导出文件的名称、位置和类型，Flash为用户提供了多种文件类型，如图1-95所示。

图1-95

用户可以根据需求选择对应的图片格式，然后单击【打开】按钮，打开对应的参数设置对话框，如图1-96所示，接着用户在对话框中设置参数。

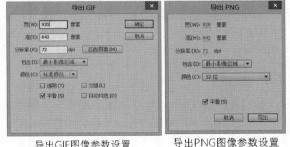

导出GIF图像参数设置　　　　导出PNG图像参数设置

图1-96

---

04 如果需要将Flash文档导出为图片，执行【文件\导出\导出图像】菜单命令，如图1-93所示。打开【导出图像】对话框，然后在对话框中选择对应的导出位置，如图1-94所示。

05 单击【保存】按钮，接着会弹出【导出JPEG】对话框，用户可以在对话框中设置需要导出图片的【尺寸】【分辨率】和【品质】等参数。本实例中设置导出图像的【像素】为150dpi、【包含】为【完整文档大小】，如图1-97所示。

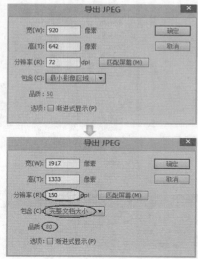

图1-97

06 设置完成后单击【确定】按钮，即可将当前文档中的内容导出为图片，最终效果如图1-98所示。

图1-98

------- **技巧与提示** -------

直接拖动文件到舞台位置，也可以将文件导入到舞台，不过这种方式常用在.jpg等一些相对比较简单的图片格式文件的导入中，如果是一些比较复杂的文件，如.ai需要进行相应的参数设置才能完成导入。

【举一反三】

执行【文件\导入\导入到库】菜单命令，然后在弹出的对话框中选择所需要导入的文件，如图1-99所示。单击【打开】按钮后可以将素材导入到Flash中的【库】面板，但舞台上不会有显示，如图1-100所示。

Flash除了能够导入常用的文件格式以外，还支持.psd、.ai等文件格式的导入，并且能够保持原文件的图层排列，其导入方式与导入图片的方式是基本一致的，唯一的区别在于对.psd或.ai文件格式的导入设置，如图1-101所示。

图1-99

图1-100   图1-101

【参数掌握】

▪ **将Photoshop图层平面化到单个位图**：勾选【将Photoshop图层平面化到单个位图】选项时，.psd文档中所有图层将合并成单张位图，并且勾选后窗口中的其他选项将不能被编辑。

▪ **图层转换**：用于选择图层内容的显示形式，即是否保留路径。

▪ **保存可编辑路径和效果**：选中后，可以将导入的.psd文件排列成多层文件，与.psd文档的图层排列方式一样，并将每层文件转换成元件导入。

▪ **单个平面化位图**：选中后，可以将导入的.psd文件排列成多层文件，与.psd文档的图层排列方式一样，每次文件不转换成元件。

- **文本转换：** 在它的复选项中可以选.psd文件的文本状态。

- **可编辑文本：** 选中该选项后，导入Flash文档的.psd文档中的文本，可以在Flash中编辑。

- **适量轮廓：** 选中该选项后，导入Flash文档的.psd文档中的文本以元件的形式出现，且不可编辑。

- **平面化位图图像：** 选中该选项后，导入Flash文档的.psd文档中的文本以位图形式出现，且不可编辑。

- **将图层转换为：** 用于选择.psd文件中图层在Flash中的显示模式。

- **Flash图层：** 选中后，.psd文档中的图层会转换成多个Flash图层。

- **单一Flash图层：** 选中后，.psd文档中的图层会转换成单个Flash图层。

- **关键帧：** 选中后，.psd文档中的图层会转换成多个关键帧。

- **匹配舞台大小：** 勾选【匹配舞台大小】时，将Flash的舞台自动调整成与.psd文件的画布一样的尺寸，但是该选项只在将文件导入到舞台时可选。

> **技巧与提示**
>
> 导入.ai文件的参数含义除了【导入未使用的特殊符号】选项以外，其余选项参数和.psd文件导入的参数含义是一致的，勾选该选项，即可导入特殊符号。

用户还可以将Flash文件导出为视频，执行【文件\导出\导出视频】菜单命令，弹出【导出视频】对话框，如图1-102所示。然后在对话框中设置好导出参数，接着单击【导出】按钮即可导出视频，该视频的默认格式为.swf。

图1-102

【参数掌握】

- **呈现宽度：** 设置导出视频的宽度，单位是像素。

- **呈现高度：** 设置导出视频的高度，单位是像素。

- **忽略舞台颜色(生成Alpha通道)：** 选择此选项后，舞台颜色会忽略，舞台呈透明状态（为观察方便，在播放时会添加白色【背景】）。

- **在Adobe Media Encoder中转换视频：** 选择此选项后可以用Adobe Media Encoder转换软件，将影片转换成不同的视频格式。

- **到达最后一帧：** 选择该选项后，导出的视频时将从文档的第一帧开始，以最后一帧结束。

- **经过此时间后：** 选择该选项后，导出的视频时将从文档的第一帧开始，到达某个时间时结束，结束的时间可以设置，如图1-103所示，设置到1s的时候停止。

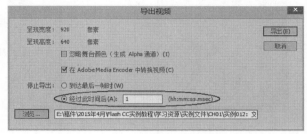

图1-103

- **浏览：** 设置文件导出后保存的位置。

> **？ 疑问解答**
>
> 问：图1-103中，括弧中内容是什么意思？
>
> 答：hh表示小时；mm表示分钟；ss表示秒；msec表示微秒，都是时间的单。

实例013 辅助线的使用

实例位置　实例文件>CH01>实例013.fla

辅助线是基于标尺而存在的，用户可以从标尺上拖曳出多条辅助线，在舞台中建立动画对象的摆放区域。本案例将使用辅助线在舞台中建立一个安全框，以更好地定位动画对象。

【操作步骤】

01 新建一个Flash空白文档，然后执行【视图\标尺】菜单命令，打开标尺，如图1-104所示。

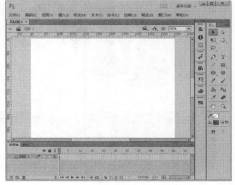

图1-104

02 移动鼠标指针至横向标尺的位置，然后按住鼠标左键拖曳鼠标，拖曳至纵向标尺数值10位置时释放鼠标，如图1-105所示。并使用同样的方式拖曳出另外3条辅助线，如图1-106所示。

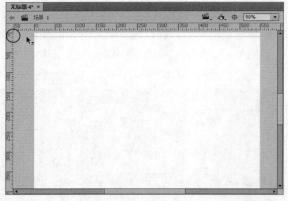

图1-105

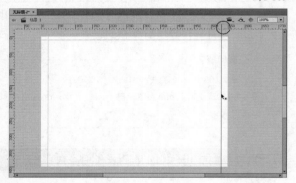

图1-106

03 安全框建立完成后，执行【文件\导入\导入舞台】菜单命令，将【素材文件\CH01\素材.jpg】导入到舞台中，接着使用【任意变形工具】 将图片缩放至安全框大小，如图1-107所示。

图1-107

? **疑问解答**

问：拖动不出辅助线时怎么办？

答：这种情况一般是因为用户没有让【辅助线】处于显示状态，执行【视图\辅助线\显示辅助线】即可显示【辅助线】，如图1-108所示。或者按快捷键Ctrl+，也可以显示【辅助线】。

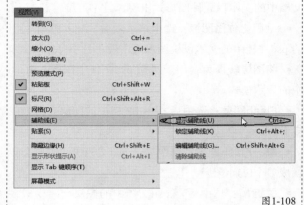

图1-108

【举一反三】

如果不需要某条辅助线，用鼠标将其拖动到舞台外即可将其删除。用户还可通过执行【视图\辅助线\编辑辅助线】菜单命令或按快捷键Ctrl+Alt+Shift+G，在打开的【辅助线】对话框中设置辅助线的颜色。对辅助线进行锁定、对齐等操作，如图1-109所示。

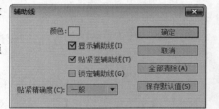

图1-109

实例014 新建图层

实例位置 实例文件>CH01>实例014.fla

在【时间轴】面板中的图层显示窗口中可以对图层进行新建，同时也可以新建图层文件夹来帮助归类图层，节约显示空间。图层新建后的【时间轴】面板中会按【图层+序号】的方式命名图层。

【操作步骤】

01 运行Flash CC，并新建一个空白文档，在新建文档的【时间轴】面板已存在一个默认图层，如图1-110所示。

02 在【时间轴】面板的右下角单击【新建图层】按钮，即可新建一个名为【图层2】的空白图层，如图1-111所示。

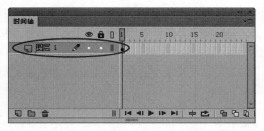

图1-110

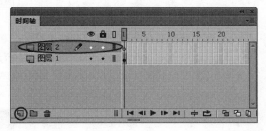

图1-111

03 执行【插入\时间轴\图层】菜单命令，也可以新建一个图层，如图1-112所示。

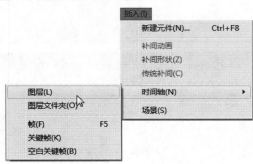

图1-112

04 除此之外，用户也可在【时间轴】面板中选中图层，然后单击鼠标右键，在弹出的快捷菜单中选择【插入图层】命令新建一个图层，如图1-113所示。

【举一反三】

在制作Flash动画的过程中，通常需要耗费大量的图层来帮助动画的制作，但是过多的图层容易使人混淆，此时就可以通过建立图层文件夹的方式分类图层，使图层清晰化。新建图层文件夹的方式与新建图层的方式基本一致，主要有以下4种。

第1种：单击【时间轴】面板中的【新建图层文件

图1-113

夹】按钮，即可在所选图层或图层文件夹上方建立新的文件夹，如图1-114所示。

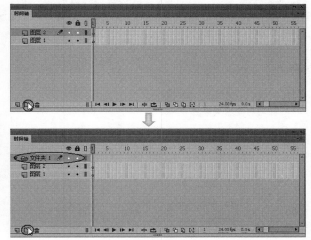

图-114

第2种：执行【插入\时间轴\图层文件夹】菜单命令，可以在被选中图层上层添加一个图层文件夹。

第3种：在图层位置单击鼠标右键，在弹出的菜单命令中选择【插入文件夹】命令。

图层文件夹中可以套入图层文件夹，并同样具有许多图层相同的属性和设置。为了方便制作和观察，用户还可以单击图层文件夹左侧的小三角折叠或展开图层文件夹，如图1-115和图1-116所示。

图1-115

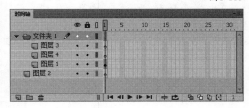

图1-116

单击并拖动图层到图层文件夹下方，此时会出现一条带有空心圆的黑色线段，释放鼠标，即可将图层移入图层文件夹中，如图1-117所示。将图层移出文件夹也是同样的方法，如图1-118所示。

图1-117

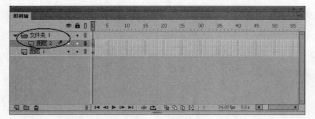

图1-118

实例015 编辑图层类型

实例位置　实例文件>CH01>实例015.fla

Flash中的图层与Photoshop中的图层功能相同，均是为了方便对图形及图形动画进行处理。Flash中图层的类型主要有普通层、引导层和遮罩层3种，用户可以通过使用【图层属性】面板来切换图层类型。

【操作步骤】

01 新建一个空白文档，【时间轴】中已经存在一个系统默认的普通层，该图层中自带一个空白关键帧位于【图层1】图层的第1帧，并且该图层初始为激活状态，如图1-119所示。

图1-119

02 新建【图层2】图层，然后在该图层上单击鼠标右键，在弹出的快捷菜单中选择【属性】，打开【图层属性】对话框，然后在该对话框选择【遮罩层】，如图1-120所示。

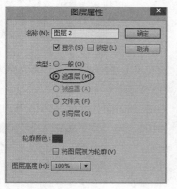

图1-120

03 设置完成后，单击【确定】按钮保存设置，【时间轴】面板中的【图层2】图层会自动切换为遮罩层，图标显示为 ，如图1-121所示。

图1-121

04 有了遮罩层，对应的也会有被遮罩层，遮罩图层只能位于被遮罩层的下方，其图标显示为 。选中【图层1】图层然后按住鼠标左键向上拖曳图层，至合适位置后释放鼠标即可，如图1-122所示。

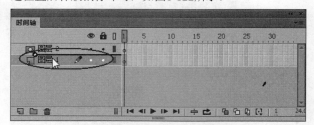

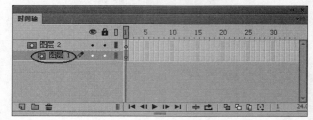

图1-122

05 新建一个图层，然后打开【图层属性】对话框，并在对话框中选择引导层，接着单击【确定】按钮，当前图层将被切换为引导层，图层图标显示为 ，如图1-123所示。

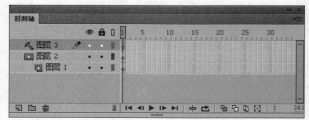

图1-123

■ 技巧与提示

引导图层主要用来引导动画对象的运动轨迹，当某个图层需要被引导时，直接将图层拖曳至引导层下方即可，如图1-124所示。引导图层的图标分为两种，分别为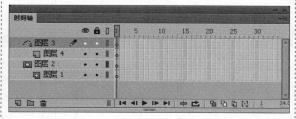和，当引导层下方存在被引导层时，引导层图标为，反之则为。

图1-124

【举一反三】

在制作Flash动画的过程中，用户也可以通过快捷菜单来切换图层类型，即在【时间轴】面板中单击鼠标右键，然后在弹出的快捷菜单中选择图层类型，如图1-125所示。

图1-125

实例016 切换图层的显示模式

实例位置 无

在Flash中，图层一般是处于显示状态，在制作动画的过程中，常常需要隐藏一些图层以方便编辑动画，用户可以根据自己的需要选择图层的显示模式。

【操作步骤】

01 打开【素材文件\CH01\素材02.fla】文档，如图1-126所示。

图1-126

02 选中需要修改图层显示模式的图层，然后单击鼠标右键，在弹出的快捷菜单中选择【属性】命令，打开【图层属性】对话框，如图1-127所示。

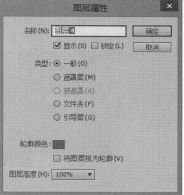

图1-127

03 默认情况下图层处于显示状态，单击【显示】选项，取消勾选，然后单击【确定】按钮即可隐藏图层，如图1-128所示。如果需要显示图层，再次打开【图层属性】对话框，勾选【显示】选项即可。

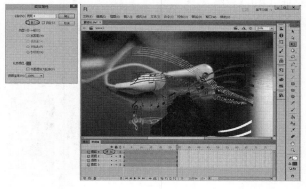

图1-128

04 在【图层属性】对话框中勾选【锁定】选项即可锁定当前图层，使图层处于不可编辑的图层。如果需要解锁图层，只需要取消勾选【锁定】选项即可，如图1-129所示。

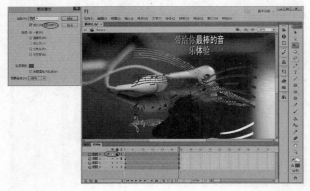

图1-129

05 在【图层属性】对话框中勾选【将图层显示为线框】选项即可将当前图层中的内容以轮廓线的方式显示，如图1-130所示。如果需要正常显示图层，只需要取消勾选【将图层显示为线框】选项即可。

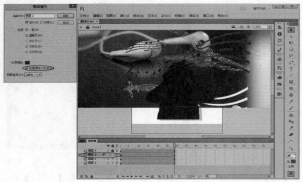

图1-130

06 在【图层属性】对话框中单击【轮廓颜色】的色块，即可调出【样本】面板，并在该面板中选择合适的轮廓颜色，如图1-131所示。

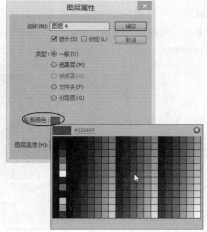

图1-131

【举一反三】

切换图层的显示模式也可以在【时间轴】面板中完成，单击【时间轴】面板中的 按钮，可以显示或隐藏所有图层，如图1-132所示。如果需要显示或隐藏单个图层，可以单击当前图层中与 按钮对齐的小圆点来隐藏或显示该图层，如图1-133所示。

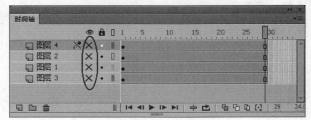

图1-132

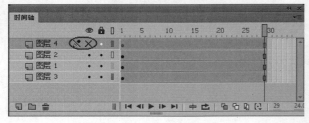

图1-133

单击【时间轴】面板中的【锁定或解除锁定所有图层】 按钮即可锁定或解锁所有图层，如需锁定单个图层，则单击该按钮下方的黑色圆点即可，如图1-134所示。

图1-134

单击【时间轴】面板中的【将所有的图层显示为轮廓】⬛按钮，即可将所有图层轮廓显示，如果需要使单个图层轮廓显示，则单击该按钮下方的色块，如图1-135所示。

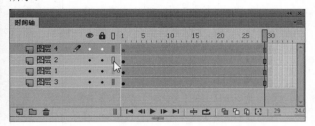

图1-135

技巧与提示

当所选择图层出现【铅笔】标志时，该图层处于可编辑状态，如图1-136所示。

图1-136

如果不是这样的图标，那该图层就是不可编辑图层，可能是被锁定或者取消可见等导致的，如图1-137所示。

图1-137

实例017 帧的新建与编辑

实例位置 实例文件>CH01>实例017.fla

根据人眼滞留的原理，动画中将1s划分为24帧，每一帧所包含的都是不同的画面，通过调整每一帧中的画面来达到动画的连贯性，Flash中也可以编辑帧的方式改变图层内容以达到动画的效果。

Flash中常用的帧主要分为普通帧、关键帧和空白关键帧，如图1-138所示，用户可以根据需要编辑帧的属性、内容或位置。

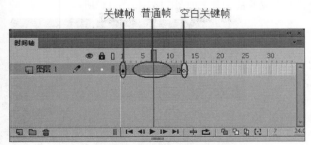

图1-138

【操作步骤】

01 新建一个Flash空白文档，然后使用【矩形工具】⬛在舞台中绘制一个任意色的矩形，接着

在【图层1】图层选中第20帧，如图1-139所示。

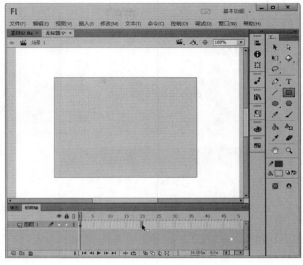

图1-139

02 保持对第20帧的选中，然后执行【插入\时间轴\帧】菜单命令，或按F5键插入帧，此时插入的帧为普通帧，如图1-140所示。

图1-140

【参数掌握】

■ **帧**：选中需要添加帧的位置，执行【修改\时间轴\帧】菜单命令，或按F5键，即可添加帧。

■ **关键帧**：选中需要添加关键帧的位置，执行【修改\时间轴\关键帧】菜单命令，或按F6键，即可添加关键帧。

■ **空白关键帧**：选中需要添加空白关键帧的位置，执行【修改\时间轴\空白关键帧】菜单命令，或按F7键，即可添加空白关键帧。

03 如果需要删除帧，用户可以选中需要被删除的单帧或者多个帧，如图1-141所示，选中【图层1】图层的第15帧~20帧。

图1-141

04 执行【编辑\时间轴\删除帧】菜单命令，或在被选中帧的位置单击鼠标右键，在弹出的快捷菜单中选中【删除帧】命令，即可删除被选帧，如图1-142所示。

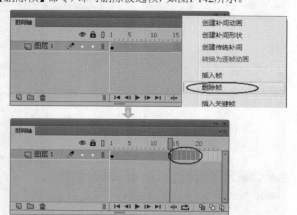

图1-142

05 如果需要复制帧，可以使用鼠标选中需要被复制的帧，然后按住Alt键将被选中的帧拖曳到需要的位置，即可完成复制，如图1-143所示。用户也可以使用右键快捷菜单中的【复制帧】和【粘贴帧】命令完成对帧的复制操作，如图1-144所示。

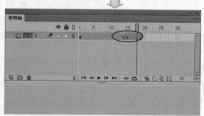

图1-143   图1-144

【举一反三】

在Flash中还有一个和【删除帧】命令相似的命令，即【清除帧】命令，它的操作方法如下。

选择需要清除的帧或序列帧，执行【编辑\时间轴\清除帧】菜单命令，可将所选帧的内容清除。也可以在选择的帧或序列帧单击鼠标右键，在弹出的菜单中选择【清除帧】命令，如图1-145所示。

清除帧所清除的只是当前选中帧的内容，被清除后当前帧会变为空白关键帧，并且该帧的下一帧都会被自动转换为关键帧。

疑问解答

问：【删除帧】和【清除帧】有什么区别？
答：【删除帧】是将所选择的帧删除，在删除帧的同时也删除了帧中的内容；【清除帧】只是清除帧中的内容，而不删除帧。

选中将要添加帧（关键帧或空白关键帧）的位置，单击鼠标右键，在弹出的菜单中选择【插入帧（关键帧或空白关键帧）】命令，如图1-146所示，也可以添加帧（关键帧或空白关键帧）。

图1-145   图1-146

选中某一帧或序列帧，然后将鼠标指针放置在所选帧范围内，鼠标指针变成时，按住鼠标左键并拖动，即可移动帧的位置，如图1-147和图1-148所示。

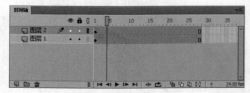

图1-147

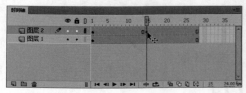

图1-148

实例018 导入序列图片

实例位置 实例文件>CH01>实例018.fla

序列图片在制作连续的动画时常常会用到，合理的运用序列图片可以节省动画的时间成本。在Flash中用户可以使用【导入】命令，将序列导入到对应的帧中。

【操作步骤】

01 新建一个Flash空白文档，然后执行【文件\导入\导入到舞台】菜单命令，打开【导入】对话框，然后在对话框中选择【素材文件\CH01\人物01.png】，如图1-149所示。

图1-149

02 单击【打开】按钮，会弹出一个询问窗口，询问是否导入序列图像，如图1-150所示。

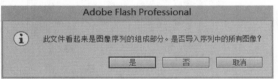

图1-150

03 单击【是】按钮选中文件的序列图即可被导入到舞台中，并且会自动在时间轴中创建序列关键帧，每一帧中放置对应的序列图，如图1-151所示。

图1-151

04 按Ctrl+S快捷键保存文件，然后按快捷键Ctrl+Enter测试影片，最终完成效果如图1-152所示。

图1-152

> **技巧与提示**
>
> 导入序列图片时，图片素材的编号必须以直接的数值结尾，不能使用括号，例如：（01），以这样的方式结尾的图片命名，即使序列正确也不能被序列导入到舞台中。

实例019 将对象分散到图层或帧

实例位置 实例文件>CH01>实例019.fla

在制作Flash动画的过程中，常常需要导入大量的素材，为了方便编辑，用户可以将素材分散到对应的图层或帧中。

【操作步骤】

01 运行Flash CC，然后执行【文件\打开】菜单命令，打开【素材文件\CH01\素材03.fla】文件，如图1-153所示。

图1-153

02 使用【选择工具】 选中舞台中的所有对象，然后单击鼠标右键，在弹出的快捷菜单中选择【分散到图层】命令，如图1-154所示。

03 单击该命令后，被选中的动画对象会根据排列的层次分散到独立的图层中，图层名称为对象名称，如图1-155所示。

图1-154　　　　　图1-155

技巧与提示

在将对象分散到图层中之前，用户可以先建立动画的时长，即添加帧，然后再执行分散到图层命令，每一个图层的时长都会是一致的。

04 用户也可以将素材分散到关键帧中，但这种方式常用于对序列动画内容的编辑。单击【显示或隐藏所有图层】按钮，将所有图层隐藏，然后显示【图层4】图层，如图1-156所示。

图1-156

05 接着执行【文件\导入\导入到舞台】菜单命令，然后在【导入】对话框中选中【素材文件\CH01\钟表

1.png~钟表5.png】导入到舞台中，如图1-157所示。

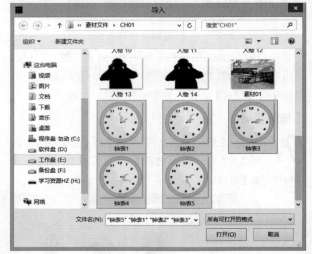

图1-157

06 单击【打开】按钮，将素材文件导入到舞台中，然后在素材文件位置单击鼠标右键，在弹出的快捷菜单中选择【分布到关键帧】选项，即可将素材分布到关键帧，【图层4】图层的第1帧会自动转换为空白关键帧，如图1-158所示。

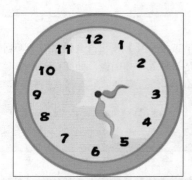

图1-158

实例020　翻转帧

实例位置　　实例文件>CH01>实例020.fla

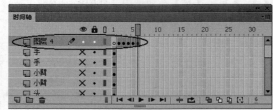

【翻转帧】的功能是将选定的一组帧按照顺序翻转过来，使最后1帧变为第1帧，第1帧变为最后1帧，反向播放动画。

【操作步骤】

01 新建一个Flash空白文档，然后执行【文件\导入\导入到舞台】菜单命令，打开【导入】对话框，然后选择【素材文件\CH01\图1.jpg】，如图1-159所示。

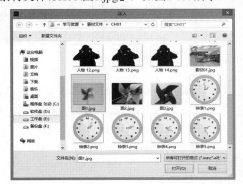

图1-159

02 单击【打开】按钮，并在弹出的询问窗口中单击【是】按钮，导入序列图片，如图1-160所示。

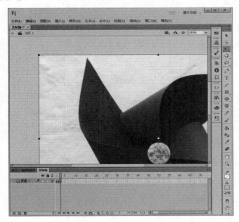

图1-160

03 执行【修改\文档】菜单命令，打开【文档设置】对话框，然后在对话框中单击【匹配文档】按钮，使【舞台大小】与图片大小匹配，如图1-161所示。

图1-161

04 选中第1帧和第2帧，然后按住Alt键拖曳选中帧至第4帧位置后释放鼠标，完成复制帧的操作，如图1-162所示。

图1-162

05 保持对第4帧和第5帧的选中，然后单击鼠标右键，在弹出的快捷菜单中选择【翻转帧】，如图1-163所示。

06 选择翻转帧后，所选序列帧的顺序将会颠倒，即第4帧转换为最后一帧，如图1-164所示。

图1-163

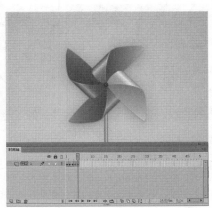

图1-164

实例021 场景的新建与编辑

实例位置 无

　　场景可以比作一篇文章的一段话，一个场景动画是整个动画的一部分。在制作动画时，用户可以将动画分为几段分布在不同的场景中，这样可以避免混淆，如果是很简短的小动画就没有必要添加场景。

【操作步骤】

01 单击【添加场景】 按钮，即可新建一个场景，场景名称一般采用默认的【场景+数字】命名，如图1-165所示。执行【插入\场景】菜单命令也可以添加新的场景。

图1-165

02 单击【删除场景】 按钮，即可删除被选择的场景。在删除场景时，Flash会提示用户是否确实要删除所选场景，如图1-166所示。

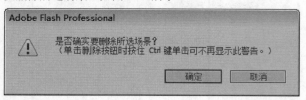

图1-166

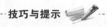 **技巧与提示**

当【场景】面板中只有一个场景时，该场景不能被删除。

03 在【场景】面板中单击并拖动场景到需要的位置，此时会出现一条蓝色的线段，如图1-167所示。释放鼠标，即可更改场景的顺序，如图1-168所示。

图1-167 图1-168

? 疑问解答

问：在Flash影片为何要建立多个场景？

答：一是可以方便编辑，将单个镜头分别放置在不同的场景中，便于修改；二是防止在时间轴中的帧数过多时影片编辑出现错误。

04 在【场景】面板中双击场景名称，激活文本框，如图1-169所示，输入新的名字并按Enter键确认。

05 当不同的场景中具有相关的内容时，为了避免过多的重复操作，可单击【场景】面板中【重制场景】 按钮，直接复制场景，如图1-170所示。

图1-169 图1-170

技巧与提示

当一部Flash动画由多个场景组成时，影片会从第一个场景的第1帧开始播放，当播放到第1个场景的最后一帧时，会播放第2个场景的第1帧，一直播放到最后一个场景的最后一帧为止。

【举一反三】

用户可以根据需要查看指定的场景，在Flash中查看指定场景的方法有两种。执行【视图\转到】菜单命令，在它的子菜单中即可选择需要查看的场景，如图1-171所示。

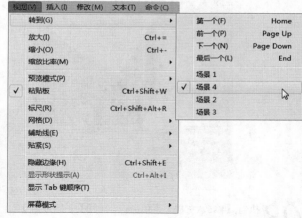

图1-171

单击【编辑栏】中的选项来切换场景，如图1-172所示，在弹出的下拉菜单中选择需要查看的场景。

图1-172

实例022 洋葱皮的启用与关闭

实例位置 实例文件>CH01>实例022.fla

在时间轴的下方有一个工具条，在制作动画的过程中灵活运用这些工具可以帮助用户快速完成动画效果，其中【绘图纸外观】 、【绘图纸外观轮廓】 和【编辑多个帧】 被动画师们称为【洋葱皮工具】，使用【洋葱皮工具】可以改变帧的显示方式，方便动画设计者观察动画的细节。

【操作步骤】

01 执行【文件\打开】菜单命令，打开【素材文件\CH01\素材04.fla】文档，如图1-173所示。

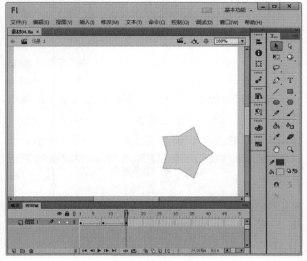

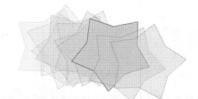

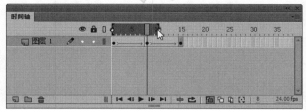

图1-173

02 单击【时间轴】面板中【绘图纸外观】 按钮即可启用洋葱皮，如图1-174所示。

图1-175

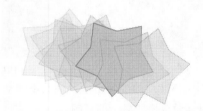

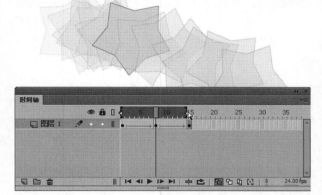

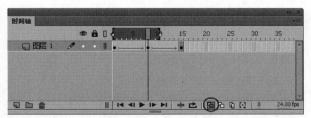

图1-174

图1-176

03 启用洋葱皮后，拖曳时间轴标尺上方的洋葱皮显示标记，即可更改洋葱皮的显示范围，如图1-175所示。

04 单击【绘图纸外观轮廓】 按钮，可以直接切换当前的洋葱皮模式，切换后舞台中的对象呈轮廓线模式显示，但当前选中的帧显示原始图形，如图1-176所示。

05 单击【编辑多个帧】 按钮，可以将显示范围内的关键帧以原始图形显示，同时还可以对多个关键帧进行编辑，如图1-177所示。

06 如果需要关闭洋葱皮，再次单击对应的按钮即可，如图1-178所示。

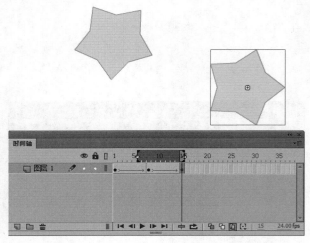

图1-177

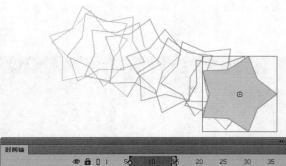

图1-178

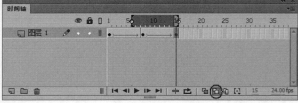

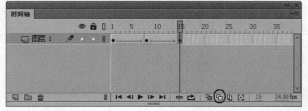

【参数掌握】

■ **帧居中**：使选中的帧居中显示。

■ **循环**：单击鼠标左键激活此按钮，时间轴标尺的上方会出现一段黑色标记，按Enter键预览动画标记范围内的动画呈循环播放的模式，如图1-179所示。

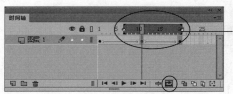

此范围中的动画呈循环播放

图1-179

■ **修改标记**：这个按钮决定了洋葱皮显示的方式。该按钮包括一个下拉工具条，其中有7个选项，如图1-180所示。

始终显示标记
锚定标记
切换标记范围
标记范围 2
标记范围 5
标记所有范围
获取"循环播放"范围

图1-180

■ **始终显示标记**：默认情况下标记范围是跟随播放头而移动的，单击鼠标左键激活此项，标记范围始终显示为首次被选中帧的标记范围，如图1-181所示。

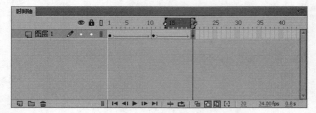

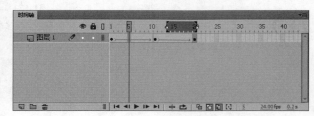

图1-181

■ **锚定标记**：固定洋葱皮的显示范围，使其不随动画的播放而改变以洋葱皮模式显示的范围。

■ **切换标记范围**：激活锚定标记后，此选项才能被使用，可以随机切换【标记所有范围】和【获取'循环播放'范围】的标记范围。

■ **标记范围2**：以当前帧为中心的前后两帧范围内以洋葱皮模式显示，如图1-182所示。

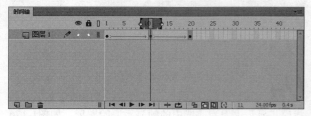

图1-182

■ **标记范围5**：以当前帧为中心的前后5帧范围内以

洋葱皮模式显示，如图1-183所示。

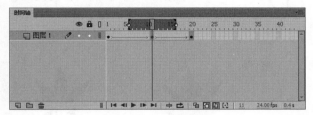

图1-183

- 标记所有范围：将所有的帧以洋葱皮模式显示，如图1-184所示。

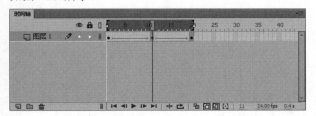

图1-184

- 获取【循环播放】范围：单击此项，可以获取【循环播放】是设定的标记范围。

【举一反三】

在制作动画时，可以将【绘图纸外观轮廓】和【编辑多个帧】的显示效果同时开启，这样做的目的是快速完成中间张的制作，开启后的效果如图1-185所示。

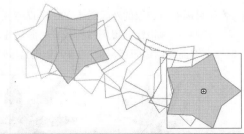

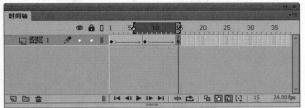

图1-185

实例023 对象的复制与粘贴

实例位置　实例文件>CH01>实例023.fla

合理的重复利用对象可以减少制作动画时的工作量，本实例将使用3种不同的复制方式来复制对象。

【操作步骤】

01 使用【选择工具】选中需要复制的对象，然后按住Alt键，同时按住鼠标左键拖曳对象，当光标变成时，表示对象复制成功，接着将被复制的对象拖曳到对应位置，释放鼠标即可，如图1-186所示。

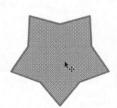

图1-186

技巧与提示

在拖曳对象的过程中必须一直按住Alt键才可以完成复制，反之则复制失败。

02 选中对象后，按快捷键Ctrl+C复制对象，然后按快捷键Ctrl+V粘贴对象，以这种方式复制的对象一般为舞台的中心位置，如图1-187所示。

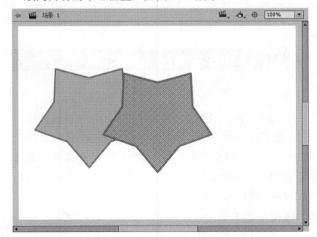

图1-187

03 选中对象后，按快捷键Ctrl+C复制对象，然后按快捷键Ctrl+Shift+V原位粘贴对象，即粘贴对象依旧在原来的位置，需要移动粘贴对象即可看到原始对象，如图1-188所示。

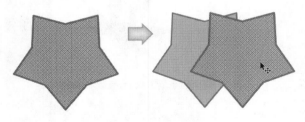

图1-188

【举一反三】

复制对象也可以在右键快捷菜单中完成，其操作步骤如下。

图1-189

第1步：选中需要复制的对象，然后在对象位置单击鼠标右键，并在弹出的快捷菜单中选择【复制】命令，如图1-189所示。

第2步：单击此项后，再次单击鼠标右键，然后在弹出的快捷菜单中选择对应的粘贴命令即可，如图1-190所示。

图1-190

实例024　用任意变换工具变换对象

实例位置　无

Flash动画的制作过程其实是一个不断调整的过程，它是生活的一种还原，很多时候都需要不停地编辑或者变换对象来获得想要的画面，使整段Flash动画具有很强的趣味性。在Flash中，用户可以使用【任意变形工具】对舞台中的对象进行缩放或者变形。

【操作步骤】

01 旋转就是选中图像按照一定的角度旋转，选择工具箱中的【任意变形工具】，然后移动光标至对象位置，并单击鼠标左键选中对象，如图1-191所示。

图1-191

02 将鼠标指针移动至选取框的4个角点之一时，鼠标指针变成↻，按住鼠标左键拖曳对象，待旋转至满意位置时，释放鼠标。此时旋转完成，如图1-192所示。

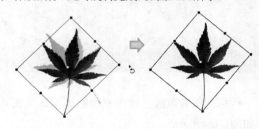

图1-192

技巧与提示

在缩放对象的时候，用户可以通过调整中心点来定义缩放的方向。

----

03 将鼠标指针放置到区域边线，当光标变成↔时，按住鼠标左键左右拖曳鼠标，对象就会出现倾斜，如图1-193所示。倾斜至满意位置时，释放鼠标即可使对象倾斜。

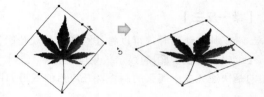

图1-193

04 如果需要对选取的对象做水平、垂直缩放，可以分别将鼠标指针放置到横向或者纵向边线，然后按住鼠标左键拖曳鼠标即可，如图1-194和图1-195所示。

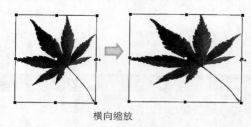

横向缩放

图1-194

纵向缩放

图1-195

【举一反三】

执行【修改\变形】菜单命令，可以在【变形】的子菜单中看到【任意变形】【扭曲】和【垂直翻转】等菜单命令，使用这些命令也可以对选中的对象进行变化，如图1-196所示。

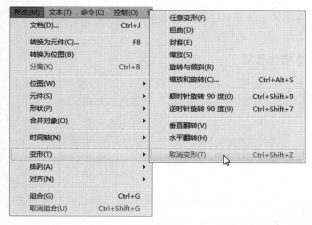

图1-196

【参数掌握】

■ **任意变形：**与【任意变形工具】使用方法一致。

■ **扭曲：**与【任意变形工具】中【扭曲】使用方法一致。

■ **封套：**与【任意变形工具】中【封套】使用方法一致。

■ **缩放：**与【任意变形工具】中【缩放】使用方法一致。

■ **旋转与倾斜：**与【任意变形工具】中【旋转与倾斜】使用方法一致。

■ **缩放和旋转：**在弹出的【旋转和缩放】对话框中，精确地进行缩放和旋转的操作，快捷键为Ctrl+Shift+S，如图1-197所示。很多Flash动画师在制作动画时，常常用到该面板，主要是其能精确地使素材进行缩放和旋转的操作，使动画具有活力。

■ **顺时针旋转90度：**使选择对象顺时针旋转90度。

■ **逆时针旋转90度：**使旋转对象逆时针旋转90度。

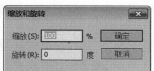

图1-197

■ **垂直翻转：**使选择对象在垂直方向倒置，如图1-198所示。

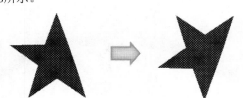

图1-198

■ **水平翻转：**使选择对象在水平方向倒置，如图1-199所示。

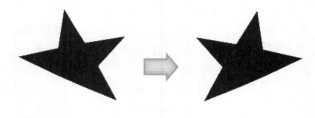

图1-199

实例025 位图与矢量图的转换

实例位置　实例文件>CH01>实例025.fla

在Flash中可以将位图转换为矢量图，便于对图像处理，满足动画制作的需求。

【操作步骤】

01 新建一个Flash文档，执行【文件\导入\导入到舞台】菜单命令，导入【素材文件\CH01\场景.jpg】，如图1-200所示。

图1-200

02 选中导入的图像，执行【修改\位图\转换位图为矢量图】菜单命令，如图1-201所示。

图1-201

03 在【转换位图为矢量图】对话框中，给【颜色阈值】输入色彩容差值，为【最小区域】输入色彩转换最小差别范围大小，在【角阈值】下拉列表中设置图像转换折角效果，在【曲线拟合】下拉列表中选择绘制的轮廓的平滑程度，如图1-202所示。

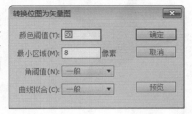

图1-202

技巧与提示

将位图转换成矢量图时，设置的颜色阈值越小，折角越多，则取得的矢量图形越清晰，文件越大；设置的色彩阈值越大，折角越少，则转换后图形中的颜色方块越少，文件越小。

---

04 单击 确定 按钮，即可将位图转换为矢量图，如图1-203所示。

图1-203

05 按快捷键Ctrl+S保存动画文件，按快捷键Ctrl+Enter测试影片，最终效果如图1-204所示。

图1-204

实例026 将线条转换为填充

实例位置　无

在绘制对象的时候，首先需要绘制对象的轮廓线，然后对空白区域进行颜色填充即可。但是在绘制一些比较细致的区域时，例如眉毛，用户可以直接将线条转换为填充进行编辑。

【操作步骤】

01 新建一个Flash空白文档，然后使用【线条工具】 ╱ 在舞台绘制一条横线，如图1-205所示。

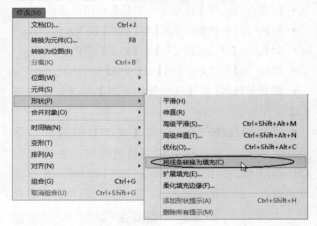

图1-205

02 使用【选择工具】选中线条，然后执行【修改\形状\将线条转换成填充】菜单命令，如图1-206所示，即可将线条转换为填充。接着使用【选择工具】调整横线的弧度，最终完成效果如图1-207所示。

图1-206

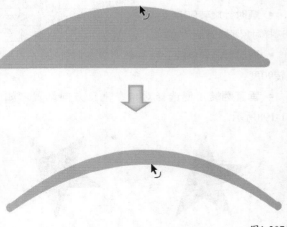

图1-207

实例027 新建或转换元件

实例位置　无

元件其实就是Flash动画中的运动对象，在制作一段Flash动画时会用到大量元件，通过对不同的元件内容进行编辑，制作出精彩的动画，本实例将使用【新建元件】命令或【转换为元件】命令把素材转换为元件。

【操作步骤】

01 新建一个Flash空白文档，然后执行【修改\创建元件】菜单命令，如图1-208所示，或按快捷键Ctrl+F8。打开【创建新元件】对话框，并在对话框中设置好对应的参数，如图1-209所示。

图1-208　　　　　　　　　　　　　　　图1-209

02 单击【确定】按钮即可在舞台中创建一个没有任何内容的空白元件，并进入元件编辑区，使用【多角星形工具】 在工作区中绘制一个任意多边形，如图1-210所示。绘制完成后在工作区的空白位置双击鼠标左键即可回到主场景，此时【库】面板中会出现一个元件，如图1-211所示。

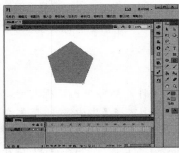
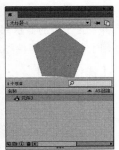

图1-210　　　　　　　　　　　　　　　图1-211

03 选中该元件，然后按住鼠标左键拖曳鼠标至舞台位置释放鼠标，即可将当前选中的元件应用到舞台中，如图1-212所示。

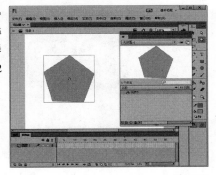

图1-212

04 如果用户将已有素材转换成元件，即已经绘制好的图形，可以单击鼠标右键，在弹出的快捷菜单中选择【转换为元件】命令，打开【转换为元件】对话框，如图1-213所示。设置好对应的参数后，单击【确定】按钮即可将选中的素材转换为元件。

图1-213

技巧与提示

选择需要转换成元件的素材，执行【修改\转换为元件】菜单命令，或按F8键也可以快速将选中的素材转换为元件。

【举一反三】

【转换为元件】对话框比【创建新元件】对话框多了一个【对齐】设置，其他设置一样。对齐设置可以设置元件的【注册点】，默认状态下为居中。

？ 疑问解答

问：【中心点】与【注册点】有什么区别？

答：【中心点】是素材发生形变时，以此点为轴进行变化。【注册点】是元件中工作区的中心，也是ActionScript调用、编辑元件的点。如使用ActionScript将某元件放置在某个位置时，输入的坐标为该元件【注册点】所在的坐标。

当舞台中出现多个元件时，用户可以使用右键快捷菜单中的层次命令调节元件的层次关系，这样的方式在调整组的层次关系时同样适用，如图1-214所示。

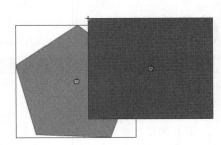

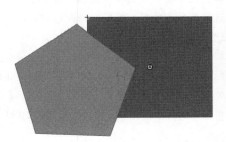

图1-214

实例028 将对象转换为组

实例位置　无

组与元件最大的区别就是，它不会被存储在库中。当一个对象被转换为组后，对象周围会出现浅蓝色的边框，但没有中心点。

【操作步骤】

01 创建组的方式比较简单，先选择需要创建组的素材，然后执行【修改\组合】菜单命令（快捷键是Ctrl+G），如图1-215所示。

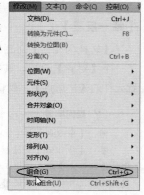

图1-215

02 双击组即可进入组内部，用户可以对组进行编辑，此时【编辑栏】中会出现如图1-216所示的信息。

图1-216

【举一反三】

合并的组可以进行分解。选择组，执行【修改\分离】菜单命令（快捷键是Ctrl+B）即可分离组；也可以选择要分离的组，然后单击鼠标右键，在弹出的菜单中选择【分离】命令。

如果一个组是由多个组组成的，那么进行【分离】后，该组将以多个组的形式表现出来，如图1-217所示；如果一个组中只包含了一个形状，执行【修改\分离】菜单命令后，该组将会变为一个形状，如图1-218所示。

图1-217

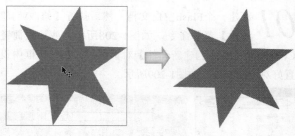

图1-218

实例029 生成Sprite表

实例位置　无

【Sprite表】是一个图形图像文件，该文件中包含所选元件中使用的所有图形对象。在Flash中，3种元件都可生成Sprite表。

可以把Sprite对象理解成没有时间轴的元件，和影片剪辑类似，可以存储动画。Sprite类似一个可以显示图形并包含子项的显示列表节点，在不需要时间轴时，常被用于用户界面组件作为逻辑基类。

【操作步骤】

01 选择单个或多个元件，然后单击鼠标右键，在弹出的快捷菜单中选择【生成Sprite表】命令，如图1-219所示。

02 打开【生成Sprite表】对话框，可以在对话框中看到被选中的元件呈水平方向依次排列，如图1-220所示。

图1-219　　　　图1-220

03 单击【导出】按钮即可将原件中所有的动画图片排列为一张图片，并将其存储到文档存储位置，如图1-221所示。

图1-221

技巧与提示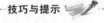

在开始导出前，用户可以在【生成Sprite表】对话框中设置导出图片的【格式】【大小】和【图片背景】。

实例030 将元件导出为序列图

实例位置 无

元件中制作完成的对象可以将其导出为序列图像，这些图像在后期动画调整的过程中起着至关重要的作用，本实例将使用【导出图像】的命令，导出元件中的动画。

【操作步骤】

01 执行【文件\打开】菜单命令，打开【素材文件\CH01\素材030.fla】，如图1-222所示。

图1-222

02 按Enter将播放【时间轴】中的动画，可以看到舞台中的人物眨眼、说话的动画，如图1-223和图1-224所示。双击人物，可以进入人物元件的编辑区，在编辑区的【时间轴】中可以看到，该段动画的时间长度为20帧，如图1-225所示。

图1-223

图1-224

图1-225

03 执行【窗口\库】菜单命令，打开【库】面板，然后在面板中选择【小豆豆】元件，如图1-226所示。接着单击鼠标右键，在弹出的快捷菜单中选择【导出PNG序列】命令，如图1-227所示。

图1-226   图1-227

04 在弹出的【导出PNG序列】对话框中，选择对应的存储路径，然后更改【文件名】，再单击【保存】按钮，如图1-228所示。接着会弹出【导出PNG序列】的属性设置对话框，在该对话框中设置【分辨率】为150dpi，最后单击【导出】即可，如图1-229所示。

图1-228   图1-229

05 单击【导出】后，会弹出【正在导出图像序列】对话框，对话框中会显示导出的进度，如图1-230所示。当进度显示100%时则完成导出，打开存储文件位置，即可查看被导出的图片，图片以【文件名+序号】的命名方式排列，如图1-231所示。

图1-230

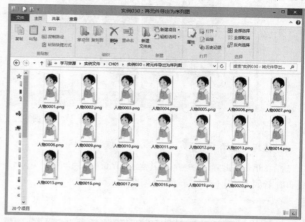

图1-231

第2章
绘图工具的使用

■用魔术棒去除图片背景/54页

■用矩形工具绘制漂流瓶/64页

■用径向渐变绘制光晕/68页

■用矩形工具绘制电视机/70页

■用线性渐变绘制毛笔/72页

■用位图填充绘制计算机屏幕/75页

■用钢笔工具绘制阿狸/80页

■用铅笔工具绘制蔷薇/84页

■综合使用绘图工具绘制背景/89页

■综合使用绘图工具制作卡通角色/92页

网页设计师　　广告设计师　　游戏特效师　　动画设计师　　交互设计师

02

实例 **031** 用魔术棒去除图片背景

实例位置：实例文件>CH02>实例031.fla

设计思路分析

当用户需要处理背景色为纯色或色彩区分明显的图片时，可以使用【魔术棒】🔍去除素材图片的背景，快速抠出所需图像，本实例最终完成效果如图2-1所示。

图2-1

【操作步骤】

01 执行【文件\新建】菜单命令，新建一个空白文档，设置【舞台大小】为550像素×400像素。

02 执行【文件\导入\导入到舞台】菜单命令，导入【素材\CH02\素材02.jpg】图像作为背景，如图2-2所示。

图2-2

03 单击【新建图层】按钮，新建一个图层，然后执行【文件\导入\导入到舞台】菜单命令，导入【素材\CH02\素材01.jpg】图像，如图2-3所示。

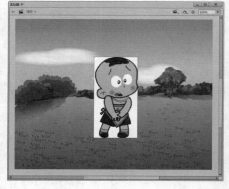

图2-3

? 疑问解答

问：导入序列素材图片时出现对话框该怎么办？

答：这是系统默认的提示框，单击【否】即可，因为目前所用的这张图片只是一张单纯的JPEG图像，没有任何序列图片，如图2-4所示。

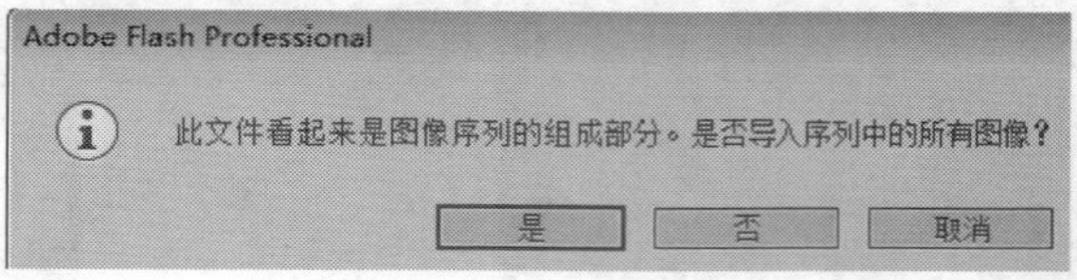

Adobe Flash Professional

ⓘ 此文件看起来是图像序列的组成部分。是否导入序列中的所有图像？

| 是 | 否 | 取消 |

图2-4

04 选中对象，然后单击鼠标右键，并选择快捷菜单中的【分离】命令，或者按快捷键Ctrl+B将位图分离为形状，如图2-5所示。然后选择【魔术棒】🔍工具，选择需要删除的部分，如图2-6所示。

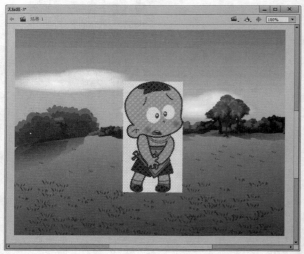

图2-5

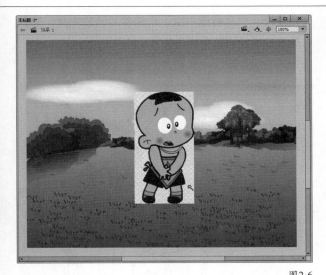

图2-6

05 按Delete键删除选中对象，然后按快捷键Ctrl+S 保存文件，并按快捷键Ctrl+Enter测试影片，最终效果如图2-7所示。

图2-7

【参数掌握】

在选择【魔术棒】 后，属性面板中将会出现【魔术棒】 的参数，如图2-8所示，用户可以设置参数来获得更精准的选择效果。

图2-8

■ **阈值：** 用来设置【魔术棒】 包含的相邻颜色值的色宽范围。阈值的设定范围是0~200，设置的数值越高，选定的相邻颜色的范围就越广，如图2-9所示。

图2-9

■ **平滑：** 用来设定选定区域的边缘平滑程度。单击【一般】下拉按钮，在弹出的下拉列表中分别有【像素】【粗略】【一般】和【平滑】4个选项，如图2-10所示。

图2-10

■ **像素：** 对象被选中后，其边缘为锯齿状，以像素的方式划分选中与未选中，对颜色的分辨比较严格，如图2-11所示。

图2-11

■ **粗略：** 对象被选中后，其边缘并不会有过多的锯齿，相对比较平整，选取范围相对【像素】更广，如图2-12所示。

图2-12

- **一般**：对象被选中后的效果和【粗略】的效果是基本一致的，唯一不同的就是边缘更加平滑了一些，如图2-13所示。

- **平滑**：对象被选中后，边缘相对比较平滑，并且对颜色的区分比较明确，如图2-14所示。

图2-13

图2-14

实例 032 用线条工具绘制小兔子

实例位置：实例文件>CH02>实例032.fla

设计思路分析

【线条工具】 ✐ 和【选择工具】 ▶ 在绘制图形的过程中使用率极高，有效地运用这两个工具可以帮助用户快速绘制出精美的图形。本实例将使用【线条工具】 ✐ 和【选择工具】 ▶ 绘制一只可爱的小兔子，最终完成效果如图2-15所示。

图2-15

【操作步骤】

01 新建一个Flash文档，然后执行【修改\文档】菜单命令，设置【舞台大小】为760像素×430像素，如图2-16所示。

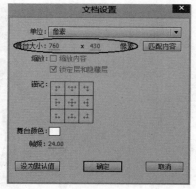

图2-16

02 首先开始绘制兔子的头部，选择工具箱中的【线条工具】 ◯，然后在【属性】面板中设置【笔触颜色】为黑色，【填充颜色】为无，【笔触高度】为3.00，如图2-17所示。

图2-17

03 移动鼠标指针至舞台中，然后按住Shift键拖曳鼠标，绘制出一个圆，如图2-18所示。接着使用【选择工具】 ▶ 调整圆的外轮廓，如图2-19所示。

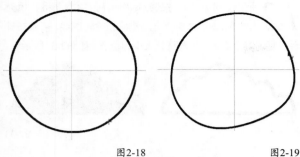

图2-18　　　　　　　　　　　　图2-19

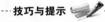
04 使用【线条工具】◉在头部下方绘制一个椭圆，并使用【任意变形工具】▣将其旋转至合适位置，如图2-20所示。然后使用【选择工具】▶将椭圆的外轮廓调整至兔子眼睛的形状，如图2-21所示。

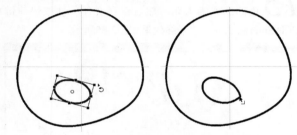

图2-20　　　　　　　　　　　　图2-21

05 使用【线条工具】◢绘制出兔子的右眼，并调整其弧度，如图2-22所示。执行【修改\形状\将线条转换为填充】菜单命令，然后使用【部分选取工具】▶对填充形状进行调整，使其外轮廓为眨眼的形状，如图2-23所示。

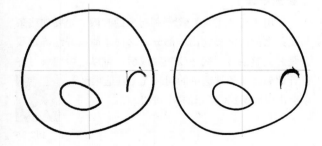

图2-22　　　　　　　　　　　　图2-23

06 使用【线条工具】◢在头部位置绘制出兔子耳朵的外轮廓，如图2-24所示。然后使用【选择工具】▶删除多余线段，并调整直线的弧度，接着使用【部分选取工具】▶调整耳朵的外轮廓，如图2-25所示。

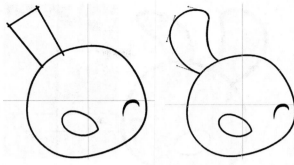

图2-24　　　　　　　　　　　　图2-25

07 使用同样的方式绘制兔子的另外一只耳朵，如图2-26所示，然后开始绘制兔子的身体部分，完成后效果如图2-27所示。

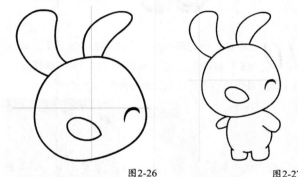

图2-26　　　　　　　　　　　　图2-27

08 使用【线条工具】◉绘制出一个圆，然后使用【选择工具】▶将圆形移动至兔子的身体上，如图2-28所示。接着选中多余的线段，并按Delete键删除，如图2-29所示。

图2-28　　　　　　　　　　　　图2-29

09 选中兔子外轮廓线，然后在【属性】面板中将【笔触高度】更改为6.00，接着选择【颜料桶工具】◈，并在颜色面板中设置填充色为浅粉色（红:255，绿:211，蓝:217），最后在填充区域单击鼠标右键进行填充，如图2-30所示。

图2-30

10 选中舞台中的所有形状，然后在【颜色】面板中将【笔触颜色】更改为粉色（红:255，绿:165，蓝:177），并更改右眼的填充色也为粉色，如图2-31所示。

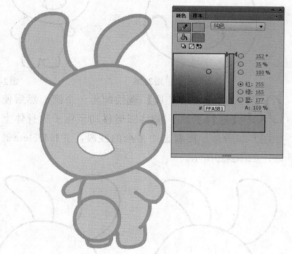

图2-31

11 使用【线条工具】 ◎ 分别绘制出兔子的瞳孔和眉毛，其填充色分别为粉色和深粉色，如图2-32所示。

图2-32

12 使用绘制兔子的方式绘制出一丛灌木，并将其填充为绿色，如图2-33所示。然后删除轮廓线，接着在舞台中复制多个灌木，并调整其大小和位置，如图2-34所示。

图2-33

图2-34

13 使用【线条工具】 ◎ 在舞台左上方绘制一个黄色的圆作为太阳，然后保存文件，并按快捷键 Ctrl+Enter测试影片，最终效果如图2-35所示。

图2-35

【参数掌握】

使用【线条工具】 ✏ 绘制对象的时候一定要使线条与线条之间的衔接超出一部分，这样才能很好地确定线条是否完整衔接。线条绘制完成后，可以选中线条对齐进行调整，线条被选中的同时【工具选项区】中会出现如图2-36所示的3个按钮。

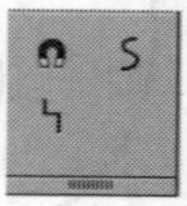

图2-36

■ 紧贴至对象 🔊 ：单击激活此按钮后，在舞台中绘制线条，能够获得和【线条工具】 ✏ 中的【紧贴至对象】 🔊 一样的效果。

■ 平滑 S ：它是可以简化选定曲线的按钮，让曲线变得更加优美。使用【选择工具】 ▶ 选中曲线，然后单击【工具箱】下端选项中【平滑】S，可以优化曲线，如图2-37所示。

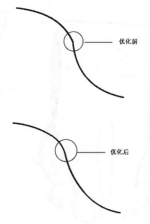

• 伸直⤷：只能对有弧度的线条进行操作，使用【选择工具】▶选中曲线，然后单击【工具箱】下端选项中【伸直】⤷，可以减少弯曲，如图2-38所示。

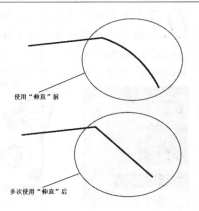

图2-37

图2-38

实例 033 用颜料桶工具绘制花猫

实例位置：实例文件>CH02>实例033.fla

设计思路分析

【线条工具】☑常被用来绘制一些简单的图形，通常是先使用【线条工具】建立几何形的外轮廓，然后使用【线条工具】▶对外轮廓进行编辑，接着使用【颜料桶工具】🪣填充合适的颜色即可完成图形的绘制。本实例中的花猫采用了同种方式绘制，最终效果如图2-39所示。

图2-39

【操作步骤】

01 新建一个Flash文档，然后执行【修改\文档】菜单命令，设置【舞台大小】为600像素×450像素，如图2-40所示。

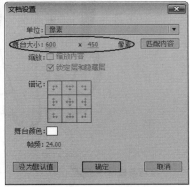

图2-40

02 在开始绘制之前，首先分析一下小猫，可以把小猫分成头部、身体和尾巴三大部分来进行绘制。使用【线条工具】☑和【线条工具】▶绘制头部，如图2-41所示。

图2-41

03 下面开始给小猫的头部填充颜色。选中工具
箱中的【颜料桶工具】，然后设置颜色为
（红:123，绿:80，蓝:58），如图2-42所示。再将鼠标指针
移动到相应位置单击鼠标左键进行填充，如图2-43所示。

图2-42   图2-43

04 更改颜色为（红:242，绿:209，蓝:202），如图
2-44所示。然后将光标移动到相应位置单击鼠标
左键进行填充，如图2-45所示。

图2-44   图2-45

05 使用同样的填充方式，为花猫头部的其他区域填
充颜色，如图2-46所示。

图2-46

06 开始绘制小猫的身体。在【图层1】图层中绘制
一个小猫的身体，然后使用【颜料桶工具】进行
填充，如图2-47所示。接着选中绘制好的小猫头将它拖
曳到与小猫身体对应的位置，如图2-48所示。

技巧与提示

　　这里绘制的是一只坐着的小猫，需要注意的是小猫前肢
和后肢的前后关系。

图2-47   图2-48

07 选择【线条工具】，绘制出猫尾的大概轮
廓，并调整其弧度，然后使用【颜料桶工具】
给尾巴填充颜色，如图2-49所示。接着选择绘制好的
花猫身体，将它拖曳到尾巴的相应位置，整只花猫就绘
制完成了，如图2-50所示。

图2-49

图2-50

技巧与提示

　　在绘制花猫的尾巴的时候，一定要注意透视关系，即
【近大远小】。

08 选中【颜料桶工具】 ，将【笔触颜色】更改为（红:99，绿:64，蓝:46），如图2-51所示。然后移动光标，在花猫的线条位置单击鼠标左键填充，如图2-52所示。

图2-51　　　　　　　　　　　图2-52

09 开始绘制阴影，本实例可以把阴影分为身体和地影两个部分来进行绘制，新建一个名为【草稿】的图层，然后用【刷子工具】 绘制出阴影的大致位置，如图2-53所示。

10 新建一个图层，并将其命名为【阴影】，然后选择整只花猫将其原位复制到【阴影】层，接着使用【铅笔工具】 沿着绘制好的草稿描画出花猫的阴影轮廓，如图2-54所示。

光源

图2-53　　　　　　　　　　　图2-54

11 选中除阴影以外多余的图形按Delete键删除，然后选中阴影，在【颜色】面板中将【填充颜色】更改为黑色，透明度（A）为25%，如图2-55所示。完成以上设置以后，花猫的阴影就完成了，如图2-56所示。

图2-55　　　　　　　　　　　图2-56

技巧与提示

在Flash中填充色块和边缘线相交的位置，会出现一块相互重叠的区域，使两者紧密连接。当删除边缘线后，填充色块的轮廓，在视觉上会让人觉得向外延伸了一段距离。

例如，分别在两个独立图层的相同位置绘制同样的图形，然后删除上层图层中的图形的部分边缘线，那么被删除边缘线的填充色块的轮廓会向外延伸一部分，挡住下层图层中图形的部分边缘线，使舞台中显示的边缘线变得参差不齐，如图2-57所示。因此在制作花猫的阴影时，边缘线的删除一定要谨慎。

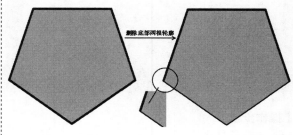

删除底部两根轮廓

图2-57

12 新建一个图层并命名为【地影】，然后将图层拖曳到花猫和背景层之间，如图2-58所示。使用同样的方式绘制出地影，如图2-59所示。

？ 疑问解答

问：为什么无法填充地影颜色？

答：这是因为地影的轮廓线并不是一条封闭的轮廓线，达不到填充要求。在开始绘制地影的时候一定要将花猫遮挡住的部分绘制完整，可以使用图层的轮廓线显示模式帮助绘制。

13 新建一个图层，并将其命名为【背景】，并使之位于【图层1】图层的下层，接着执行【文件\导入\导入到舞台】菜单命令，导入【素材文件\CH02\背景02.jpg】文件，再将位图缩放至相应大小；最后删除草稿层，并保存文件，按快捷键Ctrl+Enter测试影片，最终效果如图2-60所示。

图层1　地影　背景

图2-58

图2-59　　　　　　　　　　　图2-60

实例 034 用椭圆工具绘制向日葵

实例位置：实例文件>CH02>实例034.fla

设计思路分析

【椭圆工具】◎在绘制图形的过程中，具有很强的辅助性，它能够帮助用户快速绘制出规则的圆形，从而节约大量的时间。本实例中【椭圆工具】◎主要被用来绘制向日葵的花蕊和花瓣部分，其余部分皆由【线条工具】✐绘制完成，最终效果如图2-61所示。

图2-61

【操作步骤】

01 打开Flash，新建一个【舞台大小】为550像素×400像素的空白文档。在开始绘制之前，先分析一下向日葵的结构，向日葵分为4大部分，即花瓣、花蕊、花梗和花叶，在绘制的时候可以根据结构顺序来一步步完成。

02 首先开始绘制花瓣，选择【椭圆工具】◎，然后在【属性】面板中设置【填充颜色】为浅黄色（红:255，绿:255，蓝:0）、【笔触颜色】为明黄色（红:255，绿:204，蓝:0）及【笔触高度】为2.00，如图2-62所示。完成设置后即可在舞台中拖动鼠标，绘制出椭圆，如图2-63所示。

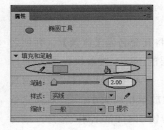

图2-62 　　　　　　图2-63

03 选中【工具箱】中的【选择工具】▶，然后移动鼠标指针至花瓣的底端，并按Alt键。接着按住鼠标左键拖曳鼠标，将花瓣的底端调整为尖角，再以同样的方式调整花瓣的顶端，如图2-64所示，

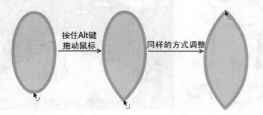

按住Alt键拖动鼠标 　　同样的方式调整

图2-64

04 在舞台中绘制一个【填充颜色】为无、【笔触颜色】为黑色的圆，然后选中绘制好的花瓣将它移动到正圆的相应位置，如图2-65所示，

图2-65

05 选中花瓣，按住Alt键并拖曳鼠标复制出5个花瓣，然后使用【任意变形工具】▦旋转拖动花瓣，将它们分别放置在空心圆的对应位置，如图2-66所示，完成后删除空心圆。

按住Alt键拖动花瓣复制5个 　使用"任意变形"工具调整花瓣的位置和方向 　删除空心圆

图2-66

? 疑问解答

问：为什么要画一个空心圆？

答：在生活中花瓣的生长方向主要是围绕花心生长的，画空心圆的目的是准确地定位花瓣的位置。

06 选中排列好的6个花瓣，然后原位复制被选中的花瓣，接着使用【任意变形工具】▦以中心点为轴心旋转花瓣，如图2-67所示；如此操作两次就可以得到向日葵的所有花瓣，如图2-68所示。

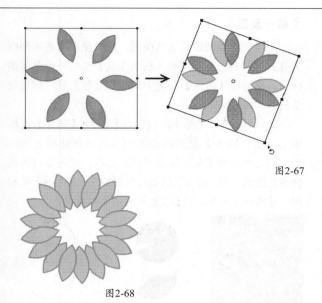

图2-67

图2-68

07 花蕊是由几个没有边框的同心圆叠加而成的，选择【椭圆工具】 ，然后在【属性】面板中设置【笔触颜色】为无、绘制3个颜色分别为（红:225，绿:204，蓝:0）、（红:225，绿:135，蓝:0）、（红:187，绿:113，蓝:0）的圆，如图2-69所示。

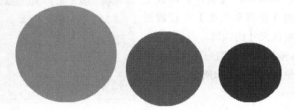

图2-69

08 使用【任意变形工具】 分别选中绘制完成的圆，然后将他们移动至最大圆的中心位置，并将它们缩放至对应大小，最终使3个圆重合起来形成花蕊的效果，如图2-70所示。

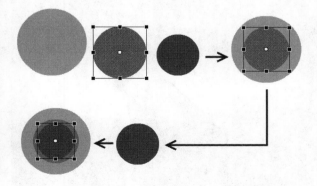

图2-70

09 花蕊绘制完毕后，选中绘制完成的花蕊将它移动到花瓣的中心位置，如图2-71所示。

10 选择【线条工具】 ，并在其属性面板中将【笔触颜色】设置为（红:1，绿:118，蓝:1），【笔触高度】为2.00，然后在舞台中绘制一个矩形框，如图2-72所示；接着使用【选择工具】 调整矩形至花梗形状，如图2-73所示；再在颜色面板中设置【填充颜色】为（红:2，绿:143，蓝:1），并使用【颜料桶工具】 填充花梗，如图2-74所示。

图2-71

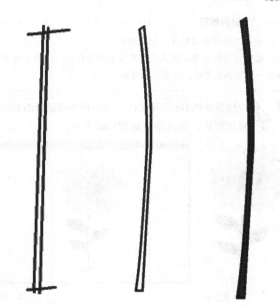

图2-72　　　　　图2-73　　　　　图2-74

11 选中绘制好的向日葵花盘，将它移动到花梗的相应位置，如图2-75所示。

12 设置【笔触颜色】（红:1，绿:118，蓝:1）和花梗的颜色设置是一样的，然后使用【钢笔工具】 在舞台绘制出一片树叶的大概形状，如图2-76所示。接着使用【部分选取工具】 对花叶进行调整，如图2-77所示，调整完成后使用【颜料桶工具】 将花叶填充为（红:2，绿:134，蓝:1），如图2-78所示。

图2-75

图2-76　　　　　　图2-77　　　　　　图2-78

13 选中绘制好的花叶，按住Alt复制两片树叶，然后根据所需效果对花叶分别进行稍微调整，再将它摆放到花梗的相应位置，如图2-79所示。

❓疑问解答

问：为什么要对花叶进行微调？

答：这样做的目的是让花叶具有不同的形态，使整个向日葵有一种节奏在里面，即整齐与错落。

14 按快捷键Ctrl+S保存文件，然后按快捷键Ctrl+Enter测试影片，最终效果如图2-80所示。

图2-79　　　　　　　　　　　　图2-80

【举一反三】

如果需要绘制较复杂的椭圆，可以使用【基本椭圆工具】⬭绘制。使用【基本椭圆工具】绘制一个基本的椭圆，然后在【属性】面板中更改角度和内径以创建复杂的形状如图2-81所示。

默认情况下，【基本椭圆工具】⬭的【属性】面板中的【闭合路径】复选项是选中的，以创建填充的形状，但是如果想要创建轮廓形状或曲线，则需要取消选择该复选框。图2-82所示的形状与图2-83所示中的形状相同，是清除【闭合路径】复选框后的不同效果。

图2-81　　　　　　图2-82　　　　　　图2-83

【线条工具】⬭和【基本椭圆工具】⬭绘制出形状后都可以在【属性】面板上的【位置和大小】中设置更精确尺寸的图形，并通过x与y坐标轴改变图形在文档中的位置，如图2-84所示。

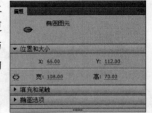

图2-84

实例 035 用矩形工具绘制漂流瓶

素材位置：素材文件>CH02>实例035.fla

设计思路分析

　　【矩形工具组】▭中包含有【矩形工具】▭和【基本矩形工具】▣，它们常被用来绘制一些规则性极强的图形，例如电视机和桌子等，将【矩形工具组】▭与工具箱中的其他工具有效地结合使用，能够绘制出多种富有创意的图形。本实例将结合使用【矩形工具组】▭和【线条工具】／绘制出漂流瓶，最终完成效果如图2-85所示。

图2-85

【操作步骤】

01 执行【文件\新建】菜单命令，新建一个【舞台大小】为【宽（W）:550像素×高（H）:400像素】的Flash文档，如图2-86所示。

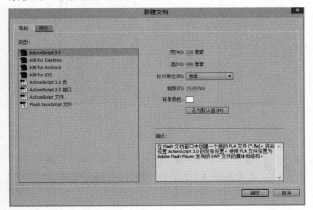

图2-86

02 在工具箱中【矩形工具】 的位置按住鼠标左键，然后在弹出的工具选项中选择【基本矩形工具】 ，接着在【属性】面板中设置【笔触颜色】为黑色、【笔触高度】为3.00，如图2-87所示。

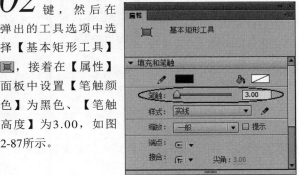

图2-87

03 移动光标至舞台中，并按住鼠标左键绘制出一个矩形作为漂流瓶的瓶身，然后使用【选择工具】 在矩形右上角，按住鼠标左键拖曳鼠标，即可拖曳出矩形四角的弧度，拖曳完成后释放鼠标，效果如图2-88所示。

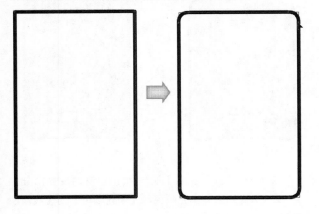

图2-88

04 选择【基本矩形工具】 ，然后在瓶身的顶部绘制一个圆角矩形作为瓶颈，如图2-89所示。接着选中两个圆角矩形，并按快捷键Ctrl+B将其转换为形状，最后使用【选择工具】 选中多余的线条，并按Delete键删除，如图2-90所示。

图2-89

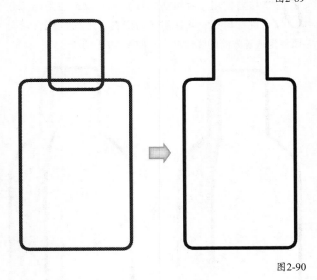

图2-90

？ 疑问解答

问：为什么要将原件矩形转换为形状？

答：使用基本矩形工具绘制出的形状默认为绘制对象，相当于一个组，如果要将两个绘制对象的轮廓线连接在一起，就必须将其转换为形状。

05 使用【部分选取工具】 调整漂流瓶的点，使这些点位于合适的位置，然后使用【选择工具】 调整漂流瓶的弧度，接着在漂流瓶的左侧绘制出阴影线，如图2-91所示。

图2-91

06 执行【窗口\颜色】菜单命令,打开【颜色】面板,然后在【颜色】面板中设置【填充颜色】的颜色样式为【线性渐变】,并设置第1个渐变色标颜色为(红:144,绿:182,蓝:198,A:80%),第2个渐变色标颜色为(红:163,绿:203,蓝:221,A:20%),如图2-92所示。

图2-92

07 接着使用【颜料桶工具】对漂流瓶阴影部分进行填充,并使用【渐变变形工具】将渐变调整为垂直方向的线性渐变,如图2-93所示。

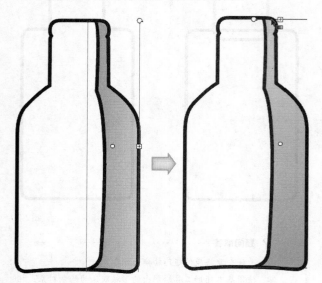

图2-93

08 在【颜色】面板中将【线性渐变】的第1个渐变色标颜色更改为(红:128,绿:161,蓝:175,A:80%),第2个渐变色标颜色的颜色值不变,Alpha值更改为30%,如图2-94所示;接着使用【颜料桶工具】对漂流瓶的亮部进行填充,并将渐变调整为45°方向的线性渐变,如图2-95所示。

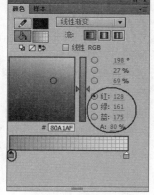

图2-94

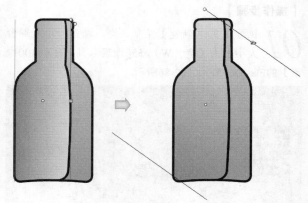

图2-95

09 删除阴影轮廓线,然后选中漂流瓶的轮廓线,并在【颜色】面板中将【笔触颜色】的颜色样式更改为【线性渐变】,然后将渐变的第1个渐变色标颜色设置为(红:0,绿:137,蓝:255,A:80%),第2个渐变色标颜色颜色值设置为(红:0,绿:124,蓝:226,A:50%),如图2-96所示。

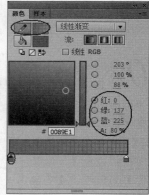

图2-96

10 使用【渐变变形工具】调整渐变为垂直方向的线性渐变,如图2-97所示。

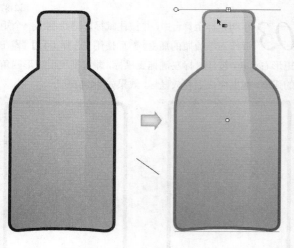

图2-97

11 使用【线条工具】绘制出瓶身的反光部分,并分别为其填充颜色,【填充颜色】为【线性渐变】调整,如图2-98所示。

12 删除瓶身的反光轮廓线，然后选中反光，按快捷键 Ctrl+G将其转换为组，接着使用【线条工具】绘制出两个填充色为天蓝色的无边框椭圆，作为瓶颈部分的反光；最后分别将两个椭圆转换为组，如图2-99所示。

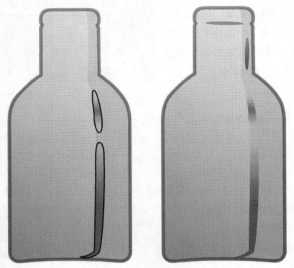

图2-98　　　　　　　　　图2-99

13 使用【基本矩形工具】在瓶口位置绘制出一个圆角矩形，并设置其【笔触颜色】为（红:165，绿:134，蓝:134），【填充颜色】为（红:151，绿:108，蓝:106），然后使用【线条工具】在圆角矩形中绘制出多个无边框椭圆，其【填充颜色】为（红:193，绿:134，蓝:94），接着选中圆角矩形，并将其转换为组，再调整其层次为最底层，如图2-100所示。

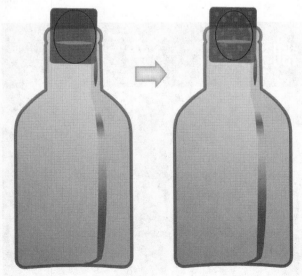

图2-100

14 使用【线条工具】绘制出信纸的轮廓线，然后为其填充颜色，如图2-101所示。接着将绘制

完成的信纸转换为组，并移动信纸至漂流瓶的合适位置，最后调整信纸的层次为最底层，如图2-102所示。

15 选中所有的组，然后按快捷键Ctrl+G将其转换为组，接着使用【任意变形工具】将漂流瓶向右旋转45°，如图2-103所示。

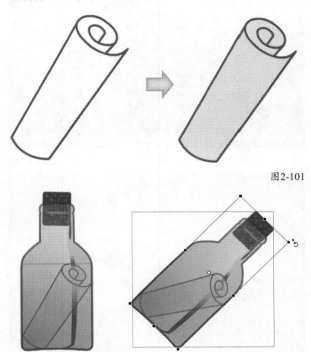

图2-101

图2-102　　　　　　　　　图2-103

16 在舞台的下端绘制出海浪的轮廓线，并为其填充渐变，然后将海浪转换为组，并使之位于漂流瓶的顶层，如图2-104所示；接着使用【矩形工具】绘制出一个渐变矩形作为天空，如图2-105所示。

17 保存文件，然后按快捷键Ctrl+Enter输出动画影片，最终完成效果如图2-106所示。

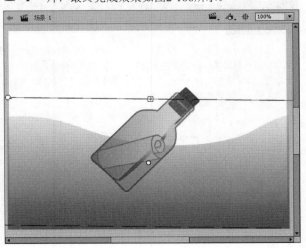

图2-104

67

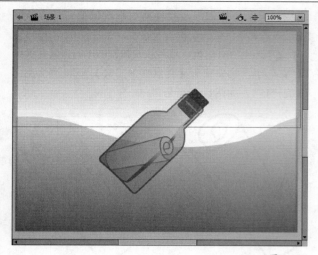

图-2-105

图2-106

用户也可以选择工具箱中【矩形工具】■，然后在其【属性】面板中设置笔触及填充参数，并修改【矩形选项】中边角半径的数值，来确定矩形边角的弧度，如图2-107所示。

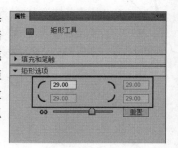

图2-107

技巧与提示

边角半径数值为正数时，绘制出的边角为向外的圆角，边角半径数值为负数时，绘制出的边角为向内的圆角。

将【属性】面板中的【将边角半径控件锁定为一个控件】设为未激活 ◇ 状态，可单独设置一个边角，如图2-108所示。

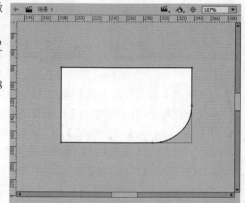

图2-108

实例 036 用径向渐变绘制光晕

实例位置：实例文件>CH02>实例036.fla

设计思路分析

【径向渐变】常被用于绘制一些特殊效果，例如太阳光晕、闪光效果和反光效果等，灵活使用【径向渐变】可以绘制出让人眼前一亮的图形。本实例将运用【线条工具】◎ 和【径向渐变】工具绘制太阳光的光晕，最终效果如图2-109所示

图2-109

【操作步骤】

01 新建一个空白文档,然后执行【修改\文档】菜单命令,将【舞台大小】更改为550像素×400像素,如图2-110所示;然后在【文档设置】对话框中将舞台颜色设置为黑色,如图2-111所示。

图2-110

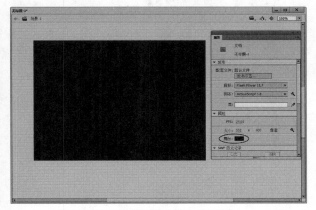

图2-111

02 选择【线条工具】,然后执行【窗口\颜色】菜单命令,打开【颜色】面板,将【颜色类型】更改为【径向渐变】,然后在渐变条添加两个色块,将所有渐变色块的渐变色设置为白色,将后面两个色标拖动到离渐变结束点较近的位置,最后依次设置各个色块的透明度为100%、15%、30%、0%,如图2-112所示。

图2-112

03 选择【线条工具】,将其笔触颜色设置为无色,然后按住Shift键在舞台中绘制一个圆,如图2-113所示。

图2-113

04 单击【新建图层】按钮,新建【图层2】图层,然后执行【文件\导入\导入到舞台】菜单命令,导入【素材文件\CH02\素材04.jpg】文件,并将它调整到和舞台差不多大小,如图2-114所示。

图2-114

05 选中【图层2】图层,将它移动到【图层1】图层的下层,然后将光晕调整到适当的大小和位置,如图2-115所示。

图2-115

06 按快捷键Ctrl+S保存文件,然后按快捷键Ctrl+Enter输出影片,如图2-116所示。

图2-116

实例 037 用矩形工具绘制电视机

实例位置：实例文件>CH02>实例037.fla

【线性渐变】是一种颜色填充类型，它可以自动完成两个或者多个颜色之间的过渡，在制作动画的过程中，常常会将这种填充方式用来模仿一些投影和阴影这类效果。本实例将使用【线性渐变】填充功能来绘制电视机，最终效果如图2-117中所示。

图2-117

【操作步骤】

01 执行【文件\新建】菜单命令，创建一个【舞台大小】为550像素×400像素的Flash空白文档。

02 使用【矩形工具】▣在舞台中绘制一个电视机，如图2-118所示。

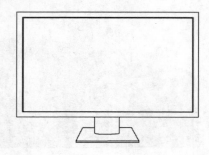

图2-118

03 执行【窗口\颜色】菜单命令，打开【颜色】面板，然后在【颜色】面板中将【填充颜色】设置为【线性渐变】，接着设置第1个色标颜色为黑色（红:0，绿:0，蓝:0）、第2个色标颜色为（红:204，绿:204，蓝:204），再使用【颜料桶工具】▲对电视机进行填充，如图2-119所示。

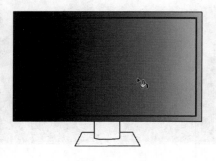

图2-119

04 使用【渐变变形工具】▣对渐变的方向和大小进行编辑，如图2-120所示。

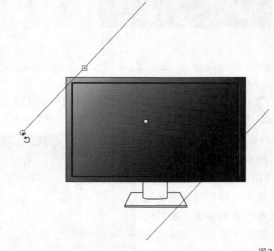

图2-120

05 在【颜色】面板中将【填充颜色】的类型更改为【纯色】，填充色更改为（红:51，绿:51，蓝:51），然后选择【颜料桶工具】▲并移动鼠标指针至相应位置，单击鼠标左键填充颜色，如图2-121所示。

图2-121

06 接着开始填充电视机的底座部分。在【颜色】面板中将【填充颜色】的类型更改为【线性渐变】，然后设置两个色标颜色均为（红:51，绿:51，蓝:51）；接着在渐变的中间位置添加两个颜色均为（红:102，绿:102，蓝:102）的色标，如图2-122所示。

图2-122

07 选择【颜料桶工具】，然后移动鼠标指针到相应位置，单击鼠标左键进行填充，如图2-123所示。

图2-123

08 使用同样的方式为电视机的其他部分填充渐变色，如图2-124和图2-125所示，然后删除电视机的外轮廓线，如图2-126所示。

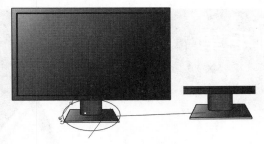

图2-124

图2-125

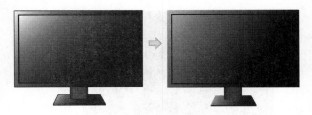

图2-126

09 选中电视屏幕边框的轮廓线，然后在【颜色】面板中将【笔触颜色】更改为（红:102，绿:102，蓝:102），如图2-127所示。

图2-127

10 新建一个图层，并将其命名为【阴影】，然后将它拖曳到【图层1】图层的下层，接着使用【线条工具】在电视机底座右侧绘制出电视机的阴影范围，并为其填充渐变，最后删除阴影轮廓线，如图2-128~图2-130所示。

图2-128

图2-129

图2-130

图2-132

11 新建一个图层并将其命名为【背景】，然后将它拖曳到【阴影】图层的下层，执行【文件\导入\导入到舞台】菜单命令，将【素材文件\CH02\背景.jpg】导入到舞台中，如图2-131所示。然后将电视移动至合适位置，并在文档【文档设置】对话框中单击【匹配文档】按钮，如图2-132所示。

技巧与提示

导入背景后，用户可以将电视和阴影转换为组，然后根据图片的透视效果再次对绘制完成的电视和阴影进行调整。

12 按快捷键Ctrl+S保存文件，然后按快捷键Ctrl+Enter测试影片，最终效果如图2-133所示。

图2-131

图2-133

实例 038 用线性渐变绘制毛笔

实例位置：实例文件>CH02>实例038.fla

设计思路分析

合理地使用【线性渐变】可以帮助用户绘制出精彩的图像效果，当用户填充完成渐变后，适当地调整渐变的位置和方向，可以使渐变有效地发挥其修饰图形的作用。本实例将使用【线性渐变】填充功能来绘制一支毛笔，案例效果如图2-134所示。

图2-134

【操作步骤】

01 新建一个Flash空白文档，然后运用【线条工具】☑绘制好笔头，完成以后运用【矩形工具】☐绘制笔杆，如图2-135所示。

02 执行【窗口\颜色】菜单命令，打开【颜色】面板，并将【颜色类型】更改为【线性渐变】，然后开始更改面板下方的颜色滑块，双击左边的滑块并将颜色更改为黑色，再双击右边的滑块并将颜色更改为白色，如图2-136所示。

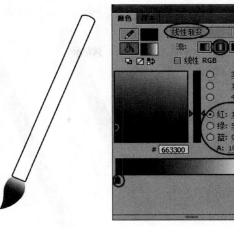

图2-139　　　　　　　　　图2-140

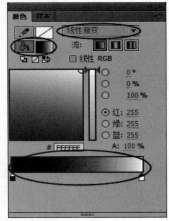

图2-135　　　　　　　　　图2-136

03 完成以上设置后，选择【颜料桶工具】☑对笔头进行填充，如图2-137所示。然后选择【渐变变形工具】☐调整渐变，如图2-138所示。

06 用【颜料桶工具】☑填充笔杆，如图2-141所示；然后选择【渐变变形工具】☐对渐变进行调整，如图2-142所示。

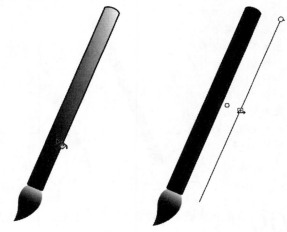

图2-141　　　　　　　　　图2-142

07 这样就完成了基本的绘制工作，现在需要做的是设置笔杆轮廓的颜色。选中笔杆轮廓线，然后在【颜色】面板中将颜色更改为（红:130，绿:90，蓝:55），如图2-143所示，调整完成后的效果如图2-144所示。

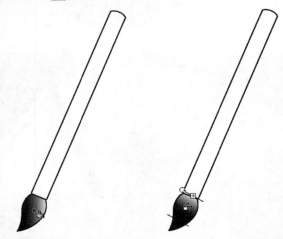

图2-137　　　　　　　　　图2-138

04 把渐变调整到适合以后，删除笔头的轮廓线，如图2-139所示。没有黑色轮廓线的笔头会显得比较立体。

05 完成笔头的填充以后，开始填充笔杆。在【线性渐变】的编辑面板中将【流】更改为【反射颜色】，然后将渐变起始颜色设置为（红:102，绿:51，蓝:0），再将渐变结束颜色设置为白色，如图2-140所示。

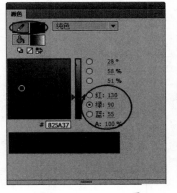

图2-143　　　　　　　　　图2-144

08 为了让毛笔更加具有立体感，可以给毛笔绘制阴影。首先选中绘制好的毛笔，再按住Alt键复制一个，然后在【颜色】面板中将【颜色类型】更改为【纯色】，填充色更改为黑色，再删除笔杆轮廓线，如图2-145所示。

图2-145

技巧与提示

复制毛笔以后，不能直接填充渐变的阴影，因为毛笔本身有两个不同的颜色，如果直接填充渐变会出现两个不同方向的渐变，如图2-146所示。所以在开始制作阴影之前可以先将复制出的毛笔填充一个统一的纯色。

图2-146

---

09 在颜色面板中，将【填充颜色】更改为【线性渐变】，设置第1个色标颜色为黑色，透明度为90%，渐变结束颜色设置为白色，并将其透明度设置为0%，如图2-147所示

10 使用【任意变形工具】[图]调整阴影外形，然后选中绘制好的毛笔将它移动到阴影的相应位置，如图2-148所示。

图2-147

图2-148

11 新建一个图层，并使该图层位于【图层1】图层的下层，接着执行【文件\导入\导入到舞台】菜单命令，导入【素材文件\CH02\背景038.jpg】文件，并将其调整至合适大小，如图2-149所示。

图2-149

12 执行【修改\文档】菜单命令，打开【文档设置】对话框，然后单击【匹配内容】按钮，使【舞台大小】与舞台内容相匹配，如图2-150所示。保存文件，然后按快捷键Ctrl+Enter测试影片，最终效果如图2-151所示。

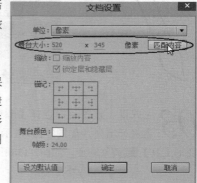

图2-150

图2-151

技巧与提示

匹配内容后若舞台尺寸并不是整数，用户可以手动将其更改为整数，但不可改变过多。

实例 039 用位图填充绘制计算机屏幕

实例位置：实例文件>CH02>实例039.fla

设计思路分析

【位图填充】这种颜色填充模式主要是将图片作为色块对图形进行填充，通常用来绘制计算机或电视的屏幕。本实例将运用【矩形工具】、【位图填充】【任意变形工具】绘制计算机屏幕，案例的最终效果如图2-152所示。

图2-152

【操作步骤】

01 新建一个舞台大小为550像素×400像素的Flash空白文档。

02 执行【文件\导入\导入到舞台】菜单命令，导入【素材文件\CH02\背景04.jpg】文件，然后使用【任意变形工具】调整图片的大小，如图2-153所示。接着按快捷键Ctrl+J打开文档设置对话框，并在对话框中单击【匹配内容】按钮，如图2-154所示。

图2-153

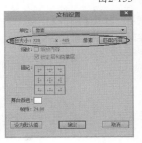

图2-154

03 新建【图层2】图层，然后使用【矩形工具】在舞台中绘制一个没有填充色的灰色矩形，如图2-155所示。

图2-155

04 打开【颜色】面板，将【填充颜色】修改为【位图填充】，并在弹出的对话选择【素材文件\CH02\填充.jpg】作为填充色，然后单击该图片即可完成填充色的修改，如图2-156所示

图2-156

05 使用【渐变变形工具】■选中填充色区域,然后缩小填充图片的大小,至合适效果后释放鼠标即可,如图2-157所示。

06 保存文件,然后按快捷键Ctrl+Enter测试影片,最终完成效果如图2-158所示。

图2-157

图2-158

实例 040 用多角星形工具绘制闪烁的星星

实例位置:实例文件>CH02>实例040.fla

设计思路分析

【多角星形工具】◉常被用于绘制一些比较复杂的图形,如星形、三角形和多边形等,用户只需要在其工具选项中设置对应的参数即可绘制出所需要的多角形状。本实例将使用【多角星形工具】◉和【径向渐变】绘制出星星的形状,并为其制作一定的动画效果,如图2-159所示。

图2-159

【操作步骤】

01 新建一个Flash空白文档,然后按快捷键Ctrl+J打开【文档设置】对话框,并在对话框中设置【舞台大小】为为500像素×500像素,【舞台颜色】为蓝色,如图2-160所示。

图2-160

02 按快捷键Ctrl+F8打开创建新元件对话框,设置完成对应的参数后单击【确定】按钮即可进入元件编辑区,然后选择工具箱中的【多角星形工具】◉,如图2-161所示。打开【颜色】面板,设置【填充颜色】的类型为【径向渐变】,渐变色为白色不透明至透明的渐变,如图2-162所示。

图2-161

图2-162

03 保持对【多角星形工具】◎的选中，然后打开【属性】面板，并在面板中单击【选项】按钮，如图2-163所示。接着在打开的工具设置对话框中设置【样式】为【星形】【边数】为4且【星形顶点大小】为-1，如图2-164所示。

图2-163　　　　　　　图2-164

04 在工作区中按住鼠标左键，同时拖曳鼠标即可绘制出一个四角星，如图2-165所示。然后在空白位置双击鼠标左键回到主场景，并将库中绘制完成的元件拖曳到舞台中，如图2-166所示。

图2-165

图2-166

05 选中星星元件，然后按F8键打开【转换为元件】对话框，并在对话框中设置【类型】为【影片剪辑】，如图2-167所示。设置完成后单击【确定】按钮保存设置，接着双击进入影片剪辑，并制作出星星选中的补间动画，如图2-168所示。

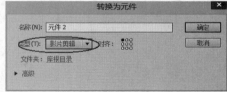

图2-167

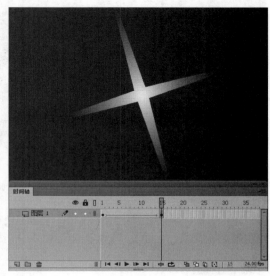

图2-168

06 退出影片剪辑编辑区，然后新建一个图层，并使其位于【图层1】图层的下层，接着执行【文件\导入\导入到舞台】菜单命令，将【素材文件\CH02\背景03.jpg】导入到舞台中，并调整该图片的大小，如图2-169所示。

图2-169

07 复制多个星星元件，然后分别调整其位置和大小，如图2-170所示。接着保存文件，并按快捷键Ctrl+Enter测试影片，最终完成效果如图2-171所示。

图2-170

图2-171

实例 041 用钢笔工具绘制蓝鲸

实例位置：实例文件>CH02>实例041.fla

设计思路分析

　　【钢笔工具】✐在绘制曲线时具有很大的优势，在绘制一些轮廓比较圆滑的图形时，用户可以使用它快速创建图形轮廓。本实例主要使用【钢笔工具】✐绘制蓝鲸，最终效果如图2-172所示。

图2-172

【操作步骤】

01 执行【文件\新建】新建一个空白文档，然后执行【修改\文档】菜单命令，打开【文档设置】对话框，接着在对话框中设置【舞台大小】为620像素×360像素，如图2-173所示。

图2-173

02 首先开始绘制蓝鲸的背部，使用【钢笔工具】✐在舞台中单击确定锚点，然后开始绘制蓝鲸的背部曲线，如图2-174所示。

按住鼠标左键确定锚点，拖曳鼠标出现曲线

转角位置单击锚点取消一个手柄

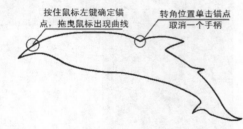

图2-174

03 绘制完成后双击结束锚点，然后新建锚点开始绘制蓝鲸的腹部，如图2-175所示。

图2-175

04 使用【钢笔工具】![pen]添加锚点绘制蓝鲸的鳍和腹部纹路，尽可能得多画一点，这样会有修改的余地，如图2-176所示。

图2-176

05 删除多余的线段，然后使用【部分选择工具】![select]优化轮廓线弧度，接着使用【线条工具】![line]绘制两个椭圆作为蓝鲸的眼睛，如图2-177所示。

图2-177

06 使用【颜料桶工具】![bucket]将蓝鲸的背部和鳍填充为蓝色（红:60，绿:149，蓝:25），然后更改【填充颜色】为（红:235，绿:255，蓝:253）用于填充蓝鲸的腹部，如图2-178所示。

图2-178

07 选中蓝鲸的轮廓线，然后将其颜色更改为深蓝色（红:19，绿:86，蓝:132），再选中腹部线条，并将颜色更改为浅蓝色（红:126，绿:202，蓝:252），如图2-179所示。

图2-179

08 单击【新建图层】按钮![layer]，新建【图层2】图层，然后使用【矩形工具】![rect]绘制一个与舞台大小相同的矩形，接着选中矩形在【颜色】面板中设置【笔触颜色】为无色，【填充颜色】为【线性渐变】，渐变条的颜色值如图2-180所示。

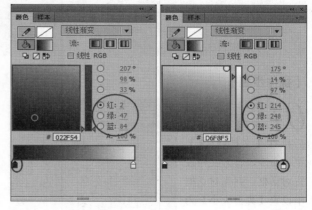

图2-180

09 设置完成后按快捷键Ctrl+S保存文件，再按快捷键Ctrl+Enter输出影片，最终效果如图2-181所示。

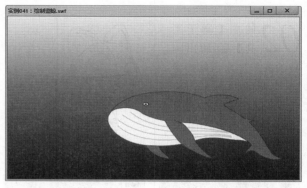

图2-181

【举一反三】

　　初学者在使用钢笔工具绘制图形时很不容易控制，要具备一定的耐心，而且要善于观察总结经验。使用钢笔工具时，鼠标指针的形状在不停地变化，不同形状的鼠标指针代表不同的含义，其具体含义如下。

⟐：是选择钢笔工具后鼠标指针自动变成的形状，表示单击一下即可确定一个点。

⟐：将鼠标指针移到绘制曲线上没有空心小方框（句柄）的位置时，它会变为⟐₊形状，单击一下即可添加一个句柄。

⟐：将鼠标指针移到绘制曲线的某个句柄上时，它会变为⟐₋形状，单击一下即可删除该句柄。

⟐：将鼠标指针移到某个句柄上时，它会变为⟐形状，单击一下即可将原来是弧线的句柄变为两条直线的联结点。

实例 042 用钢笔工具绘制阿狸

实例位置：实例文件>CH02>实例042.fla

设计思路分析

本实例主要使用【钢笔工具】🖊绘制出阿狸的卡通角色，完成后的案例效果如图2-182所示。

图2-182

【操作步骤】

01 新建一个Flash空白文档，然后执行【文档\修改】菜单命令，打开文档设置对话框，并在对话框中设置【舞台大小】为600像素×350像素，如图2-183所示。

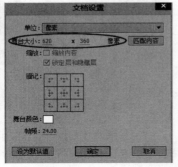

图2-183

02 使用【刷子工具】🖌画出阿狸的外形作为绘制的参考，如图2-184所示。并将【图层1】图层命名为【草稿】，绘制完成后锁定图层，如图2-185所示。

图2-184

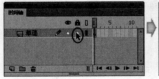 

图2-185

03 将阿狸分为3个部分来进行绘制，即头、身体和尾巴。单击【新建图层】🗋按钮，新建一个图层，然后双击新建图层激活文本框，将图层更改名称为【阿狸】，接着选择【钢笔工具】🖊，并在【属性】面板中设置【笔触高度】为1.00，【线条颜色】为（红:91，绿:8，蓝:11），如图2-186所示。

图2-186

04 在参照草稿绘制阿狸的头部时，可以对曲线进行适当的调整，优化轮廓线。设置好【钢笔工具】🖊的属性后，即可在舞台中开始绘制阿狸的头部，选择绘制它的大致轮廓，如图2-187所示。

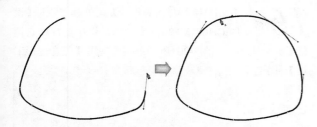

图2-187

05 使用【钢笔工具】 ✐绘制阿狸的耳朵和脸，如图2-188所示；绘制完成后选中多余的线条按Delete键删除，如图2-189所示。

图2-188

图2-189

06 使用【颜料桶工具】 ◆将阿狸的脸填充为浅黄色（红:245，绿:226，蓝:186），然后将剩余的部分填充为红色（红:216，绿:0，蓝:14），如图2-190所示。

图2-190

07 选择【线条工具】 ◉，并在其【属性】面板中设置【笔触颜色】为（红:91，绿:8，蓝:11），【填充颜色】为白色，然后按住Shift键拖出一个圆作为眼白，如图2-191所示。

08 更改【填充颜色】为黑色，【笔触颜色】为无，按住Shift键拖出一个圆作为眼仁，然后选中绘制完成的圆，将其移动到眼白的对应位置，如图2-192所示。

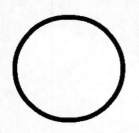

图2-191

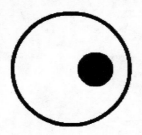

图2-192

09 选中绘制完成的眼睛，然后按住鼠标左键拖曳眼睛至阿狸头部的对应位置，接着选中绘制好的眼睛按住Alt键复制出另一个眼睛，并将它移动到头部的对应位置，如图2-193所示。

图2-193

10 使用【线条工具】 ◉绘制一个没有【笔触颜色】、【填充颜色】为黑色的椭圆作为阿狸的鼻子，然后更改【填充颜色】为白色，并绘制一个椭圆作为鼻子高光，再选中鼻子拖动至头部对应位置，整个头部绘制完成，如图2-194所示。

图2-194

11 头部绘制完成后开始绘制阿狸的身体，使用【钢笔工具】 ✐直接在绘制完成的头部的相应位置添加锚点，开始绘制身体，绘制过程如图2-195所示。

图2-195

12 身体的轮廓线绘制完成后，开始绘制阿狸的尾巴，绘制过程如图2-196所示。

图2-196

13 选择【颜料桶工具】，将【填充颜色】更改为红色（红:216,绿:0,蓝:14），在如图2-197所示的位置单击填充。

图2-197

14 更改【填充颜色】为浅黄色（红:245,绿:226,蓝:186），在如图2-198所示位置单击填充；然后再将【填充颜色】更改为白色，用于阿狸的尾巴和裤子，如图2-199所示，这样阿狸就绘制完成了。

图2-198   图2-199

15 单击【新建图层】按钮，新建一个图层并将其命名【背景】，然后选中【背景】图层按住鼠标左键将它拖曳到【阿狸】图层的下层，如图2-200所示。

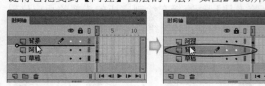

图2-200

16 执行【文件\导入\导入到舞台】菜单命令导入【素材文件\CH02\蓝鲸.jpg】，然后选中图片将它调整至舞台大小，如图2-201所示；接着使用【任意变形工具】选中阿狸，并将它缩放至对应大小，再拖曳阿狸至蓝鲸背部的位置，如图2-202所示。

图2-201

图2-202

17 选中草稿层，单击【删除】按钮删除图层，然后按快捷键Ctrl+S保存文件，再按快捷键Ctrl+Enter输出影片，最终效果如图2-203所示。

图2-203

实例 043 用铅笔工具绘制云朵

实例位置：实例文件>CH02>实例043.fla

设计思路分析

【铅笔工具】常被用来绘制一些比较复杂的图形，这类图形通常具有比较复杂的轮廓。本实例将使用【铅笔工具】绘制几朵蓝天中的白云，最终效果如图2-204所示。

图2-204

【操作步骤】

01 执行【文件\新建】菜单命令，新建一个空白文档，然后执行【修改\文档】菜单命令，打开修改文档对话框，并在对话框中设置【舞台颜色】为蓝色（红:102，绿:204，蓝:255），如图2-205所示。

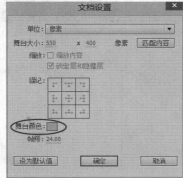

图2-205

02 选择工具箱中的【铅笔工具】，然后在属性面板中设置【笔触颜色】为黑色，【笔触高度】为3.00，如图2-206所示。

图2-206

03 移动鼠标指针至舞台中，然后按住鼠标左键，并在舞台中拖曳鼠标，绘制出云朵的轮廓线，如图2-207所示。

图2-207

04 选择【部分选取工具】，然后在轮廓线位置单击鼠标左键选中云朵的轮廓线，接着选中需要调整的点对其弧度进行调整，调整完成后效果如图2-208所示。

图2-208

05 选择【颜料桶工具】，并设置【填充颜色】为白色，然后在云朵位置单击鼠标左键填充颜色，如图2-209所示。

06 使用【线条工具】在云朵中绘制出云朵的阴影范围，如图2-210所示。

图2-209　　　　　　　　　　　　　　图2-210

07 使用【颜料桶工具】将云朵的阴影范围填充为浅蓝色（红:226，绿:244，蓝:255），并删除阴影的轮廓线，如图2-211所示。

08 选中绘制完成的云朵，然后在【属性】面板中将【笔触颜色】更改为浅蓝色（红:226，绿:244，蓝:255），如图2-212所示。

图2-211　　　　　　　　　　　　　　图2-212

09 选中绘制完成的云朵，然后按住Alt键拖曳鼠标，复制出两朵白云，并对其外形分别进行调整，最终完成效果如图2-213所示。

图2-213

10 按快捷键Ctrl+S保存文件，然后按快捷键Ctrl+Enter测试影片，最终效果如图2-214所示。

图2-214

实例 044 用铅笔工具绘制蔷薇

实例位置：实例文件>CH02>实例044.fla

图2-215

设计思路分析

【铅笔工具】 在绘制过程中是很自由的，它可以直接记忆用户的绘制轨迹，快速创建轮廓线。

本实例主要运用【铅笔工具】 、【部分选取工具】 和【颜料桶工具】 来绘制蔷薇，在绘制过程中，需要注意的是线条之间的穿插，案例最终效果如图2-215所示。

【操作步骤】

01 新建一个Flash空白文档，然后执行【文档\修改】菜单命令，打开文档设置对话框，并在对话框中设置【舞台大小】为650像素×450像素，如图2-216所示。

图2-216

02 选择工具箱中的【铅笔工具】 ，并在其【属性】面板中设置【笔触高度】为1.00，【笔触颜色】设置为黑色，设置完成后在舞台中按住鼠标左键拖曳鼠标即可绘制对象，先绘制花朵的轮廓线，如图2-217所示。

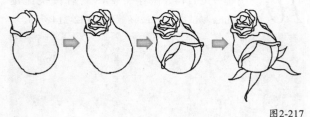

图2-217

> **技巧与提示**
>
> 在使用【铅笔工具】绘制对象的过程中，并不能一次达到绘制效果，一般要将对象分段来进行绘制，通过组合线段来完成对象的轮廓线绘制。

03 花朵的轮廓线绘制完毕后，使用【选择工具】 或【部分选取工具】 对轮廓线进行调整，在调整过

程中注意锚点之间是否封闭，完成调整后如图2-218所示。

04 选择【颜料桶工具】 并将【填充颜色】设置为灰蓝色（红:204，绿:223，蓝:222），然后在蔷薇的阴影位置单击鼠标左键填充颜色，如图2-219所示；再将【填充颜色】更改为浅蓝色（红:241，绿:242，蓝:235），用于填充蔷薇的亮部，如图2-220所示。

图2-218

图2-219   图2-220

> **技巧与提示**
>
> 在开始填充颜色时，可以在【颜料桶工具】 的【工具选项区】中将【间隔大小】设置为【最大空隙】，这样设置比较便于快速地填充颜色，可以节省调整轮廓线的时间。

05 删除阴影线，然后将【填充颜色】调整为绿色

（红:184，绿:158，蓝:118），并使用【颜料桶工具】🪣在花蒂的位置单击鼠标左键填充颜色，如图2-221所示。

图2-221

06 使用【铅笔工具】✐绘制花藤，在绘制花藤的时候注意花藤的粗细变化，如图2-222所示。

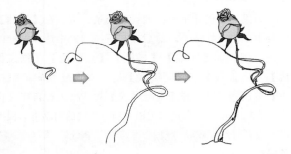

图2-222

07 设置【填充颜色】为深绿色（红:73，绿:81，蓝:53），然后选择【颜料桶工具】🪣，在花藤暗面单击鼠标左键进行填充，如图2-223所示；接着更改【填充颜色】为橄榄绿（红:149，绿:163，蓝:122），在花藤亮面单击鼠标左键填充颜色，如图2-224所示；最后删除阴影线，如图2-225所示。

图2-223

图2-224　　　　　　图2-225

08 使用同样的方式绘制出花叶，然后使用【颜料桶工具】🪣为其填充对应的颜色，如图2-226所示。

09 选中花朵轮廓线，将它更改为浅蓝色（红:144，绿:158，蓝:157），然后选中花藤和花叶的轮廓线，将其更改为绿色（红:57，绿:63，蓝:41），如图2-227所示。

图2-226　　　　　　图2-227

10 新建一个名为【背景】的图层，然后执行【文件\导入\导入到舞台】菜单命令，导入【素材文件\CH02\天空.jpg】，并使用【任意变形工具】▦选中绘制好的蔷薇，然后将它缩放至对应大小，再移动蔷薇至舞台的相应位置，如图2-228所示。

图2-228

11 按快捷键Ctrl+S保存文件，然后按快捷键Ctrl+Enter测试影片，最终完成效果如图2-229所示。

图2-229

【参数掌握】

选中【铅笔工具】 ✐ 后，单击工具箱【工具选项区】中的【铅笔模式】按钮 ↴ ，会显示如图2-230所示的铅笔模式设置列表，用户可以设置铅笔的绘画模式，其中包括【伸直】【平滑】和【墨水】3个选项。

图2-230

▪ **伸直**：可以对所绘线条进行自动校正，具有很强的线条形状识别能力，将绘制的近似直线取直，平滑曲线，简化波浪线，自动识别椭圆、矩形和半圆等。选择伸直模式的效果如图2-231所示。

▪ **平滑**：可以自动平滑曲线，减少抖动造成的误差，从而明显地减少线条中的细小曲线，达到一种平滑的线条效果。选择平滑模式的效果如图2-232所示。

▪ **墨水**：可以将鼠标指针所经过的实际轨迹作为所绘制的线条，此模式可以在最大程度上保持实际绘出的线条形状，而只做轻微的平滑处理。选择墨水模式的效果如图2-233所示。

图2-233

【举一反三】

如果需要创建不一样效果的线条，可以在【属性】面板中单击【样式】，然后在其下拉列表中选择所绘的线条类型，如【实线】【虚线】【点状线】【锯齿状线】【点描线】和【阴影线】等。单击【编辑笔触样式】按钮 ✐ 可以打开【笔触样式】对话框进行自定义设置，图2-234所示是自定义用铅笔画点描线的对话框。根据需要设置好线条属性后，便可以使用【铅笔工具】 ✐ 绘制图形了。

图2-231

图2-232

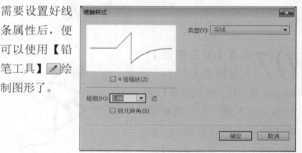

图2-234

实例 045 用刷子工具绘制Q版头像

实例位置：实例文件>CH02>实例045.fla

设计思路分析

【刷子工具】 ✐ 在制作动画的过程中通常被用来绘制草稿，它的特点是笔触效果较强，并且能够快速勾勒出对象的轮廓。本实例将使用【刷子工具】 ✐ 和【颜料桶工具】 ◔ 绘制一幅Q版头像，最终效果如图2-235所示。

图2-235

【操作步骤】

01 新建一个Flash空白文档，然后执行【修改\文档】菜单命令，打开【文档设置】对话框，接着在对话框中设置【舞台大小】为450像素×450像素，如图2-236所示。

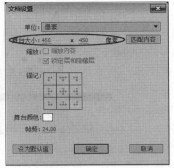

图2-236

02 设置【填充颜色】为红色（红:255，绿:0，蓝:0），然后将【图层1】图层命名为【草稿】，接着选择【刷子工具】在舞台中绘制出头像的基本结构，如图2-237所示。

图2-237

03 绘制完草稿后，为了避免出现错误操作，在【草稿】图层的右侧单击按钮锁定图层。然后单击【新建图层】按钮新建一个图层，并命名为【角色】，接着设置【填充颜色】为深红色（红:51，绿:0，蓝:0），再使用【刷子工具】在舞台中沿着草稿线绘制出Q版人物的脸部，如图2-238和图2-239所示。

图2-238　　　　　　　　　图2-239

04 脸部绘制完成后，开始绘制人物的头发，在绘制头发的过程中注意头发之间的穿插，头发绘制完成后，效果如图2-240和图2-241所示。

图2-240　　　　　　　　　图2-241

05 接下来开始绘制人物的五官，在开始绘制五官之前可以适当地放大舞台，这样可以使笔刷绘制出的笔触更加细致，能够更加准确地绘制角色的五官。使用【刷子工具】在舞台中绘制的五官如图2-242和图2-243所示。

图2-242　　　　　　　　　图2-243

06 接着使用【刷子工具】沿着草稿线绘制出角色的眼镜和手臂，在绘制过程中切忌死板地按照草稿线临摹，在绘制过程中适当地调整绘制方向能够达到更好的效果，如图2-244和图2-245所示。

图2-244　　　　　　　　　图2-245

07 人物的线稿绘制完毕后，先检查结合位置是否能够准确地完成填充，接着开始填充人物的颜色，填充完成后的效果如图2-246所示。

图2-246

08 继续使用【刷子工具】绘制出角色的右手臂，如图2-247所示；然后将其衣服填充为黄色，右手臂为肤色，如图2-248所示。

图2-247　　　　　　　　　图2-248

09 新建一个图层，然后使用【文本工具】 T 在舞台中输入文字，并按快捷键Ctrl+B将其打散，接着使用选择工具将这段文字垂直排列，如图2-249所示。

10 按快捷键Ctrl+S保存文件，然后按快捷键Ctrl+Enter测试影片，最终效果如图2-250所示。

图2-249

图2-250

技巧与提示

如果需要将绘制好的人物作为头像使用，可以执行【文件\导出\导出图片】菜单命令，将文件导出为需要的图片格式。

【参数掌握】

在【工具选项区】中单击【刷子模式】 按钮后，将弹出【刷子模式】下拉列表框，如图2-251所示。

图2-251

■ **标准绘画**：选择该模式，用【刷子工具】 绘制的图形会将现有的图形轮廓线和填充区域覆盖，如图2-252所示。

图2-252

■ **颜料填充**：选择该选项，用【刷子工具】 绘制的图形只将现有图形的填充区域覆盖，不会对轮廓线产生影响，如图2-253所示。

图2-253

■ **后面绘画**：选择该模式，用【刷子工具】 绘制的图形将出现在整个图形的后面，如图2-254所示。

图2-254

■ **颜料选择**：选择该模式，先要选取一个颜色范围，只有选取范围的区域才能被刷子的颜色所覆盖，如图2-255所示。

图2-255

■ **内部绘画**：选择该模式，刷子刷过的地方只有第一个填充区域中的填充色被覆盖，对经过的其他区域不起作用，图2-256所示。

图2-256

【技巧与提示】

如果在刷子上色的过程中按Shift键，则可在工作区中给一个水平或者垂直的区域上色；如果按Ctrl键，则可以暂时切换到【选择工具】 。

【举一反三】

在绘制图形的过程中，用户可以使用【橡皮擦工具】 来擦除对象，被擦除的部分会被删除。它的具体操作方式和【刷子工具】 是一样的，如图2-257所示。

图2-257

实例 046 综合使用绘图工具绘制背景

实例位置：实例文件>CH02>实例046.fla

设计思路分析

绘制图像时合理使用不同的绘图工具，可以帮助用户绘制出案例所需的图形。本实例主要使用【钢笔工具】 、【线条工具】 和【铅笔工具】 绘制一幅简单的背景，完成后的效果如图2-258所示。

图2-258

【操作步骤】

01 新建一个Flash空白文档，然后使用【矩形工具】 在舞台中绘制出一个无边框的紫色（红:135，绿:22，蓝:124）的矩形，如图2-259所示。

图2-259

02 使用【钢笔工具】 在矩形上绘制出两条曲线，如图2-260所示，然后分别为两个区域填充品红（红:228，绿:0，蓝:127）和紫红色（红:185，绿:3，蓝:111），填充完成后删除两条曲线，如图2-261所示，接着将整个矩形转换为组。

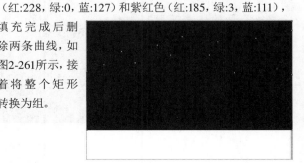

图2-260

图2-261

03 选择【矩形工具】▭，然后在【属性】面板中设置【填充颜色】为无，接着在舞台中绘制出一个矩形，并使用【选择工具】▶调整矩形的形状，将其作为小山坡的轮廓，如图2-262所示。

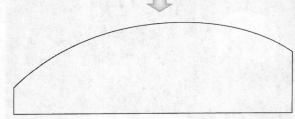

图2-262

04 使用【颜料桶工具】🪣将小山坡填充为深蓝色（红:16，绿:28，蓝:59），然后删除轮廓线，并将其转换为组，如图2-263所示。

图2-263

05 复制一个深蓝色的小山坡，然后双击鼠标左键，进入组的编辑区，并将其填充色更改为土黄色（红:175，绿:143，蓝:29），接着调整小山坡的外轮廓，如图2-264所示。

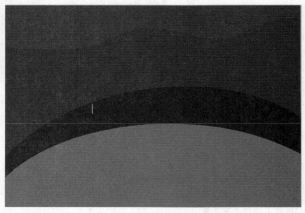

图2-264

06 使用【铅笔工具】在土色小山坡上绘制两条曲线，如图2-265所示；然后分别为分割出的两个区域填充黄色（红:255，绿:241，蓝:0）和（红:215，绿:191，蓝:0），接着删除两条曲线，如图2-266所示。

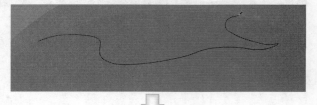

图2-265

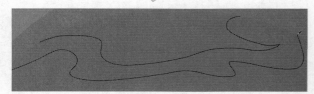

图2-266

07 使用【铅笔工具】 ✏️ 绘制出一个小行星的轮廓线和阴影线，然后分别为其填充为黄色和土黄色，如图2-267所示；接着删除小行星的轮廓线，并将小行星转换为组，如图2-268所示。

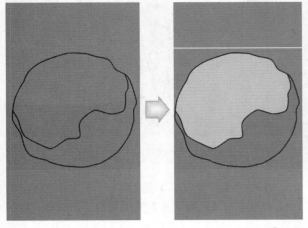

图2-267

图2-270

09 将绘制完成的树木转换为组，然后复制多个树木，并分别调整其大小、位置和颜色，如图2-271所示。

图2-268

08 使用【铅笔工具】 ✏️ 绘制出树木的轮廓线，然后将其填充为绿色，如图2-269所示；接着使用同样的方式绘制出树木上的花纹，并将花纹填充为浅绿色，再删除花纹的轮廓线，如图2-270所示。

图2-271

10 保存文件，然后按快捷键Ctrl+Enter测试影片，最终完成效果如图2-272所示。

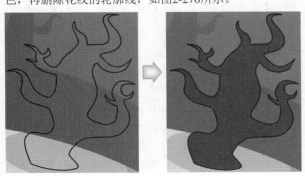

图2-269

图2-272

91

实例 **047** 综合使用绘图工具绘制卡通角色
实例位置：实例文件>CH02>实例047.fla

设计思路分析

　　如果要完成一个复杂对象的绘制，从头到尾只使用一个工具是不可能完成的，灵活地使用【工具箱】中的工具可以帮助用户快速地绘制出漂亮的图形。本实例将使用【工具箱】中的多种工具绘制出一个万圣节的卡通角色，最终完成效果如图2-273所示。

图2-273

【操作步骤】

01 新建一个Flash空白文档，然后执行【文档\修改】菜单命令，打开【文档设置】对话框，并在对话框中设置【舞台大小】为800像素×400像素，如图2-274所示。

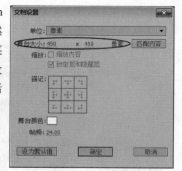

图2-274

02 选择【线条工具】，然后在属性面板中设置【笔触颜色】为（红:170，绿:51，蓝:4），【填充颜色】为无，【笔触高度】为3.00，如图2-275所示；接着在舞台中绘制一个圆，并使用【线条工具】绘制出南瓜的纹理，如图2-276所示。

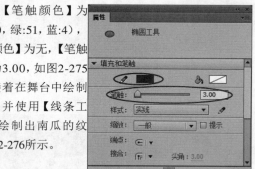

图2-275

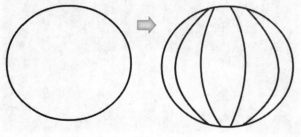

图2-276

03 使用【线条工具】绘制出南瓜的阴影线，并使用【选择工具】调整线条的弧度，如图2-277所示；然后使用【颜料桶工具】分别给南瓜填充对应的颜色，如图2-278所示。

图2-277　　　　　　　　　　　　图2-278

04 删除阴影轮廓线，然后选中南瓜，并按快捷键Ctrl+G将其转换为组，如图2-279所示；接着选中【线条工具】，并在【属性】面板中更改其【笔触高度】为1.00，如图2-280所示。

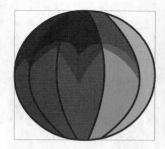

图2-279　　　　　　　　　　　　图2-280

05 在舞台中绘制出南瓜的眼睛轮廓线，并将其填充为深灰色，如图2-281所示；然后将眼睛转换为组，并将其拖曳至南瓜的对应位置；接着复制一只眼睛，再执行【修改\变形\水平翻转】菜单命令，将复制的眼睛翻转，使两只眼睛对称，如图2-282所示。

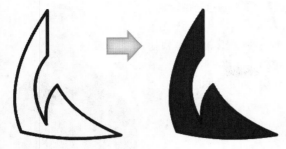

图2-281

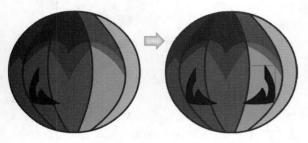

图2-282

06 使用【线条工具】 ▱ 绘制出嘴巴的轮廓线，并使用【选择工具】 ▶ 调整轮廓线，然后将其填充为深灰色，如图2-283所示；接着将绘制完成的嘴巴转换为组，并将其移动至对应位置，如图2-284所示。

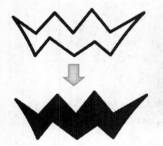

图2-283   图2-284

07 绘制出帽子的轮廓线，然后使用【颜料桶工具】 ▱ 分别为帽子填充颜色，如图2-285所示；接着分别选中帽檐和帽身的轮廓线，将其【笔触颜色】分别更改为深蓝色和深绿色，如图2-286所示。

图2-285   图2-286

08 选择【多角星形工具】 ▱ ，然后在【属性】面

板中单击【选项】按钮，打开【工具设置】对话框，并在对话框设置【样式】为【星形】，如图2-287所示。

图2-287

09 在舞台中绘制出一个星形，然后将星形移动至帽身上，并将其复制多个，同时调整星形的方向和大小，接着将星星填充为黄色，并删除星形的轮廓线，如图2-288和图2-289所示，最后将整个帽子转换为组，将其移动至南瓜的顶部，如图2-290所示。

图2-288

图2-289   图2-290

10 使用【矩形工具】 ▱ 在舞台中绘制一个无边框的黑色矩形，并使用【选择工具】 ▶ 调整矩形的轮廓，如图2-291所示；然后将矩形转换为组，并将其启动至南瓜的下端作为角色的身体，接着使用快捷键Ctrl+↓将矩形调整至南瓜的底层，如图2-292所示。

图2-291

图2-292

11 接下来绘制角色的左手，并复制一只手作为右手，然后使用对称命令调整复制的手的方向，如图2-293所示；接着使用同样的方式绘制出角色的两只脚，如图2-294所示。

12 选择【钢笔工具】，然后在【属性】面板中设置【笔触颜色】为红棕色，接着在舞台中绘制出披风的外轮廓，并将其填充为橙色，如图2-295~图2-297所示。

13 将披风转换为组，并将其移动至角色的对应位置，然后按快捷键Ctrl+↓将披风调整至最底层，如图2-298所示。

图2-298

14 执行【文件\导入\导入到舞台】菜单命令，将【素材文件\CH02\背景01.jpg】导入到舞台中，如图2-299所示；然后保存文件，并按快捷键Ctrl+Enter测试影片，最终效果如图2-300所示。

图2-293

图2-294

图2-299

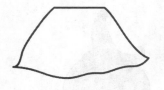

图2-296

图2-297

图2-300

实例 048 综合使用绘图工具绘制写实角色

实例位置：实例文件>CH02>实例048.fla

设计思路分析

偏写实风格的卡通角色与卡通角色的区别在于，写实风格的角色更加接近真人的骨骼，所以在绘制这类角色的时候需要注意分组，这样做的目的主要是便于调整以及制作动画。本实例主要使用绘图工具分别绘制出角色的各个部分，然后使用组将其拼合起来，最终效果如图2-301所示。

图2-301

【操作步骤】

01 运行Flash，然后执行【文件\打开】菜单命令，打开【素材文件\CH02\草稿.fla】，如图2-302所示。

图2-302

02 新建一个图层，然后选择【线条工具】，并在属性面板中设置【笔触颜色】为棕色，【填充颜色】为无，【笔触高度】为1.00，如图2-303所示，接着在舞台中绘制出角色的眉毛，如图2-303所示。

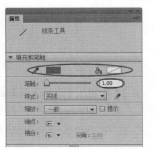

图2-303

图2-304

03 选中眉毛，然后执行【修改\形状\将线条转换为填充】菜单命令，如图2-305所示；将线条转换为填充色，然后删除眉毛两端的圆角部分，并调整眉毛的轮廓线，如图2-306所示。

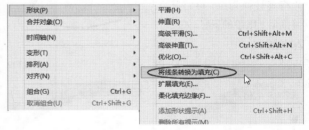

图2-305

图2-306

04 将绘制完成的眉毛转换为组，并使用同样的方式绘制出角色的左眉，然后将其转换为组，如图2-307所示。

05 按快捷键Ctrl+G新建一个组，然后使用【线条工具】绘制出上眼睑的轮廓线，并使用【选择工具】对其外轮廓进行调整，为上眼睑填充颜色，并

95

删除轮廓线，接着将其转换为组，如图2-308所示。

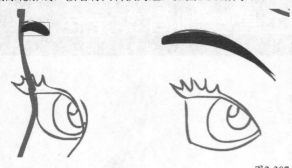

图2-307

图2-311

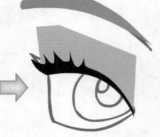

图2-308

图2-312

06 使用同样的方式绘制出眼睛的眼白部分，并将其转换为组，然后使用快捷键Ctrl+↓将其调整至上眼睑的下层，如图2-309所示；接着使用【线条工具】绘制出瞳孔，并将其转换为组，再将其调整至上眼睑的下层，如图2-310所示。

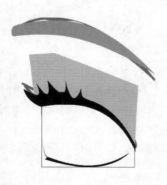

图2-309

> **？ 疑问解答**
>
> 问：为什么要绘制出眼睑的皮肤？
>
> 答：在做动画时，角色的每个部分都是有穿插的，扩大绘制区域可以有效地减少动画穿帮的现象。

08 使用【线条工具】颜色草稿绘制出角色的嘴巴，并调整其外轮廓，如图2-313所示；然后使用颜料桶工具为其填充对应的颜色，接着删除轮廓线，如图2-314所示。

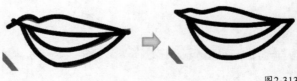

图2-313

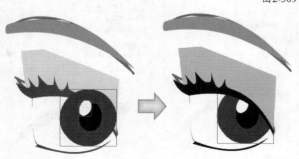

图2-310

图2-314

07 在空白位置双击鼠标左键，退出组的编辑区，然后使用同样的方式绘制出角色的左眼，如图2-311所示；接着使用【线条工具】在右眼的眼尾位置绘制出一个黑色无边框的椭圆，并将其转换为组，如图2-312所示。

09 使用【线条工具】和【线条工具】分别绘制出嘴唇上的高光和反光部分，如图2-315所示；然后使用同样的方式绘制出角色的鼻子，如图2-316所示。

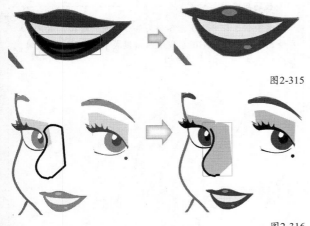

图2-315

图2-316

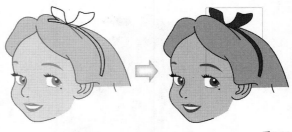

10 新建一个组，然后沿着草稿绘制出角色的脸，绘制完成后退出编辑区，接着将脸的层次调整至五官的下层，如图2-317所示。

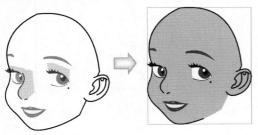

图2-317

11 新建一个组，然后沿着草稿绘制出角色的刘海，绘制完成后退出编辑区，如图2-318所示；接着使用同样的方式绘制出橘色的发顶和发卡，并分别调整两个组的层次，如图2-318所示。

图2-318

图2-319

图2-320

技巧与提示

在Flash中新建立的组默认位于所有组的顶层，因此如果当前所绘制的对象本就处于顶层，则不需要调整层次。另外，用户在绘制不同的部分时，最好绘制多余的超出部分，这样可以使各个部分都有重合的空间，连接比较紧密。

12 头部绘制完成，然后选中头部的所有组件，并按快捷键Ctrl+G将其转换为组，如图2-321所示；接着使用新建组的方式分别绘制出角色的头发和两边的鬓发，并分别对其层次进行调整，如图2-322所示。

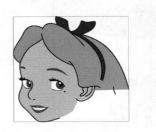

图2-321

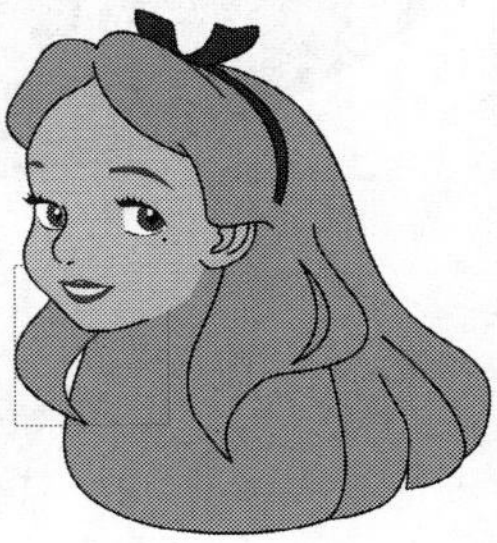

图2-322

13 以新建组的方式分别依次绘制出角色的脖子、躯干、上手臂、小臂、裙子和小腿部分，并分别调整其层次，如图2-323~图2-325所示。

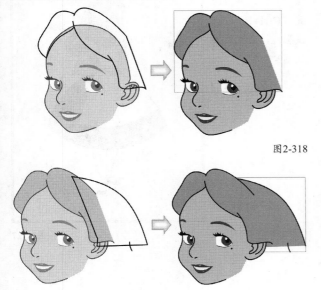

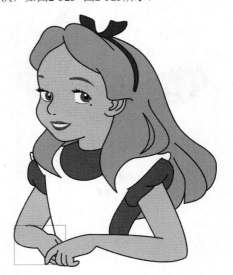

图2-323

图2-324

技巧与提示

在绘制过程中要注意各个关节点之间的连接，用户可以在绘制过程中打开【图层线框显示模式】，以便对齐边缘，如图2-326所示。

图2-326

图2-325

14 删除草稿层，然后保存文件，并按快捷键Ctrl+Enter测试影片，最终效果如图2-327所示

图2-327

第3章
文本工具的使用

■ 用文本工具插入文本/100页

■ 用动态文本制作文字出现/103页

■ 用分离命令制作变形文字/106页

■ 用线条工具制作立体文字/108页

■ 用墨水瓶工具制作描边文字/110页

■ 超级链接为文字添加链接/112页

用文本工具制作滚动文本/113页

■ 用脚本语言加载外部文本/114页

■ 用滤镜制作发光文字/116页

■ 用投影滤镜制作文字投影/117页

网页设计师　　广告设计师　　游戏特效师　　动画设计师　　交互设计师

实例 049 用文本工具插入文本

实例位置：实例>CH03>实例049.fla

蒲公英

很快就会迁徙去远方了
不知哪时的天气适合飞行
我想和我的伙伴结伴而行
在一个陌生的地方停下
建立自己的城堡
然后在选择一个好的风向
将我们的故事延续下去
但愿那一天我会快乐

图3-1

设计思路分析

文字是生活中不可或缺的信息，它能够以最直观的方式传递消息。Flash中的【文本工具】T主要被用来插入对应的文本，不仅如此用户还可以为文字添加合适的滤镜效果。本实例将使用【文本工具】T为图片插入文本，最终完成效果如图3-1所示。

【操作步骤】

01 新建一个Flash空白文档，然后执行【文档\修改】菜单命令，打开【文档设置】对话框，并在对话框中设置【舞台大小】为640像素×425像素，如图3-2所示。

图3-2

02 执行【文件\导入\导入到舞台】菜单命令，将【素材文件\CH03\背景001.jpg】导入到舞台中，然后使用【任意变形工具】选中图片，并将它等比放大至合适大小，如图3-3所示。

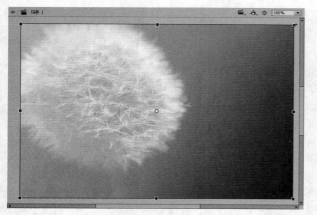

图3-3

03 选择工具箱中的【文本工具】T，然后在【属性】面板中设置【字符】的【系列】为【方正粗倩_GBK】，【颜色】为白色，【大小】为50.0磅，接着在舞台中单击鼠标左键插入文本框，再输入文字，如图3-4所示。

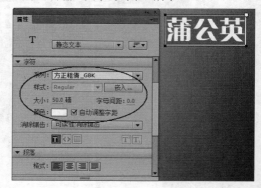

图3-4

04 输入完成后，按Esc键退出当前文本框的编辑状态，然后在舞台左侧双击鼠标左键建立新的文本框，接着在属性面板中设置【字符】的【系列】为【方正兰亭纤黑_GBK】，【大小】为20.0磅，并选择段落的【格式】为【右对齐】，【行距】为10.0点，最后在文本框中输入文本即可，如图3-5所示。

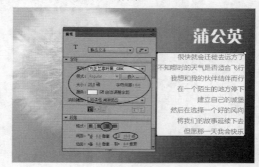

图3-5

05 按快捷键Ctrl+S保存文档，然后按快捷键Ctrl+Enter测试影片，最终完成效果如图3-6所示。

图3-6

【举一反三】

在工具箱中选择【文本工具】T后，回到编辑区单击空白区域，会出现矩形框加圆形的图标，用户可直接在矩形框中输入文本，如图3-7所示，这便是标签输入方式。标签输入方式可随着用户输入文本的增多而自动横向延长，拖动圆形标志可增加文本框的长度，按Enter键则是纵向增加行数。

图3-7

实例050 用文本工具制作信笺

实例位置：实例>CH03>实例050.fla

设计思路分析

【文本工具】T在很多图形处理软件中的使用方式和功能都是相同的，用户在输入文本后，可以再次对文本进行调整，使文字达到最佳效果。本实例将使用【文本工具】T在舞台中输入文本，并使用属性面板设置字体，最终效果如图3-8所示。

图3-8

【操作步骤】

01 新建一个Flash空白文档，然后执行【文档\修改】菜单命令，打开【文档设置】对话框，并在对话框中设置【舞台大小】为735像素×800像素，如图3-9所示。

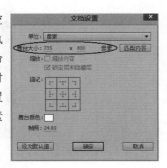

图3-9

02 执行【文件\导入\导入到舞台】菜单命令，将【素材文件\CH03\背景002.jpg】导入到舞台中，如图3-10所示。

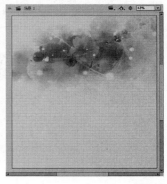

图3-10

03 新建一个图层，然后选择工具箱中的【文本工具】**T**，然后在【属性】面板中设置【字符】的【系列】为【微软雅黑】、【大小】为25.0磅、【字母间距】为0.0,【颜色】为任意色，如图3-11所示。

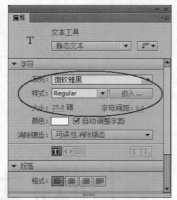

图3-11

04 在舞台中插入文本输入框，然后输入文本，或者直接打开【素材文件\CH02\文本.txt】文件，将文本复制到输入框中即可，如图3-12所示。

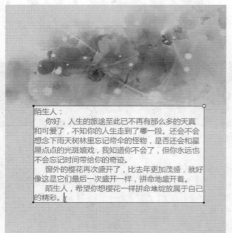

图3-12

05 使用【选择工具】 选中文本，然后在【属性】面板中设置【字符】的【系列】为一个较为简单的字体、【字母间距】为2.0、【行间距】为10.0点，如图3-13所示；接着单击【颜色】后色块，调出【滴管工具】 ，在背景图片颜色最深的位置单击鼠标左键，即可更改文字颜色，如图3-14所示。

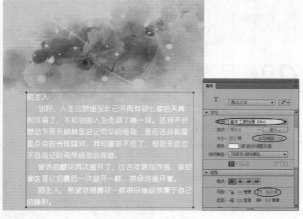

图3-13

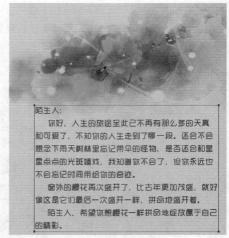

图3-14

06 选中文本，然后在【属性】面板中单击【嵌入】按钮，打开【字体嵌入】对话框，接着在【名称】栏中输入对应的名称，接着单击【确定】按钮即可将字体嵌入到当前文档中，如图3-15所示；执行【窗口\库】菜单命令，即可在库面板中看到已嵌入的字体，如图3-16所示。

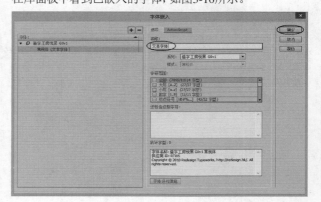

图3-15

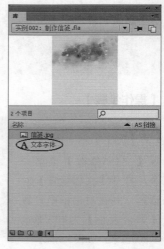

图3-16

？疑问解答

问：为什么要嵌入字体？

答：在Flash中，字体属于外部文件，如果需要带入程序运行，必须以素材的形式存储在库中，这样才能被编程语言识别，如果没有将字体嵌入到文档中，在输出影片时会出现提示，如图3-17所示。

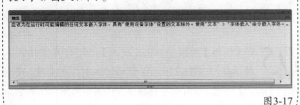

图3-17

07 保持对文本的选中，然后在【对齐】面板中单击【垂直中齐】![按钮]按钮，使文本居于舞台中央位置，接着垂直向上移动文本至合适位置，再保存文件，按快捷键Ctrl+Enter测试影片，最终效果如图3-18所示。

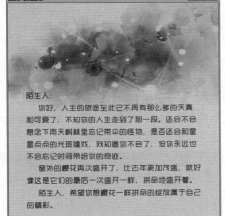

图3-18

在【属性】面板中单击【可选】按钮![图标]，使文本在输出后处于可选取状态，并且用户可以对文本进行复制操作，如图3-19所示。

图3-19

当【文本类型】为【动态文本】和【输入文本】时，用户可以在【属性】面板中单击【在文本周围显示边框】![图标]按钮，会使文字底部出现一个白色矩形，如图3-20所示。

图3-20

实例 ⑤51 用动态文本制作文字出现

实例位置：实例>CH03>实例051.fla

设计思路分析

当文本属性为【动态文本】时，文本可以直接通过脚本语言来调用。本实例将使用【文本工具】【T】在舞台中建立一个动态文本输入框，然后用ActionScript脚本语言调用文字，最终完成效果如图3-21所示。

图3-21

【操作步骤】

01 新 建 一 个
Flash文档，
然后执行【文档\修
改】菜单命令，打开
【文档设置】对话
框，并在对话框中
设置【舞台大小】为
560像素×350像素，
如图3-22所示。

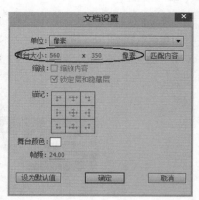

图3-22

02 执行【文件\导入\导入到舞台】菜单命令，将【素材
文件\CH03\场景.jpg】导入到舞台中，然后使用【任
意变形工具】 将图片调整至合适大小，如图3-23所示。

图3-23

03 新建一个图层，
然后选择工具箱
中的【文本工具】 T ，并
在【属性】面板中设置【文
本类型】为【动态文本】，
【字符】的【系列】为【方
正少儿_GBK】、【大小】
为15.0磅、【字母间距】为
2.0；接着设置【段落】的
【格式】为【左对齐】、【行
距】为10.0磅、【行为】为
【单行】，如图3-24所示。

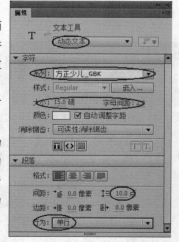

图3-24

04 在舞台中按住鼠标左键，同时拖曳鼠标绘制出一
个文本框，如图3-25所示；然后在【属性】面板
中的【实例名称】位置输入字母t，如图3-26所示。

图3-25　　　　　　　　　　图3-26

05 在【属性】面板中单击【嵌入】按钮打开字体嵌入
对话框，如图3-27所示；然后输入对应的名称，接着
单击【确定】按钮，即可将字体嵌入到库中，如图3-28所示。

图3-27　　　　　　　　　　图3-28

06 选择【图层2】图层的第1帧，然后按F9键，打开
【动作】面板，并输入如图3-29所示的代码，然
后按快捷键Ctrl+S保存文件，再按快捷键Ctrl+Enter测试
影片，最终效果如图3-30所示。

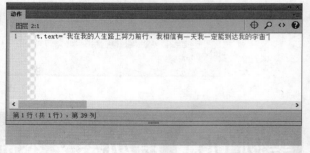

图3-29

图3-30

【参数掌握】

文本的类型可分为【静态文本】【动态文本】和【输入文本】3种，单击【属性】面板中的【文本类型】选项，在其弹出的下拉列表中，即可选择文本类型，如图3-31所示。

图3-31

- 静态文本：文本内容在影片制作过程中被确定，在没有制作补间动画的前提下，影片播放过程中不可改变。

- 动态文本：在影片制作过程中文本内容可有可无，主要通过脚本在影片播放过程中对其中的内容进行修改，不是依靠人工通过键盘输入来改变，一般用在制作类似有计算器输出结果框的影片中。

- 输入文本：同样是在影片制作过程中文本内容可有可无，与动态文本不同的是，其内容的改变主要是依靠人工通过键盘输入来改变。

实例 052 用输入文本制作可输入文本

实例位置：实例>CH03>实例052.fla

设计思路分析

【输入文本】这种文本类型，可以使影片被输出后，文本框依旧处于可编辑状态。本实例将使用【文本工具】 T 在舞台中建立一个可输出文本框，当影片被输出后，用户在文本框位置插入鼠标指针，即可输入文本内容，如图3-32所示。

图3-32

【操作步骤】

01 新建一个Flash空白文档，然后执行【文档\修改】菜单命令，打开【文档设置】对话框，并在对话框中设置【舞台大小】为900像素×400像素，如图3-33所示。

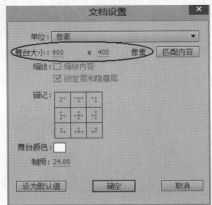

图3-33

02 执行【文件\导入\导入到舞台】菜单命令，将【素材文件\CH03\背景004.jpg】导入到舞台中，如图3-34所示。

图3-34

03 选中【文本工具】 T ，然后在【属性】面板中设置【文本类型】为【输入文本】，【字符】的【系列】为【幼圆】、【大小】为20.0磅、【字母间距】为2.0、【颜色】为深灰色，如图3-35所示。

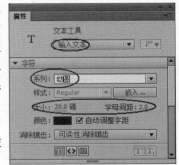

图3-35

04 单击【嵌入】按钮将字体嵌入到库中，如图3-36所示；然后移动鼠标指针至舞台中，接着按住鼠标左键，同时拖曳鼠标，在搜索框的位置拖曳出一个文本输入框，如图3-37所示。

图3-36   图3-37

05 按快捷键Ctrl+S保存文件，然后按快捷键Ctrl+Enter测试影片，在搜索框的位置单击鼠标左键即可插入光标，接着输入文本，最终效果如图3-38所示，用户还可以对文字内容进行删减。

图3-38

【举一反三】

输入文本是一种交互性运用的文本格式，用户可在其中即时输入文本，不仅如此，用户还可以为该文本设置密码输入类型，即用户输入的文本均以星号显示，创建一个密码输入文本的具体步骤如下。

第1步：使用【文本工具】在舞台中拖曳一个大小合适的文本框，然后在文本框中输入文本。

第2步：在【属性】面板里设置【文本类型】为【输入文本】，【行为】类型为【密码】，如图3-38所示。

图3-39

第3步：设置完成后，按快捷键Ctrl+Enter输出影片，最终完成效果如图3-39所示。

******

图3-40

实例 053 用分离命令制作变形文字

实例位置：实例>CH03>实例053.fla

设计思路分析

在舞台中输入文本后，用户可以将文字转换为填充色块，这样做的目的是便于编辑文字的外轮廓，然后根据案例需求调整出合适的文字外形。本实例将利用【分离】命令将文字分离，然后使用【选择工具】调整出合适的字体效果，最终效果如图3-41所示。

图3-41

【操作步骤】

01 新建一个Flash的空白文档，然后执行【文件\导入\导入到舞台】菜单命令，将【素材文件\CH03\背景005.jpg】导入到舞台中，如图3-42所示。

图3-42

02 执行【文档\修改】菜单命令，打开【文档设置】对话框，并在对话框中单击【匹配内容】按钮，【舞台大小】自动与图片大小相匹配，为658像素×658像素，如图3-43所示。

图3-43

03 新建一个图层，然后选中【文本工具】，并在【属性】面板中选择一个较粗的字体，设置【字符】的【大小】为100.0磅，【颜色】为深灰色，如图3-44所示。

图3-44

04 按快捷键Ctrl+G新建一个组，然后移动鼠标指针至舞台的对应位置，单击鼠标左键插入文本框，接着输入文本，如图3-45所示。

图3-45

05 按两次快捷键Ctrl+B将文字转换为形状，如图3-46所示；然后使用【选择工具】选中【梦】字，接着将【梦】字向下移动至合适位置，如图3-47所示。

图3-46

图3-47

06 使用【选择工具】分别对文字的各个部分进行调整，对于一些细节部分的弧度可以使用【部分选取工具】进行调整，调整完成后的效果如图3-48所示。

图3-48

技巧与提示

在修改文字的外轮廓时要谨慎把控文字的整体形态，改变的范围不一定大，但是一定要符合实例所需要表达的主题。

07 选中【文本工具】，然后在【属性】面板中

选择合适的字体，并设置【字符】的【大小】为20.0磅，【颜色】为深灰色，如图3-49所示；接着在调整后的字体的左下角和右上角分别插入文本，如图3-50所示。

图3-49

08 在空白位置双击鼠标左键退出组的编辑区，然后按快捷键Ctrl+S保存文件，再按快捷键Ctrl+Enter测试影片，最终效果如图3-51所示。

图3-51

图3-50

实例 054 用线条工具制作立体文字

实例位置：实例>CH03>实例054.fla

设计思路分析

将文字分离为形状后，灵活使用工具箱中的【选择工具】、【线条工具】可以调整出合适的文字外形。本实例将舞台中插入的文本分离为形状，然后使用【选择工具】、【线条工具】编辑文字外形，制作出立体文字的效果，最终效果如图3-52所示。

图3-52

【操作步骤】

01 新建一个 Flash空白文档，然后执行【文档\修改】菜单命令，打开【文档设置】对话框，并在对话框中设置【舞台大小】为655像素×590像素，如图3-53所示。

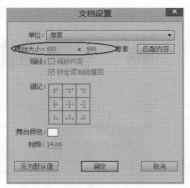

图3-53

02 执行【文件\导入\导入到舞台】菜单命令，将【素材文件\CH03\背景006.jpg】导入到舞台中，如图3-54所示。

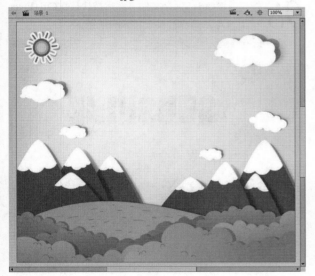

图3-54

03 选择【文本工具】T，然后在【属性】面板中选择一个比较粗的英文字体，接着设置【字符】的【大小】为100.0磅、【字母间距】为4.0、【颜色】为绿色（红:89，绿:117，蓝:87），如图3-55所示。

图3-55

04 新建一个图层，然后在舞台中插入文本并输入文本，如图3-56所示；接着按住Alt键复制一个文本，并将被复制的文本向右侧移动，最后将原始文本的字体颜色更改为灰绿色（红:150，绿:162，蓝:156），如图3-57所示。

图3-56

图3-57

技巧与提示

在调整文字的位置时，注意两个文本之间的间距以及文本的位置，使文本的位置与背景素材的光线方向相符合。

---

05 使用【选择工具】选中全部文字，然后执行两次快捷键Ctrl+B，将文本转换成形状，如图3-58所示。

图3-58

06 使用【线条工具】绘制相邻顶点连接线，如图3-59所示；然后使用【滴管工具】提取底部的文

字颜色，提取后光标变成【颜料桶工具】，接着在空白处位置单击鼠标左键填充颜色，并删除部分线条，如图3-60所示。

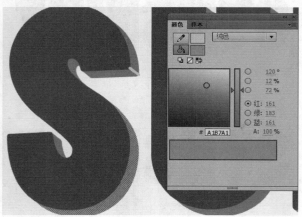

图3-59

图3-60

图3-62

07 选中底部的填充色块，然后在颜色面板中将颜色更改为（红:161，绿:183，蓝:161），如图3-61所示；接着使用【滴管工具】提取颜色，再将其他需要填充的部分填充颜色即可，如图3-62所示。

图3-61

08 按快捷键Ctrl+S保存文件，然后按快捷键Ctrl+Enter测试影片，最终效果如图3-63所示。

图3-63

实例 055 用墨水瓶工具制作描边文字

实例位置：实例>CH03>实例055.fla

设计思路分析

　　将文本分离为形状后，是只有填充色块的形状，如果需要给文字添加描边，用户可以使用【墨水瓶工具】来完成。本实例将使用【文本工具】和【墨水瓶工具】制作出带有水彩描边效果的文字，最终效果如图3-64所示。

图3-64

【操作步骤】

01 新建一个Flash空白文档，然后执行【文档\修改】菜单命令，打开【文档设置】对话框，并在对话框中设置【舞台大小】为1000像素×625像素，如图2-65所示。

图3-65

02 执行【文件\导入\导入到舞台】菜单命令，将【素材文件\CH03\背景007.jpg】导入到舞台中，如图3-66所示。

图3-66

03 选择【文本工具】【T】，然后在属性面板选择一个较为卡通的字体，并设置【字符】的【大小】为100.0磅、【字母间距】为4.0、【颜色】为棕色（红:130，绿:45，蓝:17），如图3-67所示。

图3-67

04 分别在舞台的对应位置左键插入两个文本框，然后输入文本，如图3-68所示。

图3-68

05 使用【选择工具】选中文本对象，按两次快捷键Ctrl+B将文本分离为形状，如图3-69所示。

图3-69

06 选择【墨水瓶工具】，然后在【属性】面板中设置【笔触颜色】为粉色（红:254，绿:188，蓝:185），【笔触高度】为3.00，【笔触样式】为【点刻线】，如图3-70所示；接着移动光标至文字边缘，单击鼠标左键即可将颜色填充到字体边缘，如图3-71所示。

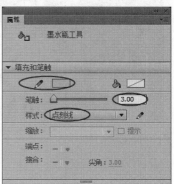

图3-70

图3-71

07 按快捷键Ctrl+S保存文件，然后按快捷键Ctrl+Enter测试影片，最终效果如图3-72所示。

图3-72

实例 **056** 用超级链接为文字添加链接

实例位置：实例>CH03>实例056.fla

设计思路分析

在Flash中可以为静态文本和动态文本设置超级链接，用户可以通过单击文本直接跳转至对应的网址。本实例首先在舞台上导入图像，然后输入文字，最后将文字与搜狗壁纸进行链接，完成效果如图3-73所示。

图3-73

【操作步骤】

01 新建一个Flash空白文档。执行【修改\文档】菜单命令，打开【文档设置】对话框，在对话框中将【舞台大小】设置为890像素×590像素，如图3-74所示。

图3-74

02 执行【文件\导入\导入到舞台】菜单命令，将【素材文件\CH03\背景008.jpg】导入到舞台中，如图3-75所示。

图3-75

03 选择【文本工具】T，在【属性】面板中设置字符的【系列】为【微软雅黑】、【大小】为30.0、【颜色】为深灰色、【字母间距】为3.0，如图3-76所示。

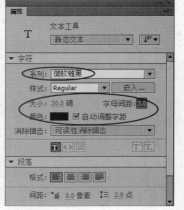

图3-76

04 单击【新建图层】按钮，新建【图层2】图层，然后在舞台上输入文本【更多精美壁纸】，如图3-77所示。

图3-77

05 选择输入的文字，在【属性】面板中的【链接】文本框位置输入链接的地址http://bizhi.sogou.com/，在【目标】下拉列表中选择_blank选项，如图3-78所示。

图3-78

06 保存文件后按快捷键Ctrl+Enter预览本实例的完成效果，当鼠标指针经过动画中的文本时，鼠标指针会变成手形，单击文本后，会弹出搜狗壁纸网页，如图3-79所示。

图3-79

【参数掌握】

Flash CC提供了4个选项：_blank、_parent、_self和_top，如图3-80所示。

■ _blank：选择该选项后可以将被链接文档载入到新的未命名浏览器窗口中。

■ _parent：选择该选项后可以将被链接文档载入到复框架集或包含该链接的框架窗口中。

图3-80

■ _self：选择该选项后可以将被链接文档载入与该链接相同的框架或窗口中。

■ _top：选择该选项后可以将被链接文档载入到整个浏览器窗口并删除所有框架，如果对【目标】没有做出选择，默认为在原窗口中打开，其位置在【属性】面板中。

实例 **057** 用文本工具制作滚动文本

实例位置：实例>CH03>实例057.fla

设计思路分析

在Flash中还针对动态文本设置了【可滚动】的文本互动效果，可以使大段的文本在固定范围中滚动显示，本实例将使用【文本工具】T在舞台中建立一个动态文本，再为文本设置可滚动的文字效果，最终完成效果如图3-81所示。

图3-81

【操作步骤】

01 新建一个Flash空白文档。执行【修改\文档】菜单命令，打开【文档设置】对话框，在对话框中将【舞台大小】设置为655像素×370像素，如图3-82所示。

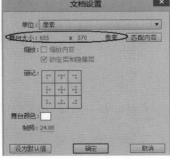

图3-82

02 执行【文件\导入\导入到舞台】菜单命令，将【素材文件\CH03\背景009.jpg】导入到舞台中，如图3-83所示。

图3-83

03 新建一个图层，然后选择【文本工具】T，并在【属性】面板中将文本类型设置为【动态文本】，如图3-84所示。

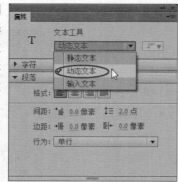

图3-84

04 选中【图层2】图层，然后在舞台中拖曳出一个适当大小的文本框，接着将【素材文件\CH03\文本009.txt】中的文本复制到文本框中，并设置【字符】的【系列】为【微软雅黑】，【大小】为17.0磅，【颜色】为黑色，【字母间距】为2.0，如图3-85所示。

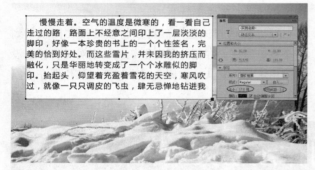

图3-85

05 按快捷键Ctrl+A选中所有文字，然后执行【文本\可滚动】菜单命令，如图3-86所示；接着按快捷键Ctrl+S保存文件，然后按快捷键Ctrl+Enter测试影片，最终完成效果如图3-87所示，在文本位置滚动鼠标滚轮即可显示剩余文本。

图3-86

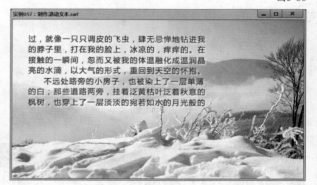

图3-87

实例 **058** 用脚本语言加载外部文本

实例位置：实例>CH03>实例058.fla

设计思路分析

在Flash中也可以使用脚本语言直接调用文本，这样可以缩减文档的大小。本实例将介绍在Flash中使用动态文本加载外部文本的制作方法，最终完成效果如图3-88所示。

图3-88

01 新建一个名为external的文本文档，在文档中输入文字，然后关闭文档，如图3-89所示。

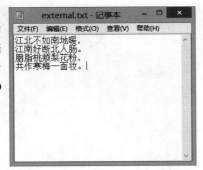

图3-89

02 启动Flash，新建一个Flash空白文档，然后执行【修改\文档】菜单命令，打开【文档设置】对话框，在对话框中将【舞台大小】设置为655像素×535像素，如图3-90所示。

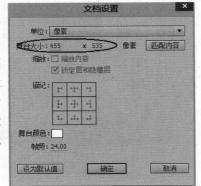

图3-90

03 执行【文件\导入\导入到舞台】菜单命令，将【素材文件\CH03\背景010.jpg】导入到舞台中，如图3-91所示。

图3-91

04 新建一个图层，然后使用工具箱中的【文本工具】[T]的舞台中拖曳出一个大小适当的文本框，如图3-65所示；接着在【属性】面板中，设置【文本类型】为【动态文本】，并选择一个毛笔字体，最后设置【字符】的【大小】为30.0磅、【颜色】为黑色、【字母间距】为2.0、【实例名称】为my_txt，如图3-92所示。

图3-92

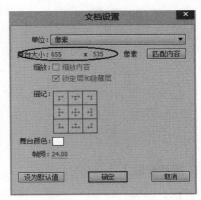

图3-93

05 新建【图层3】图层，选择该层的第1帧，按F9键打开【动作】面板，然后在面板中输入脚本，如图3-94所示。

图3-94

06 按快捷键Ctrl+S将文件保存到external.txt同一文件夹中，然后按快捷键Ctrl+Enter测试影片，最终完成效果如图3-95所示。

图3-95

实例 059 用滤镜制作发光文字

实例位置：实例>CH03>实例059.fla

设计思路分析

滤镜在Flash中相当于特殊的效果，使被编辑对象产生对应的效果，这样做的目的是凸显主题，使用户看到明确的主题信息。本实例只使用发光滤镜制作出文字发光的效果，最终完成效果如图3-96所示。

图3-96

【操作步骤】

01 新建一个Flash空白文档，然后执行【文档\修改】菜单命令，打开【文档设置】对话框，并在对话框中设置【舞台大小】为460像素×430像素，如图3-97所示。

图3-97

02 执行【文件\导入\导入到舞台】菜单命令，将【素材文件\CH03\背景011.jpg】导入到舞台中，如图3-98所示。

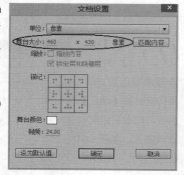

图3-98

03 选中导入图片，然后按F8键，打开【转换为元件】对话框，接着在对话框中选择【类型】为【图形】；设置完成后单击【确定】按钮保存设置，最后选中元件，并在【属性】面板中设置其色彩【样式】为【高级】，其颜色具体参数设置如图3-99所示。

图3-99

04 新建一个图层，然后选择【文本工具】，并在【属性】面板中选择一个较粗的字体，接着设置【字符】的【大小】为50.0磅、【字母间距】为3.0、【颜色】为（红:255，绿:156，蓝:0）、【行间距】为10.0点，如图3-100所示。

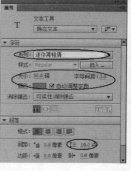

图3-100

05 在舞台中单击鼠标左键插入文本框，然后输入对应的文本，如图3-101所示；接着使用【选择工具】选中文本，并在【属性】面板中单击【添加滤镜】按钮，在弹出的快捷菜单中选择【发光】，最后设置模糊值为7像素、【品质】为【高】、【颜色】为黄色，如图3-102所示。

图3-101

06 保持对文本的选中，然后在【对齐】面板中勾选【与舞台对齐】，接着单击【垂直中齐】按钮、【水平中齐】按钮，使文本处于舞台中间位置，如图3-103所示。

图3-103

07 按快捷键Ctrl+S保存文件，然后按快捷键Ctrl+Enter测试影片，最终效果如图3-104所示。

图3-104

图3-102

实例 060 用投影滤镜制作文字投影

实例位置：实例>CH03>实例060.fla

设计思路分析

【投影】滤镜可以直接给对象添加对应的投影，赋予被编辑对象一定的光照效果。本实例将使用【投影】滤镜为文本添加一个浅色投影，最终完成效果如图3-105所示。

图3-105

【操作步骤】

01 新建一个Flash空白文档，然后执行【文档\修改】菜单命令，打开【文档设置】对话框，并在对话框中设置【舞台大小】为440像素×440像素，如图3-106所示。

图3-106

02 执行【文件\导入\导入到舞台】菜单命令，将【素材文件\CH03\背景012.jpg】导入到舞台中，如图3-107所示。

图3-107

03 选择【椭圆工具】 ◉ ，然后在【属性】面板中设置【笔触颜色】为深蓝色、【填充颜色】为白色、【样式】为【虚线】，如图3-108所示；接着新建一个图层，并在舞台中绘制出两个椭圆，最后删除多余的线条，如图3-109所示。

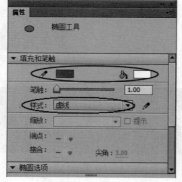

图3-108

图3-109

04 选择【文本工具】 T ，然后在【属性】面板中为其设置对应的参数，如图3-110所示；接着在椭圆位置插入文本框，并输入对应的文字，如图3-111所示。

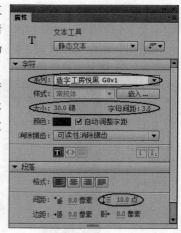

图3-110

图3-111

05 使用【选择工具】 ➤ 选中文本，然后在【属性】面板中单击【添加滤镜】按钮 ➕▾ ，在弹出的快捷菜单中选择【投影】，其参数设置如图3-112所示。

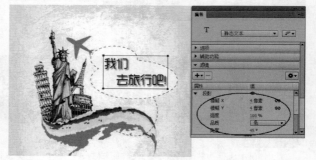

图3-112

06 按快捷键Ctrl+S保存文件，然后按快捷键Ctrl+Enter测试影片，最终效果如图3-113所示。

图3-113

04

第4章
元件的编辑与应用

用图形元件制作气泡/120页

用图形元件绘制安娜/123页

用图形元件制作河边的小花/126页

用图形元件制作开心的太阳/128页

用图形元件制作跳跃的篮球/132页

用影片剪辑制作美女眨眼/134页

用滤镜制作发光的月亮/136页

用影片剪辑制作飞舞的蝴蝶/139页

用按钮元件制作动画/142页

用指针经过制作文字按钮色/147页

网页设计师

广告设计师

游戏特效师

动画设计师

交互设计师

实例 061 用图形元件制作气泡

实例位置：实例>CH04>实例061.fla

设计思路分析

Flash影片中的元件就像影视剧中的演员、道具，都是具有独立身份的元素，它们拥有各自独立的时间轴，并且可以重复使用。本实例将使用【椭圆工具】在舞台中绘制出气泡的形状，然后将气泡转换为元件，并在舞台中复制多个气泡，最终效果如图4-1所示。

图4-1

【操作步骤】

01 新建一个Flash空白文档，然后执行【文档\修改】菜单命令，打开【文档设置】对话框，并在对话框中设置【舞台大小】为550像素×400像素，如图4-2所示。

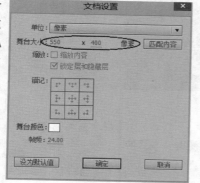

图4-2

02 执行【文件\导入\导入到舞台】菜单命令，将【素材文件\CH04\背景001.jpg】导入到舞台中，然后使用【任意变形工具】将图片调整至舞台大小，用如图4-3所示。

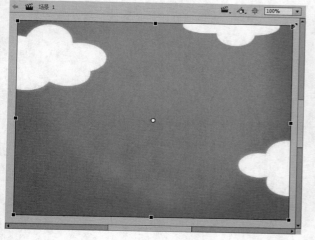

图4-3

03 执行【插入\新建元件】菜单命令，打开【创建新元件】对话框，然后在对话框中输入元件名称【气泡】，并设置【元件类型】为【图形】，如图4-4所示；设置完成后单击【确定】按钮即可进入元件编辑区。

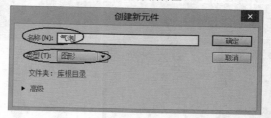

图4-4

04 选择【椭圆工具】，然后在颜色面板中设置【笔触颜色】为无，【填充颜色】为【径向渐变】，并将渐变的第1个渐变色标的颜色设置为（红:255，绿:255，蓝:255，A:80%），如图4-5所示；设置第2个渐变色标的颜色为（红:170，绿:210，蓝:252，A:40%），如图4-6所示。

图4-5

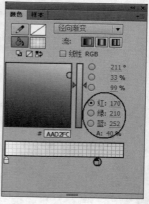

图4-6

05 在工作区中按住Shift键拖曳鼠标，绘制出一个圆，并使用【渐变变形工具】■调整渐变，如图4-7所示；接着按快捷键Ctrl+G新建组，并使用【刷子工具】■为调整好渐变的气泡绘制出白色的高光，如图4-8所示。

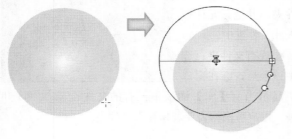

图4-7

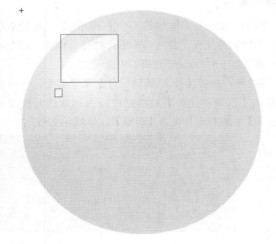

图4-8

06 在空白位置双击鼠标左键，即可退出元件编辑区，然后在主场景中新建一个图层，接着打开【库】面板，并选中面板中的【气泡】元件，按住鼠标左键将其拖曳到舞台中，如图4-9所示。

图4-9

07 保持对气泡的选中，然后按住Alt键拖曳鼠标，复制出一个气泡，接着在【属性】面板中设置其

【色彩效果】的【样式】为【高级】，并调整气泡的颜色参数，如图4-10所示。

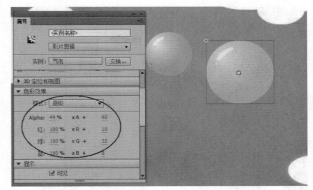

图4-10

08 复制多个气泡，然后分别调整气泡的颜色，如图4-11所示；接着以调整完成的5个气泡为基础在舞台中复制多个气泡，并分别调整气泡的大小和位置，如图4-12所示。

图4-11

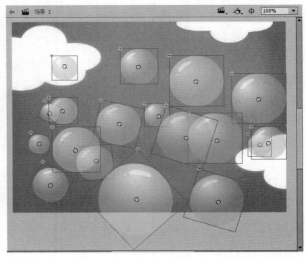

图4-12

09 按快捷键Ctrl+S保存文件，然后按快捷键Ctrl+Enter测试影片，最终效果如图4-13所示。

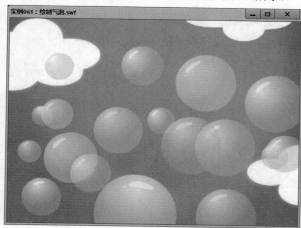

图4-13

【参数掌握】

按快捷键Ctrl+F8打开【创建新元件】对话框，如图4-14所示，其具体参数详解如下。

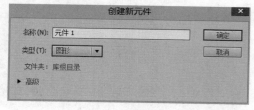

图4-14

■ **名称**：在该处输入元件的名称，默认状态下为【元件+序号】命名，如【元件1】，【元件2】。

■ **类型**：在该处选择需要创建元件的类型。可选【图形】【影片剪辑】和【按钮】。

■ **高级**：使用鼠标在此处单击，即可展开其下设的设置选项，用户可以在此设置元件的具体信息，如【ActionScript 链接】等，如图4-15所示。

图4-15

■ **文件夹**：该处选择创建的元件存放位置，默认位置为【库根目录】，即存放在【库】面板中。单击更改后弹出移至文件对话框，如图4-16所示。

■ **库根目录**：直接存入【库】面板中。

■ **新建文件夹**：在【库】面板中新建文件夹，并把该元件存入此文件夹中。

■ **现有文件夹**：选中该项后，会在窗口中显示当前【库】面板中已有的文件夹，用户可根据需要选择存入文件夹。

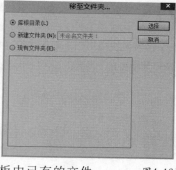

图4-16

【举一反三】

Flash CC在开启时预设了一个工作场景，但没有准备任何的影片元件，在对动画影片进行编辑的过程中，可以通过以下5种方法创建新的电影元件。

第1种：执行【插入\新建元件】菜单命令，即可在打开的【创建新元件】对话框中，为创建的元件设置【名称】和选择元件行为【类型】，如图4-17所示。

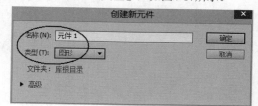

图4-17

第2种：执行【窗口\库】菜单命令，打开库面板，单击库面板下边的【新建元件】按钮，也可以打开【创建新元件】对话框，然后选择需要的元件行为类型进行创建，如图4-18所示。

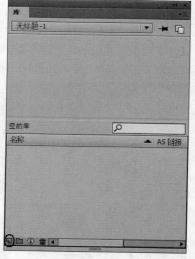

图4-18

第3种：在绘图工作区中绘制好图形后，将其选取并按住鼠标左键拖曳到库面板中，即可弹出【转换为元件】对话框，将该图形直接应用到新的元件中。

第4种：选取需要转换为元件的图形对象，执行【修改\转换为元件】菜单命令或按F8键，即可在弹出的【转换为元件】对话框中选择需要的元件类型，如图4-19所示。

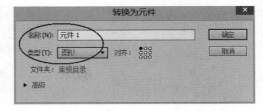

图4-19

第5种：选取需要的图形对象，单击鼠标右键，在弹出的快捷菜单中选择【转换为元件】命令，也可以弹出【转换为元件】对话框。

实例 062 用图形元件绘制安娜

实例位置：实例>CH04>实例062.fla

【设计思路分析】

在图形元件中制作动画，可以通过设置元件属性来调用图形元件中的每一帧图形，这种方法可以有效地节省文档内存，帮助动画师更快的完成工作。本实例将使用【图形】元件及其相关属性绘制出一幅卡通人像，最终完成效果如图4-20所示。

图4-20

【操作步骤】

01 执行【文件\打开】菜单命令，打开【素材文件\CH04\安娜.fla】，打开文档后，可以看到在舞台中已经有绘制好的角色草稿，如图4-21所示，任选一个进行绘制。

图4-21

02 锁定【草稿层】图层，然后新建【图层2】图层，并将其重命名为【安娜】，以绘制最右边的安娜为例，使用绘图工具在舞台中绘制出安娜的刘海，如图4-22所示；接着选中刘海，并按F8键将其转换为【图形】元件，命名为【刘海】，如图4-23所示。

图4-22

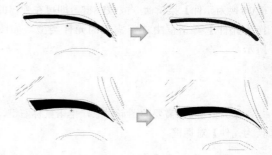

工具】 📐 对眉毛轮廓进行调整，如图4-26所示。

图4-26

05 选中眉毛将其转换为【图形】元件，并命名为【安娜
眉毛】，然后双击元件，进入元件编辑区，并在第2帧
位置按F7键新建一个空白关键帧，并使用同样的方法绘制出
另一只眉毛，如图4-27所示，绘制完成后退出元件编辑区。

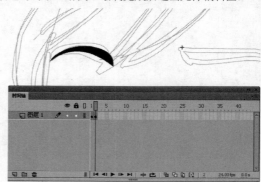

图4-27

06 选中眉毛，然后在【属性】面板中设置其【循环】为
【单帧】、【第一帧】为1，如图4-28所示。按快捷
键Ctrl+C复制眉毛，接着按快捷键Ctrl+Shift+V原位粘贴眉
毛，在【属性】面板更改其【第一帧】为2，另一边的眉毛就
会在对应的位置显示出来，如图4-29所示。

图4-23

03 刘海绘制完成后，开始绘制安娜的脸部，并将
其转换为【图形】元件，设置其【名称】为
【脸】，如图4-24所示；选中绘制完成的脸，按快捷键
Ctrl+↓将脸调整至刘海的下层，如图4-25所示。

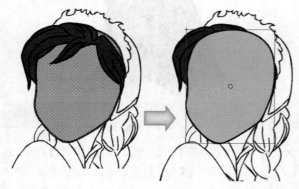

图4-24

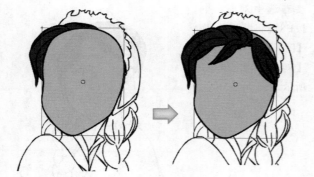

图4-25

04 打开图层线框模式，然后开始绘制安娜的五官，
在绘制安娜的眉毛时，可以使用线条工具在舞台
中绘制一条直线，然后执行【修改\形状\将线条转换为形
状】菜单命令，接着使用【选择工具】 📐 和【部分选择

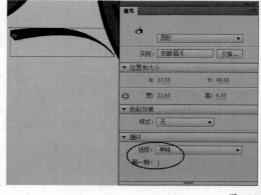

图4-28

图4-29

07 使用同样的方式绘制出安娜的眼睛，如图4-30所示；在绘制人物的眼睛时，最好将眼睑的各个部分加以区分，以便于后期的动画制作。

图4-30

技巧与提示

使用元件绘制眼睛时，可以使用组来对各个部分进行区分，通常可以将眼睛分为上眼睑、下眼睑、瞳孔和高光4个部分来进行绘制。在绘制上眼睑时可将上眼睑的皮肤绘制出来，这样可以避免在做动画时露出眼睑下的眼白。

08 使用【线条工具】 ∕ 绘制出安娜的鼻子，并将其转换为元件，然后绘制出安娜的嘴巴；在草稿中，安娜的嘴巴看起来只有一条线，但是在绘制过程中需要给她添加上嘴唇，并做一些颜色变化，使她的嘴巴看起来比较有立体感，如图4-31所示。

图4-31

09 使用绘图工具分别绘制出安娜帽子的各个部分，并将其转换为元件，接着调整各个部分的层次关系，如图4-32所示。

图4-32

技巧与提示

在绘制安娜帽子的过程中，可以将其分为3个部分来绘制，分别为帽子上的绒毛、帽子耳边部分以及后脑部分。首先绘制帽子的后脑部分，使用绘图工具在舞台中绘制出帽子后脑部分的形状。

10 安娜的头部到这一步就绘制完成了，选中头部的所有元件，按F8键将其转换为【图形】元件并命名为【安娜头部】，如图4-33所示。

图4-33

？ 疑问解答

问：为什么要将头部转换为元件？

答：在制作动画过程中头部的动作常常与身体部分有所区别，如摇头和低头等头部整体运动的动画，这时头部作为一个整体能更好地完成动画。

11 以同样的方式绘制出安娜的身体部分，在绘制过程中注意元件的划分，绘制完成的元件划分如图4-34所示。当角色绘制完成后，选中舞台中的所有元件并按F8键将其转换为图形元件，命名为【角色安娜】，如图4-35所示。

图4-34

图4-35

12 保存文件，然后按快捷键Ctrl+Enter输出影片，最终效果如图4-36所示。

图4-36

【举一反三】

一个元件常常是由多个元件组成的，在绘制过程中需要注意以下4点。

第1点：注意元件与元件之间的衔接关系，尤其是在绘制人物的时候，关节的划分尤其重要，一定要使连接部分尽可能超出一部分，如图4-37所示。

图4-37

第2点：元件与元件之间的层次要把握准确。

第3点：在开始绘制对象之前要将对象分类，以便区分图层。

第4点：最好给每一个元件命名，这样便于区分，能更快地帮助用户完成动画制作。

实例 063 用图形元件制作河边的小花

实例位置：实例\CH04\实例063.fla

设计思路分析

在默认情况下，【图形】元件中的动画会一直在影片中循环播放，动画师们常常利用这一点来制作很多简易的动画效果。本实例将使用【图形】元件制作出河边小花摇曳的动画效果，如图4-38所示。

图4-38

【操作步骤】

01 新建一个Flash空白文档，然后执行【文档\修改】菜单命令，打开【文档设置】对话框，并在对话框中设置【舞台大小】为540像素×340像素，【舞台颜色】为蓝色，如图2-39所示。

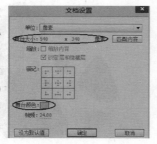

图4-39

02 执行【文件\导入\导入到舞台】菜单命令，将【素材文件\CH04\背景002.jpg】导入到舞台中，并使用【任意变形工具】将图片跳帧至舞台大小，如图4-40所示。

图4-40

03 按快捷键Ctrl+F8，打开【创建新元件】对话框，然后输入元件【名称】，设置元件【类型】为【图形】，如图4-41所示，设置完成后单击【确定】按钮即可进入元件编辑区。

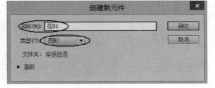

图4-41

04 使用绘图工具在工作区中绘制出花朵的形状，将花朵转换为组，如图4-42所示。然后选中【图层1】图层的第10帧，按F6键新建关键帧，接着将第6帧转换为关键帧，并使用【任意变形工具】将花朵向左倾斜，如图4-43所示。

图4-42

图4-43

05 使用同样的方式制作出另外两种花朵的【图形】元件，绘制完成后的所有元件都会被存储到【库】中，方便随时调用，如图4-44所示。

06 新建一个图层，然后选中库面板中绘制完成的3种花朵，并将它们拖曳到舞台中，如图4-45所示。接着选中3种花朵，在属性面板中设置【循环】的【选项】为【循环】，如图4-46所示。

图4-44

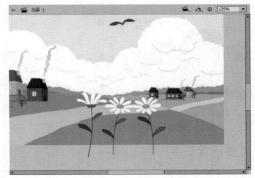

图4-45

07 将花朵复制多个，然后使用【任意变形工具】分别调整花朵的大小和位置，如图4-47所示；接着在时间轴中选中两个图层的第50帧，按F5键添加帧，如图4-48所示。

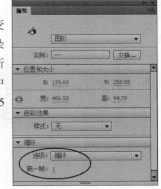

图4-46

图4-47

图4-48

08 按快捷键Ctrl+S保存文件，然后按快捷键
Ctrl+Enter测试影片，最终效果如图4-49所示，可
以看到河边的小花随风摇曳的动画。

图4-49

【举一反三】

　　【库】中的元件并不是不可更改的，在制作动画
的过程中，常常需要将元件进行重新设置来达到制作需
求，即重置元件，通过更改元件的【名称】和【类型】
参数来达到制作需求，它的操作步骤如下。

第1步：在【库】面板中右键单击需要重置的元件，
在弹出的菜单中选择【属性】命令，或者选择需要重置
的元件，在【库】面板右上角单击▼■按钮，在弹出的菜
单中选择【属
性】命令，如
图4-50所示。

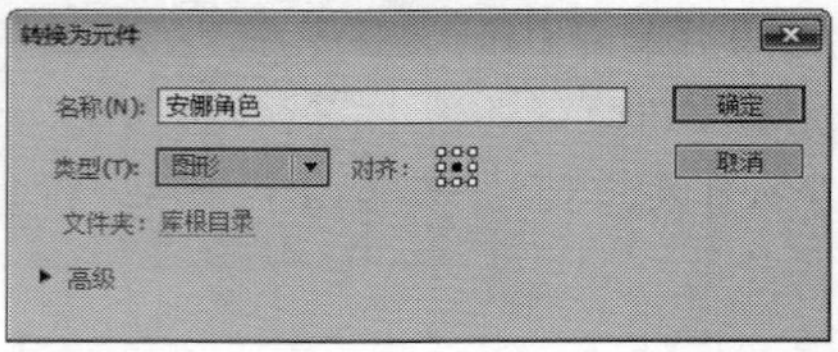

图4-50

第2步：在弹出的【元件属性】对话框中更改元件的
【名称】【类型】和【高级】等设置，完成后单击【确
定】按钮即可保存设置。

技巧与提示

　　更改元件名称可
以在【库】面板中右键
单击元件，在弹出的菜
单中选择【重命名】命
令，或者双击元件的名
称，当元件名字处于激
活状态时，可以输入新
的名称，如图4-51所示。

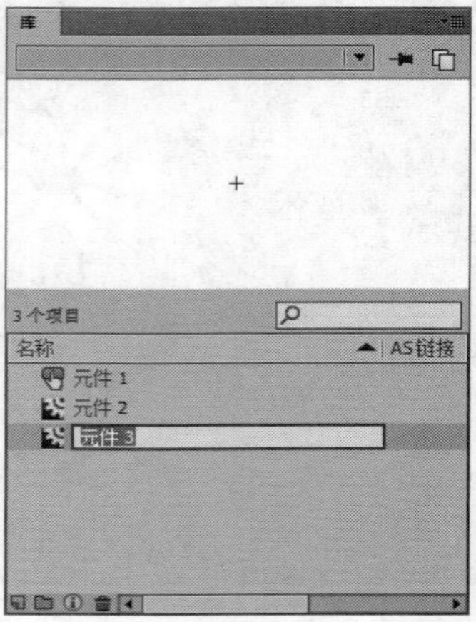

图4-51

实例 064 用图形元件制作开心的太阳

实例位置：实例>CH04>实例064.fla

设计思路分析

　　在制作动画过程中结合使用不同的循环设置，制作出合适的动画效果。本实例将使用【图形】元件的【单帧】和【播放一次】两个循
环选项制作出太阳升起的动画，最终完成效果如图4-52和图4-53所示。

图4-52

图4-53

【操作步骤】

01 新建一个Flash空白文档，然后执行【文件\导入\导入到舞台】菜单命令，将【素材文件>CH04>背景004.jpg】导入到舞台中，并将图片等比缩小至舞台大小，如图4-54所示。

图4-54

02 按快捷键Ctrl+F8，打开创建新元件对话框，然后在对话框中输入名称，并选择元件【类型】为【图形】，如图4-55所示。接着单击【确定】按钮进入元件编辑区，并使用绘图工具绘制太阳的图形，如图4-56所示。

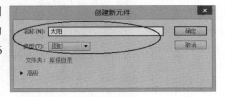

图4-55

图4-56

03 选中【图层1】图层的第5帧，然后按F6键新建关键帧，并使用【选择工具】 调整太阳的嘴巴外形，使其笑容扩大，如图4-57所示。

图4-57

技巧与提示

元件和组都能将形状转换为一个整体，但是它们是完全不同的两种对象，两者的区别可以总结为以下4点。

第1点：元件的内部包含有一个独立的时间轴，使用户可以在元件内部建立多个帧和图层，或者制作一段动画，但是组的内部只有一个图层，只能对组的内容进行调整。

第2点：创建或者转换元件时，元件将自动保存在【库】面板中，而且在【库】面板中复制元件时，新的元件会重新命名，组只能在工作区中随意复制或更改。

第3点：更改元件中的素材，所有应用的该元件相应改变，组只能改变当前选中组的内容。所以很多Flash动画制作者常常使用元件组合来创建造型，以方便修改。

第4点：元件可以被ActionScript调用，而组不能。

04 选中第3帧，然后按F7键创建空白关键帧，接着选中第5帧的太阳，按快捷键Ctrl+C复制太阳，再选中第3帧，按快捷键Ctrl+Shift+V原位粘贴图形，最后将太阳垂直向下移动一段距离，如图4-58所示。

图4-58

05 选中第3帧~第5帧，然后按住Alt键拖曳帧至第7帧位置释放鼠标，即可完成帧的复制，接着使用同样的方式复制第3帧~第5帧~第11帧位置，如图4-59所示。

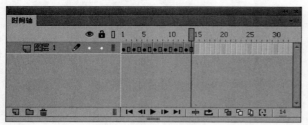

图4-59

06 在空白位置双击鼠标退出元件编辑区，然后在主场景中新建一个图层，并将【库】中绘制完成的太阳拖曳到舞台左侧，接着选中元件，并在属性面板中设置【循环】的【选项】为【单帧】，【第一帧】为1，如图4-60所示。

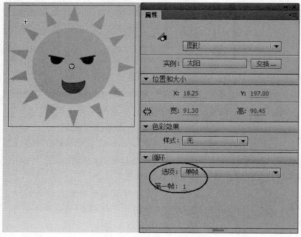

图4-60

07 新建一个图层，然后执行【文件\导入\导入到舞台】菜单命令，将【素材文件\CH04\前景004.png】导入到舞台中，并将图片等比缩小至舞台宽度，如图4-61所示。

图4-61

08 选中所有图层的第45帧，按F5键新建关键帧，选中太阳所在图层的第30帧，按F6键将其转换为关键帧，接着在两个关键帧之间建立传统补间动画，制作出太阳向上移动的动画，如图4-62所示。

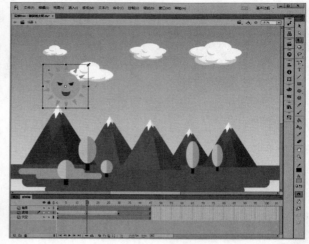

图4-62

09 选中第30帧的太阳，然后在属性面板中设置循环的【选项】为【播放一次】、【第一帧】为1，如图4-63所示。接着保存文件，并按快捷键Ctrl+Enter测试影片，最终效果如图4-64所示。

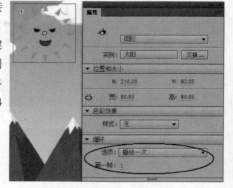

图4-63

图4-64

【参数掌握】

图形元件的图标为 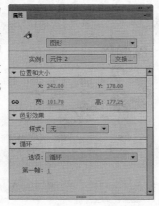，在它的【属性】面板中可以设置被选中元件的【位置和大小】【色彩效果】与【循环】，如图4-65所示。

图4-65

- **高级**：可以同时调整元件的颜色比例和透明度，单击鼠标左键选中此项，即可看到对应的设置参数，如图4-69所示。

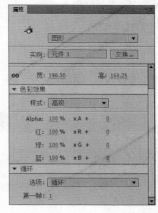

图4-69

- **位置和大小**：可以以调整元件的位置和大小，双击数值位置即可激活文本框，输入对应数值即可更改元件的位置和大小。

- **样式**：用于设置元件的颜色效果，单击【样式】即可打开颜色样式选项，如图4-66所示。

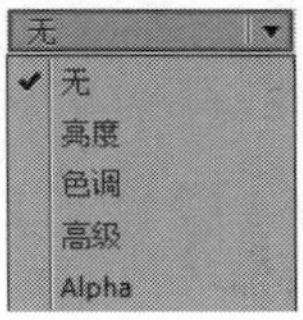

图4-66

- **无**：没有任何颜色效果，颜色呈正常颜色显示。

- **亮度**：可以调整整个元件的颜色亮度，单击鼠标左键选中此项后，会出现调整颜色亮度的滑条，拖动滑条即可改变颜色亮度，如图4-67所示。

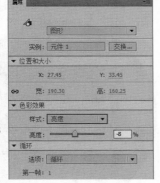

图4-67

- **色调**：可以调整元件的颜色，单击鼠标左键选中此项后，可以在它的修改选项中选择需要的颜色，如图4-68所示。

图4-68

- **Alpha**：即透明度，用于调整元件颜色的透明度，单击鼠标左键选中此项后，会出现一个调整透明度的滑条，拖动滑条即可改变元件的透明度，如图4-70所示。

图4-70

- **选项**：用于设置当前选中元件的循环播放的模式，在它的下拉菜单中包括【循环】【播放一次】和【单帧】3种模式，如图4-71所示。

图4-71

- **循环**：按照当前实例占用的帧数来循环波荡在该实例内的所有动画序列。

- **播放一次**：从指定帧开始播放动画序列直到动画结束为止。

- **单帧**：显示动画序列的一帧，可以指定要显示的帧。

- **第一帧**：设置循环的起始帧，这个起始帧指的是【图形】元件内时间轴的帧。

实例 065 用图形元件制作跳跃的篮球

实例位置：实例>CH04>实例065.fla

设计思路分析

　　【图形】元件拥有独立的图层，在制作动画的过程中用户可以制作动画，在需要的时候直接从【库】中调用即可。本实例将使用图形元件制作出篮球原地跳跃的动画，最终效果如图4-72和图4-73所示。

图4-72

图4-73

【操作步骤】

01 新建一个Flash空白文档，然后执行【文件\导入\导入到舞台】菜单命令，将【素材文件\CH04\背景005.jpg】导入到舞台中；接着选中导入图片，在【属性】面板中设置图片大小为（宽:550.00，高:400.00），如图4-74所示。

图4-74

02 按快捷键Ctrl+F8，打开【创建新元件】对话框，然后在对话框中输入元件【名称】，并选择元件【类型】为【图形】，设置完成后单击【确定】按钮进入元件编辑区，如图4-75所示。

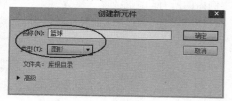

图4-75

03 打开【素材文件\CH04】文件夹，然后选中【篮球005.png】将其拖曳至工作区中；接着选中导入的图片，并在属性面板中设置图片的大小为（高:99.00，高:99.50），如图4-76所示。

图4-76

04 按F8键将篮球转换为一个名为【球】的【图形】元件，如图4-77所示。然后选中【图层1】图层的第20帧，按F6键插入关键帧，并在两个关键帧之间单击鼠标右键，在弹出的快捷菜单中选中【创建传统补间】命令，如图4-78所示。

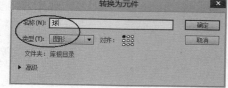

图4-77

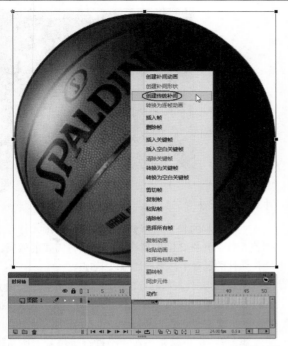

图4-78

05 补间动画创建完成后，选中【图层1】图层的第11帧，按F6键将该帧转换为关键帧；然后选中第11帧中的球，将它垂直向下移动一段距离，并使用【任意变形工具】将篮球纵向压缩，如图4-79所示。

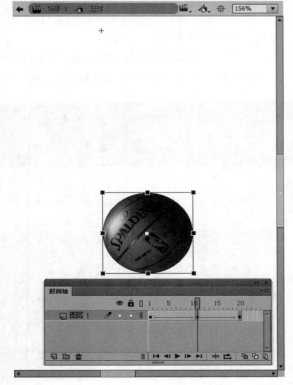

图4-79

06 新建一个图层，并将该图层移动至【图层1】图层的下层；然后使用【椭圆工具】在舞台中绘制一个【填充颜色】为（红:102，绿:102，蓝:102，A:60%），【笔触颜色】为无的椭圆作为篮球的阴影，如图4-80所示。

图4-80

技巧与提示

在绘制篮球的阴影时，可以先绘制出篮球距离地面最近时的阴影，这样做的目的是确定阴影的位置，后面开始调整篮球阴影时可以以这个位置为基准。

07 将【图层2】图层的第20帧和第11帧转换为关键帧，然后使用【任意变形工具】调整第1帧和第20帧中的阴影范围；接着在3个关键帧之间创建补间形状，如图4-81所示。

图4-81

08 新建一个图层，并将其命名为【篮球】，然后选中【库】面板中的【篮球】，将其拖曳到舞台中，并使用【任意变形工具】 调整元件的大小；接着选中两个图层的第40帧，按F5键添加帧，如图4-82所示。

图4-84

图4-82

09 按快捷键Ctrl+S保存文件，然后按快捷键Ctrl+Enter测试影片，最终效果如图4-83和图4-84所示。

图4-83

【举一反三】

　　一个图形元件中常常会包含很多个图形元件，通过调整元件与元件之间的层次，可以获得需要的效果。在制作元件的过程中，需要注意以下5点。

　　第1点：元件拥有独立的时间轴，其容量也会偏大，在绘制对象时，合理将对象区分为多个部分，以保证后期能够更快速地完成动画制作。

　　第2点：用户常常会在一个舞台中绘制多个角色对象，为了更好地区分角色，最好在每一个元件名称的前面加上对应的角色名称。

　　第3点：对象绘制完成后，最好将单个角色对象的所有元件包含在一个元件之中，这样便于在制作动画过程中选择、移动对象。

　　第4点：灵活运用时间轴上的各项功能，如开启线框模式，能够帮助用户精确绘制角色。

　　第5点：如果是按照设定稿绘制对象，对于设定中不明确的位置，在绘制元件时一定要明确表达出来。

实例 066 用影片剪辑制作美女眨眼

实例位置：实例>CH04>实例066.fla

设计思路分析

　　【影片剪辑】主要用于创建具有一段独立主题内容的动画片段，它不受目前场景中帧长度的限制，做循环播放。本实例使用【影片剪辑】制作出美女眨眼的动画效果，最终效果如图4-85所示。

图4-85

【操作步骤】

01 新建一个Flash空白文档，然后选择【矩形工具】，接着在【颜色】面板中设置【笔触颜色】为无，【填充颜色】为【线性渐变】，再设置两个色标的颜色为深蓝色（红:0，绿:51，蓝:102）和浅蓝色（红:0，绿:204，蓝:255），如图4-86所示。

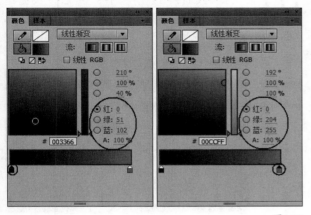

图4-86

02 在舞台中绘制一个舞台大小的矩形，并将其转换为【图形】元件，如图4-87所示；然后按快捷键Ctrl+F8，打开【创建新元件】对话框，并在对话框中输入元件【名称】，设置元件【类型】为【影片剪辑】，如图4-88所示。

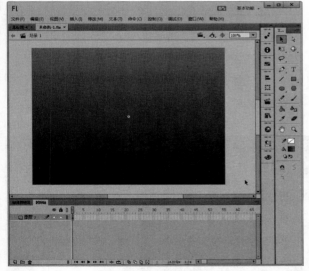

图4-87

图4-88

03 打开【素材文件\CH04】文件夹，然后选中【眨眼睛1.png~眨眼睛3.png】，将其拖曳到工作区中，如图4-89所示；接着选中第1帧中的所有对象，并在对象位置单击鼠标右键，在弹出的快捷菜单中选择【分布到关键帧】命令，如图4-90所示。

图4-89

图4-90

04 选择此命令后，被导入的多张图片将会依次排列在时间轴的几个关键帧中，选中【图层1】图层的第1帧，然后按快捷键Shift+F6删除关键帧，接着分别选中余下的3帧，按F5键添加帧，如图4-91所示。

图4-91

05 选中第1帧~第4帧，按住Alt键拖曳选中帧，将其复制到第7帧位置，然后单击鼠标右键，在弹出的快捷菜单中选择【翻转帧】命令，调整帧的顺序，如图4-92所示。

图4-92

06 回到主场景，然后将【库】中的【眨眼】【影片剪辑】拖曳到舞台中，并使用【任意变形工具】 ▦ 等比缩放对象至合适大小，如图4-93所示。

图4-93

? 疑问解答

问：为什么不添加帧？

答：【影片剪辑】元件中的动画不受主时间轴中的帧的长度限制，输出后会在播放窗口中循环播放【影片剪辑】中的动画。

07 按快捷键Ctrl+S保存文件，然后按快捷键Ctrl+Enter测试影片，最终效果如图4-94和图4-95所示。

图4-94

图4-95

实例 **067** 用滤镜制作发光的月亮

实例位置：实例>CH04>实例067.fla

设计思路分析

滤镜在Flash中只对【影片剪辑】【按钮】和文本有效，它下设了很多特效，例如发光、投影和模糊等效果，用户在绘制一些发光对象时，可以使用滤镜来实现发光的效果。本实例将使用【影片剪辑】和【发光】滤镜制作出夜间的月光效果，最终完成效果如图4-96所示。

【操作步骤】

01 新建一个 Flash空白文档，然后执行【文档修改】菜单命令，打开文档设置对话框，并在对话框中设置【舞台颜色】为蓝色（红:0，绿:102，蓝:204），如图4-97所示。

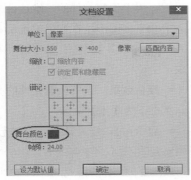

图4-97

02 使用【椭圆工具】◉在舞台右上角绘制一个无边框的白色圆，如图4-98所示；然后使用【选择工具】▸选中绘制完成的圆，并按F8键打开【转换为元件】对话框，接着在对话框中输入元件【名称】，再设置元件【类型】为【影片剪辑】，如图4-99所示。

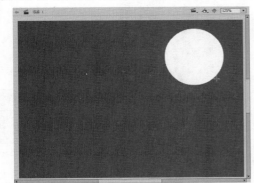

图4-98

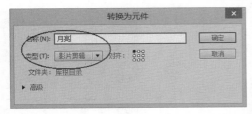

图4-99

03 单击【确定】按钮即可将圆转换为【影片剪辑】，然后选中月亮，并在属性面板中单击【添加滤镜】按钮为元件添加一个【发光】滤镜，接着设置【模糊值】为100像素、【强度】为200%、【品质】为【高】、【颜色】为白色，如图4-100所示。

图4-100

04 使用同样的方式制作出一个发光的星星，然后复制多个星星，即可完成星空的绘制，如图4-101所示。

图4-101

05 新建一个图层，然后执行【文件\导入\导入到舞台】菜单命令，将【素材文件\CH04\前景007.png】导入到舞台中，并使用【任意变形工具】▦将其等比缩小至合适大小，如图4-102所示。

图4-102

06 按快捷键Ctrl+S保存文件，然后按快捷键Ctrl+Enter测试影片，最终效果如图2-103所示。

图4-103

【参数掌握】

【影片剪辑】的图标为 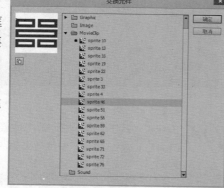，选择工作区内的【影片剪辑】，【属性】面板中会显示【影片剪辑】的相关信息，如图4-104所示。

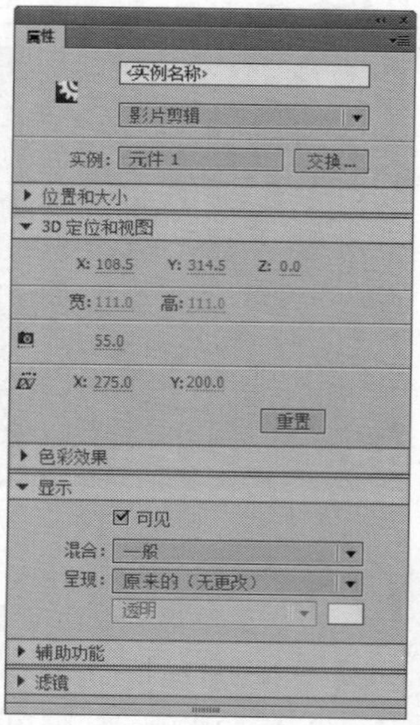

■ **实例名称：** 此处输入实例名称，用于ActionScript脚本语言控制。

■ **选择类型：** 在下拉菜单中可以更改当前场景中的【影片剪辑】元件转换成其他类型元件，但是【库】中元件不发生任何改变。

■ **实例：** 显示当前元件的名称。

■ **交换：** 可将【库】面板中的其他元件和当前元件调换。单击【交换】按钮，弹出【交换元件】对话框，如图4-105所示。在该对话框中选择需要交换的元件，单击【确定】按钮即可完成交换。

图4-104

图4-105

■ **位置和大小：** 调整当前【影片剪辑】的大小和位置，选项打开后如图4-106所示。

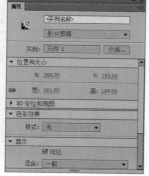

图4-106

■ **3D定位和视图：** 是【影片剪辑】元件特有的参数设置，用于调整元件的三维透视关系，即将元件假设为一个立体图形，在数值位置左右拖曳鼠标或者使用【3D平移工具】 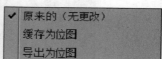 拖曳对象即可变更参数值，使对象产生位移。

■ **颜色效果：** 调整当前元件的亮度、透明度等，默认状态下为【无】。

■ **显示：** 可以隐藏或显示当前元件，此时隐藏只在编辑时观察不到，不影响影片导出后的效果。在【混合】中可以改变该元件的模式，如图4-107所示。在【呈现】中可以设置元件的呈现方式，如图4-108所示。

图4-107　　　　　　　　　图4-108

■ **辅助功能：** 给元件添加一些特殊功能，如图4-109所示。

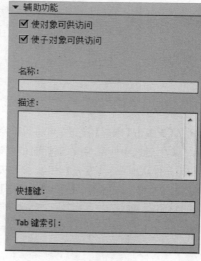

图4-109

■ **滤镜：** 在该面板下可以给元件添加或删除滤镜。

实例 ⓪⑥⑧ 用影片剪辑制作飞舞的蝴蝶

实例位置：实例>CH04>实例068.fla

设计思路分析

【影片剪辑】包含交互式控件、声音以及其他影片剪辑的实例，用户可以在一个影片剪辑中制作动画，然后在需要使用时从【库】中调用即可。本实例将使用【影片剪辑】制作蝴蝶挥动翅膀的动画，最终效果如图4-110和图4-111所示。

图4-110

图4-111

【操作步骤】

01 新建一个 Flash 空白文档，执行【修改\文档】菜单命令，打开【文档设置】对话框，在对话框中将【舞台大小】设置为600像素×380像素，如图4-112所示。

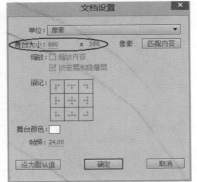

图4-112

02 执行【文件\导入\导入到舞台】菜单命令，将【素材文件\CH04\背景008.jpg】导入到舞台中，然后选中图片，并在属性面板中更改图片的大小为（宽：600.00，高：380.00），如图4-113所示。

图4-113

03 按快捷键Ctrl+F8，打开创建新元件对话框，然后在对话框中输入元件【名称】，并设置元件【类型】为影片剪辑，如图4-114所示，设置完成后单击【确定】按钮即可进入元件编辑区。

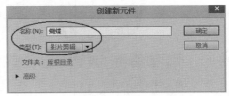

图4-114

04 使用绘图工具在工作区中绘制一只蝴蝶，绘制过程中注意蝴蝶各个部分的分组，如图4-115所示。然后选中【图层1】图层的第11帧，按F5键添加帧，如图4-116所示。

图4-115

139

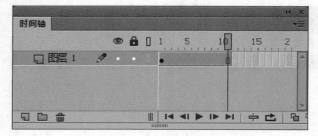

图4-116

05 分别将【图层1】图层的第5帧和第3帧转换为关键帧，然后使用【任意变形工具】变形工具调整蝴蝶翅膀的形状，如图4-117所示；接着将【图层1】图层的最后一帧转换为关键帧，并选中第7帧，按F7键将其转换为空白关键帧，如图4-118所示。

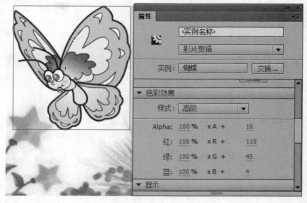

图4-119

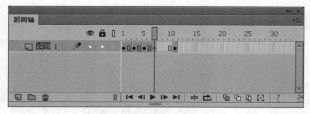

图4-117

图4-118

06 选中第3帧，然后按住Alt键拖曳帧至第7帧位置，接着将第9帧转换为关键帧，并使用【任意变形工具】调整翅膀的形状，如图4-119所示。

07 新建一个图层，将其命名为【蝴蝶1】，然后从【库】中拖曳一只蝴蝶至舞台中，接着在【属性】面板中设置色彩效果的【样式】为【高级】，并调整颜色的色彩偏移值，如图4-120所示。

图4-120

08 新建一个图层，将其命名为【蝴蝶2】，然后从【库】中拖曳一只蝴蝶至舞台中，接着执行【修改\变形\水平翻转】菜单命令，将元件翻转；接着选中元件，并在【属性】面板中调整元件的颜色，如图4-121所示。

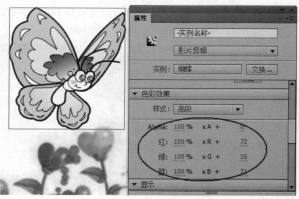

图4-121

09 选中所有图层的第45帧，按F5键添加帧，然后将第15帧转换为关键帧，将第1帧移动至舞台外侧；接着在两个关键帧之间创建传统补间，如图4-122所示。使用传统补间制作蝴蝶飞入画面的动画，如图4-123所示。

图4-122

图4-123

10 按快捷键Ctrl+S保存文件，然后按快捷键Ctrl+Enter测试影片，最终效果如图4-124和图4-125所示。

图4-124

图4-125

【举一反三】

用户可以利用影片剪辑的特性，将动画中常用的动画表演制作成影片剪辑，例如在制作按钮时，可以使用影片剪辑给制作【指针经过】时的动画，当影片输出后鼠标指针经过按钮时，按钮位置就会自动播放【影片剪辑】中的动画，如图4-126和图4-127所示。

图4-126

图4-127

实例 ⓪⑥⑨ 用按钮元件制作动画

实例位置：实例>CH04>实例069.fla

设计思路分析

【按钮】元件在Flash中是具有一定的互动效果的，它响应鼠标的单击、滑过等动作的控制效果。本实例将使用按钮元件制作出一个小熊抛球的效果，最终效果如图4-128和图4-129所示，在小熊位置单击鼠标左键时，小球会被小熊抛起。

图4-128

图4-129

【操作步骤】

01 新建一个Flash空白文档，然后执行【文件\导入\导入到舞台】菜单命令，将【素材文件\CH04\背景009.jpg】导入到舞台中，并将图片调整至舞台大小，如图4-130所示。

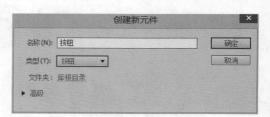

图4-131

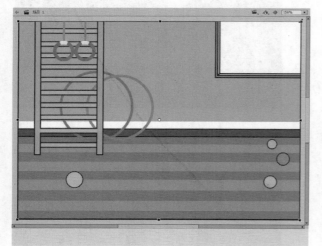

图4-130

02 按快捷键Ctrl+F8，打开【创建新元件】对话框，然后在对话框中输入元件【名称】、元件【类型】为【按钮】，如图4-131所示。单击【确定】按钮进入按钮元件编辑区；接着使用绘图工具在编辑区中绘制出小熊的图形，如图4-132所示。

图4-132

技巧与提示

在绘制小熊的过程中注意角色各个部分的划分，将角色头部、四肢、躯干、尾巴和小球分别转换为组，这样做的目的是便于编辑角色动画。

03 选中【点击】帧，然后按F5键添加帧，并分别将【指针经过】帧和【按下】帧转换为关键帧，如图4-133所示；接着使用【任意变形工具】 调整【指针经过】中的小熊，如图4-134所示。

图4-133

图4-134

04 使用【任意变形工具】 调整【按下】中的小熊，将小熊的动作调整为抛起小球的动作，如图4-135所示。在空白位置双击鼠标左键退出元件编辑区，然后打开【库】面板，即可在【库】面板中看到已绘制完成的按钮，如图4-136所示。

图4-135　　　　图4-136

05 选中【库】中的按钮，将其拖曳至舞台右侧，然后使用【任意变形工具】 将元件跳帧至合适大小，如图4-137所示。

图4-137

06 按快捷键Ctrl+S保存文件，然后按快捷键Ctrl+Enter测试影片，最终效果如图4-138所示。移动鼠标指针至小熊位置，小熊会接住小球，如图4-139所示，单击鼠标小熊会再次抛起小球。

图4-138

图4-139

【参数掌握】

　　进入【按钮】元件内部编辑时，时间轴中有4帧可用，分别是【弹起】【指针经过】【按下】和【点击】，如图4-140所示。

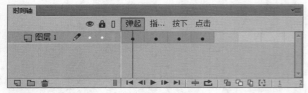

图4-140

- **弹起**：在该处的帧可以编辑鼠标指针未经过按钮区域时的状态。

- **指针经过**：该处的帧可以编辑鼠标指针经过按钮区域时的状态。

- **按下**：该处的帧可以编辑鼠标指针在按钮区域单击鼠标左键时的状态。

- **点击**：该处的帧可以编辑按钮的有效区域。

实例 070　用脚本代码制作控制按钮

实例位置：实例>CH04>实例070：制作控制按钮.fla

设计思路分析

　　按钮通过添加脚本代码，可以拥有更多的互动效果，例如控制影片的停止和播放，本实例将通给按钮添加脚本代码，制作出控制动画播放和停止的效果，最终效果如图4-141和图4-142所示。

图4-141

图4-142

【操作步骤】

01 新建一个Flash空白文档，执行【修改\文档】菜单命令，打开【文档设置】对话框，在对话框中将【舞台大小】设置为560像素×420像素，如图4-143所示。

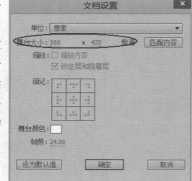

图4-143

02 执行【文件\导入\导入到舞台】菜单命令，将【素材文件\CH04\背景010.jpg】导入到舞台中，

然后选中图片，并在【属性】面板中修改图片大小为（宽:560.00，高:420.00），如图4-144所示。

图4-144

03 新建一个图层, 然后执行【文件\导入\导入到舞台】菜单命令, 将【素材文件\CH04\豹子1.png~豹子3.png】导入都舞台中; 接着选中导入的所有图片, 使用【任意变形工具】 将图片缩放至合适大小, 如图4-145所示。

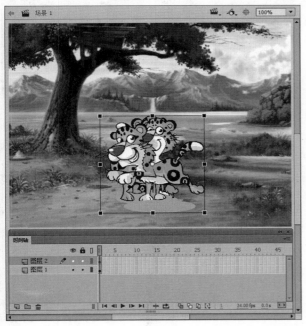

图4-145

04 保持对导入图片的选中, 然后在图片位置单击鼠标右键, 在弹出的快捷菜单中选择【分散到关键帧】命令; 接着删除【图层2】图层的第1帧, 并选中每一帧关键帧, 按F5键插入帧, 最后为【图层1】图层添加帧, 使两个图层的帧相同, 如图4-146所示。

图4-146

05 按快捷键Ctrl+F8,【创建新元件】对话框, 然后在【名称】文本框中输入【播放】, 设置元件【类型】为【按钮】, 如图4-147所示。

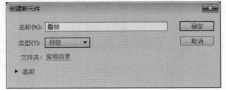

图4-147

06 选择【矩形工具】 , 并在【属性】面板中设置【边角半径】为8.00, 如图4-148所示。在工作区中绘制一个无边框,【填充颜色】为红色的圆角矩形, 如图4-149所示。

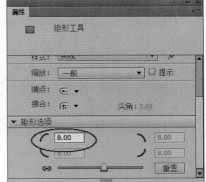

图4-148

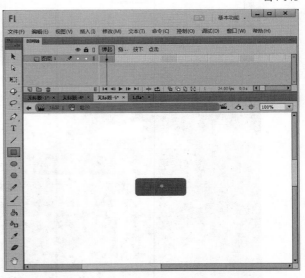

图4-149

07 选择【文本工具】 在圆角矩形上输入【播放】, 设置【字符】的【系列】为【微软雅黑】,【大小】为28.0磅,【颜色】为白色,【字母间距】为5.0, 如图4-150所示。

08 采用同样的方式制作出【停止】按钮, 其按钮颜色为绿色, 如图4-151所示。回到主场景, 然后新建一个图层, 将【播放】按钮与【停止】按钮从【库】面板中拖曳到舞台右侧, 如图4-152所示。

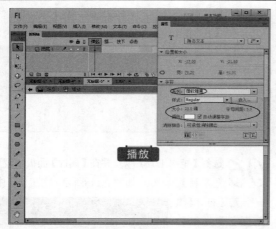

图4-150

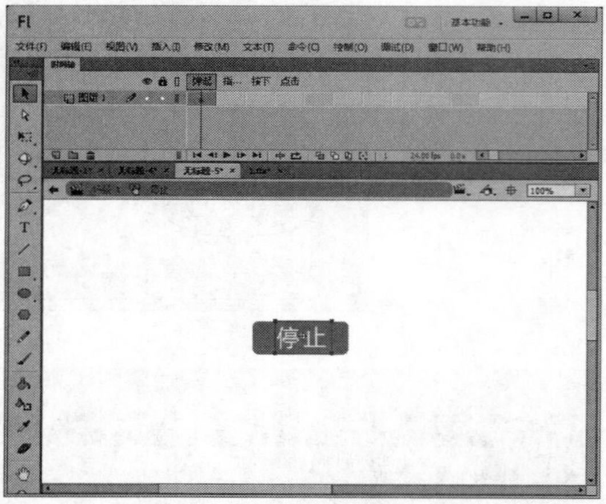

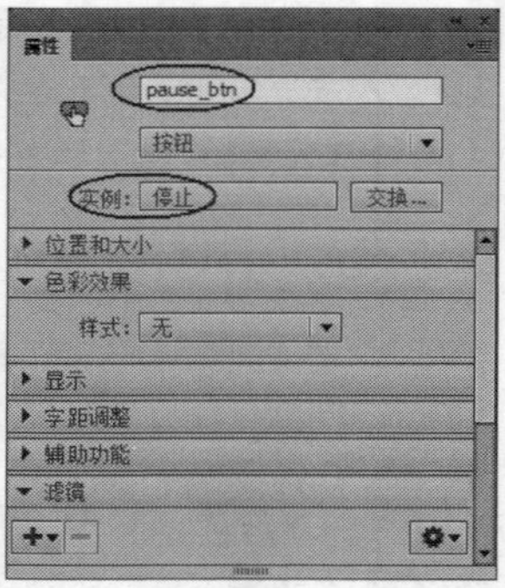

图4-153　　　　　　图4-154

10 新建【图层4】图层，然后选择该层的第1帧，按F9键打开【动作】面板，接着在【动作】面板中输入如图4-155所示的代码。

图4-155

11 按快捷键Ctrl+S保存文件，然后按快捷键Ctrl+Enter测试影片，最终效果如图4-156和图4-157所示，在影片中单击【停止】按钮可以停止播放动画，单击【播放】按钮即可使动画处于循环播放状态。

图4-151

图4-156

图4-152

09 分别选中舞台上的【播放】按钮和【停止】按钮，然后在【属性】面板中分别设置其【实例名称】为play_btn和pause_btn，如图4-153和图4-154所示。

图4-157

实例 071 用指针经过制作文字按钮

实例位置：实例>CH04>实例071.fla

设计思路分析

【指针经过】是指当鼠标指针经过按钮时，对应位置会出现相应的动画效果，用户可以利用【影片剪辑】制作出丰富多彩的指针经过动画。本实例将使用影片剪辑制作出【指针经过】的动画，最终完成效果如图4-158所示。

图4-158

【操作步骤】

01 新建一个Flash空白文档，执行【文件\导入\导入到舞台】菜单命令，将【素材文件\CH04\背景011.jpg】导入到舞台中；然后选中图片，并在属性中设置图片的大小为（宽:550.00，高:400.00），如图4-159所示。

图4-159

02 按快捷键Ctrl+F8，新建一个【名称】为【文字】的【按钮】元件，然后在元件编辑区中选中【文本工具】，并在属性面板中选择一个相对较粗的文字；接着设置字符的【大小】为50.0磅、【颜色】为黄色，如图4-160所示。

图4-160

03 在工作区中插入文本输入框，然后输入对应的文本，如图4-161所示；接着新建一个图层，并将新建的图层拖曳到【图层1】图层的下层。

图4-161

04 选择【矩形工具】，然后在属性面板中设置【填充颜色】为（红:98，绿:204，蓝:216，A:90%）、【笔触颜色】为无；接着在舞台中绘制出一个文本大小的矩形，如图4-162所示。

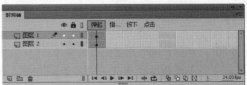

图4-162

05 选中两个图层的【点击】，然后按F5添加帧，如图4-163所示；接着选中【指针经过】和【按下】，按F6键将两个帧转换为关键帧，并选中【指针经过】中的文本，按F8键将其转换为影片剪辑，如图4-164所示。

图4-163

图4-164

06 双击影片剪辑进入元件编辑区，然后选中文本，并将其转换为【图形】元件，命名为【字】，接着使用传统补间动画制作出文字缩放的动画，如图4-165所示。在空白位置双击鼠标左键退出元件编辑区，再打开库面板，即可在面板中看到制作完成的按钮，如图4-166所示。

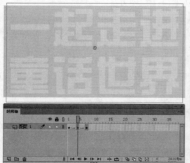

图4-165

图4-166

07 将制作完成的按钮拖曳到舞台右侧，然后在【对齐】面板中单击【右对齐】按钮，使按钮元件与舞台右侧对齐，如图4-167所示。

图4-167

08 按快捷键Ctrl+S保存文件，然后按快捷键Ctrl+Enter测试影片，最终效果如图4-168和图4-169所示，当鼠标指针经过按钮时，会自动播放【指针经过】中的动画。

图4-168

图4-169

实例 072 用按下帧制作有声按钮

实例位置：实例>CH04>实例072.fla

设计思路分析

【按下】是指鼠标指针在按钮位置单击鼠标左键，影片会自动播放按钮中在【按下】位置添加的动画或者声音，本实例将在文档中创建一个按钮元件，并在【按下】帧中添加一段音乐，使鼠标指针在按钮位置单击后自动播放音乐，最终效果如图4-170~图4-172所示。

图4-170

图4-171

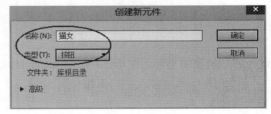

图4-172

【操作步骤】

01 新建一个Flash空白文档，然后执行【文档\修改】菜单命令，打开文档设置对话框，并在对话框中设置【舞台大小】为560像素×420像素，如图4-173所示。

图4-173

02 执行【文件\导入\导入到舞台】菜单命令，将【素材文件\CH04\背景012.jpg】导入到舞台中，如图4-174所示。

图4-174

03 按快捷键Ctrl+F8，打开【创建新元件】对话框，然后输入元件【名称】，并设置元件【类型】为【按钮】，如图4-175所示。

图4-175

04 执行【文件\导入\导入到舞台】菜单命令，将【素材文件\CH04\素材012.png】导入到工作区中，然后新建一个图层，并将该图层移动到【图层1】图层的下层；接着使用【椭圆工具】在角色下方绘制出一个椭圆形阴影，如图4-176所示。

05 选中两个图层的【点击】帧，然后按F5键添加帧，并将【指针经过】帧和【按下】帧转换为关键帧，如图4-177所示；接着选中【指针经过】帧中的角色，按F8键打开【转换为元件】对话框，在对话框中输入元件名称，设置元件【类型】为【影片剪辑】，设置完成后单击【确定】按钮，如图4-178所示。

149

图4-176

图4-177

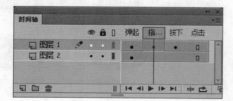

图4-178

06 双击影片剪辑，进入影片剪辑编辑区，然后在时间轴中添加帧，并使用【任意变形工具】左右旋转对象，制作出人物左右摇摆的动画，如图4-179所示。

图4-179

07 退出影片剪辑的编辑区，回到按钮元件编辑区，然后将【图层2】图层的【按下】帧转换为关键帧；接着选中【按下】帧中的所有对象，并使用【任意变形工具】等比放大对象，如图4-180所示。

图4-180

08 打开【材文件\CH04】文件夹，然后将文件夹中的sound01.mp3文件拖曳到【库】中，如图4-181所示；接着选中【图层1】图层的【按下】帧，在属性面板中设置声音的【名称】为sound01.mp3，如图4-182所示。

图4-181

图4-182

09 单击工作区左上角的 按钮回到主场景，然后将【库】中制作完成的按钮元件拖曳到舞台中，并使用【任意变形工具】调整元件至合适大小，如图4-183所示；接着选中元件，然后在属性面板设置其色彩效果的【样式】为高级，并调整其颜色偏移，如图4-184所示。

图4-183

图4-184

10 按快捷键Ctrl+S保存文件，再按快捷键Ctrl+Enter测试影片，最终效果如图4-185所示。当鼠标指针移动至按钮位置时人物会左右摇晃，按鼠标左键会开始播放音乐，如图4-186所示。

图4-185

图4-186

【举一反三】

用户在制作按钮中的动画时，可以结合不同的元件制作出不同的动画效果，并且灵活利用【按钮】元件中的帧，制作出不同的按钮效果，例如按钮的过光效果、弹起效果和按钮变色等效果，如图4-187和图4-188所示。当鼠标指针经过按钮时，按钮颜色会变为红色。

图4-187

图4-188

实例 073 综合应用元件制作上升的气球

实例位置：实例>CH04>实例073.fla

设计思路分析

元件只是组成动画的元素，它们拥有自身既定的用法，在制作影片时灵活使用各类元件可以帮助用户制作出精彩的动画效果，本实例将使用本章中所讲解的3种元件，制作出一段可以使用按钮控制气球上升的动画，最终效果如图4-189和图4-190所示。

图4-189

图4-190

【操作步骤】

01 新建一个 Flash空白文档，然后执行【修改\文档】菜单命令，打开【文档设置】对话框，并在对话框中设置【舞台大小】为800像素×800像素，如图4-191所示。

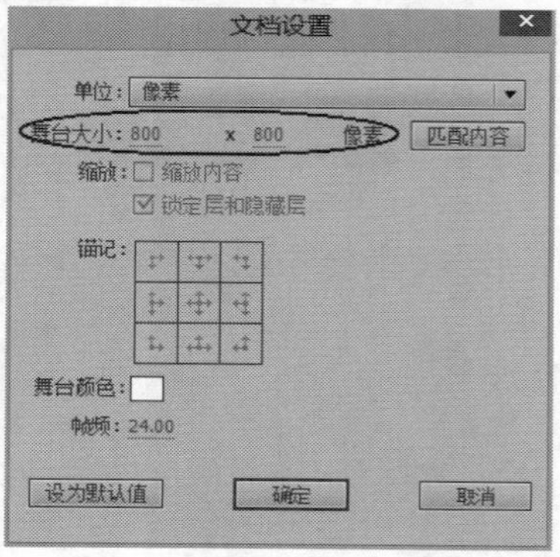

图4-191

02 执行【文件\导入\导入到舞台】菜单命令，将【素材文件\CH04\背景013.jpg】导入到舞台中，并使用【任意变形工具】 将图片调整至舞台大小，如图4-192所示。

03 选中图片，然后按F8键将其转换为【图形】元件，命名为【背景】，如图4-193所示；接着选中该元件，并在【属性】面板中设置色彩效果的【样式】为【亮度】，亮度值为10%，如图4-194所示。

图4-192

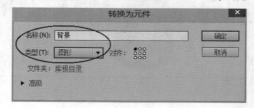

图4-193

图4-194

04 按快捷键Ctrl+F8，打开【创建新元件】对话
框，然后在对话框中输入元件【名称】为【气
球】，设置元件【类型】为【图形】，如图4-195所示。
单击【确定】按钮进入元件编辑区。

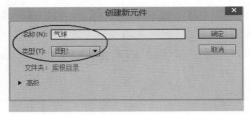

图4-195

05 打开【素材文件\CH04】文件夹，然后选中文件夹中
的【气球013.png】，接着将其拖曳至Flash的工作区
中，如图4-196所示；并选中导入的图片，按F8键将其转换为
名为【球】的【图形】元件，如图4-197所示。

图4-196

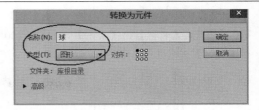

图4-197

06 选中转换为元件后的气球，然后使用【任意变形
工具】将其中心点移动至元件的底端，接着
选中【图层
1】图层的
第40帧，按
F 6 键创建
关键帧，如
图 4-198所
示。最后在
两个关键帧
之间创建传
统补间，并
将第 1 帧中
的气球向右
下方移动，
如图4-199
所示。

图4-198

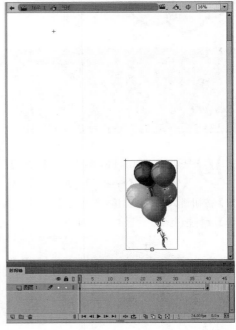

图4-199

07 按快捷键Ctrl+F8，新建一个【图形】元件，设置其【名称】为【云朵】，如图4-200所示。单击【确定】按钮进入元件工作区。

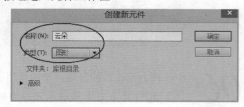

图4-200

08 打开【素材文件\CH04】文件夹，将文件夹中的【云朵013.png】拖曳到工作区中，然后将图片转换为【图形】元件，将其命名为【云】；接着使用传统补间制作出云朵从左至右漂移的动画，如图4-201和图4-202所示。

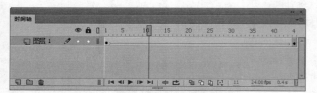

图4-201

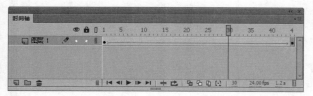

图4-202

09 按快捷键Ctrl+F8，新建一个【按钮】元件，设置其【名称】为【按钮云】，如图4-203所示。单击【确定】按钮进入元件工作区；然后将【库】中名为【云】的【图形】元件拖曳至工作区中，如图4-204所示。

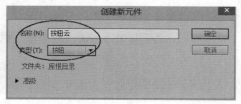

图4-203

图4-204

10 选中【指针经过】帧，按F6键创建关键帧，接着选中该帧中的对象，按F8键将其在转换为【影片剪辑】，【名称】为【云02】，如图4-205所示。

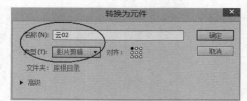

图4-205

11 双击【影片剪辑】，进入【影片剪辑】工作区，然后选中【图层1】图层的第15帧，按F6键创建关键帧，接着在两个关键帧之间创建传统补间，在第8帧位置创建关键帧，最后将该帧中的元件垂直向下移动至合适位置，如图4-206所示。

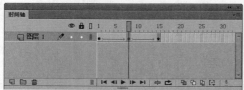

图4-206

12 单击 ■ 场景 ■ 按钮，回到主场景，然后新建一个图层，并将其命名为【动画】，接着分别将【库】中的【气球】和【云朵】两个按钮拖曳到舞台中，并使用【任意变形工具】 ■ 调整其大小和位置，如图4-207所示。

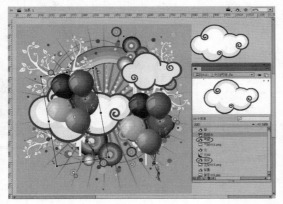

图4-207

13 新建一个图层，并将其命名为【按钮】，然后将【库】中的【按钮云】拖曳两个至舞台中，并使用【任意变形工具】 ■ 分别调整其大小和位置，如图4-208所示。

图4-208

14 选中位于顶层的云朵按钮，然后在【属性】面板中设置其【实例名称】为play_btn，接着将另一个云朵按钮的【实例名称】设置为pause_btn，如图4-209所示。

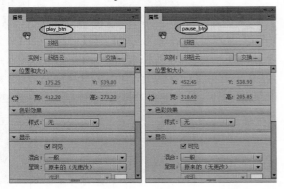

图4-209

15 新建一个图层，并将其命名为AS，然后按F9键打开【动作】面板，并在面板中输入如图4-210所示代码；接着选中所有图层的第45帧，按F5键添加帧，如图4-211所示。

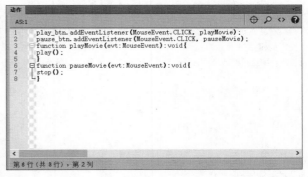

图4-210

图4-211

16 按快捷键Ctrl+S保存文件，然后按快捷键Ctrl+Enter测试影片，最终效果如图4-212和图4-213所示。在影片播放窗口中单击右侧的云朵可以使气球上升，单击左侧的云朵可以使气球继续上升。

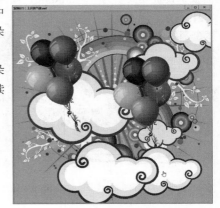

图4-212

图4-213

实例 **074** 用交换元件命令转换元件

实例位置：实例>CH04>实例074.fla

设计思路分析

在制作动画过程中，用户可以通过不同的方式快速调用【库】中的元件，可以避免重复设置元件的参数。本实例将使用【交换元件】命令快速将舞台中的元件转换为另一个元件，最终效果如图4-214所示。

图4-214

【操作步骤】

01 新建一个Flash空白文档，然后执行【文件\导入\导入到舞台】菜单命令，将【素材文件\CH04\背景014.jpg】导入到舞台中，并选中图片，在【属性】面板中设置其大小为（宽:550.00，高:400.00），如图4-215所示。

图4-215

02 按快捷键Ctrl+F8，打开【创建新元件】对话框，然后在对话框中输入元件【名称】，设置元件【类型】为【图形】，如图4-216所示；接着执行【文件\导入\导入到舞台】菜单命令，将【素材文件\CH04\男孩014.png】导入到舞台中，如图4-217所示。

图4-216

图4-217

03 按快捷键Ctrl+F8，打开【创建新元件】对话框，然后在对话框中输入元件【名称】，设置元件【类型】为【图形】，如图4-218所示；接着执行【文件\导入\导入到舞台】菜单命令，将【素材文件\CH04\女孩014.png】导入到舞台中，如图4-219所示。

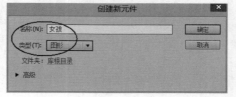

图4-218

图4-219

04 回到主场景,然后将【库】中的【女孩】元件拖曳到舞台中,如图4-220所示;接着使用【选择工具】选中元件,在【属性】面板中设置其【颜色效果】的【样式】为【高级】,最后设置其颜色偏移值,如图4-221所示。

图4-220

图4-221

05 保持对元件的选中,然后按住Alt键拖曳元件,复制出一个女孩,如图4-222所示;接着打开【属性】面板,并在面板位置单击【交换】按钮,打开【交换元件】对话框,在对话框中选择【男孩】,如图4-223所示。

图4-222

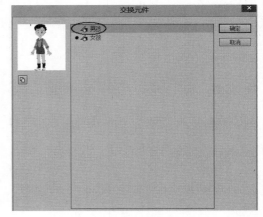

图4-223

06 单击【确定】按钮，即可完成元件交换，并且该元件的属性设置与【女孩】元件是一致的，不需要再次进行重复操作，如图4-224所示。

图4-224

07 按快捷键Ctrl+S保存文件，然后按快捷键Ctrl+Enter测试影片，最终效果如图4-225所示。

图4-225

05

第5章
基础动画制作

■ 用逐帧动画制作头发飘动/160页　　■ 用逐帧动画制作听歌的小女孩/164页　　■ 用导入命令制作奔跑的独角兽/166页　　■ 用补间形状制作字母间的变化/170页　　■ 用补间形状制作活跃的小球/172页

■ 用传统补间制作夕阳西下/176页　　■ 用传统补间制作飘移的云朵/178页　　■ 用补间的缓动制作镜头淡入/180页　　■ 用补间的旋转制作飘落的枫叶/183页　　■ 用补间动画制作飞行的小鸟/186页

 网页设计师　 广告设计师　 游戏特效师　 动画设计师　 交互设计师

实例 075 用逐帧动画制作头发飘动

实例位置：实例文件>CH05>实例075.fla

设计思路分析

　　逐帧动画是指依次在每一个关键帧上安排图形或元件而形成的动画类型。它通常是由多个关键帧组成，主要用于制作复杂的图形形变动画，如头发的飘动、人物行走等。本实例将利用关键帧制作出头发飘动的逐帧动画，最终效果如图5-1~图5-3所示。

图5-1

图5-2

图5-3

【操作步骤】

01 新建一个Flash文档，执行【文件\新建】菜单命令，新建一个空白文档，设置【舞台大小】为510像素×440像素，如图5-4所示。

图5-4

材\CH05\背景001.jpg】图像作为背景，如图5-5所示。

图5-5

02 执行【文件\导入\导入到舞台】菜单命令，导入【素

03 新建一个名为【小女孩】的图层，然后按快捷键 Ctrl+F8，新建一个【名称】为【头发】的【图形】元件；接着执行【文件\导入\导入到舞台】菜单命令，将【素材文件\CH05\头发01.png ~ 04.png】导入到舞台中，如图5-6所示。

图5-6

> **技巧与提示**
> 　　导入场景中的位图为png格式，png格式具有很好的压缩比，并且颜色也很鲜艳，更支持透明效果，所以当导入的图片为不规则形状时，常常要选择png格式。

04 单击 按钮回到舞台，然后打开【库】面板，选中名为【头发】的元件，将其拖曳到舞台中间，并调整到合适的位置，如图5-7所示。

图5-7

05 双击【头发】元件进入到编辑界面，在【时间轴】面板上，按F5键给每一帧添加帧，如图5-8所示。

06 回到【场景1】界面，在【时间轴】面板上的第8帧按F5添加帧，如图5-9所示。

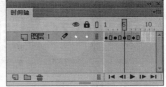

图5-8

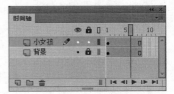

图5-9

07 保存文件，然后按快捷键Ctrl+Enter测试影片，效果如图5-10所示。可以看见小女孩头发飘动，如图5-11所示。

图5-10

图5-11

161

实例 076 用逐帧动画制作手写字

实例位置：实例文件>CH05>实例076.fla

设计思路分析

　　逐帧动画相较于补间动画而言，更加具有灵活性，在制作逐帧动画的过程中可以根据对象的运动轨迹做出对应的运动画面。本实例将使用关键帧来制作文字渐渐显示的逐帧动画，最终完成效果如图5-12所示。

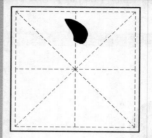

图5-12

【操作步骤】

01 新建一个Flash文档，然后执行【修改\文档】菜单命令，设置【舞台大小】为400像素×400像素，如图5-13所示。

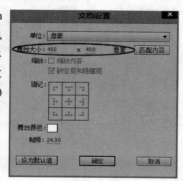

图5-13

02 然后执行【文件\导入\导入到舞台】菜单命令，将【素材文件\CH05\背景02.png】导入到舞台中，接着使用【任意变形工具】缩小到适当大小，如图5-14所示。

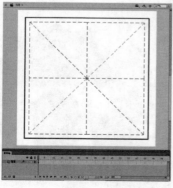

图5-14

03 新建一个名为【文字】的图层，然后选择【工具箱】中的【文本工具】，并在【属性】面板中设置字体为【华文行楷】，【字体大小】为80，【字体颜色】为【黑色】，如图5-15所示。

图5-15

04 选中【文字】层的第1帧，然后在舞台中插入文本框，并输入文字【字】，输入完成后使用【任意变形工具】选中文本框，将其缩放至满意大小即可，如图5-16所示。

图5-16

05 选择工作区中的文本，然后按快捷键Ctrl+B，将文本转换为形状，如图5-17所示。

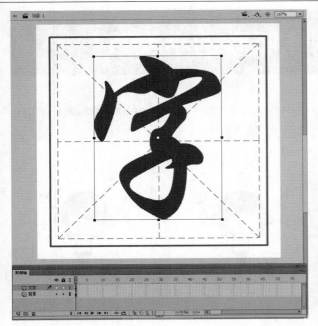

图5-17

06 在【文字】层中的第1帧建立关键帧，然后使用【橡皮擦工具】沿文字书写顺序的相反顺序擦除一部分，擦除路线如图5-18所示的箭头方向，擦除后的效果如图5-19所示。

图5-18　　　　　　　图5-19

07 在【文字】层第3帧创建关键帧，再次擦除一部分，然后重复建立关键帧至第18帧，并不断擦除部分内容，直至所有内容擦除完毕；接着选中【文字】层的第19帧，按F7键创建空白关键帧，最后选中【背景】层的第20帧并按F5键插入帧，【时间轴】如图5-20所示。

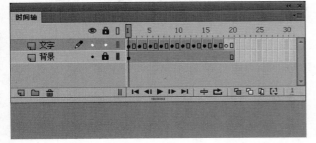

图5-20

08 选择【文字】层中的所有帧，然后单击鼠标右键，在弹出的快捷菜单中选择【翻转帧】命令，如图5-21所示，翻转帧后的【时间轴】如图5-22所示。

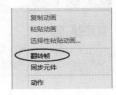

图5-21

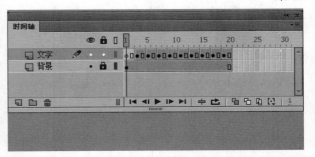

图5-22

09 保存文件，并按快捷键Ctrl+Enter测试影片，最终效果如图5-23～图5-26所示。

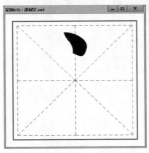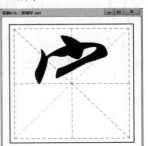

图5-23　　　　　　　图5-24

图5-25　　　　　　　图5-26

? 疑问解答

问：为什么要用翻转帧？

答：如果按照书写顺序擦除，最后的效果将会发生逻辑错误。如果不使用翻转帧进行，在后面的每一个关键帧都要重复前一个关键帧的动作并再次修改，这样大大增加了工作量，并且容易导致逻辑错误。

实例 077 用逐帧动画制作听歌的小女孩

实例位置：实例文件>CH05>实例077. fla

设计思路分析

【洋葱皮工具】在时间轴的下方，使用【洋葱皮工具】按钮可以改变帧的显示方式，方便动画设计者观察动画的细节和调整动画效果。本实例使用【洋葱皮工具】中的【绘图纸外观】来制作逐帧动画，最终效果如图5-27~图5-30所示。

图5-27　　　　　　　　图5-28　　　　　　　　图5-29　　　　　　　　图5-30

【操作步骤】

01 新建一个Flash文档，然后执行【修改\文档】菜单命令，设置【舞台大小】为400像素×500像素，如图5-31所示。

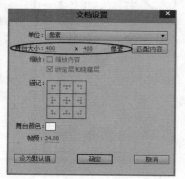

图5-31

02 执行【文件\导入\导入到舞台】菜单命令，将【素材文件\CH05\背景003.jpg】导入到舞台中，并调整至合适位置，如图5-32所示。

图5-32

03 新建一个名为【小女孩】的图层，然后打开【素材文件\CH05\小女孩.fla】文件，将图像复制粘贴到【小女孩】层中，接着选中图像并按F8键，将图像

转换成【名称】为【小女孩】的【图形】元件，如图5-33所示。调整元件位置和大小，如图5-34所示。

图5-33

图5-34

04 双击【小女孩】元件进入编辑界面，然后单击【时间轴】面板中【绘图纸外观】按钮启用洋葱皮，如图5-35所示；接着选中第3帧，单击右键，在弹出的快捷菜单中选择【插入关键帧】命令创建关键帧。

图5-35

05 选中【小女孩】的头部和手臂，使用【任意变形工具】调整中心点位置到颈部，将鼠标指针移动至选取框的4个角点之一时，鼠标指针变成↻，按住鼠标左键向左拖曳对象，待旋转至满意位置时，释放鼠标，如图5-36所示。

图5-36

06 然后选择第1帧，按住Alt键，将第1帧拖曳到第5帧的位置，【时间轴】面板如图5-37所示。

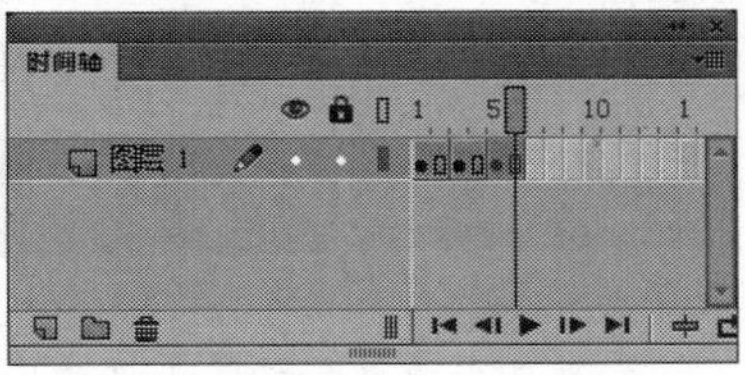

图5-37

07 选中第7帧，按F6键创建关键帧，使用与第3帧相同的方法，将【小女孩】头部和手臂旋转到满意位置即可，如图5-38所示。

图5-38

08 选择第1帧，按住Alt键，将第1帧拖曳到第9帧的位置，【时间轴】面板如图5-39所示。

图5-39

09 回到【场景1】，在【时间轴】面板，同时选择【小女孩】层和【背景】层的第20帧，按F5键插入帧，【时间轴】如图5-40所示。

图5-40

10 按快捷键Ctrl+S保存文件，然后按快捷键Ctrl+Enter输出影片，如图5-41和图5-42所示。

图5-41　　　　　　　　　　图5-42

【举一反三】

逐帧动画表现方法和技巧

逐帧动画是比较常用的动画表现形式，也就是一帧一帧地将动作的每个细节都表现出来。显然这是一件很吃力的工作，但是使用一些小的技巧能够减少一定的工作量，以下有4种方法可供读者参考。

1.循环法

循环法是最常用的动画表现方法，将一些动作简化成由只有几帧甚至2、3帧的逐帧动画组成的影片剪辑，利用影片剪辑的循环播放的特性来表现一些动画，例如头发、衣服飘动、走路和说话等动画经常使用该法。这种循环的逐帧动画，要注意其【节奏】，做好了能取得意想不到的效果。

如图5-43所示中斗篷的飘动动画就是由3帧组成的影片剪辑，相信读者一定想到了它的制作方法——只需要制作出一帧，其他两帧可以在第1帧的基础上稍作修改便完成了。

图5-43

2.节选渐变法

在表现一个缓慢动作时，例如手缓缓张开，头（正面）缓缓抬起，用逐帧动画就显得很复杂。可以考虑将整个动作中节选几个关键的帧，然后用渐变或闪现的方法来表现整个动作，如图5-44所示。

图5-44

在上图中，通过节选手在张合动作中的4个【瞬间】，绘制了4个图形，定义成影片剪辑之后，用Alpha（透明度）的变形来表现出一个完整的手的张合动作。

如果完全逐帧地将整个动作绘制出来，想必会花费大量的时间和精力，这种方法可以在基本达到效果的同时简化工作。

注意，该方法适合于【慢动作】的复杂动作。另外，一些特殊情景，如舞厅，由于黑暗中闪烁的灯光，也是【天然】的节选动作，这时无需变形直接闪现即可。

3.再加工法

如图5-45所示中牛抬头的动作，是以牛头作为一个影片剪辑，用旋转变形使头【抬起来】，由第1步的结果来看，牛头和脖子之间有一个【断层】；第2步将变形的所有帧转换成关键帧，并将其打散，然后逐帧在脖子处进行修改，最后作一定的修饰，给牛身上加上【金边】整个动画的气氛就出来了。

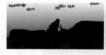

图5-45

注意，借助于参照物或简单的变形来进行加工，可以得到复杂的动画。

4.遮蔽法

该方法的中心思想就是将复杂动画的部分给遮住。而具体的遮蔽物可以是位于动作主体前面的东西，也可以是影片的框（即影片的宽度限制）等。

在如图5-46所示中，复杂动作部分（脚的动作），由于【镜头】仰拍的关系，已在影片的框框之外，因此就不需要画这部分比较复杂的动画，剩下的都是些简单的工作了。

图5-46

当然如果该部分动作正是动画所要表现的主体，那这个方法显然就不适合了。

实例 078 用导入命令制作奔跑的独角兽

实例位置：实例文件>CH08>实例078.fla

设计思路分析

要创建逐帧动画，需要将每个帧都定义为关键帧，然后给每个帧创建不同的图像。本实例讲解了逐帧动画的制作方法，通过将不同的图形导入到场景中，并分别放置在不同的关键帧上，让读者掌握逐帧动画的使用方法，最终效果如图5-47和图5-48所示。

图5-47

图5-48

【操作步骤】

01 新建一个Flash文档，执行【修改\文档】菜单命令，打开【文档设置】对话框，在对话框中将【舞台大小】设置为970像素×570像素，完成后单击【确定】按钮，如图5-49所示。

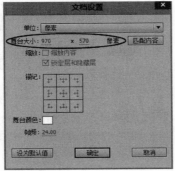

图5-49

02 执行【文件\导入\导入到舞台】菜单命令，导入【素材文件\CH05\背景004.jpg】，然后将图层名称更改为【背景】，如图5-50所示。

图5-50

03 按快捷键Ctrl+F8，打开【转换为元件】对话框，然后在【名称】栏输入【独角兽】，并选择【类型】为【图形】，设置完成后单击【确定】按钮进入元件编辑区，如图5-51所示。

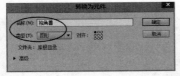

图5-51

04 在元件编辑区激活的情况下，选择【图层1】图层的第1帧，然后执行【文件\导入\导入到舞台】菜单命令，打开【导入】对话框，接着选择第1张图片，如图5-52所示。

图5-52

05 单击【打开】按钮确定导入，此时会弹出一个询问对话框，询问是否导入序列图像，如图5-53所示；然后单击【是】确定导入序列图像，系统会自动将所选图片文件中的序列图按顺序导入到舞台中，并自动创建关键帧，如图5-54所示。

图5-53

图5-54

技巧与提示

在使用图像序列时尽量使用压缩比较好的jpg、gif和png格式，不要使用如tif这种体积大的图形，并且如果要将其作为序列导入，则需要注意将名称定义为有序数字。

按序列导入的图像均在舞台的同一位置，播放动画时，图片内容呈原地运动的效果。

06 分别选中时间轴中的每一帧关键帧，然后按F5键添加帧，增加每一幅图出现的时长，如图5-55所示。

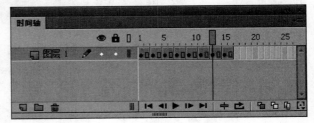

图5-55

07 单击 回到主场景，新建一个名为【独角兽】的图层，然后执行【窗口\库】菜单命令，打开【库】面板，并在面板中选择【独角兽】元件，如图5-56所示。

08 选中【独角兽】元件，然后按住鼠标左键，同时拖曳鼠标，将元件拖曳到舞台的对应位置，接着使用【任意变形工具】将元件等比缩小至合适大小，如图5-57所示。

图5-56   图5-57

09 打开【属性】面板，然后设置【色彩效果】的【样式】为【高级】，并分别设置颜色的偏移值，如图5-58所示。

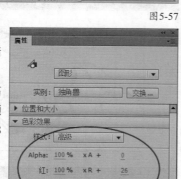

图5-58

? 疑问解答

问：为什么要设置颜色偏移值？

答：这样做的目的是使【独角兽】元件与背景更好地融合。

10 选中所有图层的第14帧，然后按F5键添加帧，如图5-59所示。

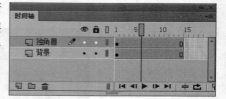

图5-59

11 保存文件，然后按快捷键Ctrl+Enter输出影片，最终完成效果如图5-60和图5-61所示。

图5-60

图5-61

实例 079 用补间形状制作图形间的变化

实例位置：实例文件>CH05>实例079.fla

设计思路分析

补间形状主要针对的是形状间的变换，它可以自动生成两个形状之间的渐变动画张，本实例将使用补间形状来制作一段变形动画，使一只小猫在经过30个帧的变化后，逐渐变成一只豹子，最终效果如图5-62所示。

图5-62

【操作步骤】

01 按快捷键Ctrl+N，新建一个Flash空白文档，然后在舞台中绘制好小猫的图形并将其放置到舞台的中间，如图5-63所示。

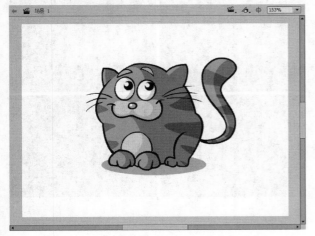

图5-63

02 在时间轴中选择当前图层的第30帧，按F7键插入一个空白关键帧，然后在舞台中绘制好豹子的图形并将其放置到舞台的中间，如图5-64所示。

图5-64

03 在【时间轴】选择第1帧～第30帧中任意一帧位置，单击鼠标右键，在弹出的快捷菜单中选择【创建补间形状】命令，即可创建补间形状动画，如图5-65所示。

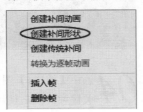

图5-65

? 疑问解答

问：什么是补间？

答：在传统的动画片制作中，补间相当于中间张，英文名称为Tween，它来源于词汇in between，是【中间】的意思。在Flash中，补间是通过为两个不同帧中相同属性的对象指定相应的数值或者参数设置，使用Flash自动生成两个帧之间的过渡数值，从而创建出两个帧的动画。

04 选中补间范围中的任意一帧，然后在【属性】面板中的【混合】下拉列表中选择【分布式】选项，如图5-66所示。

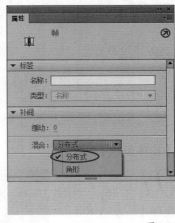

图5-66

05 按快捷键Ctrl+S保存文件，然后按快捷键Ctrl+Enter测试影片，最终如图5-67所示。

图5-67

技巧与提示

如果在【属性】面板中的【混合】下拉列表中选择了【角形】选项，关键帧之间的动画形状会保留有明显的角和直线，如图5-68所示。

图5-68

实例 080 用补间形状制作字母间的变化

实例位置: 实例文件>CH05>实例080.fla

设计思路分析

补间形状是使用矢量形状创建从一个形状变化为另一个形状的动作,一般适合用于简单形状,本实例使用补间形状动画功能来制作字母变换效果,最终效果如图5-69所示。

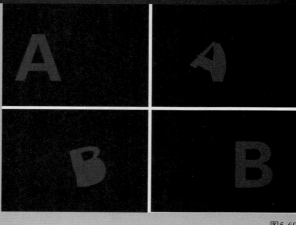

图5-69

【操作步骤】

01 新建一个空白文档,然后执行【修改\文档】菜单命令,将舞台大小更改为550像素×400像素,并在【文档设置】对话框中将舞台颜色设置为深蓝色,如图5-70所示。

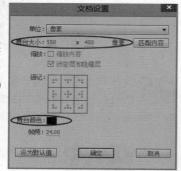

图5-70

02 选择【文本工具】T,然后移动鼠标指针至舞台中,单击鼠标左键建立文本输入框,然后在文档中输入字母A,如图5-71所示。

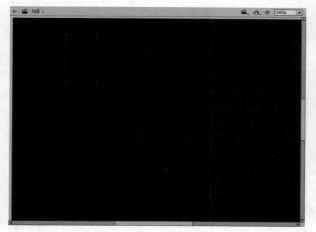

图5-71

03 选中文字,然后在【属性】面板中设置字体为【方正大黑简体】、【字符】的【大小】为72.0磅、【颜色】为红色(红:255,绿:0,蓝102:),如图5-72所示;接着使用【任意变形工具】选中舞台中的文本,将它缩放至合适大小,然后放置到舞台偏左的位置,如图5-73所示。

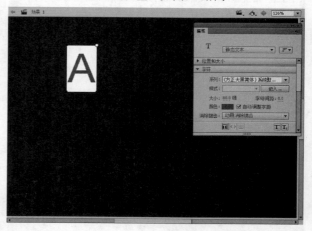

图5-72

图5-73

04 选中【图层1】图层的第35帧并按F6键新建一个关键帧,然后使用【文本工具】T更改文本中的文字为B,接着使用【任意变形工具】将其移动到

对应位置，如图5-74所示。

图5-74

图5-75

05 选中【图层1】图层中第1帧~第35帧中的任意一帧，然后单击鼠标右键，在弹出的快捷菜单中选择【创建补间形状】命令，如图5-76所示；然后按Enter键播放时间轴中的动画，效果如图5-77所示，两个字母之间的变化没有任何规律可循，显得比较混乱。

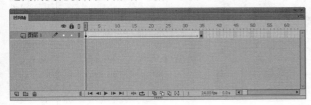

图5-76

图5-77

06 为了使动画具有一定的规律性，接下来开始给字母添加提示点。选中第一个关键帧，然后按快捷键Ctrl+Shift+H，创建提示点a，并将其移动到字母A的顶

端，如图5-78所示。

图5-78

07 选中最后一个关键帧，可以看见在字母B的中心位置对应出现一个提示点a，使用【选择工具】 将它移动到字母B的左上角位置，如图5-79所示。

图5-79

08 多次操作以上两个步骤，为字母添加a、b、c、d共计4个提示点，然后使用【选择工具】 将它们分别摆放在对应位置，如图5-80所示。

字母A的提示点摆放位置　　　　字母B的提示点摆放位置

图5-80

09 动画制作完成后，按快捷键Ctrl+S保存文档，然后按快捷键Ctrl+Enter输出影片，如图5-81所示。

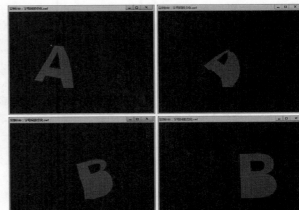

图5-81

FL

疑问解答

问：制作提示动画时应注意哪些问题？

答：在制作加入了提示的形状变形动画时，应该注意以下两个方面的问题。

1.形状变形动画的对象如果是位图或文字对象，只有被完全分离后才能创建形状变形动画。否则，动画将不能被创建。

2.在添加形状提示后，只有当起始关键帧的形状提示符从红色变为黄色，结束关键帧的形状提示符从红色变为绿色时，才能使形状变形得到控制。否则，添加的形状提示将被视为无效。

【举一反三】

删除形状提示

1.单个形状提示的删除

单个形状提示的删除方法有以下两种。

第1种：将形状提示拖到图形外即可。

第2种：在建立的形状提示符上单击鼠标右键，弹出如图5-82所示的菜单，选择【删除提示】命令即可。

图5-82

2.多个形状提示的删除

多个形状提示的删除方法有以下两种。

第1种：执行【修改\外形\移除所有提示】菜单命令即可。

第2种：在建立的形状提示上单击鼠标右键，从弹出菜单中选择【移除所有提示】命令。

实例 081 用补间形状制作活跃的小球

实例位置：实例文件>CH05>实例081.fla

设计思路分析

灵活使用补间形状可以制作出精彩的动画效果，不仅如此还可以节省时间成本，快速做出富有创意的动画效果，本实例运用补间形状制作出小球跳跃的动画，最终效果如图5-83~图5-85所示。

图5-83

图5-84

图5-85

【操作步骤】

01 执行【文件\新建】菜单命令，按快捷键Ctrl+J，打开【文档设置】对话框，并在对话框中设置【舞台大小】为555像素×340像素，如图5-86所示。

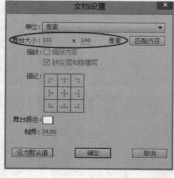

图5-86

02 执行【文件\导入\导入到舞台】，将【素材文件\CH05\背景007.jpg】导入到舞台中，如图5-87所示。

图5-87

03 新建一个图层，并将其命名为【小球】，然后使用【椭圆工具】●绘制一个【填充颜色】为橙色（红:236，绿130:，蓝:61）、轮廓线为黑色的圆，并将小球移至左上角外侧，如图5-88所示。

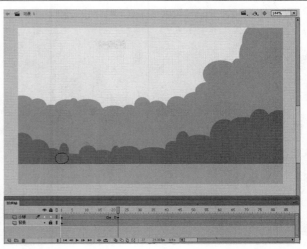

图5-92

图5-88

04 选中所有图层的第120帧，然后按F6键创建关键帧，如图5-89所示；再选中【小球】层的第19帧、第22帧，按F6键将其转换为关键帧，如图5-90所示。

图5-89

图5-90

05 选中第19帧中的小球，使用【任意变形工具】圞将其调整至合适形状，按小球运动轨迹放置第一次着陆点，如图5-91所示；然后选中第22帧中的小球，将它调整至如图5-92所示形状。

技巧与提示

小球跳跃的运动轨迹，如图5-93所示。

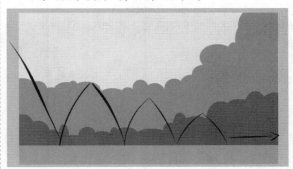

图5-93

06 选中【小球】的第20帧，将其转换为关键帧，然后使用【选择工具】圞调整矩形的底边弧度向下弯曲，如图5-94所示；再选中小球，使用【任意变形工具】圞将其调整至图5-95所示的形状。

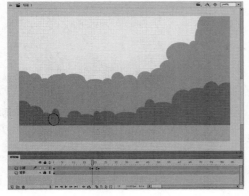

图5-91

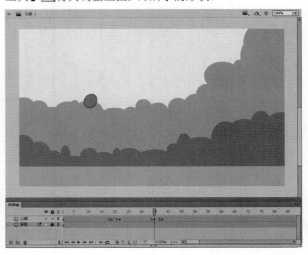

图5-94

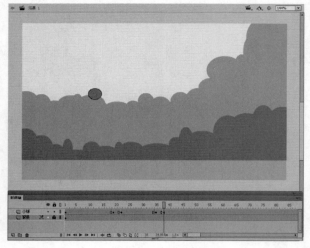

图5-95

07 将【小球】的第51帧、第54帧转换为关键帧，并使用【任意变形工具】 [图] 调整小球至合适形状和位置，如图5-96和图5-97所示。

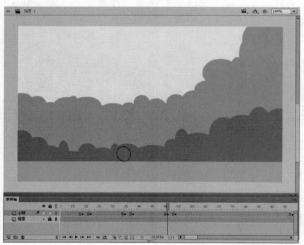

图5-96

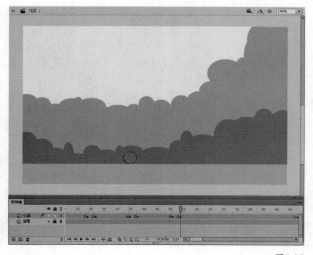

图5-97

08 将【小球】的第64帧、第67帧转换为关键帧，然后使用【任意变形工具】 [图] 分别调整两个关键帧中的小球，如图5-98和图5-99所示。

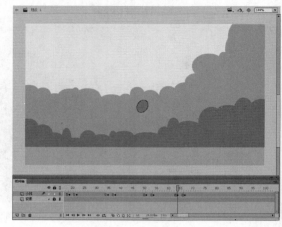

图5-98

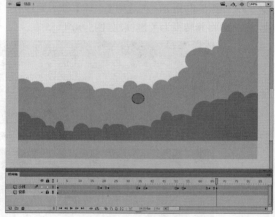

图5-99

09 将【小球】的第77帧、第80帧转换为关键帧，然后使用【任意变形工具】 [图] 分别调整两个关键帧中的小球至合适形状和位置，如图5-100和图5-101所示。

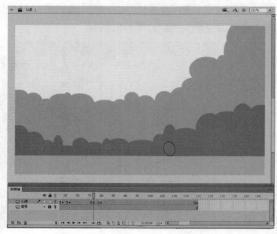

图5-100

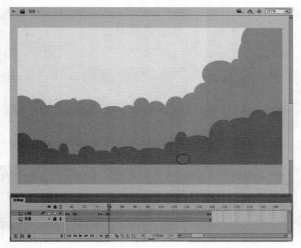

图5-101

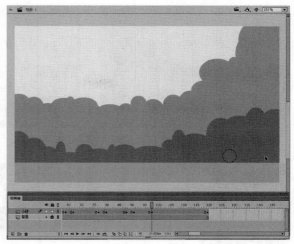

图5-104

10 将【小球】的第88帧、第91帧和第98帧转换为关键帧，并使用【任意变形工具】□□调整各个关键帧中的小球至合适形状和位置，如图5-102~图5-104所示。

11 分别在【小球】层中的关键帧之间单击鼠标右键，并在弹出的快捷菜单中选择【创建补间形状】命令，制作出各个关键帧之间的过渡动画，如图5-105所示。

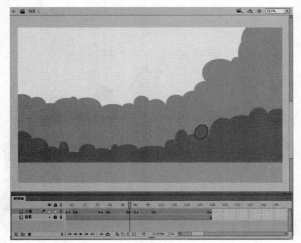

图5-102

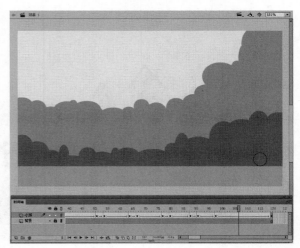

图5-105

12 按快捷键Ctrl+S保存文件，然后按快捷键Ctrl+Enter测试影片，最终效果如图5-106~图5-109所示。

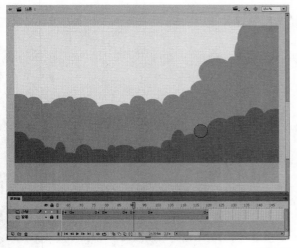

图5-103

图5-106

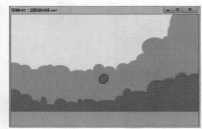

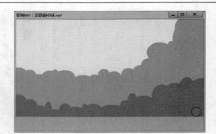

图5-107   图5-108   图5-109

实例 082 用传统补间制作夕阳西下

实例位置：实例文件>CH05>实例082.fla

设计思路分析

在创建传统补间后，起始状态和结束状态中间的动画部分由Flash自动生成，只有通过修起点和终点位置才可以改变动画的运动轨迹，本实例将使用传统补间制作出夕阳西下的动画效果，最终效果如图5-110和图5-111所示。

图5-110

图5-111

【操作步骤】

01 执行【文件\新建】新建一个空白文档，然后执行【修改\文档】菜单命令，打开【文档设置】对话框，接着在对话框中设置【舞台大小】为700像素×700像素，如图5-112所示。

图5-112

02 执行【文件\导入\导入到舞台】菜单命令，导入【素材文件\CH05\背景011.jpg】，并将其重命名

为【背景】，如图5-113所示。

图5-113

03 新建一个名为【太阳】的图层，使用【椭圆工具】◎绘制一个【填充颜色】为黄色（红:253，绿:215，蓝:72）、【笔触颜色】为无的圆，如图5-114所示。接着选中圆，并按F8键将其转换为一个名称为【太阳】的【图形】元件，如图5-115所示。

图5-114

图5-115

04 选中【背景】层的第40帧，按F5键插入帧，然后选中【太阳】层的第40帧创建关键帧，并将【太阳】元件向左下方移动，如图5-116所示。

图5-116

05 选中【太阳】层中的任意一帧位置，然后单击鼠

标右键，在弹出的快捷菜单中选择【创建传统补间】命令，制作出两个关键帧之间的动画张，如图5-117所示。

图5-117

06 按快捷键Ctrl+S保存文件，然后按快捷键Ctrl+Enter测试影片，最终效果如图5-118和图5-119所示。

图5-118

图5-119

---- 技巧与提示 ----

　　在创建传统补间动画的过程中，【创建传统补间】和【更改关键帧的位置】的先后顺序是不冲突的，只要在关键帧都为同一属性的元件的情况下，对关键帧的元件的位置或者滤镜效果进行更改后，相对应的补间也会发生合理的改变。

【举一反三】

　　传统补间和补间形状的区别在于，传统补间只能对对象的位置、大小、颜色和滤镜效果进行改变，但不能改变元件本身的形状，所以它常常被用来制作一些简单的元件的位移，或者制作镜头之间的淡入淡出效果。

　　使用传统补间制作出的过渡张，在默认情况下为匀速的，即每张过渡张之间的距离是一样的。但是生活中所见的运动模式并不是这般规律，显然Flash的开发者也想到了这个问题，所以为补间设置了属性面板。完成补间的生成后，选中任意一帧补间帧，可以在属性面板中看到该帧的属性，如图5-120所示。通过调整属性面板中的各项参数可以使补间富有变化。

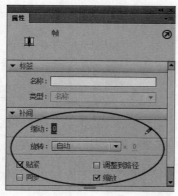

图5-120

【参数详解】

■ **缓动**：用于设置动画播放过程中的速率，单击数值进入文本框，在文本框中输入对应的数值，其数值范围是-100~100的整数，数值为0时表示正常播放，数值为负数时表示先慢后快，数值为正数时为先快后慢。

■ **编辑缓动**：如果想制作复杂的速度变化效果，单击按钮，打开【自定义换入/缓出】对话框即可进行编辑设置，如图5-121所示。使用鼠标调整对话框中的直线即可调整播放的速率。

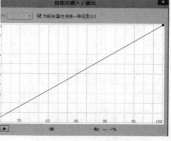

图5-121

■ **旋转**：用于设置元件在运动过程中的旋转方向和周数，一周为360°。

■ **调整到路径**：如果要使用运动路径，可以勾选该选项，将补间元素的基线调整到运动路径。

■ **同步**：勾选该选项后，可使图形元件实例的动画和主时间轴同步。

■ **缩放**：勾选该选项后，制作缩放动画时，会随着帧的移动逐渐变大或变小。若取消勾选，则只在结束帧直接显示缩放后的对象大小，即两个关键帧之间没有过渡大小的渐变过程。

实例 083 用传统补间制作飘移的云朵

实例位置：实例文件>CH05>实例083.fla

设计思路分析

　　传统补间只对元件有效，只要两个关键帧中的元件的属性相同就能成功创建传统补间动画，本实例将使用传统补间制作出云朵漂移的动画效果，最终效果如图5-122和图5-123所示。

图5-122 　　　　　　　　　　　　　　图5-123

【操作步骤】

01 新建一个Flash空白文档，然后执行【修改\文档】菜单命令，打开【文档设置】对话框，接着在对话框中设置【舞台大小】为550像素×400像素，如图5-124所示。

图5-124

02 执行【文件\导入\导入到舞台】菜单命令，导入【素材文件\CH05\背景008.jpg】文件，并修改【图层1】图层的名称为【背景】，如图5-125所示。

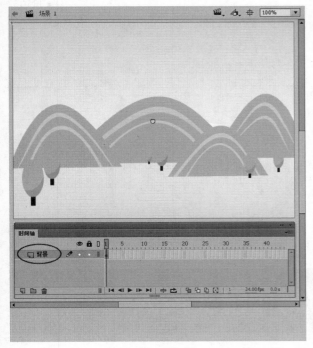

图5-125

03 新建一个名为【云朵】的图层，然后打开【素材文件\CH05\云朵.fla】文件，并选中该文档中的图像，按快捷键Ctrl+C复制图形；接着回到案例文档，并选中【云朵】层，按快捷键Ctrl+V将图形粘贴到【云朵】图层，最后调整图像至合适位置，如图5-126所示。

04 选中【云朵】层中的图形，然后按住Alt键水平向左拖曳图形，如图5-127所示；接着选中所有图像，按F8键，将图像转换成一个【名称】为【云朵】的【图形】元件，如图5-128所示。

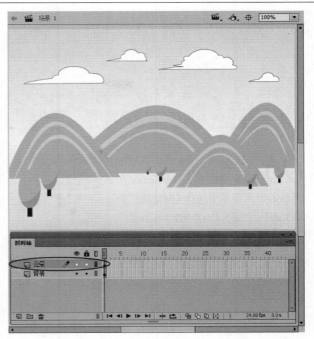

图5-126

图5-127

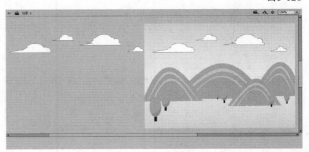

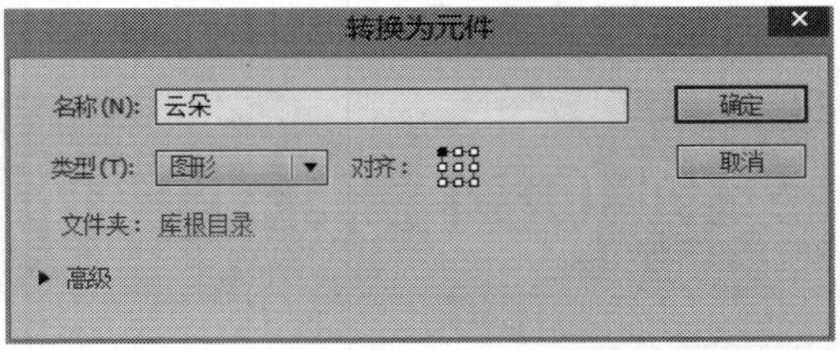

图5-128

技巧与提示

在创建动作补间动画时，可以先为关键帧创建动画属性后，再移动关键帧中的图形，进行动画编辑，用户在实际的编辑工作中也可以根据需要，随时对关键帧中图形的位置、大小和方向进行修改。

05 在【背景】层的第110帧按F5键添加帧，在【云朵】层的第110帧按F6键插入关键帧，并在第110帧按快捷键Shift+→平移【图形】元件，如图5-129所示。

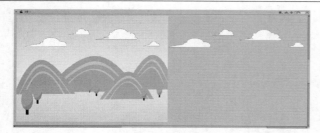

图 5-129

06 在【云朵】层里，选中图层中任意一帧，单击鼠标右键，在弹出的快捷菜单中选择【创建传统补间】命令，如图5-130和图5-131所示。

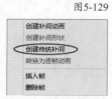

图 5-130

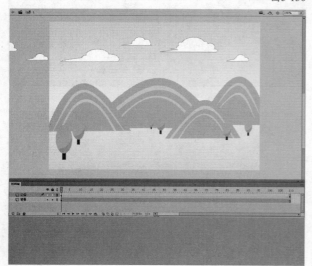

图 5-131

07 按快捷键Ctrl+S保存文件，然后按快捷键Ctrl+Enter测试影片，最终效果如图5-132和图5-133所示。

图 5-132

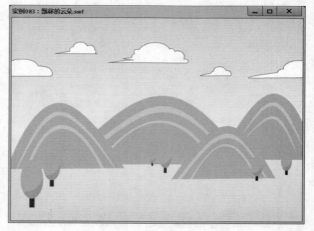

图 5-133

实例 084 用补间的缓动制作镜头淡入

实例位置：实例文件>CH05>实例084.fla

设计思路分析

在制作动画过程中【缓动】能够赋予补间一定的规律，使动画在播放过程中有不同的速度。本实例将使用补间的【缓动】制作镜头淡入动画效果，最终效果如图5-134~图5-136所示。

图 5-134

图 5-135

图 5-136

【操作步骤】

01 新建一个Flash空白文档，然后按快捷键Ctrl+J打开【文档设置】对话框，并在对话框中设置【舞台大小】为1280像素×833像素，如图5-137所示。

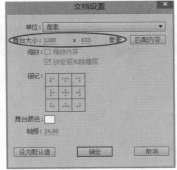

图5-137

02 将【图层1】图层命名为【小菊花】，然后执行【文件\导入\导入到舞台】菜单命令，将【素材文件\CH05\小菊花.jpg】图像导入到舞台中，并将素材转换为【影片剪辑】，【名称】为【小菊花】；接着分别在第20帧、第50帧插入关键帧，如图5-138所示。

图5-138

03 新建一个图层，命名为【紫色花】，并在第20帧插入关键帧，然后执行【文件\导入\导入到舞台】菜单命令，导入【素材文件\CH05\紫色花.jpg】素材；接着在【对齐】面板中单击【左对齐】和【顶对齐】，使图像与舞台对齐，如图5-139所示。

图5-139

04 将在【紫色花】层中的素材转换为【影片剪辑】，【名称】为【紫色花】，然后分别在第50帧、第70帧和第100帧插入关键帧，如图5-140所示。

图5-140

05 新建一个名为【白色花】的图层，在第70帧插入关键帧，执行【文件\导入\导入到舞台】菜单命令，导入【素材文件\CH05\白色花.jpg】；然后在【对齐】面板中单击【左对齐】和【顶对齐】，使图像与舞台对齐，如图5-141所示。

图5-141

06 将【白色花】层里的素材转换为【影片剪辑】，【名称】为【白色花】，然后分别在第100帧、第120帧和第150帧插入关键帧，如图5-142所示。

图5-142

07 在【小菊花】层中的第150帧创建关键帧，然后在第120帧插入关键帧；接着将第51帧转换为空白关键帧，如图5-143所示。

图5-143

08 在图层【小菊花】里，分别选择第20帧~第50帧、第120帧~第150帧的任意一帧位置单击鼠标右键，在弹出的快捷菜单里选择【创建传统补间】命令，如图5-144所示。

图5-144

09 使用相同的方法，分别在【紫色花】层和【白色花】层中创建传统补间，如图5-145所示。

图5-145

10 选中【小菊花】层的第20帧~第50帧中的任意位置，打开【属性】面板，在下拉菜单中【补间】的【缓动】输入-100，如图5-146所示。

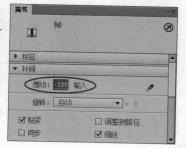

图5-146

11 使用相同的方法在图层【紫色花】的第70帧~第100帧中的任意位置、【白色花】的第10帧~第120帧中任意位置，输入【缓动】值-100。

12 在图层【小菊花】的第120帧位置，打开【属性】面板，输入【缓动】值为50，如图5-147所示。

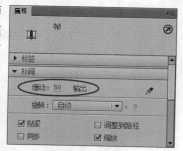

图5-147

13 使用相同的方法，在图层【紫色花】的第20帧~第50帧中的任意位置、【白色花】的第70帧~第100帧中任意位置，打开【属性】面板，在下拉菜单中【补间】的【缓动】输入50。

14 保存文件，然后按快捷键Ctrl+Enter测试影片，最终完成效果如图5-148~图5-150所示。

图5-148

图5-149

图5-150

？ 疑问解答

问：补间缓动正负值有什么差别？

答：【缓动】主要是用来设置动画的快慢速度。其值为-100~100，可以在文本框中直接输入数字。设置为100动画时先快后慢，-100动画时先慢后快，其间的数字按照-100~100的变化趋势逐渐变化。

实例 085 用补间的旋转制作飘落的枫叶

实例位置：实例文件>CH05>实例085.fla

设计思路分析

　　传统补间不仅可以制作图形的位置变化、大小缩放的动画效果，还可以制作出图形方向的变化和旋转，本实例将枫叶素材转换为【图形】元件，调整元件大小、位置，再设置旋转方向、次数来完成枫叶飘落的动画，最终效果如图5-151和图5-152所示。

图5-151　　　　　　　　　　　图5-152

【操作步骤】

01 新建一个Flash空白文档，然后按快捷键Ctrl+J打开【文档设置】对话框，并在对话框中设置【舞台大小】为950像素×400像素，如图5-153所示。

图5-153

02 执行【文件\导入\导入到舞台】菜单命令，导入【素材文件\CH05\背景10.jpg】文件到舞台中，调整到适当位置，如图5-154所示。

图5-154

03 新建名为【枫叶1】的图层，然后执行【文件\导入\导入到舞台】菜单命令，导入【素材文件\

CH05\枫叶.png】文件到舞台中；接着使用【任意变形工具】⊞将枫叶图片等比缩小至合适大小，并移动到舞台左上侧，最后按F8键将其转换为【图形】元件，如图5-155所示。

图5-155

04 选中两个图层的第70帧，然后按F5键添加帧；接着选中第70帧中的枫叶将其移动至右下角，使用【任意变形工具】⊞将枫叶稍作放大，如图5-156所示。

图5-156

05 选中【枫叶1】的第1帧~第70帧范围内的任意一帧位置，然后单击鼠标右键，在弹出的快捷菜单中选择【创建传统补间】命令，即可制作出两个关键帧之间的补间动画，如图5-157所示。

图5-157

06 选中补间范围内的任意一帧，然后打开【属性】面板，设置补间的【旋转】为【顺时针】、旋转次数为2，如图5-158所示。

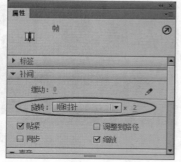

图5-158

07 新建一个名为【枫叶2】的图层，然后打开【库】面板，并将【枫叶】元件拖曳至舞台右侧；接着使用【任意变形工具】旋转枫叶，如图5-159所示。

图5-159

08 将【枫叶2】的第70帧转换为关键帧，然后将枫叶向下移动至舞台外侧，并在两个关键帧之间创建传统补间；接着设置【补间】的【旋转】，参数值与【枫叶1】相同，如图5-160所示。

图5-160

09 保存文件，然后按快捷键Ctrl+Enter输出影片，最终效果如图5-161和图5-162所示。

图5-161

图5-162

实例 086 用传统补间制作下落的水滴

实例位置：实例文件>CH05>实例086.fla

设计思路分析

传统补间主要用于制作关键帧的过渡张，其操作对象只能是元件，本实例将使用传统补间制作出水滴下落的动画，最终效果如图5-163和图5-164所示。

图5-163

图5-164

【操作步骤】

01 执行【文件\新建】菜单命令，然后执行【修改\文档】菜单命令，打开【文档设置】对话框，接着在对话框中设置【舞台大小】为520像素×300像素的空白文档，如图5-165所示。

图5-165

02 执行【文件\导入\导入到舞台】菜单命令，导入【素材文件\CH05\背景012.jpg】，更改图层名称为【背景】，如图5-166所示。

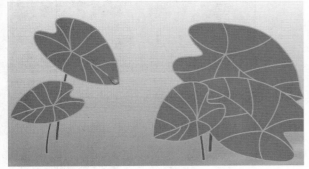

图5-166

03 新建一个名为【水滴】的图层，打开【素材文件\CH05\水滴.fla】文件，将图像复制粘贴到【水滴】层；选中图像后，按F8键，将图像转换为【影片剪辑】，【名称】为【绿水滴】，如图5-167所示；接着调整元件位置和大小，如图5-168所示。

图5-167

图5-168

04 在【水滴】层的第45帧位置按F6键创建关键帧，在【背景】层的第45帧按F5键添加帧，如图5-169所示。

图5-169

05 在【水滴】层的第8帧、第20帧和第26帧按F6键插入关键帧，然后分别在第8帧、第20帧调整水滴的形状和位置，如图5-170所示。

第8帧　　　　第20帧

图5-170

06 在第26帧调整水滴的位置，然后使用【选择工具】选中水滴元件，接着在【属性】面板中设置【样式】为Alpha，Alpha值为0%，如图5-171所示；使用相同的方法设置第45帧位置的水滴元件，参数值不变。

图5-171

07 新建一个名为【水波】的图层，在第20帧按F6键创建关键帧，然后使用【椭圆工具】绘制一个没有【填充颜色】、【笔触颜色】为白色且【笔触高度】为0.20的椭圆作为水波，如图5-172所示。

图5-172

08 选中绘制完成的水波，然后按F8键，将图像转换成【名称】为【水波】的【影片剪辑】，如图5-173所示。

图5-173

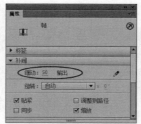
第8帧

第20帧

图5-176

09 在第45帧按F6键创建关键帧，然后使用【任意变形工具】放大【水波】元件；接着打开【属性】面板，调整【样式】为Alpha，设置Alpha值为4%，如图5-174所示。

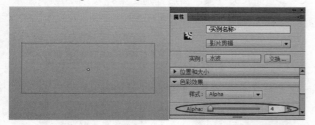

图5-174

12 按快捷键Ctrl+S保存文件，然后按快捷键Ctrl+Enter测试影片，最终效果如图5-177和图5-178所示。

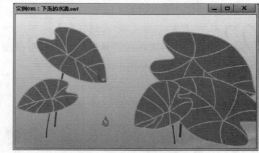

图5-177

10 在第26帧按F6键创建关键帧，然后分别在第20帧~第26帧中的任意一帧位置、第26帧~第45帧中的任意一帧位置单击鼠标右键，在弹出的快捷菜单中选择【创建传统补间】命令，如图5-175所示。

图5-175

11 在【水滴】层，选中第8帧~第20帧中的任意一帧位置，打开【属性】面板，在下拉菜单中【补间】的【缓动】50输入；接着选中第20帧~第26帧中的任意一帧位置，在【属性】面板下拉菜单中设置【补间】的【缓动】-50输入，如图5-176所示。

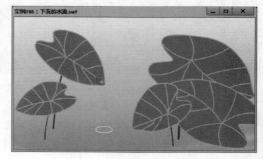

图5-178

实例 **087** 用补间动画制作飞行的小鸟

实例位置：实例文件>CH05>实例087.fla

设计思路分析

创建补间动画的时候不一定是在两个关键帧之间，可以直接选中关键帧位置创建补间动画本实例将运用补间动画制作出小鸟飞行的效果，最终效果如图5-179和图5-180所示。

图5-179

图5-180

【操作步骤】

01 执行【文件\新建】菜单命令，新建一个空白文档，然后执行【修改\文档】菜单命令，打开【文档设置】对话框，并在对话框中设置【舞台大小】为658像素×420像素，如图5-181所示。

图5-181

02 执行【文件\导入\导入到舞台】菜单命令，导入【素材文件\CH05\背景013.jpg】，更改图层名称为【背景】，如图5-182所示。

03 新建一个名为【小鸟】的图层，打开【素材文件\CH05\小鸟.fla】文件，将文档中的图像复制到【小鸟】层，然后将图像转换为【影片剪辑】、【名称】为【小鸟】，接着调整元件位置和大小，如图5-183所示。

图5-182

图5-183

04 双击【小鸟】元件进入编辑区，然后在【时间轴】面板上，单击【绘图纸外观】按钮启用洋葱皮，如图5-184所示。

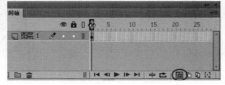

图5-184

05 选中第3帧，按F6键创建关键帧，然后选中【小鸟】的翅膀，并使用【任意变形工具】，调整中心点位置，如图5-185所示；接着将鼠标指针移动至选取框下框线的二分之一时，鼠标指针变成，按住鼠标左键向上拖曳对象，待缩放至合适位置时，释放鼠标，如图5-186所示。

图5-185

图5-186

06 选中第5帧，按F6键创建关键帧，然后选中【小鸟】翅膀，并使用【任意变形工具】，运用与第3帧相同的方法，调整翅膀的位置和大小，如图5-187所示。

图5-187

07 选中第7帧，按F6键创建关键帧，复制第3帧，按快捷键Ctrl+Shift+V原位粘贴到第7帧，如图5-188所示。回到场景1中，分别在【背景】层和【小鸟】层的第60帧按F5键添加帧。

图5-188

08 在【小鸟】层的第60帧位置单击鼠标右键，在弹出的快捷菜单中选【创建补间动画】命令，然后将最后一帧中的元件拖曳到舞台的右侧，接着调整运动轨迹，如图5-189所示。

图5-189

09 按快捷键Ctrl+S保存文件，然后按快捷键Ctrl+Enter输出影片，最终效果如图5-190和5-191所示。

图5-190　　　　　　　　图5-191

> **？ 疑问解答**
>
> 问：补间动画与传统补间动画的区别？
>
> 答：传统补间动画要求指定开始和结束的状态后，才能制作动画；而补间动画则是在制作了动画后，再控制结束帧上的元件属性，可以设置大小、位置、颜色和透明度等元件的属性，而且制作完成后还可以调整运动轨迹。

【举一反三】

补间动画有以下3个优点。

第1个：创建速度快，可以在短时间内看到所需的动画效果。

第2个：在关键帧画面绘制标准且动作幅度不大的情况下，能够很好地维持元件的原形，即产生的变形小。

第3个：补间动画可以有效节约内存，使文件运行流畅。一般在创建完补间动画后，补间中的动画张是由计算机自动生成的，不属于数据的形式，不会在库中产生大量的元件，节约了存储空间。

补间动画在自动生成动画张这方面具有优势，是逐帧动画无法比拟的，但是补间动画也有不足之处，它的缺点有以下两点。

第1点：由于是自动生成的动画，所以其规律性比较统一，没有太多的变化，不够生动。

第2点：如果单纯使用补间动画，它并不能自动识别运动轨迹，其补间方向在默认情况下均为直线。

实例 088 用补间动画制作跳跃的足球

实例位置：实例文件>CH05>实例088.fla

设计思路分析

在使用补间动画制作动画的过程中，可以灵活使用元件的不同属性来完成所需的动画效果。本实例将使用【影片剪辑】制作出足球跳跃的动画，然后运用补间动画制作出足球跳跃前进的动画，最终效果如图5-192所示。

图5-192

【操作步骤】

01 执行【文件\新建】菜单命令，新建一个【舞台大小】为500像素×300像素的空白文档，如图5-193所示。

图5-193

02 执行【文件\导入\导入到舞台】菜单命令，将【素材文件\CH05\背景014.jpg】文件导入到舞台中，并将图像调整至合适位置，如图5-194所示。

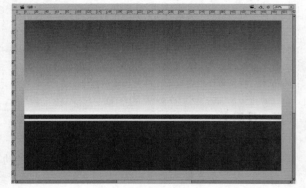

图5-194

03 将【图层1】图层命名为【背景】，然后新建一个

名为【足球】的图层，打开【素材文件\CH05\足球.fla】文件，将图像复制粘贴到【足球】层，如图5-195所示。

图5-195

04 选中导入到舞台的足球，然后按F8键将其转换为【影片剪辑】，并将它命名为【足球01】；接着使用【任意变形工具】将足球缩放至合适大小，如图5-196所示。

图5-196

05 双击足球，进入元件编辑区，然后选中【图层1】图层的第45帧，然后按F5键添加帧；接着选中关键帧并单击鼠标右键，在弹出的快捷菜单中选择【创建补间动画】命令，如图5-197所示。

图5-197

06 选中第20帧，使用【选择工具】 选中足球，并按住Shift+↓键移动足球至参考线位置，如图5-198所示。

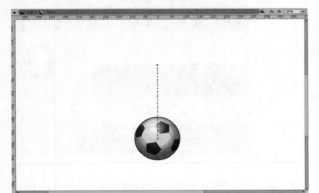

图5-198

07 选中第45帧，然后垂直移动足球至原本高度，如图5-199所示；然后选中补间范围的任意一帧，在其属性面板中设置其【旋转】次数为2次，旋转【方向】为【顺时针】，如图5-200所示。

图5-199 　　　　　图5-200

> ? **疑问解答**
>
> 问：为什么要给足球设置旋转？
>
> 答：由于地心引力的作用，足球在落向地面的过程中会发生旋转，所以为了更加贴近生活实际，这里要制作适当的旋转效果。

08 新建一个图层，并将它移动到【图层1】图层的下一层，然后在舞台中绘制一个没有轮廓线的黑色椭圆，并按F8键将其转换为【图形】元件并命名为【影子】，如图5-201所示。

图5-201

09 选中【影子】，在其【属性】面板中设置【色彩效果】为Alpha，Alpha值为20%，然后选中关键帧并创建补间动画，如图5-202所示。

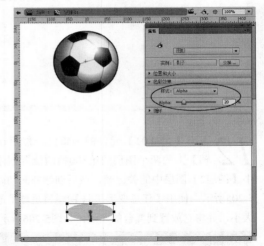

图5-202

10 选中【图层2】图层的第20帧，然后使用【任意变形工具】 调整【影子】至合适形状，并在【属性】面板中更改Alpha值为50%，如图5-203所示。

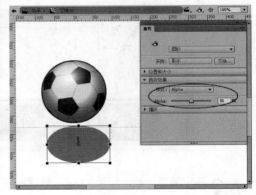

图5-203

在调整【影子】的过程中，由于足球在第20帧时离地面最近，相对应这一帧中的【影子】也是最大的，【影子】也会比其他帧中的影子更加清楚。

11 选中第45帧，在这一帧的位置，足球又回到了原来的高度，所以将【影子】缩小至原本大小即可，Alpha值更改为20%，如图5-204所示。

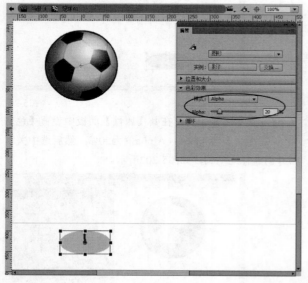

图5-204

12 退出【足球01】元件的编辑区，然后在【时间轴】上的两个图层的第300帧的位置创建帧，选中【图层2】图层中的关键帧，然后创建补间动画，如图5-205所示；使用【任意变形工具】将足球缩放到合适大小，并将它放置到舞台的左边，如图5-206所示。

图5-205

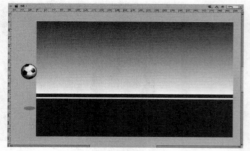

图5-206

13 选中最后一帧，即第300帧，然后使用【任意变形工具】将足球的中心点移动至足球的右边

缘，如图5-207所示；再使用【3D位移工具】将它移动到舞台右边位置，如图5-208所示。

图5-207

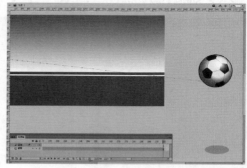

图5-208

14 按快捷键Ctrl+S保存文件，然后按快捷键Ctrl+Enter测试影片，最终完成效果如图5-209~图5-212所示。

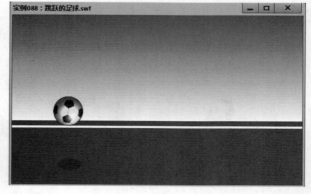

图5-209

图5-210

190

图5-211

图5-212

实例 089 用动画预设制作飞舞的蒲公英

实例位置：实例文件>CH05>实例089.fla

设计思路分析

【动画预设】是预先配置的补间动画，可将它运用于舞台上的对象，也是学习Flash中添加动画的快捷方法，动画的制作过程中可节约项目设计和开发的时间，本实例将使用补间动画制作动画效果，并把动画路径保存为【动画预设】，最终效果如图5-213~图5-215所示。

图5-213

图5-214

图5-215

【操作步骤】

01 新建一个Flash空白文档，然后执行【修改\文档】菜单命令，打开【文档设置】对话框，接着在对话框中设置【舞台大小】为550像素×400像素，如图5-216所示。

图5-216

02 执行【文件\导入\导入到舞台】菜单命令，导入【素材文件\CH05\背景015.jpg】，重命名图层为【背景】，如图5-217所示。

图5-217

03 新建一个名为【蒲公英1】的图层，打开【素材文件\CH05\蒲公英.fla】文件，将图像复制粘

贴到【蒲公英1】层，然后选中图像，按F8键将图像转换为【影片剪辑】，【名称】为【蒲公英1】，接着调整元件位置和大小，如图5-218所示。

图5-218

04 使用相同的方法，将打开的【素材文件\CH05\蒲公英02.fla】和【素材文件\CH05\蒲公英.fla】文件分别粘贴到【蒲公英2】层和【蒲公英3】层，然后将其转换成【影片剪辑】，如图5-219所示。

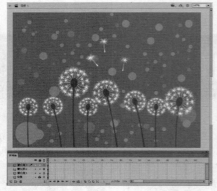

图5-219

05 双击【蒲公英1】元件进入编辑界面，然后选中蒲公英，按F8键将其转换为【影片剪辑】，如图5-220所示；接着选中第45帧按F5键插入帧，单击鼠标右键，在弹出的快捷菜单中选择【创建补间动画】命令，如图5-221所示；最后在第45帧位置使用【选择工具】调整蒲公英的路径，完成动画补间，如图5-222所示。

图5-220 图5-221

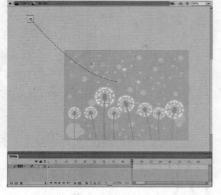

图5-222

06 选中【图层1】图层中任意一帧位置，单击鼠标右键，在弹出的快捷菜单中选择【另存为动画预设】命令，如图5-223所示。

图5-223

07 回到场景1，选中【蒲公英1】层中的元件，然后在【属性】面板为其设置【发光】滤镜，该滤镜的参数设置如图5-224所示，设置完成后的效果如图5-225所示。

图5-224 图5-225

> **技巧与提示**
>
> 在调整【影子】的过程中，由于足球在第20帧离地面最近，相对应这一帧中的【影子】也是最大的，【影子】也会比其他帧中的影子更加清楚。

08 使用【蒲公英1】层的制作动画的方法，分别制作出【蒲公英2】层和【蒲公英3】层的动画，然后在3个图层中分别复制多个蒲公英元件，并调整其位置和大小，如图5-226所示。

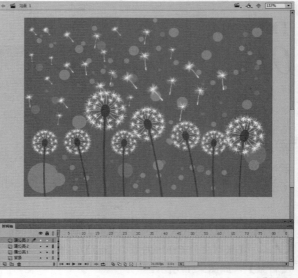

图5-226

09 完成所有动画制作后，按快捷键Ctrl+S保存文件，然后按快捷键Ctrl+Enter测试影片，最终效果如图5-227和图5-228所示。

图5-227

图5-228

【举一反三】

【另存为动画预设】不止这一种方法，还可以在舞台选中路径，单击鼠标右键，在弹出快捷菜单中选择【另存为动画预设】命令，如图5-229所示。

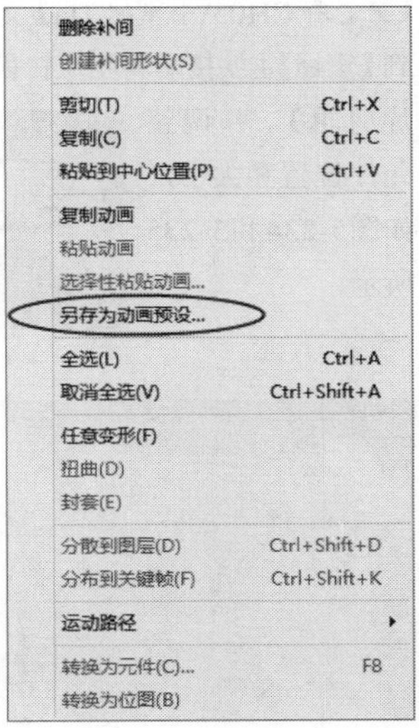

删除补间
创建补间形状(S)

剪切(T)   Ctrl+X
复制(C)   Ctrl+C
粘贴到中心位置(P)   Ctrl+V

复制动画
粘贴动画
选择性粘贴动画...
另存为动画预设...

全选(L)   Ctrl+A
取消全选(V)   Ctrl+Shift+A

任意变形(F)
扭曲(D)
封套(E)

分散到图层(D)   Ctrl+Shift+D
分布到关键帧(F)   Ctrl+Shift+K

运动路径   ▶

转换为元件(C)...   F8
转换为位图(B)

图5-229

实例 090 用动画预设制作快速飞入的蜜蜂

实例位置：实例文件>CH05>实例090.fla

设计思路分析

在Flash CC的【动画预设】中提供了30种默认预设动画，可以修改现有预设，也可以自定义动画预设，本实例使用了【动画预设】里的【快速移动】命令，制作出蜜蜂快速飞动的动画效果，最终效果如图5-230和图5-231所示。

图5-230

图5-231

【操作步骤】

01 新建一个Flash空白文档，然后执行【修改\文档】菜单命令，打开【文档设置】对话框，接着在对话框中设置【舞台大小】为550像素×400像素，如图5-232所示。

图5-232

02 执行【文件\导入\导入到舞台】菜单命令，导入【素材文件\CH05\背景016.jpg】，重命名图层为【背景】，如图5-233所示。

图5-233

03 新建一个名为【蜜蜂】的图层，打开【素材文件\
CH05\小蜜蜂.fla】文件，然后将文档中的图像复制
到【蜜蜂】层，接着将图像转换成【名称】为【小蜜蜂】的【影
片剪辑】，并调整
元件位置和大小，
如图5-234和5-235
所示。

图5-234

图5-235

04 选中【小蜜蜂】
元件，然后打开
【动画预设】面板，选择
【默认预设】的【快速移
动】命令，单击【应用】
按钮，【时间轴】面板帧
数自动添加到第45帧，如
图5-236~图5-238所示。

图5-236

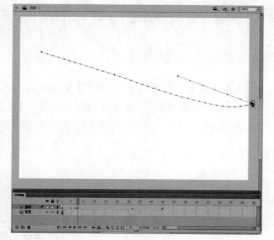

图5-237

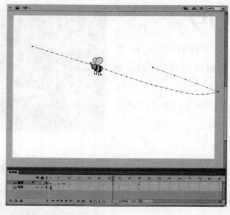

图5-238

05 接在【背景】层第45帧位置添加帧，如图5-239所
示，然后按快捷键Ctrl+S保存文件，接着按快捷键
Ctrl+Enter测试
影片，最终效
果如图5-240和
图5-241所示。

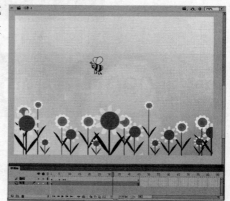

图5-239

图5-240

图5-241

06

第6章
高级动画制作

■ 用遮罩动画制作水波/196页

■ 用遮罩动画制作聚光灯效果/201页

■ 用遮罩动画制作霓虹灯/204页

■ 用遮罩动画制作画卷打开/207页

■ 用引导层动画制作上升的热气球/210页

■ 用引导层动画制作萤火虫飞舞/212页

■ 使用引导层制作飞舞的蝴蝶/215页

■ 用3D旋转工具制作翻转的钱币/217页

■ 用3D平移工具制作前行的汽车/219页

■ 用模板制作网页导航/227页

网页设计师　
广告设计师　
游戏特效师　
动画设计师　
交互设计师

实例 091 用遮罩动画制作水波

实例位置：实例>CH06>实例091.fla

设计思路分析

遮罩图层是图层属性中的一种，它是将图层反过来利用，即图层不透明。但是图层中的形状或者元件具有透明作用，可以将下一图层中处于形状范围内的内容显示出来，本实例运用【遮罩层】命令制作水波的动画效果，最终完成效果如图6-1~图6-3所示。

图6-1

图6-2

图6-3

【操作步骤】

01 新建一个Flash空白文档，执行【修改\文档】菜单命令，打开【文档设置】对话框，然后修改【舞台大小】为790像素×520像素，如图6-4所示。

图6-4

02 执行【文件\导入\导入到舞台】菜单命令，将【素材文件\CH06\背景091.jpg】导入到舞台中，并将图片等比缩小至舞台大小，修改图层名称为【背景1】，如图6-5所示。

图6-5

03 新建一个名为【背景2】的图层，然后选中【背景1】层，按快捷键Ctrl+C复制【背景1】，再按快捷键Ctrl+Shift+V原位粘贴到【背景2】层中；接着选择【任意变形工具】，将图形等比放大到合适位置，按快捷键Ctrl+B将图形打散为形状，如图6-6所示。

图6-6

04 使用【线条工具】，沿着图形中的河岸绘制轮廓线，选择湖岸上的景物和红色线条，按Delete键将其删除，如图6-7和图6-8所示。

图6-7

图6-11

图6-8

05 新建一个名为【水波】的图层，使用【椭圆工具】 ◯ 在【水波】层中绘制一个没有轮廓线的黑色椭圆；绘制完成后，使用【选择工具】 ▶ 选中椭圆，按住Alt键拖动鼠标，复制一个椭圆，并更改颜色为白色，如图6-9和图6-10所示。

图6-12

图6-9

> **？ 疑问解答**
>
> 问：为什么要取消选择白色椭圆？
>
> 答：将白色椭圆移动到黑色椭圆上，主要是为了切除黑色椭圆的多余部分。当把白色椭圆选中移动到对应位置时，两个椭圆默认为单独的个体，如果不取消选择，直接删除白色椭圆，最终删除的只有白色椭圆，但黑色椭圆依旧是完整的，并没有达到切除的效果。

07 选择【水波】层中切割好的形状，按住Alt键，并垂直拖曳鼠标复制形状，然后多次进行此操作，复制出多个形状，并使其均匀排列；接着选中【水波】层中的所有对象，并在【对齐】面板中单击【左对齐】 ▤ 按钮使形状对齐，如图6-13和图6-14所示。

图6-10

06 将白色椭圆移动至黑色椭圆的对应位置，用于切除黑色椭圆的多余部分，将椭圆移动至对应位置后单击舞台的空白处，取消选择；然后重新选择白色椭圆，按Delete键将其删除，如图6-11和图6-12所示。

图6-13

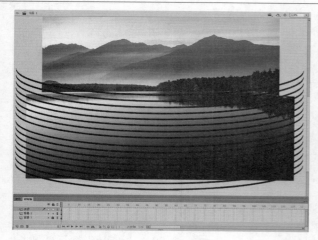

图6-14

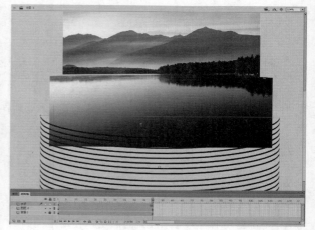

图6-18

08 选中所有切割好的形状,按F8键将形状转换成【名称】为【水波】的【图形】元件,如图6-15所示。

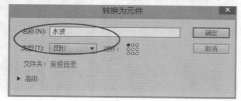

图6-15

10 在【水波】层中的任意一帧位置,单击鼠标右键,在弹出的快捷菜单中选择【创建补间形状】命令,创建出两个关键帧之间的过渡动画,如图6-19所示。

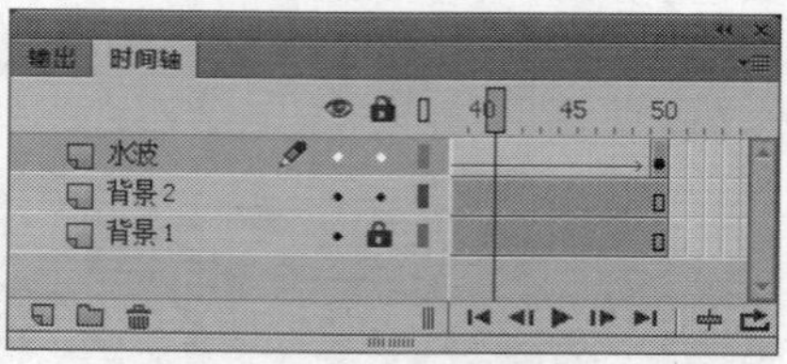

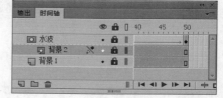

图6-19

09 选中所有图层的第50帧,按F5键添加帧,如图6-16所示;接着选中【水波】层的第50帧,按F6键添加关键帧,按快捷键Shift+↓向下,将水波形状向下平移到合适位置,如图6-17和图6-18所示。

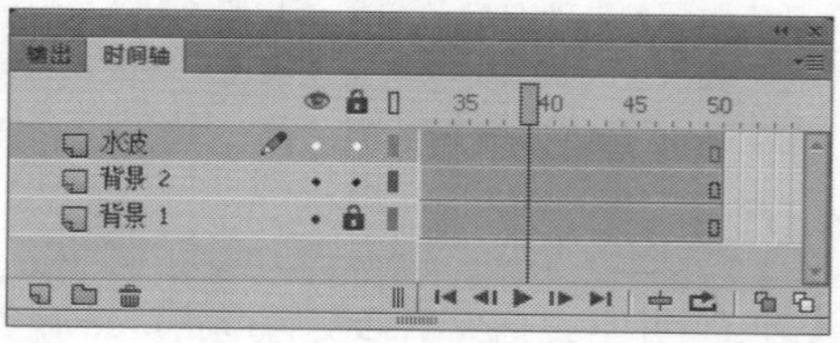

图6-16

11 选中【水波】层,单击鼠标右键,在弹出的快捷菜单中选择【遮罩层】命令,【背景2】层变成【被遮罩层】,如图6-20和图6-21所示。

图6-20

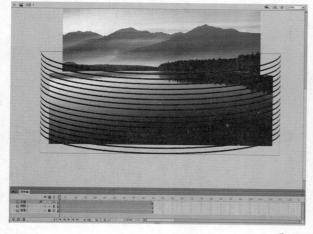

图6-17

图6-21

技巧与提示

创建遮罩层，要先将图层指定为遮罩层，然后在该图层上绘制或放置一个填充形状，可以将任何填充形状作为遮罩，包括组、文本和元件等。

12 保存文件，并按快捷键Ctrl+Enter测试影片，最终效果如图6-22~图6-24所示。

图6-22

图6-23

图6-24

实例 092 用遮罩层制作水漂字

实例位置：实例>CH06>实例092.fla

设计思路分析

遮罩层中的内容是多元化的，可以是位图、形状、文字和元件等，在遮罩层中添加对应的动画效果可以制作出很多特殊效果的动画。本实例将文字打散，再转换为【图形】元件，运用【创建传统补间】和【遮罩层】命令来制作动画，最终完成效果如图6-25~图6-27所示。

图6-25

图6-26

图6-27

【操作步骤】

01 新建一个Flash空白文档，然后执行【文档\修改】菜单命令，打开【文档设置】对话框，并在对话框中设置【舞台大小】为900像素×280像素，如图6-28所示。

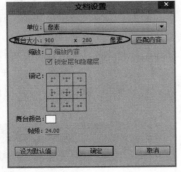
图6-28

02 执行【文件\导入\导入到舞台】菜单命令，将【素材文件\CH06\背景092.jpg】导入到舞台中，并重命名为【背景】，如图6-29所示。

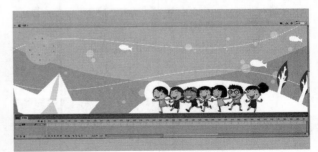
图6-29

03 新建一个名为【儿童节】的图层，然后选择【文本工具】 **T**，并在【属性】面板中设置【字符】的【系列】为【迷你简水黑】，【大小】为50.0磅、【颜色】为黑色、【字母间距】为2.0，如图6-30所示；最后在舞台中输入文本【六一儿童节】，如图6-31所示。

图6-30

图6-31

04 选中文本，并调整文本至合适位置、大小，然后按两次快捷键Ctrl+B将文本分离为形状，如图6-32所示；接着按F8键将文字转换为【图形】元件，【名称】为【儿童节】，如图6-33所示。

图6-32

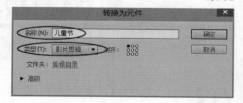

图6-33

05 新建一个名为【水波1】的图层，然后将其拖曳到【儿童节】层下方，然后选择【矩形工具】；在【颜色】面板中设置【笔触颜色】为无，选择【颜色类型】为【线性渐变】，设置渐变色为多组的绿白渐变，如图6-34所示。

06 使用【矩形工具】在舞台上绘制一个矩形，按F8键将水波渐变转换为一个【名称】为【水波1】的【图形】元件，如图6-35所示；然后选择所有图层的第85帧，按F5键添加帧，如图6-36所示。

图6-34

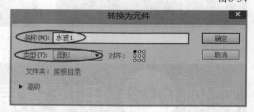

图6-35

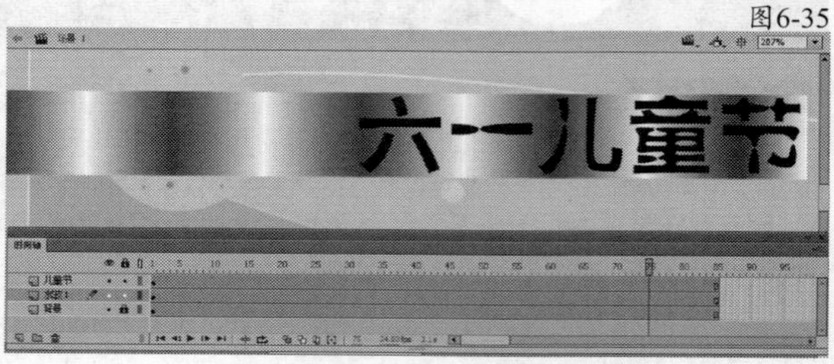

图6-36

07 选中【水波1】层的第85帧，按F6键添加关键帧，然后使用【选择工具】选中水波渐变形状，按住Shift+→键向右平移水波渐变，如图6-37所示。

图6-37

08 在完成平移后，接着选择【水波1】层中的任意一帧，单击鼠标右键，在弹出的快捷菜单中选择【创建传统补间】命令，制作出两个关键帧之间的过渡帧，如图6-38所示。

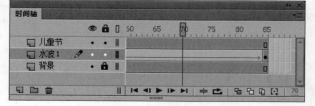

图6-38

09 选中【儿童节】层，单击鼠标右键，在弹出的快捷菜单中选择【遮罩层】命令，此时【水波1】层将自动转换为【被遮罩层】，如图6-39和图6-40所示。

引导层
添加传统运动引导层
遮罩层
显示遮罩

图6-39

图6-40

技巧与提示

在动画播放过程中，遮罩层只显示该层中对象的外形，而被遮罩层是按照遮罩层形状显示上层对象。

10 使用同样的方式制作出文字【乐翻水上世界】水波效果，在制作效果时，要注意文字和水波单独分层和命名，以便于后期动画制作，如图6-41所示。

图6-41

技巧与提示

在同一个Flash动画中可以存在多个遮罩层，并且遮罩层都在被遮罩层上面。遮罩层在动画播放过程中只保留图形的形状。

11 保存文件，然后按快捷键Ctrl+Enter输出影片，最终效果如图6-42~图6-44所示。

图6-42

图6-43

图6-44

实例 093 用遮罩动画制作聚光灯效果

实例位置：实例>CH06>实例093.fla

设计思路分析

要创建遮罩动画，需要有两个图层，一个遮罩层，一个被遮罩层。本实例通过创建遮罩层，结合传统补间动画制作出聚光灯效果，最终效果如图6-45~图6-47所示。

图6-45

图6-46

图6-47

【操作步骤】

01 新建一个Flash空白文档，然后执行【文档\修改】菜单命令，打开【文档设置】对话框，并在对话框中设置【舞台大小】为500像素×400像素，如图6-48所示。

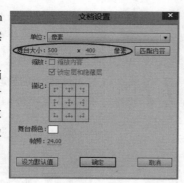

图6-48

02 执行【文件\导入\导入到舞台】菜单命令，将【素材文件\CH06\背景093.jpg】导入到舞台中；然后使用【对齐】面板中的【左对齐】和【顶对齐】按钮，将图片与舞台对齐，并修改图层名为【背景】，如图6-49所示。

图6-49

03 按快捷键Ctrl+F8，打开【创建新建元件】对话框，然后在对话框中输入元件【名称】为【光源】，并设置【元件类型】为【图形】。设置完成后单击【确定】按钮即可进入元件编辑区，如图6-50所示。

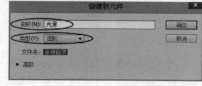

图6-50

04 新建一个图层，将其命名为【聚光】，然后使用【矩形工具】在舞台中绘制出一个无边框的矩形作为聚光，然后调整矩形的形状和位置，如图6-51所示。

图6-51

05 选择【聚光】层中的图像，按F8键打开【转换为元件】对话框；然后在对话框输入元件名称为【聚光】，并设置【元件类型】为【图形】，设置完成后单击【确定】按钮，如图6-52所示。

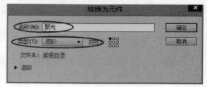

图6-52

疑问解答

问：为什么不直接按快捷键Ctrl+F8创建新元件？

答：因为在直接按快捷键Ctrl+F8创建新元件后，舞台颜色成白色状态，而绘制的图像颜色也为白色，如此绘制出图像后在舞台上很难辨认，如图6-53所示。所以，需先在舞台上绘制好图像后，再转换为元件。

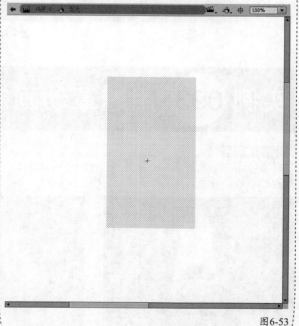

图6-53

06 选中所有图层的第95帧，按F5键添加帧，然后在【聚光】图层的第20帧、第40帧、第60帧和第80帧位置插入关键帧，如图6-54所示。

图6-54

07 选中【聚光】层的第20帧，然后使用【任意变形工具】调整该帧位置的元件中心点至元件顶端，然后选中4个角的任意一角，待光标变为旋转，再向左旋转到适当位置，如图6-55所示。

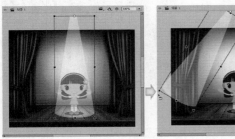

图6-55

08 选中【聚光】第60帧，使用与第20帧相同的方法，将元件向右旋转到适当位置，如图6-56所示。

09 在【聚光】层上，选中关键帧和关键帧中的任意一帧位置，单击鼠标右键，在弹出的快捷菜单中选择【创建传统补间】命令，创建出各个关键帧之间的过渡帧，如图6-57所示。

图6-56　　　　　　　图6-57

10 选中【背景】层，然后单击鼠标右键，在弹出的快捷菜单中选择【复制图层】命令，即可复制一个背景层，接着将该图层命名为【背景1】，如图6-58所示。

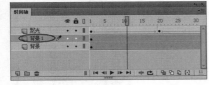

图6-58

11 隐藏【背景1】层，然后选中【背景】层中的图片，按F8键将其转换为【图形】元件；接着选中该元件，并打开【属性】面板，在面板中设置色彩为【亮度】，亮度值为-50%，如图6-59所示。

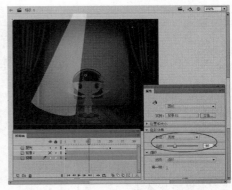

图6-59

12 显示【背景1】层，然后选中【聚光】层单击鼠标右键，在弹出的快捷菜单中选择【遮罩层】命令，如图6-60所示。此时【背景1】层将自动转换为【被遮罩层】，遮罩效果如图6-61所示。

图6-60

图6-61

13 按快捷键Ctrl+S保存文件，然后按快捷键Ctrl+Enter测试影片，最终效果如图6-62~图6-64所示。

图6-62

图6-63

图6-64

实例 094 用遮罩动画制作霓虹灯

实例位置：实例>CH06>实例094.fla

设计思路分析

遮罩动画事实上是图层属性和动画联合运用的效果，它通过给遮罩层或者被遮罩层添加动画效果，使其在运动过程中显示出其运动范围中的被遮罩层中的内容。本实例运用遮罩动画和传统补间动画来制作画面效果，最终效果如图6-65~图6-68所示。

图6-65

图6-66

图6-67

图6-68

【操作步骤】

01 新建一个Flash空白文档，然后执行【文档\修改】菜单命令，打开【文档设置】对话框，并在对话框中设置【舞台大小】为600像素×600像素，如图6-69所示。

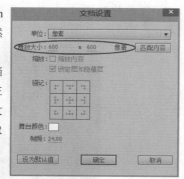

图6-69

02 执行【文件\导入\导入到舞台】菜单命令，将【素材文件\CH06背景094.jpg】导入到舞台中，并使用

【任意变形工具】 将图片调整至舞台大小，如图6-70所示。

图6-70

03 使用相同的方法，执行【文件\导入\导入到舞台】菜单命令，将【素材文件\CH06\装饰.png、2015.png、快乐.png】依次导入到舞台中，然后使用【选择工具】调整各个素材的位置，并修改图层名为【背景】，如图6-71所示的位置。

04 新建一个名为【彩灯】的图层，然后选择【椭圆工具】，打开【颜色】面板，设置【笔触颜色】为无，【填充颜色】为黄色（红:253，绿:254，蓝:198），如图6-72所示。在工作区绘制一个椭圆，再复制椭圆，沿着2015形状粘贴椭圆，如图6-73所示。

下一层，然后选择【矩形工具】，打开【颜色】面板设置【笔触颜色】为无，【填充颜色】为【彩虹渐变】，如图6-75所示。接着在舞台中绘制一个矩形，并将矩形转为【图形】元件，【名称】为【色彩1】，如图6-76和图6-77所示。

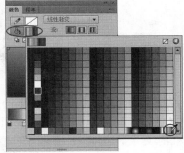

图6-75

图6-71　　　　　　　　图6-72

图6-76

图6-73

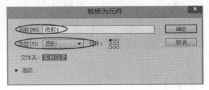

图6-77

技巧与提示

执行【文件\导入\导入到舞台】菜单命令的快捷方式是按快捷键Ctrl+R。

07 选中所有图层的第80帧，按F5帧添加帧，然后选择【彩带1】层的第80帧，按F6键添加关键帧。然后按快捷键Shift+→向右平移并选中该图层关键帧和关键帧之间的任意一帧位置，单击鼠标右键，在弹出的快捷菜单中选择【创建传统补间】命令，如图6-78所示。

05 按快捷键Ctrl+F8键，创建一个【名称】为【霓虹灯】的【图形】元件，如图6-74所示。

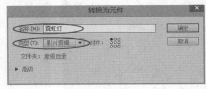

图6-74

图6-78

06 按【场景1】按钮回到舞台，新建一个名为【彩带1】的图层，将其拖曳到【彩灯】层的

08 选中【彩灯】层，单击鼠标右键，在弹出的快捷菜单中选择【遮罩层】命令，如图6-79所示。此

时【彩带1】层变成【被遮罩层】，如图6-80所示。

图6-79

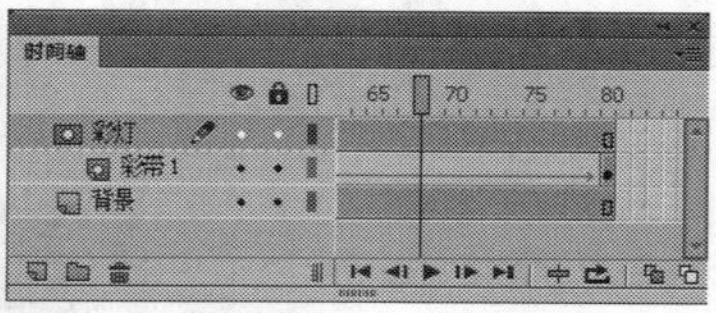

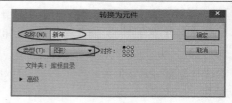

图6-80

图6-84

09 新建一个名为【新年】的图层，选择【文字工具】，并在【属性】面板中选择一个相对较粗的文字，接着设置字符的【大小】为90.0磅、【颜色】为黄色（红:246，绿:184，蓝:80），如图6-81所示。最后在舞台中输入对应的文本NEW YEAR，如图6-82所示。

图6-81

11 新建一个名为【彩带2】的图层，将其拖曳到【新年】层的下面一层，选择矩形工具，绘制一个【笔触颜色】为无，【填充颜色】为【彩虹渐变】的矩形；并将矩形转换为一个名为【色彩2】的【图形】元件，如图6-85所示。

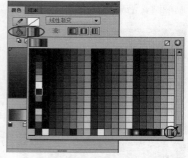

图6-85

图6-82

10 选中文本并调整至合适位置、大小，然后按两次快捷键Ctrl+B将文本分离为形状；接着按F8键将文字转换为【图形】元件，并命名为【新年】，如图6-83和图6-84所示。

图6-83

12 选中【彩带2】层中的任意一帧位置，单击鼠标右键，在弹出的快捷菜单中选择【创建传统补间】命令，如图6-86所示。

图6-86

13 选中【新年】层，单击鼠标右键，在弹出的快捷菜单中选择【遮罩层】命令，此时【彩带2】层必成【被遮罩层】，如图6-87和图6-88所示。

图6-87

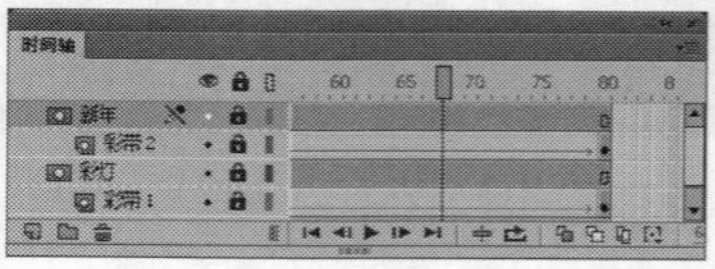

图6-88

14 按快捷键Ctrl+S保存文件，然后按快捷键Ctrl+Enter测试影片，最终效果如图6-89~图6-91所示。

图6-89

图6-90

图6-91

【举一反三】

在制作动画的过程中，遮罩层、被遮罩层和普通图层之间可以相互转换，其转换方式是，选中需要被转换的图层，然后单击鼠标右键，在弹出的快捷菜单中取消勾选或者勾选【遮罩层】命令即可，如图6-92所示。

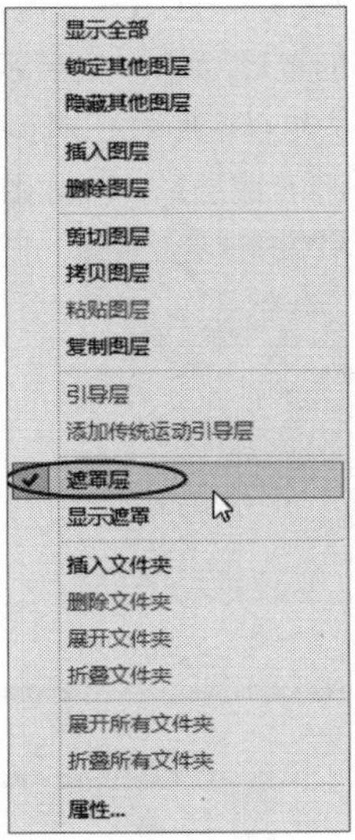

图6-92

实例 095 用遮罩动画制作画卷打开

实例位置：实例>CH06>实例095.fla

设计思路分析

合理地使用遮罩动画，可以制作出很多精彩的动画效果。例如打开画轴、文字遮罩显示和水流等效果，本实例将运用【遮罩层】命令和传统补间制作画卷慢慢打开动画，最终效果如图6-93~图6-95所示。

图6-93

图6-94　　　　　图6-95

【操作步骤】

01 新建一个Flash空白文档，然后执行【修改\文档】菜单命令，打开【文档设置将对话框，在对话框中修改【舞台大小】为900像素×550像素，如图6-96所示。

图6-96

02 执行【文件\导入\导入到舞台】菜单命令，将【素材文件\CH06\古画.jpg】导入到舞台中，并调整素材的大小、位置，修改图层名为【背景画】并将其调整到如图6-97所示的位置。

图6-97

03 选择【矩形工具】 ▣，绘制一个【笔触颜色】为
无，【填充颜色】为黄色（红:194，绿:180，蓝:147）
的矩形，如图6-98所示。然后按快捷键Ctrl+G组合矩形，选
中组合矩形单击鼠标右键，在弹出的快捷菜单中选择【排列
\移至底层】命令，如图6-99~图6-101所示。

图6-98

图6-99

图6-100

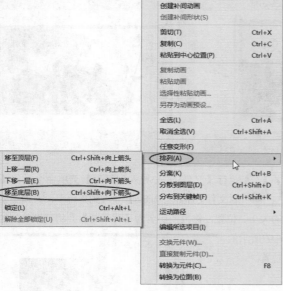

图6-101

绿:147，蓝:102)，在工作区按住鼠标左键拖曳，绘制出一个
矩形作为画轴
的主体，如图
6-102所示。

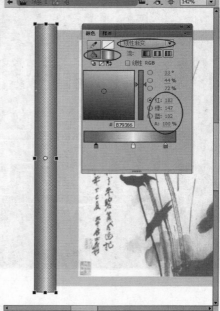

图6-102

05 选择【矩形工具】 ▣，打开【颜色】面板，设置【笔
触颜色】为无，【填充颜色】为【径向渐变】，并设
置渐变色标为灰色（红:51，绿:51，蓝:51)；在工作区按住鼠
标左键拖曳，绘制出一个矩形，放置如图6-103所示的位置，
绘制出一个完整的画轴如图6-104所示。

图6-103

04 新建一个名为【左画轴】的图层，然后按快捷键
Ctrl+G新建组合；接着选择【矩形工具】 ▣，并
在【颜色】面板设置【笔触颜色】为无，【填充颜色】
为【径向渐变】；再设置渐变色标为黄色（红:183，

图6-104

06 单击【场景1】  按钮回到舞台，在【时间轴】面板新建一个名为【右画轴】的图层；再选择【左画轴图】层，按快捷键Ctrl+C复制画轴，按快捷键Ctrl+Shift+V原位粘贴到新图层【右画轴】上，【时间轴】面板如图6-105所示。

图6-108

07 选中所有图层的第75帧，按F5键创建帧，然后选中【右画轴】的第60帧，按F6键添加一个关键帧；接着选中画轴形状，按快捷键Shift +→向右平移画轴，平移到如图6-106所示。

图6-106

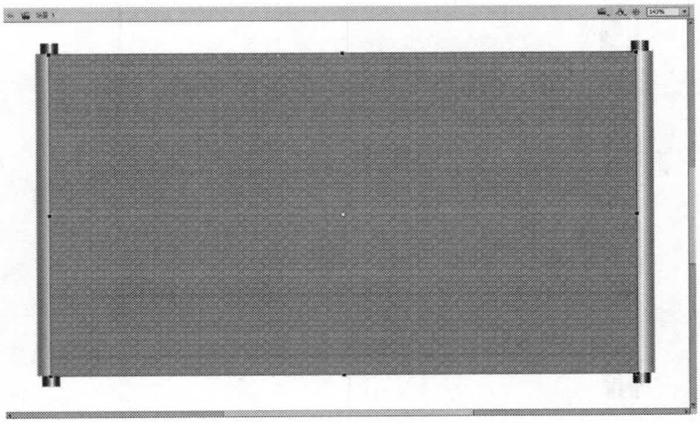

图6-109

11 选中关键帧和关键帧中的任意一个位置，单击鼠标右键，在弹出的快捷菜单中选择【创建补间形状】命令，如图6-110所示。

图6-110

08 选择关键帧和关键帧中的任意一帧位置，单击鼠标右键，在弹出的快捷菜单中选择【创建传统补间】命令，如图6-107所示。

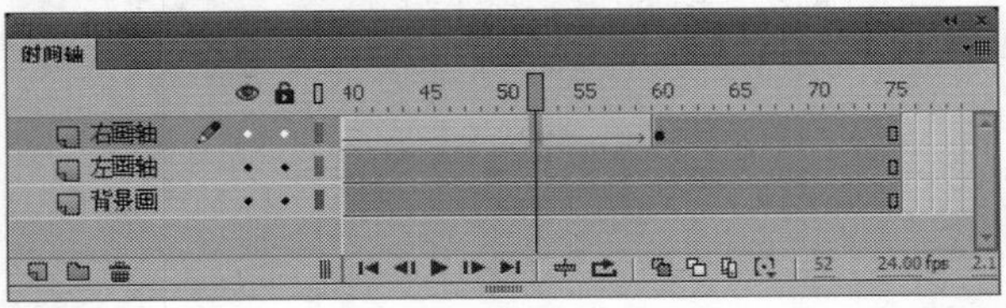

图6-107

12 将【遮罩】层拖曳到背景画层上面一层，再将【右画轴】层拖曳到【遮罩】层上面一层，【时间轴】面板如图6-111所示。

09 新建一个名为【遮罩】的图层，然后选择【矩形工具】 ，打开【颜色】面板，设置【笔触颜色】为无，【填充颜色】为黄色；接着绘制一个与画轴主体大小一致的矩形，并将矩形拖曳到左边画轴上，如图6-108所示。

10 选中第60帧，按F6键添加关键帧，选择【任意变形】 工具，将中心点平移至左边框的中心点上，再选择右边框的中心点，待鼠标指针变成 ，单击鼠标左键，向右拖曳矩形，并将其拖曳到遮盖【背景画】层，如图6-109所示。

图6-111

? 疑问解答

问：为什么在新建图层的时候不依次序拖曳图层？

答：在绘制【遮罩】层时，如果在开始就将图层按现在图层顺序拖曳好，在绘制矩形时【右画轴】层就会遮挡图形，绘制起来会相对费时，所以根据自己绘制图形位置来确定图层上下位置。

13 选中【遮罩】层，单击鼠标右键，在弹出的快捷菜单中选择【遮罩层】命令，此时【背景画】层变成【被遮罩层】，如图6-112和图6-113所示。

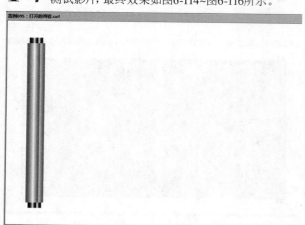

图6-112   图6-113

14 按快捷键Ctrl+S保存文件，然后按快捷键Ctrl+Enter测试影片，最终效果如图6-114~图6-116所示。

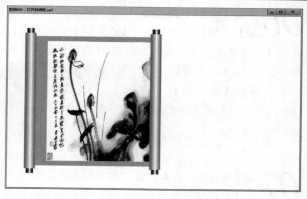

图6-115

图6-114   图6-116

实例 096 用引导层动画制作上升的热气球

实例位置：实例>CH06>实例096.fla

设计思路分析

引导层动画是通过创建引导图层，使被引导图层中的运动对象顺着预先绘制好的轨迹方向进行匀速移动。本实例首先制作热气球并将其转换为元件，然后添加传统运动引导层，并在引导层中制作出路径，最终效果如图6-117~图6-120所示。

图6-117

图6-118

图6-119

图6-120

【操作步骤】

01 新建一个Flash空白文档，执行【修改\文档】菜单命令，打开【文档设置】对话框，在对话框中修改【舞台大小】为440像素×550像素，如图6-121所示。

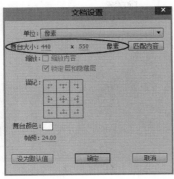

图6-121

02 执行【文件\导入\导入到舞台】菜单命令，将【素材文件\CH06\背景096.jpg】导入到舞台中，并修改图层名称为【背景】，如图6-122所示。

03 新建一个名为【热气球】的图层，打开【素材文件\CH06\热气球.fla】文件，将图像复制粘贴到新建图层中；再选中图像按F8键，将图像转换成【名称】为【热气球】的【图形】元件，如图6-123和6-124所示。

图6-122　　　　　　　　图6-123

图6-124

04 选中所有图层的第160帧，按F5键创建帧，然后选中【热气球】层的第160帧，按F6键添加关键帧；再等比缩小元件大小并调整元件位置，接着选中关键帧和关键帧中的任意一帧位置，单击鼠标右键，选择【创建传统补间】命令，如图6-125~图6-127所示。

05 选中【热气球】层，单击鼠标右键，在弹出的快捷菜单中选择【添加传统运动引导层】命令，此时多出一个名为【引导层：热气球】的图层，而【引导层：热气球】层会变成【引导层】，【热气球】层则变成【被引导层】，如图6-128和图6-129所示。

图6-125　　　　　　　　图6-126

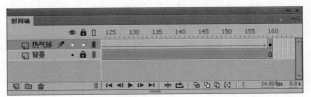

图6-127

图6-128　　　　　　　　图6-129

> **技巧与提示**
>
> 在传统补间图层上方添加一个运动引导层，并缩进传统补间图层的名称，以表明该图层已绑定到该运动引导层。

06 在【引导层】上，选择【钢笔工具】，【笔触颜色】为黑色，【笔触大小】为1.0，绘制线条作为路径，并对线条进行调整，如图6-130所示。

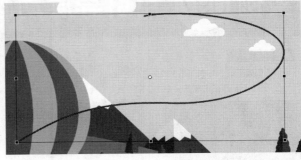

图6-130

> **技巧与提示**
>
> 绘制的曲线就是热气球的运动轨迹，该曲线在最终动画效果中是不显示的，只是起引导作用。

07 在【热气球】层上，移动第1帧上的元件的中心点到引导线的左端，如图6-131所示。再移动第160帧上的元件的中心点到引导线的右端，如图6-132所

示：然后打开【属性】面板，设置【补间】的【缓动】
为50输入，如图6-133所示。

图6-131

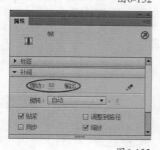

图6-132

图6-134

图6-135

图6-133

08 按快捷键Ctrl+S保存文件，然后按快捷键Ctrl+Enter
测试影片，最终效果如图6-134~图6-137所示。

图6-136

图6-137

? 疑问解答

问：运动引导层有哪些用途？

答：运动引导层可以绘制路径，元件或文本可以沿着这些路径运动。

实例 097 用引导层动画制作萤火虫飞舞

实例位置：实例>CH06>实例097.fla

设计思路分析

当创建完成引导图层后，其下方图层会自动转换为被引导层，被引导层中的对象会沿着引导层中绘制好的运动路径运动。本实例先制作了萤火虫元件，再新建图层制作出路径，将该图层转换为引导层，引导萤火虫飞舞，最终效果如图6-138~图6-141所示。

图6-138

图6-139

图6-140

图6-141

【操作步骤】

01 新建一个Flash空白文档,执行【修改\文档】菜单命令,打开文档设置对话框,在对话框中将【舞台大小】设置为520像素×800像素,如图6-142所示。

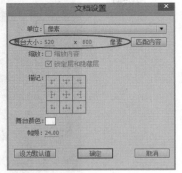

图6-142

02 执行【文件\导入\导入到舞台】菜单命令,将【素材文件\CH06\背景097.jpg】导入到舞台中,并修改图层名称为【背景】,如图6-143所示。

图6-143

03 新建一个名为【萤火虫】的图层,使用【椭圆工具】打开【颜色】面板,设置【笔触颜色】为无,【填充颜色】为黄色(红:253,绿:254,蓝:198),如图6-144所示。再绘制一个椭圆,如图6-145所示。

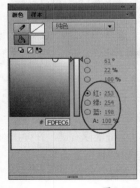

图6-144

图6-145

04 按F8键将图像转换为一个【名称】为【萤火虫1】的【图形】元件,如图6-146所示;再次按F8键,将【萤火虫1】转换为一个【名称】为【萤火

虫发光的】的【影片剪辑】元件,如图6-147所示。

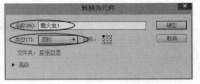

图6-146

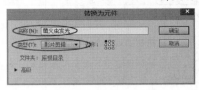

图6-147

05 设置【滤镜】为【发光】,【模糊X、Y】为6像素,【强度】为200%,【品质】为【高】,【阴影颜色】为黄色(红:219,绿:227,蓝:30),如图6-148所示。

06 新建一个名为【线条1】层的图层,选择【钢笔工具】,绘制一个【笔触颜色】为红色的线条,并适当调整线条,如图6-149所示。

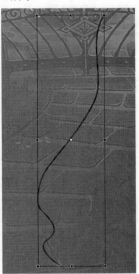

图6-148   图6-149

07 选中所有图层的第85帧,按F5键创建帧,选中【萤火虫1】层的第85帧,按F6键添加关键帧,如图6-150所示。

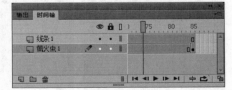

图6-150

08 选中【线条1】层,单击鼠标右键,在弹出的快捷菜单中选择【引导层】命令,此时【线条1】层变成【引导层】;再选中【萤火虫1】层,将其拖曳到线条层下方位置,此时【萤火虫1层】变成【被引导层】,如图6-151所示。

213

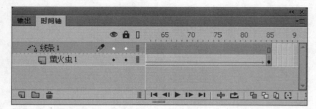

图6-151

09 单击【场景1】 按钮回到舞台，使用相同的方法再制作元件【萤火虫2】。注意【萤火虫2】要绘制不一样的引导路径，路径如图6-152所示。

10 制作完成【萤火虫1】和【萤火虫2】元件后，将元件多次复制粘贴在【萤火虫】层中，如图6-153所示。

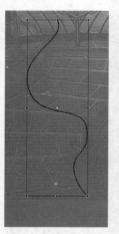

图6-152　　　　　　　　　　图6-153

11 按快捷键Ctrl+S保存文件，然后按快捷键Ctrl+Enter测试影片，最终效果如图6-154~图6-157所示。

图6-154　　　　　　　　　　图6-155

图6-156

图6-157

【举一反三】

在Flash中创建引导层有两种方法。

第1种：选中一个图层名称，单击鼠标右键，在弹出的快捷菜单中选择【添加传统运动引导层】命令，在当前选择图层上方自动添加一个引导层，在添加的引导层中绘制所需的路径。

第2种：选中一个图层名称，单击鼠标右键，在弹出的快捷菜单中选择【引导层】命令，把当前图层转换为【引导层】，再把被引导的图层拖曳到【引导层】的下方。

实例 098 使用引导层制作飞舞的蝴蝶

实例位置：实例>CH06>实例098.fla

设计思路分析

引导层是图层属性的一种，它对下方图层中的运动对象有着一定的引导作用。本实例将元件粘贴到图层，再将图层添加传统运动引导层，在引导层中绘制出蝴蝶飞舞的引导路径，最终完成效果如图6-158~图6-161所示。

图6-158

图6-159

图6-160

图6-161

【操作步骤】

01 新建一个Flash空白文档，然后执行【文档\修改】菜单命令，打开【文档设置】对话框，并在对话框中设置【舞台大小】为800像素×566像素，如图6-162所示。

图6-162

02 执行【文件\导入\导入到舞台】菜单命令，将【素材文件\CH06\背景098.jpg】导入到舞台中，并修改图层名称为【背景】，如图6-163所示。

图6-163

03 新建一个名为【蝴蝶1】的图层，打开【素材文件\CH06\蝴蝶.fla】文件，然后将该文档中的元件复制到案例文档的【蝴蝶1】层中；接着将元件移动到舞台右外侧，如图6-164所示。

图6-164

04 选中所有图层的第100帧，按F5键创建帧，然后选中【蝴蝶1】层的第100帧，按F6键添加关键帧。移动蝴蝶元件到舞台左外侧，如图6-165所示；接着选中【蝴蝶1】层中的任意一帧位置，单击鼠标右键，在弹出的快捷菜单中选择【创建传统补间】命令，如图6-166所示。

05 选中【蝴蝶1】层，单击鼠标右键，在弹出的快捷菜单中选择【添加运动引导层】命令；此时在【蝴蝶1】层上自动添加一个名为【引导层：蝴蝶1】的图层作为【引导层】，【蝴蝶1】层变成【被引导层】，如图6-167所示。

图6-165

图6-166

图6-167

06 在引导层上，使用钢笔工具绘制一个【笔触颜色】为红色的线条，并适当调整线条，作为蝴蝶的飞舞路径，如图6-168所示。

图6-168

技巧与提示

向运动引导层添加一个路径以引导传统补间，先选择运动引导层，再使用钢笔、铅笔、线条、圆形、矩形或刷子工具绘制所需的路径。

07 新建一个名为【蝴蝶2】的图层，打开【素材文件\CH06\蝴蝶.fla】文件，然后将该文档中的红色蝴蝶复制到案例文档的【蝴蝶2】层，接着将元件移动到舞台左外侧，如图6-169所示。

图6-169

08 使用相同的方法制作出【蝴蝶2】层的动画效果，注意【蝴蝶2】层的蝴蝶元件位置和【蝴蝶1】层的蝴蝶元件位置是相反方向，如图6-170所示。

图6-170

09 按快捷键Ctrl+S保存文件，然后按快捷键Ctrl+Enter测试影片，最终效果如图6-171~图6-174所示。

图6-171

图6-172

图6-173

图6-174

实例 099 用3D旋转工具制作翻转的钱币

实例位置：实例>CH06>实例099.fla

设计思路分析

【3D工具组】里有【3D旋转工具】和【3D平移工具】，在【3D旋转工具】选定【影片剪辑】元件后，X控件为红色，Y控件为绿色，Z控件为蓝色，自由旋转为橘色。本实例运用3D旋转工具对钱币进行y轴向的旋转，最终效果如图6-175~图6-177所示。

图6-175

图6-176

图6-177

【操作步骤】

01 新建一个Flash空白文档，然后执行【修改\文档】菜单命令，打开【文档设置】对话框，然后设置【舞台颜色】为灰色（红：88，绿：88，蓝：88），如图6-178所示。

图6-178

02 执行【文件\打开\】菜单命令，将【素材文件\ CH06\钱币.fla】打开，并将钱币复制到新建文档中，如图6-179所示。然后选中钱币并按F8键，将钱币转换成【名称】为【铜钱】的【影片剪辑】元件，如图6-180所示。

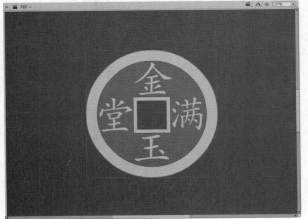
图6-179

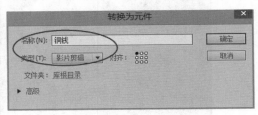
图6-180

03 选中图层1的第50帧，按F5键创建帧。然后单击鼠标右键，在弹出的快捷菜单中选择【创建补间动画】命令，如图6-181所示。

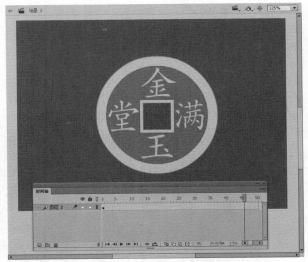
图6-181

04 选中时间轴中的第50帧，然后使用【3D旋转工具】选中该帧中的元件，并拖曳y轴进行旋转，如图6-182和图6-183所示。

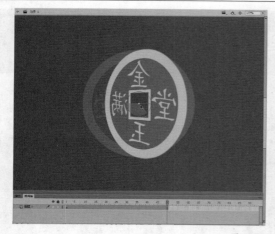

图6-182

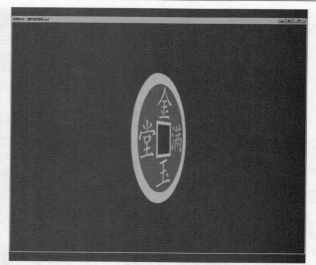

图6-185

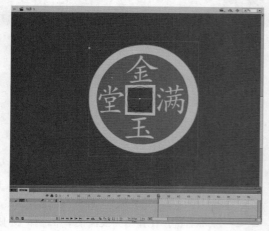

图6-183

技巧与提示

　　单击并拖动X控件可使元件沿着x轴方向转转，单击并拖动y控件可使元件沿着y轴方向进行自由旋转，单击并拖动z轴控件可使元件沿着z轴方向自由旋转。

图6-186

05 按快捷键Ctrl+S保存文件，然后按快捷键Ctrl+Enter测试影片，最终效果如图6-184~图6-187所示。

图6-184

图6-187

实例 100 用3D平移工具制作前行的汽车

实例位置：实例>CH06>实例100.fla

设计思路分析

使用【3D工具】制作动画效果，必须将图像转换为【影片剪辑】元件。本实例使用3D平移工具制作汽车元件由远到近、由小到大的动画效果，读者可以从中学会使用【3D平移工具】制作立体移动元件的方法，最终效果如图6-188所示。

图6-188

【操作步骤】

01 执行【文件\新建】菜单命令，新建一个空白文档，然后执行【文件\导入\导入到舞台】菜单命令，将【素材文件\CH06\背景100.jpg】文件导入到舞台中，如图6-189所示。

图6-189

图6-190

图6-191

02 使用【任意变形工具】选中位图，将它缩小至合适大小。接着单击【新建图层】按钮，新建【图层2】图层，如图6-190所示。

03 打开【素材文件\CH06\汽车.fla】文件，使用【选择工具】选中舞台中的汽车，然后按快捷键Ctrl+C复制元件，如图6-191所示。

219

04 将汽车图像复制到新建文档的【图层2】层中，按F8键将汽车转换成【名称】为【汽车】的【影片剪辑】元件。然后使用【任意变形工具】 ▦ 将它缩放到合适大小，在选中【图层1】和【图层2】层的第50帧，按F5键插入帧，如图6-192和图6-193所示。

图6-192

图6-193

05 选中【图层1】层的第1帧，然后单击鼠标右键，在弹出的快捷菜单中选择【创建补间动画】命令，如图6-194所示。

图6-194

06 选中【图层2】层的第40帧，然后使用【3D平移工具】选中舞台中的元件，并将它移动到如图6-195所示位置。

图6-195

> **技巧与提示**
>
> 单击并拖动X控件可使元件沿着x轴方向平移，单击并拖动y轴控件可使元件沿着y轴方向平移，单击并拖动Z控件可使元件沿着z轴方向更改大小。平移工具在制作实例由远到近、由近到远等效果时，具有较好的立体感，使画更加生动丰富。

07 使用【任意变形工具】 ▦ 选中第40帧中的汽车，将它缩放至合适大小，如图6-196所示。在完成缩放以后还可以对汽车的位置进行对应地调整。

图6-196

08 选中补间范围中的任意一帧，在其【属性】面板中激活【缓动】值的文本输入框，输入数值20，如图6-197所示。

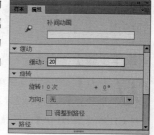

图6-197

> **技巧与提示**
>
> 汽车行驶到近处后会停下来，所以补间范围中动画的播放速率应该是由快到慢，有一个减速的过程，使用缓动来制作出由快到慢的过程。

09 选中第45帧，使用【3D位移工具】拖曳对象至如图6-198所示位置，然后使用【任意变形工具】 ▦ 缩放至合适大小。

图6-198

当汽车刹车后会有一段向前缓冲的距离才会停下来，最终停到正确的位置，视觉上感觉车子后退了一点，这是由于惯性造成的。

10 按快捷键Ctrl+S保存文件，然后按快捷键Ctrl+Enter输出影片，最终完成效果如图6-199所示。

图6-199

实例 101 用场景动画制作自动播放的图片

实例位置：实例>CH06>实例101.fla

设计思路分析

在制作Flash动画的过程中，用户可以建立多个场景来区分不同的动画片段，这种类型的动画被称为场景动画。本实例将使用新建场景的方式制作出自动播放图片的动画效果，最终完成效果如图6-200~图6-203所示。

图6-200

图6-201

图6-202

图6-203

【操作步骤】

01 新建一个Flash空白文档，执行【修改\文档】菜单命令，打开【文档设置】对话框，在对话框中将【舞台大小】设置为1280像素×789像素，如图6-204所示。

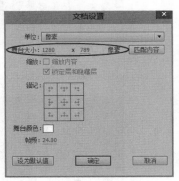
图6-204

02 执行【文件\导入\导入到库】菜单命令，将【素材文件\CH06\春1.jpg~春3.jpg、夏1.jpg~夏3.jpg、秋1.jpg~秋3.jpg、冬1.jpg~冬3.jpg】导入到库中，如图6-205所示。

03 新建【图层2】和【图层3】图层，然后将春1、2、3按顺序拖曳到【图层1】、【图层2】、【图层3】层中，如图6-206所示。

图6-205

图6-206

04 选中【图层1】层，打开属性面板，在【位置和大小】里修改【春1.jpg】的大小（高:789，宽:1280），如图6-207所示。然后使用【对齐工具】里的【左对齐】和【顶对齐】，接着选中【图层1】层的第25帧，按F5键创建帧，如图6-208所示。

图6-207　　　　　　　　　　　图6-208

05 选中【图层2】层，打开属性面板，在【位置和大小】里修改【春2.jpg】的大小（高:789，宽:1280），然后使用【对齐工具】里的【左对齐】和【顶对齐】。接着选中【图层2】层的第50帧，按F5键创建帧，接着将第1帧移动到第26帧，如图6-209所示。

图6-209

06 选中【图层3】层，在属性面板的【位置和大小】里修改【春3.jpg】的大小（高:789，宽:1280），再使用【对齐工具】里的【左对齐】和【顶对齐】。接着选中【图层3】层的第75帧，按F5键创建帧，最后将第1帧移动到第51帧，如图6-210所示。

图6-210

07 执行【窗口\场景】菜单命令，在弹出的【场景】面板里单击左下角的【新建场景】按钮，新建【场景2】，如图6-211所示。

08 在【场景2】里，使用相同的方法制作【夏1.jpg~夏3.jpg】的动画，如图6-212所示。

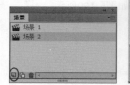

图6-211　　　　　　　　　　　图6-212

09 执行【窗口\场景】菜单命令，在弹出的场景面板里单击左下角的新建场景按钮，新建【场景3】和【场景4】，如图6-213所示。

图6-213

10 在【场景3】里，使用与【场景1】相同的方法制作【秋1.jpg~秋3.jpg】的动画，在【场景4】里，使用与【场景1】相同的方法制作【冬1.jpg~冬3.jpg】的动画，如图6-214和图6-215所示。

图6-214

图6-215

11 按快捷键Ctrl+S保存文件，然后按快捷键Ctrl+Enter测试影片，最终效果如图6-216~图6-219所示。

图6-216

图6-217

图6-218

图6-219

实例 102 用场景动画制作自动切换的促销

实例位置：实例>CH06>实例102.fla

设计思路分析

　　Flash中的场景相当于一个独立的舞台，用户可以结合各类动画在不同的场景中制作出动画，使动画影片更加丰富。本实例将在两个场景中制作出不同的动画效果，输出动画后将会依次播放场景中的动画，最终效果如图6-220~图6-223所示。

图6-220

图6-221

图6-222

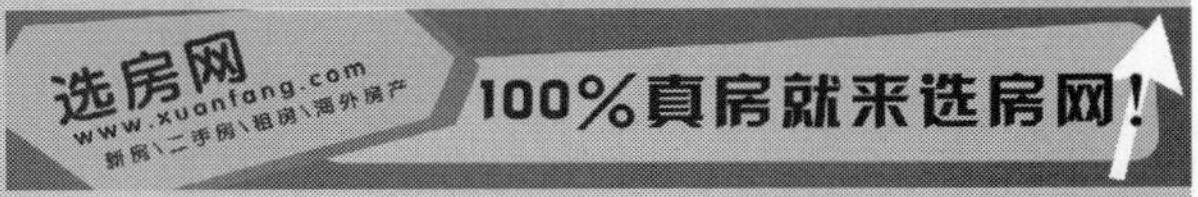

图6-223

制作场景1

01 新建一个Flash空白文档，然后执行【文档\修改】菜单命令，打开【文档设置】对话框，并在对话框中设置【舞台大小】为468像素×75像素，如图6-224所示。

图6-224

02 执行【文件\导入\导入到舞台】菜单命令，将【素材文件\CH06\背景102-1.jpg】导入到舞台中，并在第50帧位置按F5键创建帧，并修改图层名为【背景】，如图6-225所示。

图6-225

03 新建【图层2】图层，打开【属性】面板，设置字符的【系列】为【汉仪菱心体简】，【大小】为22.0磅，【颜色】为白色，然后在【图层2】层输入文

本【新星英语】，并使用【选择工具】 移动文本到舞台的左上角，如图6-226所示。

图6-226

04 使用相同的方法，设置字符的【系列】为任意英文字符，【大小】为7.0磅，【颜色】为白色，在文本框【新星英语】的下方，输入文本www.xinxing.com，如图6-227所示。

图6-227

05 选择【文本工具】T，设置字符的【系列】为【微软雅黑】，【大小】为25.0磅，【字母间距】为2.0，【颜色】为白色，在舞台上插入文本框，输入文本【看美剧，轻松学英语】，如图6-228和图6-229所示。

06 选中文本框中的【英语】，打开【属性】面板，修改字符的【系列】为【汉仪方叠体简】，【大小】为30.0，【字母间距】为30.0磅，【颜色】为黄色（红:244，绿:253，蓝:3），如图6-230和图6-231所示。

图6-228

图6-229

图6-230

看美剧,轻松学 **英语**

图6-231

07 选中文本，按快捷键Ctrl+B将文本分离为独立文本，如图6-232所示。

看美剧,轻松学 **英语**

↓

看美剧,轻松学 **英语**

图6-232

08 新建【图层3】图层，在【图层2】层中复制【英语】字符，并将其原位粘贴到【图层3】层，使

用【任意变形工具】，分别选中两个字符，将【英语】字符向左旋转，如图6-233所示。

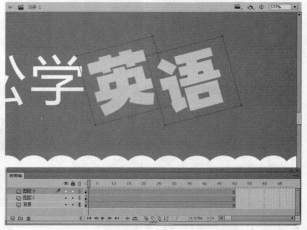

图6-233

09 选中【图层3】层的第5、10、15、20、25、30、35、40、45和50帧，按F6键添加关键帧，将【英语】字向右旋转，然后复制第1帧，将其原位粘贴到在第10、20、30、40和50帧位置；接着复制第5帧，将其原位粘贴到15、25、35和45帧位置，如图6-234和图6-235所示。

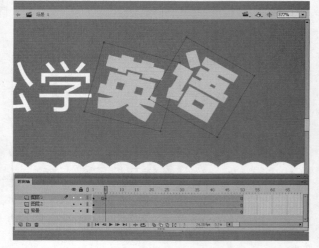

图6-234

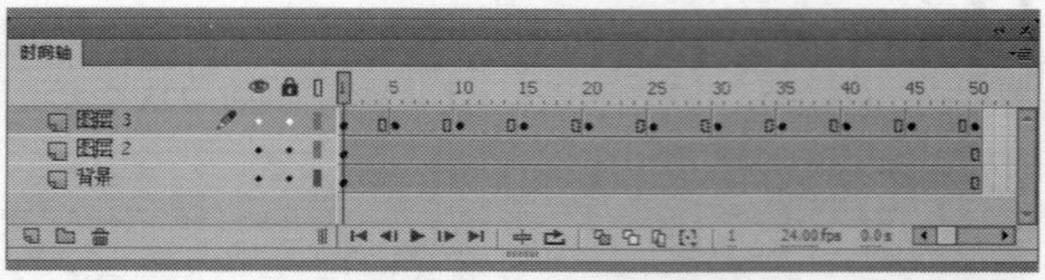

图6-235

10 新建【图层4】图层，选择【矩形工具】，打开【属性】面板，设置【笔触颜色】为无，【填充颜色】为白色，【矩形选项】为12.0，在舞台的右边绘制一个矩形，如图6-236所示。

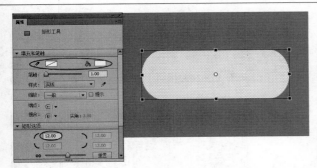

图6-236

13 按快捷键Ctrl+S保存文件，再按快捷键Ctrl+Enter测试影片，最终效果如图6-239和图6-240所示。

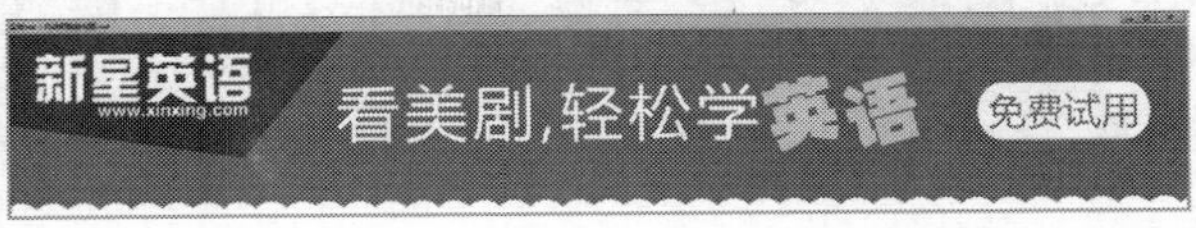

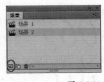

图6-239

图6-240

制作场景2

01 执行【窗口\场景】菜单命令，在弹出的【场景】面板中，单击左下角新建场景按钮，如图6-241所示。新建一个【场景2】，舞台如图6-242所示。

图6-241

图6-242

11 选择【文本工具】，设置字符的【系列】为【微软雅黑】，【大小】为15.0磅，【颜色】为绿色，在舞台中插入文本框，输入文本【免费试用】，如图6-237所示。

图6-237

12 在【图层4】层的第5、10、15、20、25、30、35、40、45和50帧，按F6键添加关键帧，然后选中文本框和矩形，使用【任意变形工具】放大选中的文本框和矩形；接着复制第1帧，将其原位粘贴到第10、30、40、50帧位置，复制第5帧，将其原位粘贴到第15、25、35和45帧位置，如图6-238所示。

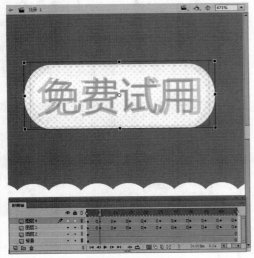

图6-238

02 执行【文件\导入\导入到舞台】菜单命令，将【素材文件\CH06\背景102-2.jpg】导入到舞台中，并修改图层名为【背景】，如图6-243所示。

图6-243

03 新建【图层2】图层，设置选择【文字工具】，并在【属性】面板中设置字符的【系列】为【方正粗圆】，【大小】为25.0磅、【颜色】为蓝色（红:16，绿:75，蓝:135）、【字母间距】为2.0，然后在舞台中输入对应的文本【选房网】，如图6-244所示。

图6-244

04 在舞台上插入文本框，输入文本www.xuanfang.com，并修改字符的【大小】为10.0磅，再次插入文本框，输入文本【新房\二手房\租房\海外房产】，

并修改字符【大小】为8.0磅，如图6-245所示。

图6-245

05 使用【任意变形工具】，选中3个文本框，选中4个角的任意一角待鼠标指针变成旋转状态，旋转文本框，旋转位置如图6-246所示。

图6-246

06 新建【图层3】图层，选择【文本工具】，设置字符的【系列】为【汉仪菱心体简】，【大小】为25.0磅，【字母间距】为2.0，【颜色】为红色（红:221，绿:53，蓝:159），如图6-247所示。最后输入文本【选婚房】，如图6-248所示。

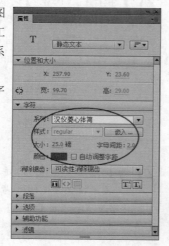

图6-247

图6-248

07 新建【图层4】图层，选择【矩形工具】，在【属性】面板中设置【笔触颜色】为无，【填充颜色】为黑色，然后绘制一个矩形，如图6-249所示。

图6-249

08 选中所有图层的第19帧，按F5键创建帧，在【图层4】层的第15帧，按F6键添加关键帧；选中矩形按快捷键Shift+→向右平移矩形，如图6-250所示；然后选中关键帧和关键帧中的任意帧，单击鼠标右键，在弹出的快捷菜单中选择【创建形状补间】命令，时间轴如图6-251所示。

09 选中【图层4】图层，单击鼠标右键，在弹出的快捷菜单中选择【遮罩层】命令，【图层4】图层变

成遮罩层，【图层3】图层变成被遮罩层，如图6-252所示。

图6-250

图6-251

图6-252

10 使用相同的方法，制作出【图层5】至【图层10】的遮罩动画，其中【图层6】遮罩【图层5】，【图层8】遮罩【图层7】，【图层10】遮罩【图层9】，如图6-253~图6-255所示。

图6-253

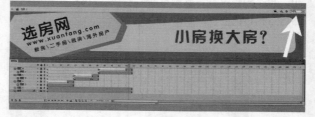

图6-254

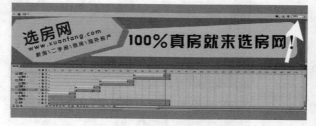

图6-255

11 按快捷键Ctrl+S保存文件，再按快捷键Ctrl+Enter测试影片，最终效果如图6-256~图6-259所示。

图6-256

图6-257

图6-258

图6-259

实例 103 用模板制作网页导航

实例位置：实例>CH06>实例103.fla

设计思路分析

　　模板是Flash自带的一些动画模板，用户可以使用这些模板快速创建出一些简单的动画效果。本实例主要使用了范例文件模板和导入功能来制作出一个网页导航，完成效果如图6-260所示。

图6-260

【操作步骤】

01 执行【文件\新建】菜单命令，在打开的【新建文档】对话框中选择【模板】选项，进入【从模板新建】对话框；然后在【类别】区域选择【范例文件】选项，接着选择【菜单范例】模板，如图6-261和图6-262所示。

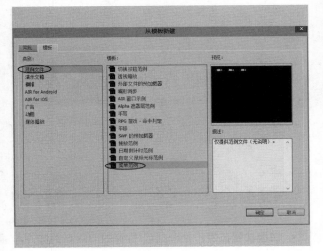

图6-261

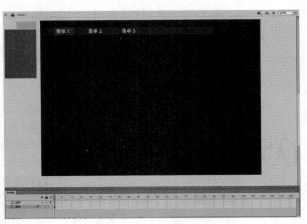

图6-262

02 打开【菜单范例】模板，新建一个图层，并将其拖动到【菜单】层的下方，执行【文件\导入\导入到舞台】菜单命令，将【素材文件\CH06\背景103.jpg】导入到舞台中，如图6-263所示。

03 双击黑色菜单元件，进入元件编辑界面，再双击横向菜单栏，选中【颜色】面板修改颜色为绿色（红:51，绿:153，蓝:0），如图6-264所示。

图6-263

图6-264

04 退出横向菜单栏，双击下拉菜单栏，选中【颜色】面板修改颜色为绿色（红:105，绿:215，蓝:65），如图6-265所示。

图6-265

05 保存文件，按快捷键Ctrl+Enter测试影片，最终效果如图6-266所示。

图6-266

【参数掌握】

　　执行【文件\新建】菜单命令或按快捷键Ctrl+N，然后在打开的【新建文档】对话框中选择【模板】选项，进入【从模板新建】对话框。在左边的类别窗格中选择模板类型，在中间的模板列表中选择具体的影片模板，右边预览窗格显示出该影片模板的画面效果影像，在预览窗格下面可以看见该影片模板的功能说明，如图6-267所示。

图6-267

　　■ **模板类型窗口**：该窗口用于显示模板的类型，类型根据应用范围不同分为【范例文件】【演示文稿】和【横幅】等8种不同类型的模板。

　　■ **模板选项窗口**：该窗口用于显示每种类型模板下设的不同效果的模板。

　　■ **预览窗口**：选中某个模板后，该窗口会显示出所选模板的静帧效果预览图。

　　■ **模板描述窗口**：选中某个模板后，该窗口会显示出所选模板的用途说明。

　　【范例文件】模板提供有Flash中常见功能的示例。范例文件包括AIR窗口示例、Alpha遮罩层示例、手写、平移和自定义鼠标指针范例等模板，如图6-268所示。通过这些模板，用户可以轻松地创建动画。

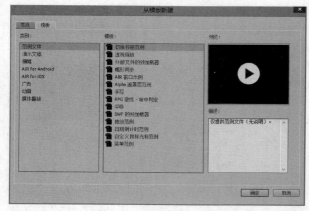

图6-268

　　■ **切换按钮范例**：一个播放/暂停的动画范例文件，如图6-269所示。

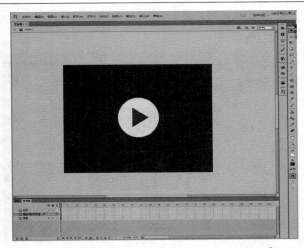

图6-269

■ **透视缩放**：一个场景由远及近显示的动画范例文件，如图6-270所示。

图6-270

■ **外部文件的预加载器**：一个显示外部文件加载进度的范例文件，如图6-271所示。

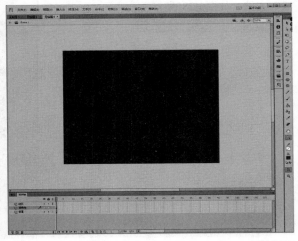

图6-271

■ **嘴型同步**：一个嘴型和声音同步的动画范例文件，如图6-272所示。

图6-272

■ **AIR窗口示例**：带有 AIR 窗口控件的范例文件，如图6-273所示。

图6-273

■ **Alpha遮罩层范例**：通过Alpha遮罩的动画范例文件，如图6-274所示。

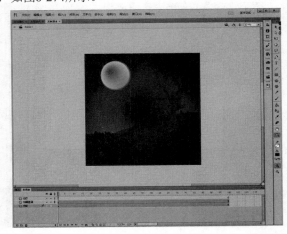

图6-274

■ **手写：**一个写字的动画范例文件，如图6-275所示。

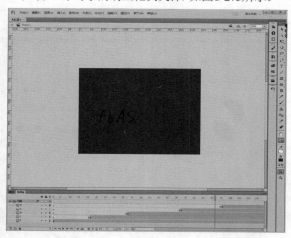

图6-275

■ **RPG游戏–命中注定：**一个RPG游戏的范例文件，如图6-276所示。

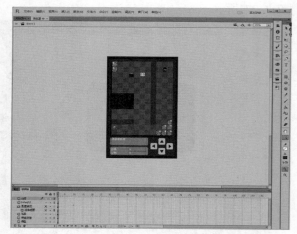

图6-276

■ **平移：**一个向右移动的动画范例文件，如图6-277所示。

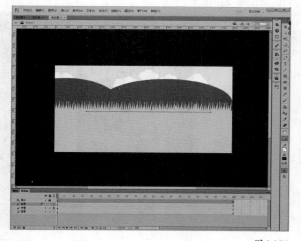

图6-277

■ **SWF的预加载器：**一个加载动画的范例文件，如图6-278所示。

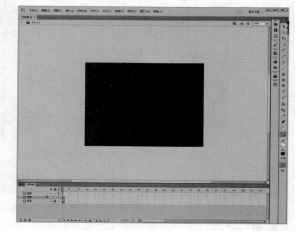

图6-278

■ **拖放范例：**一个可以拖动动画元素的范例文件，如图6-279所示。

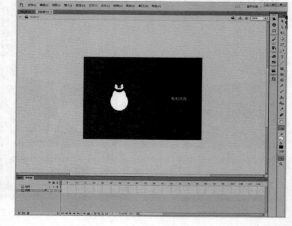

图6-279

■ **日期倒计时范例：**一个日期与时间倒计时的动画范例文件，如图6-280所示。

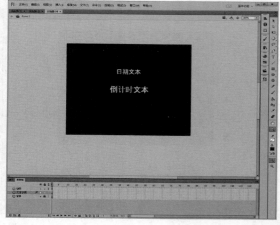

图6-280

- **自定义鼠标指针范例:** 一个自定义鼠标指针形状的范例文件,如图6-281所示。

- **菜单范例:** 一个下拉菜单的动画范例文件,如图6-282所示。

图6-281

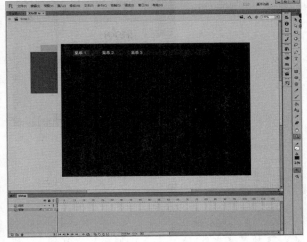

图6-282

实例 104 用模板制作缓缓显示的画面

实例位置: 实例>CH06>实例104.fla

设计思路分析

Flash自身携带的模板分为很多种,其中的【动画】模板使用率较高,常被用来制作一些影片的动画效果,例如图片缓出现和下雪的动画等。本实例主要使用了【动画】模板和导入功能来制作出图片缓缓显示的动画,最终效果如图6-283和图6-284所示。

图6-283

图6-284

【操作步骤】

01 执行【文件\新建】菜单命令,在打开的【新建文档】对话框中选择【模板】选项,进入【从模板新建】对话框,然后在【类别】区域选择【动画】选项,并选择【补间形状的动画遮罩层】模板,如图6-285和图6-286所示。

图6-285

02 打开【补间形状的动画遮罩层】模板,选择【内容】图层的第1帧,单击鼠标右键,在弹出的快捷菜单中选择【清除关键帧】命令,如图6-287和图6-288所示。

图6-286

231

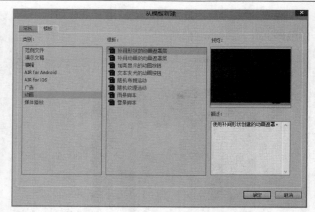

图6-287 图6-288

图6-292

■ **补间形状的动画遮罩层：**使用补间形状创建的动画遮罩模板，如图6-293所示。

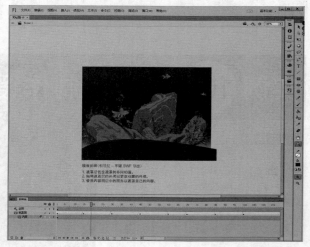

03 执行【文件\导入\导入到舞台】菜单命令，将【素材文件\CH06\背景104.jpg】导入到舞台中，如图6-289所示。

图6-289

图6-293

■ **补间动画的动画遮罩层：**使用补间动画创建的动画遮罩模板，如图6-294所示。

04 保存文件，按快捷键Ctrl+Enter输出影片，最终完成效果如图6-290和图6-291所示。

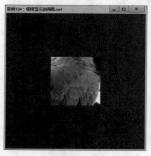 

图6-290 图6-291

【参数掌握】

Flash CC的【动画】类别包括了8个模板：补间形状的动画遮罩层、补间动画的动画遮罩层、加亮显示的动画按钮、文本发光的动画按钮、随机布朗运动、随机纹理运动、雨景脚本和雪景脚本，如图6-292所示。

图6-294

- **加亮显示的动画按钮**：带已访问状态的发光按钮影片模板，如图6-295所示。

图6-295

- **文本发光的动画按钮**：带发光文本的动画影片剪辑按钮，如图6-296所示。

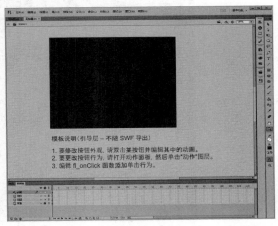

图6-296

- **随机布朗运动**：使用 ActionScript 进行动画处理的布朗运动效果，如图6-297所示。

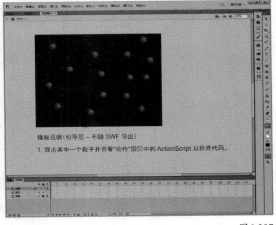

图6-297

- **随机纹理运动**：使用 ActionScript 进行动画处理的纹理运动，如图6-298所示。

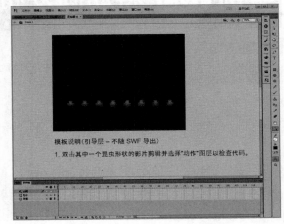

图6-298

- **雨景脚本**：使用 Action Script和影片剪辑元件创建的下雨动画效果，如图6-299所示。

图6-299

- **雪景脚本**：使用 Action Script和影片剪辑元件创建的下雪动画效果，如图6-300所示。

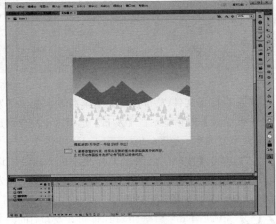

图6-300

实例 (105) 将动画发布网页

实例位置：实例>CH06>实例105.fla

设计思路分析

在制作Flash动画时，大部分情况就是将完成的动画应用到网页中，在Flash CC中可以将动画直接发布输出为HTML网页文件，而不需要先将动画导出，再插入到网页中去，本实例的完成效果如图6-301所示。

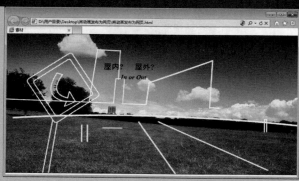

图6-301

【操作步骤】

01 执行【文件\打开】菜单命令，打开【实例文件\CH06\实例105：将动画发布网页.fla】文档，如图6-302所示。

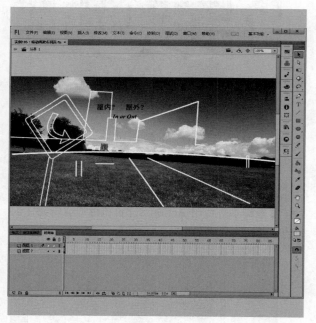

图6-302

02 执行【文件\发布设置】菜单命令，弹出【发布设置】对话框，在【发布】选项区中只保留选中前面两个复选项，如图6-303所示。

03 单击【HTML包装器】标签，进入HTML选项卡，在【输出文件】文本框中输入【将动画发布为网页.html】，如图6-304所示。

04 完成后单击 发布(P) 按钮，即可在发布后的源文件文件夹出现一个HTML文件，如图6-305所示。

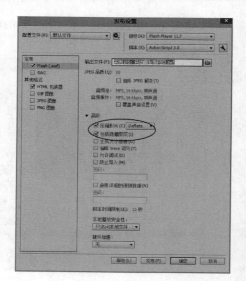

图6-303

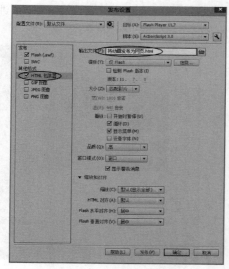

图6-304

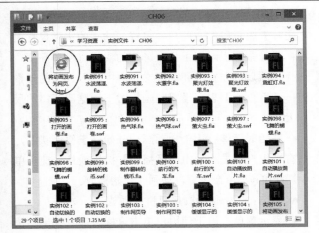

图6-305

05 双击鼠标左键将文件打开，如图6-306所示。

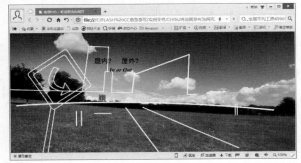

图6-306

【参数掌握】

Flash的【发布设置】对话框可以对动画发布格式等进行设置，还能将动画发布为其他的图形文件和视频文件格式，其具体操作步骤如下。

第1步：执行【文件\发布设置】菜单命令，弹出【发布设置】对话框，如图6-307所示。

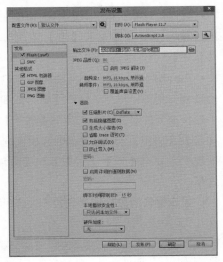

图6-307

第2步：单击左侧的Flash选项，进入该选项卡，可以对Flash格式文件进行设置，如图6-308所示。

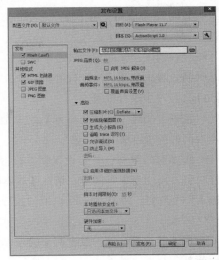

图6-308

- **JPEG品质**：用于将动画中位图保存为一定压缩率的JPEG文件，输入或拖动滑块可改变图像的压缩率，如果所导出的动画中不含位图，则该项设置无效。若要使高度压缩的JPEG图像显得更加平滑，请选择【启用JPEG解块】选项。此选项可减少由于JPEG压缩导致的典型失真，如图像中通常出现的8像素×8像素的马赛克。选中此选项后，一些JPEG图像可能会丢失少量细节。

- **音频流**：在其中可设定导出的流式音频的压缩格式、比特率和品质等。

- **音频事件**：用于设定导出的事件音频的压缩格式、比特率和品质等。若要覆盖在【属性】面板的【声音】部分中为个别声音指定的设置，请勾选【覆盖声音设置】选项。若要创建一个较小的低保真版本的SWF文件，请选择【导出声音设备】选项。

- **压缩影片**：压缩 SWF 文件以减小文件大小和缩短下载时间。

- **包括隐藏图层**：导出 Flash 文档中所有隐藏的图层。取消选择【导出隐藏的图层】选项将阻止把生成的 SWF 文件中标记为隐藏的所有图层（包括嵌套在影片剪辑内的图层）导出。

- **包括 XMP 元数据**：默认情况下，将在【文件信息】对话框中导出输入的所有元数据。单击【修改XMP元数据】按钮 ⚙ 打开此对话框。也可以通过选择【文件>文件信息】命令打开【文件信息】对话框。

- **生成大小报告**：创建一个文本文件，记录下最终导出动画文件的大小。

- **省略trace语句**：用于设定忽略当前动画中的跟踪命令。

- **允许调试**：允许对动画进行调试。

- **防止导入**：用于防止发布的动画文件被他人下载到Flash程序中进行编辑。

- **密码**：当选中【防止导入】或【允许调试】复选项后，可在密码框中输入密码。

- **脚本时间限制**：若要设置脚本在SWF文件中执行时可占用的最大时间量，请在【脚本时间限制】中输入一个数值。Flash Player将取消执行超出此限制的任何脚本。

- **本地播放安全性**：包含两个选项。【只访问本地文件】，允许已发布的SWF文件与本地系统上的文件和资源交互，但不能与网络上的文件和资源交互；【只访问网络文件】，允许已发布的SWF文件与网络上的文件和资源交互，但不能与本地系统上的文件和资源交互。

- **硬件加速**：使SWF文件能够使用硬件加速。

第3步：对Flash格式进行设置后，在【发布设置】对话框中单击【HTML包装器】选项，进入该选项卡，可以对HTML进行相应设置，如图6-309所示。

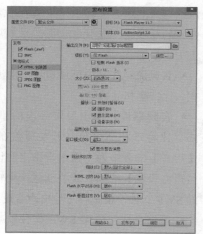

图6-309

- **模板**：用于选择所使用的模板，单击右边的 信息... 按钮，弹出【HTML模板信息】对话框，显示出该模板的有关信息，如图6-310所示。

图6-310

- **大小**：用于设置动画的宽度和高度值。主要包括

【匹配影片】【像素】和【百分比】3个选项。【匹配影片】表示将发布的尺寸设置为动画的实际尺寸大小；【像素】表示用于设置影片的实际宽度和高度，选择该项后可在宽度和高度文本框中输入具体的像素值；【百分比】表示设置动画相对于浏览器窗口的尺寸大小。

- **开始时暂停**：用于使动画一开始处于暂停状态，只有当用户单击动画中的【播放】按钮或从快捷菜单中选择Play菜单命令后，动画才开始播放。

- **循环**：用于使动画反复进行播放。

- **显示菜单**：用于使用户单击鼠标右键时弹出的快捷菜单中的命令有效。

- **设备字体**：用反锯齿系统字体取代用户系统中未安装的字体。

- **品质**：用于设置动画的品质，其中包括【低】【自动降低】【自动升高】【中】【高】和【最佳】6个选项。

- **窗口模式**：用于设置安装有Flash ActiveX的IE浏览器，可利用IE的透明显示、绝对定位及分层功能。包含【窗口】【不透明无窗口】【透明无窗口】和【直接】4个选项。

- **窗口**：在网页窗口中播放Flash动画。

- **不透明无窗口**：可使Flash动画后面的元素移动，但不会在穿过动画时显示出来。

- **透明无窗口**：使嵌有Flash动画的HTML页面背景从动画中所有透明的地方显示出来。

- **直接**：限制将其他非SWF图形放置在SWF文件的上面。

- **HTML对齐**：用于设置动画窗口在浏览器窗口中的位置，主要有【左】【右】【顶部】【底部】和【默认】5个选项。

- **Flash对齐**：用于定义动画在窗口中的位置及将动画裁剪到窗口尺寸。可在【水平】和【垂直】列表中选择需要的对齐方式。其中【水平】列表中主要有【左】【居中】和【右】3个选项供选择；【垂直】列表中主要有【顶】【居中】和【底部】3个选项供选择。

- **显示警告消息**：用于设置Flash是否要警示HTML标签代码中所出现的错误。

第4步：完成各个选项卡中的参数设置后，单击 确定 按钮，即可将当前Flash文件进行发布。

07

第7章
声音和视频的应用

■ 用导入命令为短片添加背景音乐/238页　■ 用影片剪辑制作吼叫的狮子/241页　■ 用导入视频命令导入嵌入视频/243页　■ 使用组件播放视屏/246页　■ 制作有透视效果的视频/248页

网页设计师　广告设计师　游戏特效师　动画设计师　交互设计师

实例 106 用导入命令为短片添加背景音乐

实例位置：实例文件>CH07>实例106.fla

设计思路分析

Flash影片中的声音，是通过对外部的声音文件导入而得到的。本实例制作一个篮球弹跳的元件，将篮球拍打地板的声音素材导入元件内，再退出元件，在【库】面板中将元件拖曳到舞台中，完成后的效果如图7-1和图7-2所示。

图7-1

图7-2

【操作步骤】

01 新建一个Flash空白文档，执行【修改\文档】菜单命令，打开【文档设置】对话框，在对话框中将【舞台大小】设置为600像素×400像素，如图7-3所示。

图7-3

02 执行【文件\导入\导入到舞台】菜单命令，将【素材文件\CH07\背景106.jpg】图像导入到舞台中，如图7-4所示。

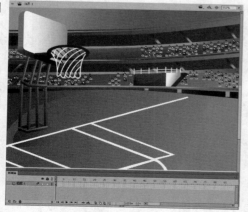
图7-4

03 按快捷键Ctrl+F8，打开【创建新元件】对话框，然后在【名称】文本框中输入【篮球】，在【类型】中选择【影片剪辑】选项，如图7-5所示。

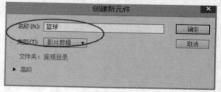
图7-5

04 完成后单击 确定 按钮进入【影片剪辑】中【篮球】的编辑区中，执行【文件\导入\导入到舞台】菜单命令，将【素材文件\CH07\篮球.png】图片导入到编辑区中，如图7-6所示。

图7-6

05 在【时间轴】面板的第20帧处按F6键插入关键帧，使用【任意变形工具】将该帧处的篮球纵向压缩，然后在第1帧~第20帧之间创建传统补间，如图7-7所示。

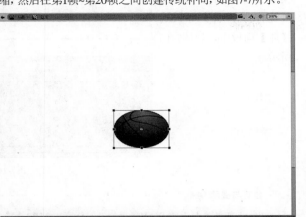

图7-7

06 在【时间轴】面板的第24帧处插入关键帧，使用【任意变形工具】将该帧处的篮球恢复原始大小，然后在第20帧~第24帧之间创建传统补间，如图7-8所示。

图7-8

图7-9

图7-10

07 在【时间轴】面板的第40帧处按F6键插入关键帧，将该帧处的篮球垂直向上移动，然后在第24帧~第40帧之间创建传统补间，如图7-9所示。

08 新建【图层2】图层，将其拖曳到【图层1】层的下方，使用【椭圆工具】在篮球的下方绘制一个【笔触颜色】为无，【填充颜色】为浅灰色（红:102，绿:102，蓝:102）的椭圆作为篮球的阴影，如图7-10所示。

09 选中绘制的椭圆，按F8键将其转换为【图形】元件，【名称】保持默认，然后在【属性】面板中将其Alpha值设置为80%，如图7-11和图7-12所示。

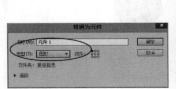

图7-11　　　　　　　　　图7-12

10 在【图层2】层的第20帧处插入关键帧，使用【任意变形工具】将该帧处的阴影横向放大，然后在第1帧~第20帧之间创建传统补间，如图7-13所示。

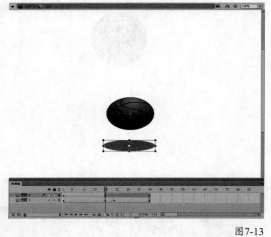

图7-13

11 在【图层2】层的第24帧处插入关键帧，使用【任意变形工具】将该帧处的阴影横向缩小一点，然后在第20帧~第24帧之间创建传统补间，如图7-14所示。

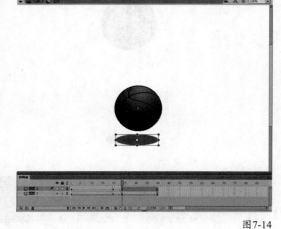

图7-14

12 在【图层2】层的第40帧处插入关键帧，使用【任意变形工具】将该帧处的阴影横向缩小，然后在第24帧~第40帧之间创建传统补间，如图7-15所示。

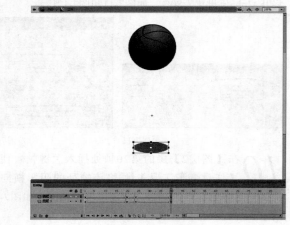

图7-15

13 执行【文件\导入\导入到库】菜单命令，将【素材文件\CH07\声音】导入到【库】面板中，如图7-16所示。

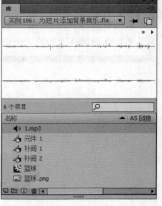

图7-16

> **技巧与提示**
> Flash可以直接导入WAV声音（*.wav）、MP3声音（*.mp3）和AIFF声音（*.aif）等格式的声音文件。同样支持Midi格式的（*.mid）的声音文件映射到Flash中。

14 新建【图层3】图层，选择该层的第1帧，然后在【属性】面板中【声音】的【名称】下拉列表中选择刚导入的声音文件，如图7-17所示。

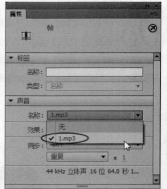

图7-17

15 单击【场景1】按钮，返回主场景，新建【图层2】图层，从【库】面板中将【篮球】影片剪辑元件拖曳到舞台上，如图7-18所示。

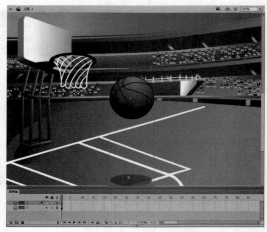

图7-18

16 保存文件，然后按快捷键Ctrl+Enter输出影片，最终完成效果如图7-19~图7-21所示。

图7-19

图7-20

图7-21

实例 107 用影片剪辑制作吼叫的狮子

实例位置：实例文件>CH07>实例107.fla

设计思路分析

导入声音和导入位图的操作一样，执行【文件\导入\导入到舞台】菜单命令，就可以将声音文件导入。本实例首先新建【影片剪辑】元件，然后在【影片剪辑】元件中制作狮子吼叫的动画，并添加音效，最后回到主场景并将狮子【影片剪辑】拖入舞台，最终效果如图7-22~图7-24所示。

图7-22

图7-23

图7-24

【操作步骤】

01 新建一个Flash空白文档，执行【修改\文档】菜单命令，打开【文档设置】对话框，在对话框中将【舞台大小】设置为700像素×500像素，如图7-25所示。

图7-25

02 按快捷键Ctrl+F8新建元件，打开【创建新元件】对话框，然后在【名称】文本框中输入【狮子】，在【类型】下拉列表中选择【影片剪辑】选项，如图7-26所示。

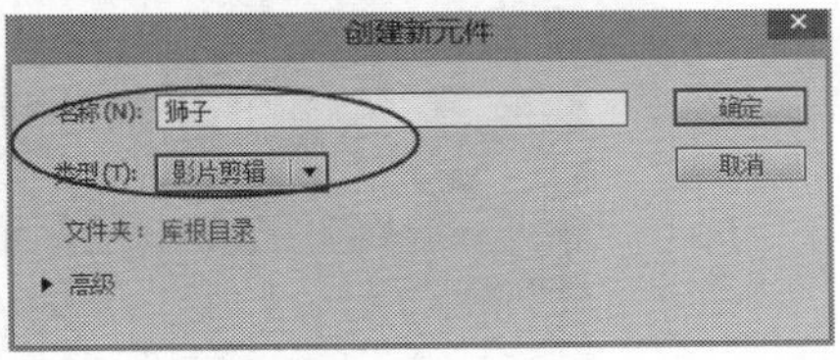

图7-26

03 完成后单击 确定 按钮进入影片剪辑【狮子】的编辑区中，将【素材文件\CH07\狮子.png】导入到编辑区中，如图7-27所示。

图7-27

04 在【时间轴】面板上单击 按钮，新建【图层2】图层，使用【线条工具】 在【图层2】层的第1帧处绘制狮子的嘴巴，如图7-28所示。

图7-28

05 分别在【图层1】和【图层2】层的第15帧位置按
F5键添加帧，如图7-29所示。

图7-29

06 在【图层2】层的第6帧处按F7键插入空白关键帧，
然后绘制狮子嘴巴张开的形状，如图7-30所示。

图7-30

07 在【图层2】层的第11帧处按F7键插入空白关键帧，
然后绘制狮子嘴巴张开的形状，如图7-31所示。

图7-31

08 执行【文件\导
入\导入到库】
菜单命令，将【素材文
件\CH07\叫声.wav】导
入到【库】面板中，如
图7-32所示。

图7-32

技巧与提示

导入的声音文件作为一个独立的元件存在于【库】面板
中，单击【库】面板预览窗格右上角的【播放】按钮▶，可
以对其进行播放预览。

09 新建【图层3】图层，选择该层的第1帧，然后在
【属性】面板中的【名称】下拉列表中选择刚导
入的声音文件，如图7-33所示。

图7-33

10 单击 场景1 按钮，返回主场景，执行【文件\导入\导
入到舞台】菜单命令，将【素材文件\CH07\背景107.
jpg】导入
到舞台中，
如图7-34
所示。

图7-34

11 新建【图层2】图层，从【库】面板中将影片剪辑【狮子】拖曳到舞台上，如图7-35所示。

12 新建【图层3】图层，将其拖动到【图层2】层的下方，然后使用【椭圆工具】绘制【笔触颜色】为无，【填充颜色】为透明浅灰色（红:51，绿:51，蓝:51，A:70%）的椭圆，如图7-36所示。

图7-35　　　　　　　　　　　　　　　　　　　　　　图7-36

13 保存动画文件，然后按快捷键Ctrl+Enter输出影片，欣赏案例的完成效果，如图7-37~图7-39所示。

图7-37　　　　　　　　　　　图7-38　　　　　　　　　　　图7-39

实例 ⑴⑻ 用导入视频命令导入嵌入视频

实例位置：实例文件>CH07>实例108.fla

设计思路分析

　　嵌入视频是直接将视频嵌入时间轴中，在播放视频的同时播放动画。本实例先编辑一个【影片剪辑】元件，再导入背景，回到场景1中执行【导入视频】命令选择视频，再单击【在SWF中嵌入MP4并在时间轴中播放】选项完成视频导入，进入舞台编辑，完成后的效果如图7-40和图7-41所示。

图7-40　　　　　　　　　　　　　　　　　　　　　　图7-41

【操作步骤】

01 新建一个Flash空白文档，然后按快捷键Ctrl+F8新建元件，弹出【创建新元件】对话框；接着在【名称】中输入【夜景】，选择【类型】为【影片剪辑】，如图7-42所示。

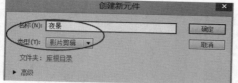

图7-42

02 执行【文件\导入\导入到舞台】菜单命令，将【素材文件\CH07\背景108.gif】导入到舞台中，如图7-43所示。

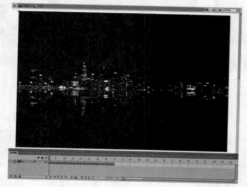

图7-43

03 回到主场景，新建【图层2】图层然后执行【文件\导入\导入视频】菜单命令，打开【导入视频】对话框，如图7-44所示。

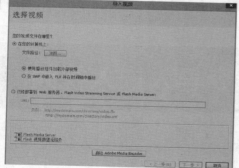

图7-44

【参数掌握】

▪ 使用播放组件加载外部视频：导入视频并通过MP4 Playback组件创建视频外观。

▪ 在SWF中嵌入MP4并在时间轴中播放：将MP4或F4V格式的视频文件嵌入到Flash文档中，导入的视频将直接置于时间轴中。

04 单击对话框中的【浏览...】按钮，在弹出的【打开】对话框中选择一个视频文件，如图7-45所示。单击【打开】按钮，确定视频文件路径，然后在【导入视频】窗口中选择【在SWF中嵌入MP4并在时间轴中播放】选项，如图7-46所示。

图7-45

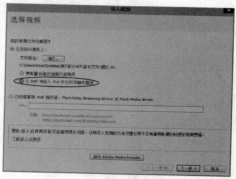

图7-46

05 单击【下一步>】按钮，进入【嵌入】步骤，参数设置如图7-47所示。

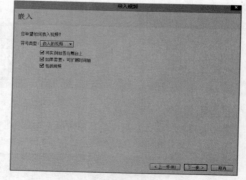

图7-47

【参数掌握】

▪ 符号类型：单击在其下拉菜单中可以选择【嵌入的视频】【影片剪辑】或【图形】，如图7-48所示。

▪ 将实例放置在舞台上：勾选该选项后，可以将导入的视频放置在舞台中。

▪ 如果需要，可扩展时间轴：勾选该选项后，可扩展时间轴，导入视频时场景中时间轴不足时可自动扩展。

• **包括声音：** 勾选该选项后，可将视频同声频一起导入。

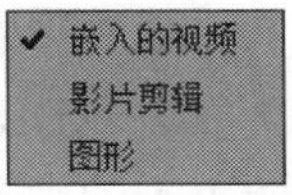

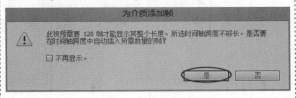

图7-48

06 单击 下一步> 按钮，完成视频导入，如图7-49所示；然后单击 完成 按钮，视频文件成功导入到舞台中，如图7-50所示。

图7-49

图7-50

07 执行【修改\文档】菜单命令，在弹出的【文档设置】对话框中激活【匹配内容】按钮，并单击【确定】按钮，使舞台大小和导入视屏相匹配。然后选中导入的视频，按F8键将其转换为【影片剪辑】元件，并命名为【烟花】，如图7-51和图7-52所示。

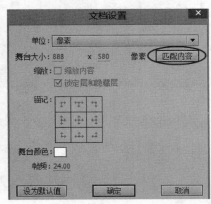

图7-51

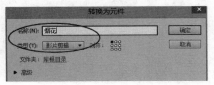

图7-52

技巧与提示

在将视频转换为【影片剪辑】元件的过程中会弹出【为介质添加帧】的对话框，单击【是】按钮即可，如图7-53所示。

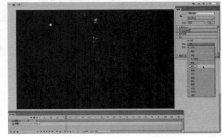

图7-53

08 选中【烟花】，然后在【属性】面板中，设置【混合】为【滤色】，使视频达到透明的效果，如图7-54所示。

图7-54

09 选中【图层1】图层，然后打开【库】面板，选择【夜景】元件，将其拖曳到舞台的对应位置，并将其调整至舞台大小，如图7-55所示。

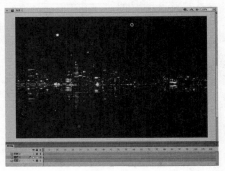

图7-55

10 在【图层1】层第120帧的位置插入帧，然后新建一个【图层3】层，并将【图层2】层中的烟花复制到新建图层中。接着执行【修改\变形\垂直翻转】菜单命令，将烟花翻转作为在水中的投影，如图7-56所示。

图7-56

11 将烟花调整至合适位置后，打开【属性】面板，设置【色彩效果】为Alpha，Alpha值为40%，如图7-57所示。

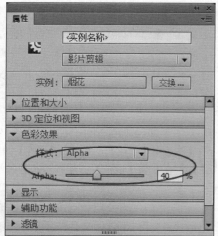

图7-57

12 保存文件，然后按快捷键Ctrl+Enter输出影片，最终完成效果如图7-58和图7-59所示。

图7-58

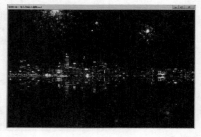

图7-59

技巧与提示

嵌入视频导入有一定的局限性，在导入过程中需要注意以下8点。

第1点：嵌入的视频文件不宜过大。导入视频的大小影响系统的占有率，过大会导致动画播放失败。

第2点：较长的视频文件通常会在视频和音频之间存在同步问题，不能达到很好的播放效果。

第3点：要播放嵌入的SWF文件的视频必须是下载好的整个影片。

第4点：将视频嵌入到文档后，将无法对其进行编辑。若要编辑必须编辑好视频后再重新导入。

第5点：在通过Web发布SWF文件时，必须将整个视频都下载到浏览者的计算机中，然后才能开始视频播放。

第6点：在运行时，整个视频必须放入播放计算机的本地硬盘中。

第7点：导入的视频文件的长度不能超过16000帧。

第8点：视频帧速率必须与Flash时间轴的帧频一致。

实例 ⑩109 使用组件播放视频

实例位置：实例文件>CH07>实例109.fla

设计思路分析

在导入视频的过程中，读者可以将导入后的视频与主场景中帧频同步，也可以调整视频和主场景的时间轴的比率，以便在回放时对视频中的帧进行编辑。本实例在导入视频中选择导入路径，然后单击【使用播放组件加载外部视频】选项完成视频导入，进入舞台编辑，完成后的效果如图7-60所示。

图7-60

【操作步骤】

01 新建一个Flash空白文档，执行【文件\导入\导入视频】菜单命令，打开【导入视频】对话框，单击对话框中的 浏览… 按钮，如图7-61所示。在弹出的【打开】对话框中选择一个视频文件，然后选中【使用播放组件加载外部视频】选项，如图7-62所示。

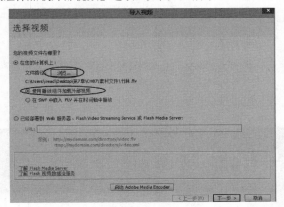

图7-61

图7-62

02 单击 下一步> 按钮，进入【设定外观】步骤，在【外观】的下拉列表中选择一种播放器的外观，如图7-63所示。

图7-63

03 单击 下一步> 按钮，完成视频导入，然后单击 完成 按钮，视频文件已经成功导入到舞台中了，如图7-64和图7-65所示。

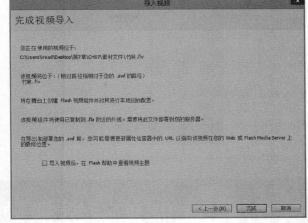

图7-64

图7-65

04 执行【修改\文档】菜单命令，在弹出的【文档设置】对话框中激活【匹配内容】 匹配内容 按钮，并单击【确定】按钮，使舞台大小和导入视屏相匹配，如图7-66所示。

图7-66

05 保存动画文件，然后按快捷键Ctrl+Enter输出影片，最终完成效果如图7-67所示。

图7-67

实例 110 制作有透视效果的视频

实例位置：实例文件>CH07>实例110.fla

设计思路分析

视频被导入到Flash中后，读者可以使用工具箱中的工具对视频的外形进行编辑。本实例将导入到舞台的视频转换为【影片剪辑】，使用【3D旋转工具】旋转视频元件，再制作出按钮，完成后的效果如图7-68所示。

图7-68

【操作步骤】

01 新建一个【舞台大小】为450像素×300像素，【帧频】为25.00的空白文档，然后执行【文件\导入\导入视频】菜单命令；接着在弹出的对话框中选择movie.mp4文件，并勾选【在SWF中嵌入MP4并在时间轴中播放】选项，如图7-69所示。

02 视频被导入到舞台后会自动生成所需的帧，如图7-70所示。

03 选中视频，按F8键将视频转化为【影片剪辑】，系统会弹出一个【为介质添加帧】警告对话框，在该对话框中单击 是 按钮，如图7-71所示。

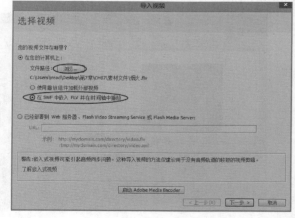

图7-69

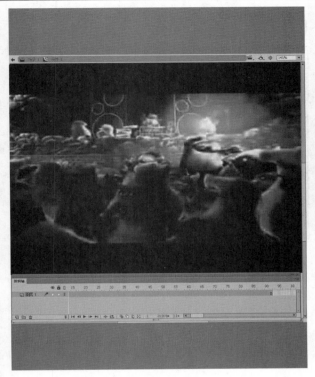

图7-70

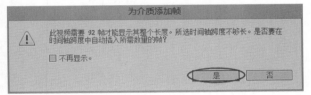

图7-71

04 设置【影片剪辑】的实例名称为movie，然后使用【3D旋转工具】 将其调整到如图7-72所示的角度；接着绘制出视频播放的背景，如图7-73所示。

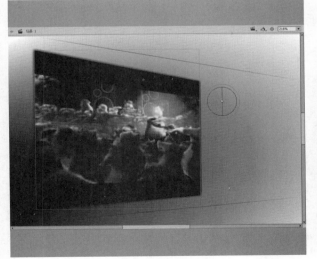

图7-72

图7-73

05 执行【文件\导入\导入到舞台】菜单命令，将【素材文件\CH07\小球.png】文件导入到舞台中，如图7-74所示。

图7-74

06 选中小球，按F8键将小球转换为【按钮】元件，并将【指针经过】帧中的元件色彩调整为黑白，如图7-75所示。

图7-75

07 复制出3个按钮，这3个按钮分别作为【播放】【暂停】和【停止】按钮，然后分别设置3个按钮的实例名称为playBt、pauseBt和stopBt，如图7-76所示。

图7-76

08 新建一个AS图层，然后编写出如图7-77所示的
代码。

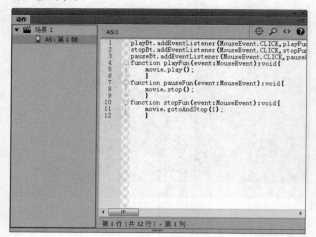

图7-77

09 保存文件，然后按快捷键Ctrl+Enter输出影片，
最终效果如图7-78所示。

图7-78

第8章
ActionScript 3.0的应用

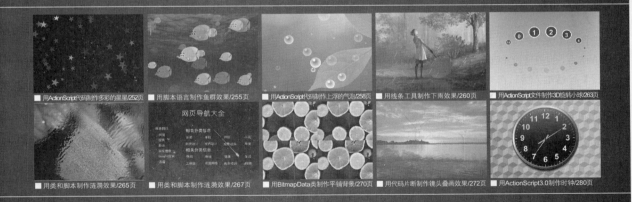

■ 用ActionScript代码制作多彩的星星/252页　■ 用脚本语言制作鱼群效果/255页　■ 用ActionScript代码制作上浮的气泡/258页　■ 用线条工具制作下雨效果/260页　■ 用ActionScript文件制作3D旋转小球/263页

■ 用类和脚本制作涟漪效果/265页　■ 用类和脚本制作涟漪效果/267页　■ 用BitmapData类制作平铺背景/270页　■ 用代码片断制作镜头叠画效果/272页　■ 用ActionScript3.0制作时钟/280页

网页设计师　　广告设计师　　游戏特效师　　动画设计师　　交互设计师

实例 111 用ActionScript代码制作多彩的星星

实例位置：实例>CH08>实例111.fla

设计思路分析

使用ActionScript可以实现对动画播放的各种控制，通过为影片中的元件添加脚本，还可以实现更多丰富多彩的动画效果。本实例通过创建ActionScript文件与添加ActionScript代码来制作，最终效果如图8-1所示。

图8-1

【操作步骤】

01 新建一个Flash空白文档，接着执行【修改\文档】菜单命令，打开【文档设置】对话框，然后在对话框中将【舞台大小】设置为600像素×450像素，【舞台颜色】设置为黑色，如图8-2所示。

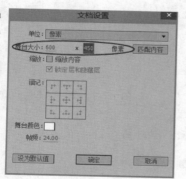

图8-2

02 按快捷键Ctrl+F8，打开【创建新元件】对话框，新建一个【名称】为Star的【影片剪辑】元件，完成后单击 确定 按钮进入元件编辑区，如图8-3所示。

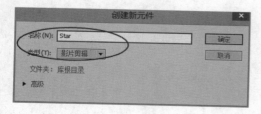

图8-3

03 使用【多角星形工具】 在【影片剪辑】元件编辑区中绘制一个【笔触颜色】为无，【填充颜色】为任意色，宽和高随意的星形，如图8-4所示。

图8-4

04 打开【库】面板，在【影片剪辑】元件Star上单击鼠标右键，在弹出的快捷菜单中选择【属性】命令，如图8-5所示。

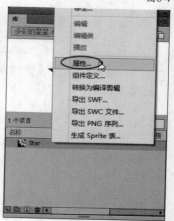

图8-5

05 打开【元件属性】对话框，单击 高级▼ 按钮，单击【为ActionScript导出】选项，完成后单击 ■确定■ 按钮，如图8-6所示。

图8-6

06 按快捷键Ctrl+N打开【新建文档】对话框，选择【ActionScript文件】选项，单击 ■确定■ 按钮，如图8-7所示。

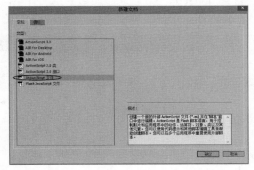

图8-7

07 按快捷键Ctrl+S将ActionScript文件保存成名称为Star.as的文件，然后在Star.as中输入如下代码，如图8-8所示。

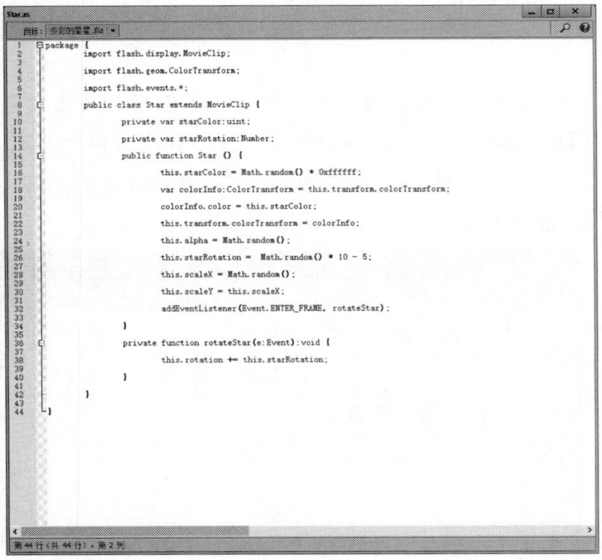

```
package {
    import flash.display.MovieClip;
    import flash.geom.ColorTransform;
    import flash.events.*;
    public class Star extends MovieClip {
        private var starColor:uint;
        private var starRotation:Number;
        public function Star () {
            this.starColor = Math.random() * 0xffffff;
            var colorInfo:ColorTransform = this.transform.colorTransform;
            colorInfo.color = this.starColor;
            this.transform.colorTransform = colorInfo;
            this.alpha = Math.random();
            this.starRotation = Math.random() * 10 - 5;
            this.scaleX = Math.random();
            this.scaleY = this.scaleX;
            addEventListener(Event.ENTER_FRAME, rotateStar);
        }
        private function rotateStar(e:Event):void {
            this.rotation += this.starRotation;
        }
    }
}
```

图8-8

08 回到场景1，选中时间轴的第1帧单击鼠标右键，在弹出的快捷菜单中选择【动作】命令，然后在【动作】面板中添加如下代码，如图8-9所示。

```
for (var i = 0; i < 100; i++) {
    var star:Star = new Star();
    star.x = stage.stageWidth * Math.random();
    star.y = stage.stageHeight * Math.random();
    addChild (star);
}
```

图8-9

> **技巧与提示**
>
> 打开【动作】面板有3种方法。
>
> 第1种，选中时间轴的第1帧，单击鼠标右键，在弹出的快捷菜单中选择【动作】命令，打开动作面板。
>
> 第2种，选中时间轴第1帧，执行【窗口\动作】菜单命令，打开【动作】面板。
>
> 第3种，选中时间轴第1帧，按F9键，打开【动作】面板。

09 新建【图层2】图层，将其拖曳到【图层1】图层的下方，然后导入一幅背景图像到舞台中，如图8-10所示。

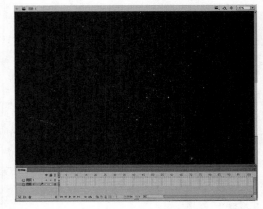

图8-10

10 保存文件，然后按快捷键Ctrl+Enter输出影片，最终完成效果如图8-11和图8-12所示。

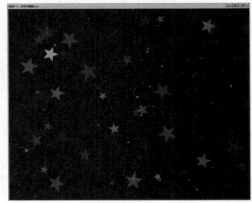

图8-11

图8-12

【参数掌握】

执行【窗口\动作】菜单命令或按F9键打开【动作】面板，如图8-13和图8-14所示。

图8-13　　　　　　　　图8-14

工具栏中包括了创建代码时常用的一些工具。

- **【插入实例路径和名称】按钮**：单击此按钮可以打开【插入目标路径】对话框，如图8-15所示。在该对话框中可以选择需添加动作脚本的对象。

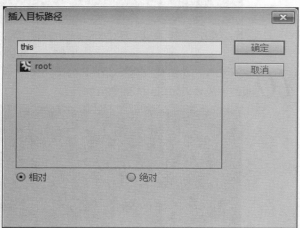

图8-15

- **【查找】按钮**：单击此按钮可以对脚本编辑窗格中的动作脚本内容进行查找并替换，如图8-16所示。

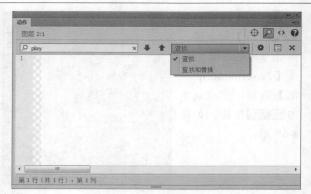

图8-16

- **【代码片断】按钮**：单击该按钮可以打开【代码片断】面板，如图8-17所示。在该面板中可以直接将 ActionScript 3.0 代码添加到 FLA文件中，实现常见的交互功能。

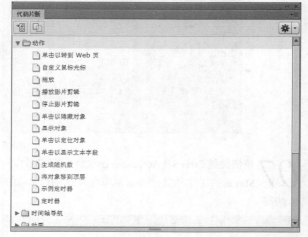

图8-17

- **【帮助】按钮**：单击此按钮可以打开【帮助】面板来查看对动作脚本的用法、参数和相关说明等。

在脚本编辑窗口中，用户可以直接输入脚本代码，如图8-18所示。

图8-18

实例 ⑪⑫ 用脚本语言制作鱼群效果

实例位置：实例>CH08>实例112.fla

设计思路分析

ActionScript是Flash的脚本语言，创作者可以使用它制作具有交互性的动画，它极大地丰富了Flash动画的形式。本实例通过创建ActionScript文件并添加ActionScript代码制作海底鱼群的动画效果，完成后如图8-19和图8-20所示。

图8-19

图8-20

【操作步骤】

01 新建一个Flash空白文档，接着执行【修改\文档】菜单命令，打开【文档设置】对话框，然后在对话框中将【舞台大小】设置为500像素×300像素，【帧频】设置为30.00，如图8-21所示。

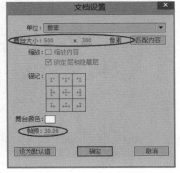

图8-21

02 执行【文件\导入\导入到舞台】菜单命令，将【素材文件\CH08\背景112.jpg】背景图像导入到舞台中，如图8-22所示。

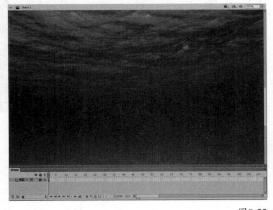

图8-22

03 按快捷键Ctrl+F8，打开【创建新元件】对话框，新建一个【名称】为MoveBall的【影片剪辑】元件；完成后单击 确定 按钮进入元件编辑区，如图8-23所示。

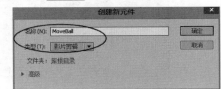

图8-23

04 执行【文件\导入\导入到舞台】菜单命令，将【素材文件\CH08\小鱼.png】一幅小鱼图像导入到工作区中，如图8-24所示。

图8-24

05 打开【库】面板，在影片剪辑元件MoveBall上单

击鼠标右键，在弹出的快捷菜单中选择【属性】命令，如图8-25所示。

06 打开【元件属性】对话框，单击 高级 按钮，单击【为ActionScript导出】选项，完成后单击 确定 按钮，如图8-26所示。

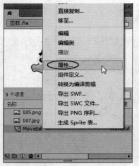

图8-25 　　　　　　　　　　　　图8-26

07 按快捷键Ctrl+N打开【新建文档】对话框，选择【ActionScript文件】选项，单击 确定 按钮，如图8-27所示。

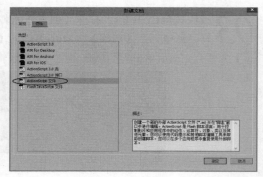

图8-27

08 按快捷键Ctrl+S将ActionScript文件保存为MoveBall.as，然后在MoveBall.as中输入如下代码，如图8-28所示。

```
package {
    import flash.display.Sprite;
    import flash.events.Event;

    public class MoveBall extends Sprite {

        private var yspeed:Number;
        private var W:Number;
        private var H:Number;
        private var space:uint = 10;
        public function MoveBall(yspeed:Number,w:Number,h:Number) {
            this.yspeed = yspeed;
            this.W = w;
            this.H = h;
            init();
        }
        private function init() {
            this.addEventListener(Event.ENTER_FRAME, enterFrameHandler);
        }
        private function enterFrameHandler(event:Event) {
            this.y -= this.yspeed/2;
            this.x -= this.yspeed/2;
            if (this.y<-space) {

                this.x = Math.random()*this.W;
                this.y = this.H + space;
            }
        }
    }
}
```

图8-28

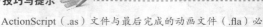

09 返回到场景1中，新建【图层2】图层，选择该层的第1帧，按F9键打开【动作】面板，输入如图8-29所示代码。

```
var W = 600, H = 300, Num = 40, speed = 5;
var container:Sprite = new Sprite();
addChild(container);

for (var i:uint=0; i<Num; i++) {
    speed = Math.random()*speed+3;
    var boll:MoveBall=new MoveBall(speed,W,H);

    boll.x=Math.random()*W;
    boll.y=Math.random()*H;

    boll.alpha = .1+Math.random();
    boll.scaleX =boll.scaleY= Math.random();

    container.addChild(boll);
}
```

图8-29

10 保存动画文件，然后按快捷键Ctrl+Enter输出影片，最终完成效果如图8-30和图8-31所示。

图8-30

图8-31

【参数掌握】

语句是在运行时执行或指定动作的语言元素，常用的语句包括break、case、continue、default、do..while、else、for、for each..in、for..in、if、lable、return、super、 switch、throw、try..catch..finally、while和with等，其具体介绍说明如下。

- **break**：出现在循环（for、for..in、for each..in、do..while 或 while）内，或出现在与 switch 语句中的特定情况相关联的语句块内。
- **case**：定义 switch 语句的跳转目标。
- **continue**：跳过最内层循环中所有其余的语句并开始循环的下一次遍历，就像控制正常传递到了循环结尾一样。
- **default**：定义 switch 语句的默认情况。
- **do..while**：与 while 循环类似，不同之处是在对条件进行初始计算前执行一次语句。
- **else**：指定当 if 语句中的条件返回 false 时运行的语句。
- **for**：计算一次 init（初始化）表达式，然后开始一个循环序列。
- **for each..in**：遍历集合的项目，并对每个项目执行 statement。
- **for..in**：遍历对象的动态属性或数组中的元素，并对每个属性或元素执行 statement。
- **if**：计算条件以确定下一条要执行的语句。
- **label**：将语句与可由 break 或 continue 引用的标识符相关联。
- **return**：导致立即返回执行调用函数。
- **super**：调用方法或构造函数的超类或父版本。
- **switch**：根据表达式的值，使控制转移到多条语句的其中一条。
- **throw**：生成或引发一个可由 catch 代码块处理或捕获的错误。
- **try..catch..finally**：包含一个代码块，在其中可能会发生错误，然后对该错误进行响应。
- **while**：计算一个条件，如果该条件的计算结果为 true，则会执行一条或多条语句，之后循环会返回并再次计算条件。
- **with**：建立要用于执行一条或多条语句的默认对象，从而潜在地减少需要编写的代码量。

【举一反三】

运用良好的编程技巧编出的程序要具备以下条件：易于管理及更新、可重复使用及可扩充、代码精简。

要做到这些条件除了从编写过程中不断积累经验，在学习初期养成好的编写习惯也是非常重要的。遵循一定的规则可以减少编程的错误，并能使编出的动作脚本程序更具可读性。

1.命名规则

在Flash制作中命名规划必须保持统一性和唯一性。任何一个实体的主要功能或用途必须能够根据命名明显地看出来。因为ActionScript是一个动态类型的语言，命名最好是包含有代表对象类型的后缀。

如：

影片名字：my_movie.swf。

URL实体：course_list_output。

组件或对象名称：chat_mc。

变量或属性：userName。

命名【方法】和【变量】时应该以小写字母开头，命名【对象】和【对象的构造方法】应该以大写字母开头。名称中可以包含数字和下画线，下画线后多为被命名者的类型。

下面列出一些非法的命名格式。

flower/bee = true：//包含非法字符/。

_number =5：//首字符不能使用下画线。

5number = 0：//首字符不能使用数字。

& = 10：//运算符号不能用于命名。

另外，ActionScript使用的保留字不能用来命名变量。

ActionScript是基于ECMAScript，所以可以根据ECMAScript的规范来命名。

如：

Studentnamesex = "female"：//大小写混合的方式。

STAR = 10；//常量使用全部大写。

student_name_sex ="female"：//全部小写，使用下画线分割字串。

MyObject=function(){}：//构造函数。

f = new MyObject()：//对象。

2.给代码添加注释

使用代码注释能够使程序更清晰，增加其可读性。Flash支持的代码注释方法有两种。

第1种：单行注释，通常用于变量的说明。在一行代码结束后使用//，将注释文字输入其后即可。只能输入一行的注释，如果注释文字过多则需要换行，可以使用下面介绍的【多行注释】。

第2种：多行注释，通常用于功能说明和大段文字的注释。在一段代码之后使用/*及*/，将注释文字输入两个*的中间，在这之间的文字可以是多行。

3.保持代码的整体性

无论什么情况，应该尽可能保证所有代码在同一个位置，这样使代码更容易搜索和调试。在调试程序的时候很大的困难就是定位代码，所以为了便于调试通常会把代码都放在第1帧中，并且单独放在最顶层。如果在第1帧中集中了大量的代码，必须用注释标记区分，并在开头加上代码说明。

4.初始化应用程序

记得一定要初始化应用程序，init函数应该是应用程序类的第1个函数，如果使用面向对象的编程方式则应该在构造函数中进行初始化工作。该函数只是对应用程序中的变量和对象初始化，其他的调用可以通过事件驱动。

实例 113 用ActionScript代码制作上浮的气泡

实例位置：实例>CH08>实例113.fla

设计思路分析

ActionScript 3.0能帮助我们轻松实现对动画的控制以及对象属性的修改等操作。本实例通过创建ActionScript文件并添加ActionScript代码制作上浮的泡泡的动画效果，最终效果如图8-32~图8-35所示。

图8-32

图8-33

图8-34

图8-35

【操作步骤】

01 新建一个Flash空白文档，接着执行【修改\文档】菜单命令，打开【文档设置】对话框，然后在对话框中将【舞台大小】设置为560像素×240像素，【舞台颜色】更改为绿色，【帧频】设置为30.00，如图8-36所示。

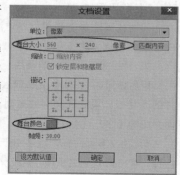
图8-36

02 按快捷键Ctrl+R，导入【素材文件\CH11\背景113.jpg】文件到舞台，并将【图层1】层重命名为【背景】，如图8-37所示。

图8-37

03 按快捷键Ctrl+F8，打开【创建新元件】对话框，新建一个【名称】为MoveBall的【影片剪辑】元件，完成后单击 确定 按钮，如图8-38所示。

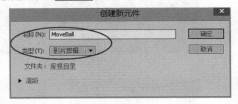

图8-38

04 选择【椭圆工具】 ● 绘制一个圆形，然后选中绘制完成的圆形，并在【颜色】面板中设置【笔触颜色】为无色，【填充类型】为【径向渐变】，第1个色标颜色为白色，Alpha为0%；第2个色标颜色为白色，Alpha为100%，如图8-39所示。再用【渐变变形工具】 ■ 将渐变调整成如图8-40所示的效果。

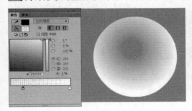
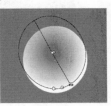

图8-39   图8-40

05 新建一个图层，并将其命名为【高光】，然后绘制一个白色圆形作为泡泡的高光区域，如图8-41所示。

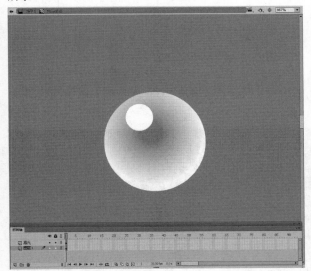

图8-41

06 打开【库】面板，在影片剪辑元件MoveBall上单击鼠标右键，在弹出的快捷菜单中选择【属性】命令，如图8-42所示。

07 打开【元件属性】对话框，单击 高级 ▼ 按钮，单击【为ActionScript导出】选项，完成后单击

确定 按钮，如图8-43所示。

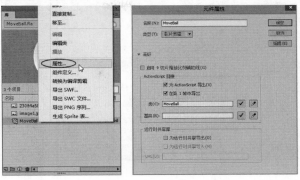

图8-42   图8-43

08 按快捷键Ctrl+N打开【新建文档】对话框，选择【ActionScript文件】选项，单击 确定 按钮，如图8-44所示。

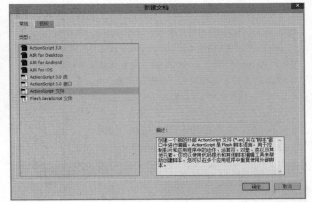

图8-44

09 按快捷键Ctrl+S将ActionScript文件保存为MoveBall.as，然后在MoveBall.as中输入如下代码，如图8-45所示。

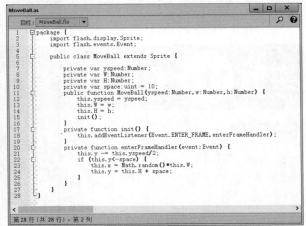

图8-45

10 新建一个图层，并将其命名为AS，选中第1帧，按F9键打开【动作】面板，并输入如图8-46所示的代码。

259

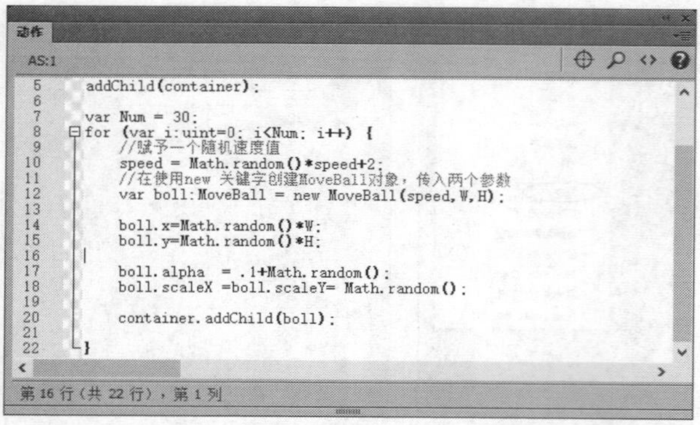

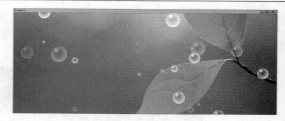

图8-48

图8-49

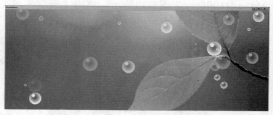

图8-50

```
   5    addChild(container);
   6
   7    var Num = 30;
   8  ⊟ for (var i:uint=0; i<Num; i++) {
   9        //赋予一个随机速度值
  10        speed = Math.random()*speed+2;
  11        //在使用new 关键字创建MoveBall对象，传入两个参数
  12        var boll:MoveBall = new MoveBall(speed,W,H);
  13
  14        boll.x=Math.random()*W;
  15        boll.y=Math.random()*H;
  16
  17        boll.alpha  = .1+Math.random();
  18        boll.scaleX =boll.scaleY= Math.random();
  19
  20        container.addChild(boll);
  21
  22  ⊢ }
```

第16行（共22行），第1列

图8-46

技巧与提示

　　for()循环语句的第10行代码重新存储speed变量的随机数值，从而产生随机速度，然后创建MoveBall对象（如第12行代码），随后为MoveBall对象设置随机的 x、y、alpha、scaleX和scaleY值（如第14~18行代码），这样就能产生随机大小和透明的泡泡，最后将MoveBall对象统一添加到container容器中。

　　Sprite对象的Alpha（透明度值）的有效值的范围为0~1（完全透明到完全不透明）。scaleX/scaleY是对象的水平和垂直缩放比例，其默认值为1，也就是缩放100%。需要注意的是当Alpha值设置为0时，即使对象不可见，那么显示对象也是活动的。

11 保存动画文件，然后按快捷键Ctrl+Enter发布程序，最终效果如图8-47~图8-50所示。

图8-47

【举一反三】

　　用户可以使用同样的方式制作出多种动画效果，例如漂移的星星。首先绘制出线性渐变背景，再创建出星形元件对象，然后根据【上浮的泡泡】的制作原理编写出控制代码，效果如图8-51所示。

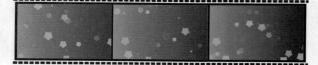

图8-51

实例 114 用线条工具制作下雨效果

实例位置：实例>CH08>实例114.fla

设计思路分析

　　下雨是自然现象，在Flash中也可使用代码来实现这一效果。本实例使用导入功能，将背景图片导入到舞台中，再使用【线条工具】 ✎，绘制出雨点的外形，最后使用ActionScript技术，编辑出雨点不断下落的效果，最终效果如图8-52和图8-53所示。

图8-52

图8-53

【操作步骤】

01 新建一个Flash空白文档，接着执行【修改\文档】菜单命令，打开【文档设置】对话框，然后在对话框中将【舞台大小】设置为580像素×450像素，【舞台颜色】设置为黑色，如图8-54所示。

图8-54

02 执行【文件\导入\导入到舞台】菜单命令，将一幅背景图像导入到舞台中，如图8-55所示。

图8-55

03 按快捷键Ctrl+F8，打开【创建新元件】对话框，新建一个【名称】为【yd】的【影片剪辑】元件，完成后单击 确定 按钮进入元件编辑区，如图8-56所示。

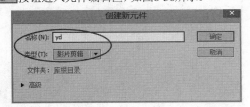

图8-56

04 使用【线条工具】 在工作区中绘制一条线段，在时间轴的第24帧处插入关键帧，然后选中该帧处的线条，将其向左下方移动一段距离。这里移动的距离就是雨点从天空落向地面的距离。最后在第1帧~第24帧之间创建补间动画，如图8-57所示。

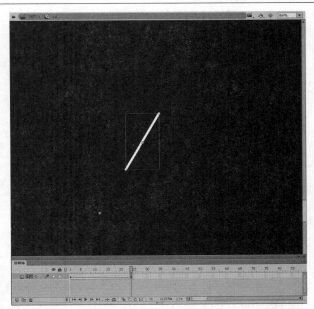

图8-57

05 新建【图层2】图层，并把它拖到【图层1】层的下方。然后在【图层2】层的第24帧处插入空白关键帧，使用【椭圆工具】 在线条的下方绘制一个【笔触颜色】为白色，【填充颜色】为无，宽和高分别为57像素与7像素的椭圆，如图8-58所示。

图8-58

06 选中【图层2】层的第25帧，按F6键插入关键帧，选中第25帧处的椭圆，按F8键将其转换成【名称】为【水纹】的【图形】元件，如图8-59所示。

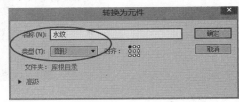

图8-59

07 在【图层2】层的第40帧处插入关键帧，选中第40帧椭圆，使用【任意变形工具】将其宽和高分别放大至118像素与13像素；然后在【属性】面板修改【色彩效果】中的【样式】为Alpha，并设置Alpha值为0%，如图8-60所示。

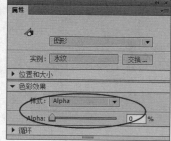

图8-60

08 在【图层2】层的第25帧~第40帧之间创建补间动画，选中第1帧~第24帧，单击鼠标右键选择【删除帧】命令，如图8-61所示。

图8-61

09 打开【库】面板，在【影片剪辑】元件【yd】上单击鼠标右键，在弹出的快捷菜单中选择【属性】命令，如图8-62所示。

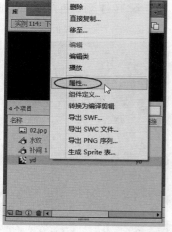

图8-62

10 打开【元件属性】对话框，单击 高级 ▼ 按钮，单击【为ActionScript导出】选项，完成后单击 确定 按钮，如图8-63所示。

图8-63

返回场景1，新建一个【图层2】图层，选中该层的第1帧，然后在【动作】面板中添加如下代码，如图8-64所示。

```
1   for(var i=0;i<100;i++)
2   {
3       var yd_mc = new yd ();
4       yd_mc.x = Math.random ()*650;
5       yd_mc.gotoAndPlay(int (Math.random ()*40)+1);
6
7
8       yd_mc.alpha = yd_mc.scaleX = yd_mc.scaleY = Math.random ()*0.7+0.3;
9           stage.addChild(yd_mc);
10  }
```

图8-64

> **技巧与提示**
>
> ActionScript 3.0脚本代码是一种面向对象的编程语言，使用ActionScript 3.0可以创建丰富交互效果，它由两部分组成：核心语言和Flash Player API。核心语言定义编程语言的基本构建块。

11 保存动画文件，然后按快捷键Ctrl+Enter测试影片，最终效果如图8-65和图8-66所示。

图8-65

图8-66

实例 115 用ActionScript文件制作3D旋转小球

实例位置：实例>CH08>实例115.fla

设计思路分析

通过设置元件【实例名称】和新建ActionScript 3.0文件实现脚本的调用，能够快速完成动画效果。本实例首先设置元件【实例名称】，然后再通过新建ActionScript文件来制作3D旋转小球特效，最终效果如图8-67和图8-68所示。

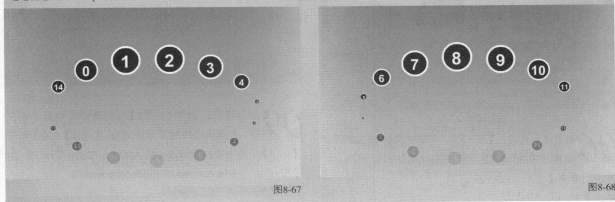

图8-67　　　　　　　　　　　　　　　　图8-68

【操作步骤】

01 新建一个Flash空白文档，接着执行【修改\文档】菜单命令，打开【文档设置】对话框，然后在对话框中将【舞台大小】设置为600像素×450像素，【舞台颜色】设置为黑色，【帧频】设置为30.00，如图8-69所示。

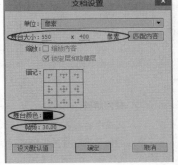

图8-69

02 新建一个【名称】为【Item】的【影片剪辑】元件，使用【椭圆工具】◎在元件编辑区中绘制一个【笔触颜色】为白色，【填充颜色】为绿色（红:0，绿:131，蓝:95）的圆，如图8-70所示。

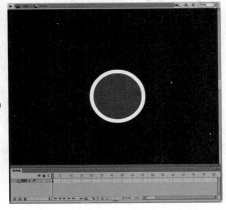

图8-70

03 新建【图层2】图层，使用【文本工具】Ⓣ在圆上创建一个动态文本框，并输入数字9，如图8-71所示。

图8-71

> ■ **技巧与提示**
>
> 制作影片剪辑时，首先使用椭圆工具，在属性面板中设置各项参数；然后绘制椭圆，再新建图层，使用文本工具输入文字。

04 打开【属性】面板，为动态文本设置实例名itemText，如图8-72所示。

263

05 打开【库】面板，在【影片剪辑】元件Item上单击鼠标右键，在弹出的快捷菜单中选择【属性】命令，如图8-73所示。

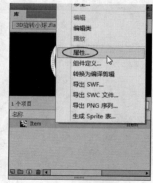

图8-72　　　　　　　　　　　图8-73

06 打开【元件属性】对话框，单击 高级▼ 按钮，单击【为ActionScript导出】选项，完成后单击 确定 按钮，如图8-74所示。

图8-74

07 按快捷键Ctrl+N打开【新建文档】对话框，选择【ActionScript文件】选项，单击 确定 按钮，如图8-75所示。

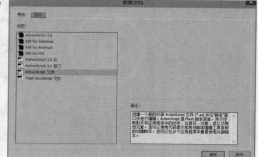

图8-75

技巧与提示

类（Class）就是一群对象所共有的特性和行为。

早在ActionScript 1.0中，程序员使用原型（Prototype）扩展的方法，来创建继承或者将自定义的属性和方法添加到对象中来，这是类在Flash中的初步应用。在ActionScript 2.0中，通过使用class和extends等关键字，正式添加了对类的支持。ActionScript 3.0不但继续支持ActionScript 2.0中引入的关键字，而且还添加了一些新功能，如通过protected和internal属性增强了访问控制，通过final和override关键字增强了对继承的控制。

08 按快捷键Ctrl+S将ActionScript文件保存为Item.as，然后在Item.as中输入代码，如图8-76所示。

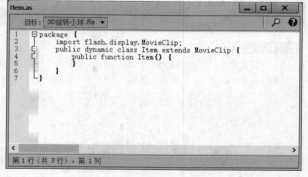

图8-76

09 回到场景1，选择【图层1】层的第1帧，单击鼠标右键，在弹出的快捷菜单中选择【动作】命令，并在【动作】面板中第1~第51行中输入如图8-72所示的代码；在第52~第98行中输入如图8-77和图8-78所示代码。

图8-77　　　　　　　　　　　图8-78

？ 疑问解答

问：代码中的灰色部分代表什么？

答：注释，它是一种对代码进行注解的方法，编译器不会把注释识别成代码。注释可以使ActionScript程序更容易理解。

注释的标记为/*和//。使用/*创建多行注释，使用//创建单行注释。

10 新建【图层2】图层，将其拖曳到【图层1】图层的下方，然后导入一幅背景图像到舞台中，如图8-79所示。

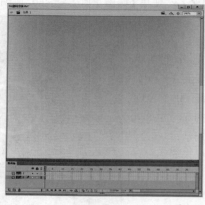

图8-79

11 保存文件，然后按快捷键Ctrl+Enter输出影片，最终完成效果如图8-80和图8-81所示。

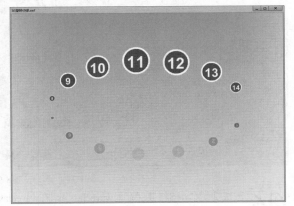

图8-80

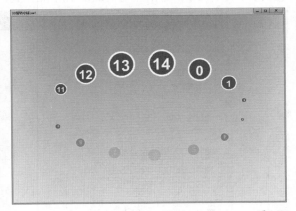

图8-81

【举一反三】

在程序设计的过程中，如果控制程序，如何安排每句代码执行的先后次序，这个先后执行的次序，称之为【结构】。常见的程序结构有3种：顺序结构、选择结构和循环结构。下面将逐个介绍这3种程序结构的概念和流程。

第1种：顺序结构。

顺序结构最简单，就是按照代码的顺序，一句一句地执行操作，即程序是完全从第一句运行到最后一句，中间没有中断，没有分支，没有反复。

ActionScript代码中的简单语句都是按照顺序进行处理，这就是顺序结构，请看下面的示例代码。

```
//执行的第一句代码，初始化一个变量
var a:int;
//执行第二句代码，给变量a赋值数值1
a=1;
//执行第三句代码，变量a执行递加操作
a++;
```

第2种：选择结构。

当程序有多种可能的选择时，就要使用选择结构。选择哪一个，要根据条件表达式的计算结果而定。选择结构如图8-82所示。

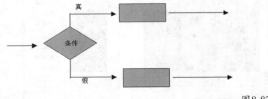

图8-82

第3种：循环结构。

循环结构就是多次执行同一组代码，重复的次数由一个数值或条件来决定。循环结构如图8-83所示。

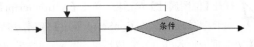

图8-83

实例 116 用类和脚本制作涟漪效果

实例位置：实例>CH08>实例116.fla

设计思路分析

使用ActionScript 3.0可以更改鼠标指针样式和赋予鼠标新的动作。本实例通过元件命名【类】和在动作面板中输入脚本，制作一个图片上的涟漪效果，最终效果如图8-84和图8-85所示。

图8-84

图8-85

【操作步骤】

01 新建一个Flash空白文档，执行【修改\文档】菜单命令，打开【文档设置】对话框，然后在对话框中将【舞台大小】设置为400像素×300像素，并将【帧频】设置为30.00，如图8-86所示。

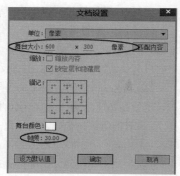

图8-86

02 执行【文件\导入\导入到库】菜单命令，将一幅图片导入到【库】面板中，如图8-87所示。

03 打开【库】面板，在图片Water lilies上单击鼠标右键，并在弹出的快捷菜单中选择【属性】命令，如图8-88所示。

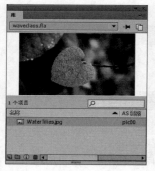

图8-87

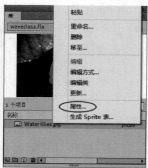

图8-88

04 打开【位图属性】对话框，单击【ActionScript】选项卡，并勾选【为ActionScript导出】选项，然后在【类】文本框中输入pic00，完成后单击 确定 按钮，如图8-89所示。

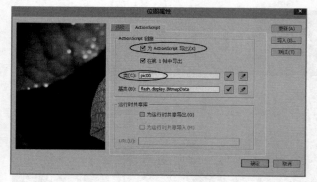

图8-89

05 按快捷键Ctrl+N打开【新建文档】对话框，选择【ActionScript文件】选项，单击 确定 按钮，如图8-90所示。

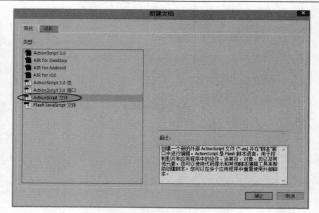

图8-90

06 按快捷键Ctrl+S将其保存为waveclass.as，在waveclass.as文件中的第1~第41行中输入如图8-91所示的代码。

```
1 package {
2     import flash.display.*;
3     import flash.events.*;
4     import flash.filters.ConvolutionFilter;
5     import flash.filters.DisplacementMapFilter;
6     import flash.geom.*;
7     import flash.net.URLRequest;
8     public class waveclass extends Sprite {
9         private var mouseDown:Boolean = false;
10        private var damper,result,result2,source,buffer,output,surface:BitmapData;
11        var pic:Bitmap;
12        private var bounds:Rectangle;
13        private var origin:Point;
14        private var matrix,matrix2:Matrix;
15        private var wave:ConvolutionFilter;
16        private var damp:ColorTransform;
17        private var water:DisplacementMapFilter;
18        //
19        private var imgW:Number = 600;
20        private var imgH:Number = 300;
21
22        public function waveclass () {
23            super ();
24            buildwave ();
25        }
26        private function buildwave () {
27            damper = new BitmapData(imgW, imgH, false, 128);
28            result = new BitmapData(imgW, imgH, false, 128);
29            result2 = new BitmapData(imgW*2, imgH*2, false, 128);
30            source = new BitmapData(imgW, imgH, false, 128);
31            buffer = new BitmapData(imgW, imgH, false, 128);
32            output = new BitmapData(imgW*2, imgH*2, true, 128);
33            bounds = new Rectangle(0, 0, imgW, imgH);
34            origin = new Point();
35            matrix = new Matrix();
36            matrix2 = new Matrix();
37            matrix2.a = matrix2.d=2;
38            wave = new ConvolutionFilter(3, 3, [1, 1, 1, 1, 1, 1, 1, 1, 1], 9, 0);
39            damp = new ColorTransform(0, 0, 9.960937E-001, 1, 0, 0, 2, 0);
40            water = new DisplacementMapFilter(result2, origin, 4, 4, 48, 48);
41            var _bg:Sprite = new Sprite();
```

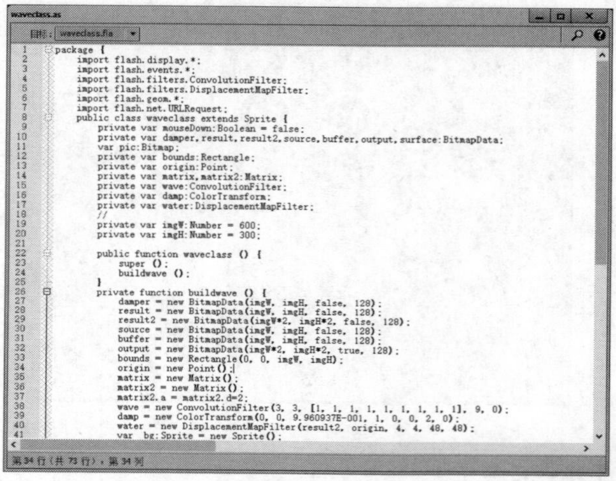

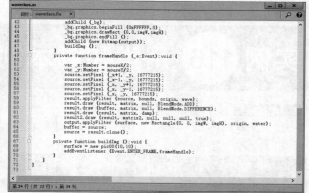

图8-91

07 在waveclass.as文件中的第42~第72行中输入如图8-92所示的代码。

```
42            addChild (_bg);
43            _bg.graphics.beginFill (0xFFFFFF,0);
44            _bg.graphics.drawRect (0,0,imgW,imgH);
45            _bg.graphics.endFill ();
46            addChild (new Bitmap(output));
47            buildImg ();
48        }
49        private function frameHandle (_e:Event):void {
50
51            var _x:Number = mouseX/2;
52            var _y:Number = mouseY/2;
53            source.setPixel (_x+1, _y, 16777215);
54            source.setPixel (_x-1, _y, 16777215);
55            source.setPixel (_x, _y+1, 16777215);
56            source.setPixel (_x, _y-1, 16777215);
57            source.setPixel (_x, _y, 16777215);
58            result.applyFilter (source, bounds, origin, wave);
59            result.draw (result, matrix, null, BlendMode.ADD);
60            result.draw (buffer, matrix, null, BlendMode.DIFFERENCE);
61            result.draw (result, matrix, damp);
62            result2.draw (result, matrix2, null, null, null, true);
63            output.applyFilter (surface, new Rectangle(0, 0, imgW, imgH), origin, water);
64            buffer = source;
65            source = result.clone();
66        }
67        private function buildImg ():void {
68            surface = new pic00(10,10);
69            addEventListener (Event.ENTER_FRAME,frameHandle);
70        }
71    }
72 }
73
```

图8-92

08 返回到主场景中，打开【属性】面板，并在【类】文本框中输入waveclass，如图8-93所示。

图8-93

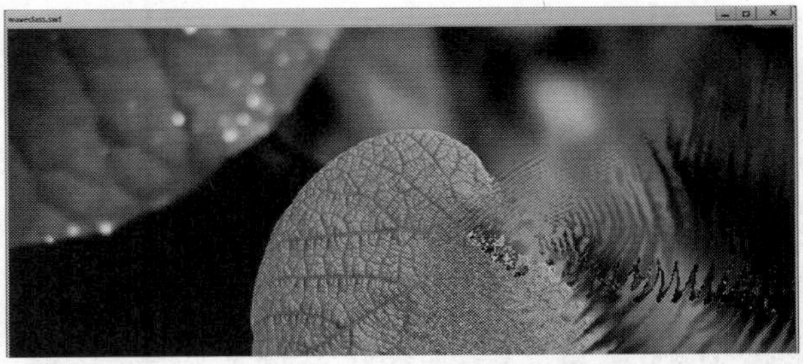

图8-94

图8-95

09 保存文件，按快捷键Ctrl+Enter输出影片，即可欣赏动画最终效果，将鼠标指针放置于图片上，图片上就产生了阵阵涟漪的效果，如图8-94和图8-95所示。

实例 117 用脚本代码制作网页链接

实例位置：实例>CH08>实例117.fla

设计思路分析

在开始编写代码之前，首先要赋予动作对象名称，使代码有具体的作用对象。本实例首先设置元件【实例名称】，制作网站导航大全，最终效果如图8-96和图8-97所示。

图8-96

图8-97

【操作步骤】

01 新建一个Flash空白文档，执行【修改\文档】菜单命令，打开【文档设置】对话框，在对话框中将【舞台大小】设置为600像素×400像素，如图8-98所示。

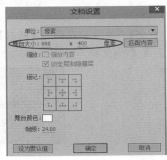

图8-98

02 执行【文件\导入\导入到舞台】菜单命令，将【素材文件\CH08\背景117.jpg】导入到舞台中，如图8-99所示。

03 新建【图层2】图层，使用【文本工具】 T 在舞台上添加如图8-100所示的文本内容。

04 选中文档左侧的【网易】文本，按F8键将其转换为名称为默认的【影片剪辑】元件，如图8-101所示。

05 保持【网易】文本的选中状态，在【属性】面板中将【实例名称】设置为a1，如图8-102所示。

图8-99

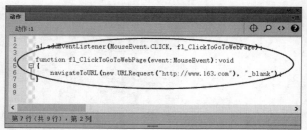

图8-103

07 选中文档左侧的【搜狐】文本，按F8键将其转换为名称为默认的【影片剪辑】元件，如图8-104所示。

08 保持【搜狐】文本的选中状态，在【属性】面板中将其【实例名称】设置为a2，如图8-105所示。

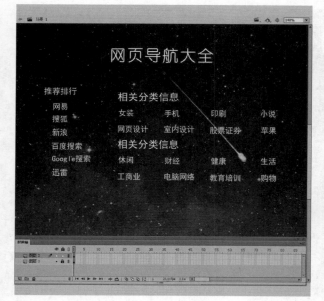

图8-100

图8-104　　　　　　　图8-105

09 选中【动作】图层的第1帧，打开【动作】面板输入代码，如图8-106所示。

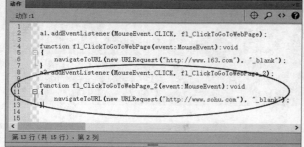

图8-106

10 选中文档左侧的【新浪】文本，按F8键将其转换为名称为默认的【影片剪辑】元件，如图8-107所示。

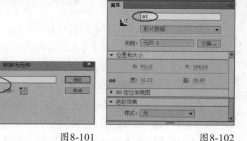

图8-101　　　　　　　图8-102

06 新建【动作】图层，选中该层的第1帧，按F9键打开【动作】面板输入以下代码，如图8-103所示。

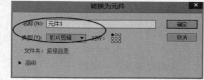

图8-107

11 保持【新浪】文本的选中状态，在【属性】面板中将其【实例名称】设置为a3，如图8-108所示。

图8-108

12 选中【动作】图层的第1帧，打开【动作】面板输入代码，如图8-109所示。

图8-109

13 采用相同的方法将舞台上的其他文本内容转换为【影片剪辑】元件并设置【实例名称】，然后添加代码。保存文件，然后按快捷键Ctrl+Enter输出影片，即可查看最终效果，使用鼠标左键在文本位置单击，即可进入对应的网页，如图8-110和图8-111所示。

图8-110

图8-111

【举一反三】

在ActionScript 3.0中有两种定义函数的方法：一种是常用的函数语句定义法；一种是ActionScript中独有的函数表达式定义法。具体使用哪一种方法来定义，要根据编程习惯来选择。一般的编程人员使用函数语句定义法，对于有特殊需求的编程人员，则使用函数表达式定义法。

第1种：函数语句定义法

函数语句定义法是程序语言中基本类似的定义方法，使用function关键字来定义，其格式如下。

function 函数名（参数1:参数类型,参数2:参数类型…）:返回类型{

//函数体

}

代码格式说明。

- **function**：定义函数使用的关键字。注意function关键字要以小写字母开头。

- **函数名**：定义函数的名称。函数名要符合变量命名的规则，最好给函数取一个与其功能一致的名字。

- **小括号**：定义函数必需的格式，小括号内的参数和参数类型都可选。

- **返回类型**：定义函数的返回类型，也是可选的，要设置返回类型，冒号和返回类型必须成对出现，而且返回类型必须是存在的类型。

- **大括号**：定义函数的必需格式，需要成对出现。括起来的是函数定义的程序内容，是调用函数时执行的代码。

第2种：函数表达式定义法

函数表达式定义法有时也称为函数字面值或匿名函数。这是一种较为繁杂的方法，在早期的ActionScript版本中广为使用。其格式如下。

var 函数名:Function=function(参数1:参数类型,参数2:参数类型…):返回类型{

//函数体

}

代码格式说明。

- **var**：定义函数名的关键字，var关键字要以小写字母开头。

- **函数名**：定义的函数名称。

- **Function**：指示定义数据类型是Function类。注意Function为数据类型，需大写字母开头。

- **=**：赋值运算符,把匿名函数赋值给定义的函数名。

■ function: 定义函数的关键字，指明定义的是函数。

■ 小括号: 定义函数必需的格式，小括号内的参数和参数类型都可选。

■ 返回类型: 定义函数的返回类型，可选参数。

■ 大括号: 其中为函数要执行的代码。

实例 118 用BitmapData类制作平铺背景

实例位置: 实例>CH08>实例118.fla

设计思路分析

　　本实例主要使用BitmapData类来创建位图图像，并通过创建的位图图像填充绘图区域，用户可通过改变舞台大小来自动创建填充整个舞台大小的背景图像，案例完成效果如图8-112所示。

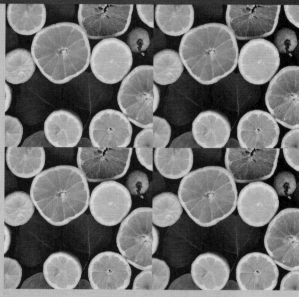

图8-112

【操作步骤】

01 新建一个Flash空白文档，接着执行【修改\文档】菜单命令，打开【文档设置】对话框，然后设置【舞台大小】设置为600像素×600像素，如图8-113所示。

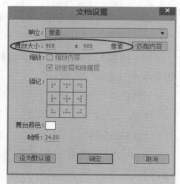

图8-113

02 执行【文件\导入\导入到库】菜单命令，将一幅图片导入到【库】面板中，如图8-114所示。

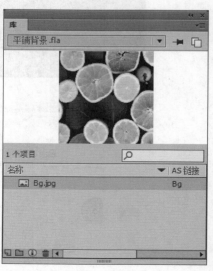

图8-114

03 打开【库】面板，在图片Bg上单击鼠标右键，并在弹出的快捷菜单中选择【属性】命令，如图8-115所示。

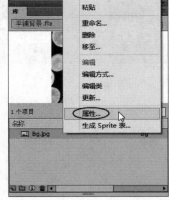

图8-115

04 打开【位图属性】对话框，单击【ActionScript】选项卡，并勾选【为ActionScript导出】选项，然后在【类】文本框中输入Bg，完成后单击 确定 按钮，如图8-116所示。

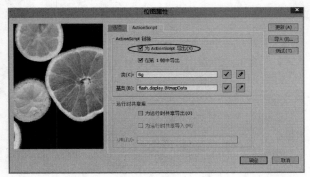

图8-116

05 回到场景1，选择【图层1】层的第1帧，按F9键打开【动作】面板，并输入如图8-117所示的代码。

图8-117

06 保存动画文件，然后按快捷键Ctrl+Enter输出影片，最终完成效果如图8-118所示。

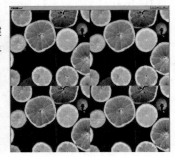

图8-118

【举一反三】

用户可以使用同样的方法制作文字平铺背景效果，步骤如下。

第1步：新建一个Flash空白文档，接着执行【修改\文档】菜单命令，打开【文档设置】对话，修改舞台大小为400像素×400像素的空白文档，如图8-119所示。

第2步：执行【文件\导入\导入到舞台】命令，将【附赠案例\CH08\bg.jpg】导入到舞台，并调整其合适大小，如图8-120所示。

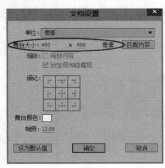

图8-119　　　　　　　　图8-120

第3步：新建一个名为AS的图层，选中第1帧，单击右键选中【动作】命令，打开【动作】面板，然后输入如图8-121所示的代码。

图8-121

技巧与提示

第7~第9行代码设置文本格式和文本内容，然后通过new BitmapData（）创建一个和_text动态文本长宽接近的BitmapData对象，并随意填充一种颜色，再将透明度设置为完全透明。

07 发布程序，效果如图8-122所示，可以发现文字已经平铺在背景上。

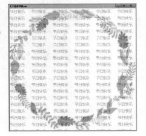

图8-122

实例 ⑴⑼ 用代码片断制作镜头叠画效果

实例位置：实例文件>CH08>实例119.fla

设计思路分析

　　叠画是电影中常用的镜头切换效果，通常用于表达转场或者人物内心描写，在制作Flash动画的过程中可以代码来实现这一效果。本实例将使用代码片断制作出镜头叠画的动画效果，如图8-123和图8-124所示。

图8-123

图8-124

【操作步骤】

01 新建一个Flash空白文档，执行【修改\文档】菜单命令，打开【文档设置】对话框，在对话框中将【舞台大小】设置为1280像素×720像素，如图8-125所示。

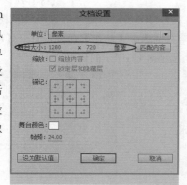
图8-125

02 执行【文件\导入\导入到舞台】菜单命令，将【素材文件\CH08\Bg1.jpg】导入舞台中，如图8-126所示。

图8-126

03 新建一个图层，然后执行【文件\导入\导入到舞台】菜单命令，将【素材文件\CH08\Bg1.jpg】导入舞台中，如图8-127所示。

图8-127

04 选中舞台中的图片，然后按F8键，打开【转换为元件】对话框，接着在对话框中将图片转换成【名称】为Bg1的【影片剪辑】，如图8-128所示。并在【属性】面板中设置【实例名称】为Bg_1，如图8-129所示。

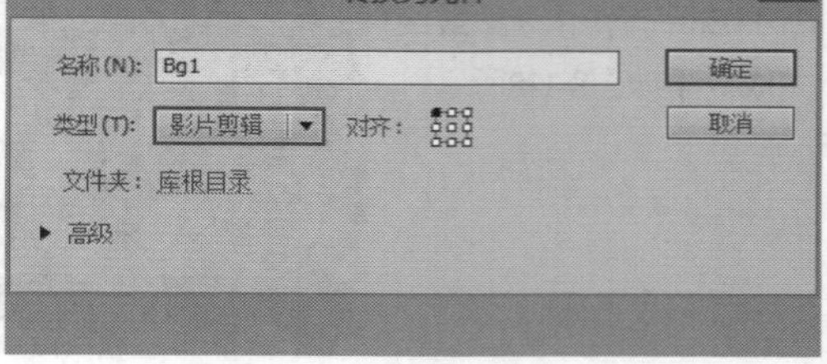

图8-128

图8-129

06 此时【时间轴】中会出现一个动作图层，选中该图层，按F9键打开【动作】面板即可查看上一步中添加的代码，如图8-132所示。

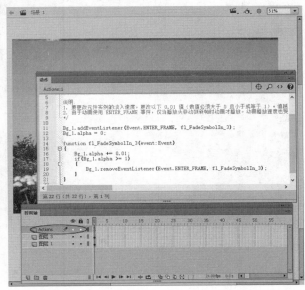

图8-132

05 选中背景元件，然后执行【窗口\代码片断】菜单命令，打开【代码片断】面板，接着在面板中单击【动画】下拉选项中的【淡入影片剪辑】选项，如图8-130所示。

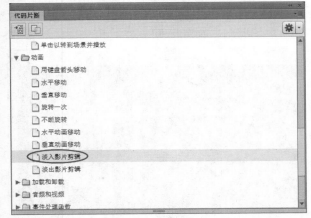

图8-130

07 保存文件，然后按快捷键Ctrl+Enter输出影片，最终完成效果如图8-133和图8-134所示。

图8-133

技巧与提示

打开【代码片断】面板有两种方法。

第1种，选中背景元件，执行【窗口\代码片断】菜单命令，打开【代码片断】面板。

第2种，选中背景元件，按F9键打开【动作】面板，在面板右上方单击【代码片断】按钮，打开【代码片断】面板，如图8-131所示。

图8-131

图8-134

实例 ⑫ 用代码片断制作键盘控制对象

实例位置：实例文件>CH08>实例120.fla

设计思路分析

代码片断是Flash自带的一些代码，主要存储的都是在制作Flash影片的过程中使用率较高的代码。本实例将使用代码片断中的【用键盘箭头移动】制作出键盘控制对象的效果，如图8-135和图8-136所示。

图8-135

图8-136

【操作步骤】

01 新建一个Flash空白文档，执行【修改\文档】菜单命令，打开【文档设置】对话框，在对话框中将【舞台大小】设置为655像素×360像素，如图8-137所示。

图8-137

02 执行【文件\导入\导入到舞台】菜单命令，将【素材文件\CH08\背景121.jpg】导入到舞台中，并使用【任意变形工具】将图片调整至合适大小，如图8-138所示。

图8-138

03 新建一个图层，然后执行【文件\导入\导入到舞台】菜单命令，将【素材文件\CH08\素材121.jpg】导入到舞台中，并使用【任意变形工具】将图片调整至合适大小，如图8-139所示。

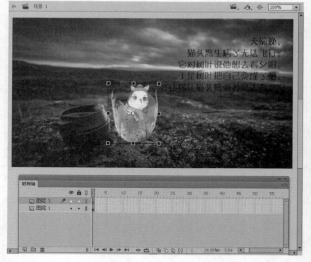

图8-139

04 选中【图层3】层中的图片，然后按F8键，打开【转换为元件】对话框，并在对话框中设置元件的【名称】为Pic，【类型】为【影片剪辑】，如图8-140所示；设置完成后单击【确定】按钮保存设置。

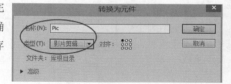

图8-140

05 选中Pic元件，然后打开【属性】面板，并在面板中设置该元件的【实例名称】为Pic，如图8-141所示。

图8-141

06 选中背景元件，然后执行【窗口\代码片断】菜单命令，打开【代码片断】面板，然后在面板中的【动画】下拉选项中双击【用键盘箭头移动】选项，即可为当前选中的元件添加代码，如图8-142所示。

图8-142

> **疑问解答**
>
> 问：在【代码片断】面板中，【动画】文件夹下包含哪几个代码片断？
>
> 答：包含了9个代码片断，分别是用键盘箭头移动、水平移动、垂直移动、旋转一次、不断旋转、水平动画移动、垂直动画移动、淡入影片剪辑和淡出影片剪辑。

07 此时【时间轴】中新增一个图层，如图8-143所示；然后选中该图层的第1帧，按F9键打开【动作】面板，即可查看已添加的代码，如图8-144~图8-146所示。

图8-143

图8-144

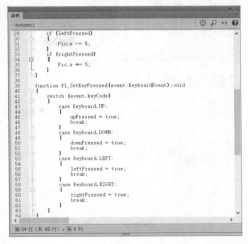

图8-145

图8-146

08 按快捷键Ctrl+S保存文件，然后按快捷键Ctrl+Enter测试影片，最终效果如图8-147和图8-148所示，使用键盘上的箭头即可移动猫头鹰的位置。

图8-147

图8-148

实例 **121** 用代码片断定义鼠标指针

实例位置：实例文件>CH08>实例121.fla

设计思路分析

【代码片断】面板能使非编程人员轻松应用简单的ActionScript 3.0，借助该面板，用户可以将ActionScript 3.0代码添加到Fla文件中。本实例使用【代码片断】将鼠标指针定义成风车，完成后的效果如图8-149和图8-150所示。

图8-149

图8-150

【操作步骤】

01 新建一个Flash文档，执行【文件\新建】菜单命令，新建一个空白文档，设置【舞台大小】为650像素×440像素，如图8-151所示。

图8-151

02 执行【文件\导入\导入到舞台】菜单命令，将【素材文件\CH08\背景121.jpg】导入到舞台中，如图8-152所示。

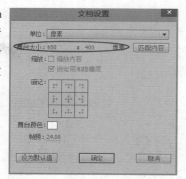

图8-152

03 按快捷键Ctrl+ F8，新建一个【名称】为【风车】的【影片剪辑】元件，然后执行【文件\导入\导入到舞台】菜单命令，将【素材文件\CH08\风车.png】图像素材导入到舞台，如图8-153所示。

图8-153

04 选中图像按F8键，将图像转换成【名称】为【风车1】的【图形】元件。选中时间轴面板的第30帧，按F6键创建关键帧，并使用【任意变形工具】旋转元件至合适位置，如图8-154所示。

图8-154

05 选中【图层1】层中的任意一帧位置，单击鼠标右键，在弹出的快捷菜单中选择【创建传统补间】命令，并打开【属性】面板，在【补间】里修改【旋转】为【顺时针】，如图8-155所示。

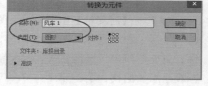

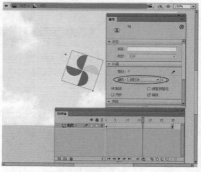

图8-155

06 返回场景1，选中【风车】元件，然后打开【属性】面板，并在面板中设置该元件的【实例名称】为btn，如图8-156所示。

07 选中背景元件，然后执行【窗口\代码片断】菜单命令，打开【代码片断】面板，然后在面板中的【动作】下拉选项中双击【自定义鼠标指针】选项，即可为当前选中的元件添加代码，如图8-157所示。

图8-156

图8-157

技巧与提示

在ActionScript 3.0中添加【代码片断】时必须选中相应的对象，添加完【代码片断】后Flash会自动把动作添加到时间轴中。

08 此时【时间轴】中新增一个图层，然后选中该图层的第1帧，按F9键打开【动作】面板，即可查看已添加的代码，如图8-158所示。

图8-158

09 按快捷键Ctrl+S保存文件，然后按快捷键Ctrl+Enter测试影片，最终效果如图8-159和图8-160所示，在播放区域鼠标指针会变成旋转的风车。

图8-159

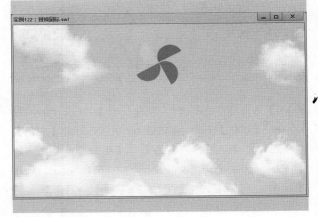
图8-160

实例 122 用gotoAndplayStop()制作跳转动画

实例位置：实例文件>CH08>实例122.fla

设计思路分析

gotoAndplayStop()所表达的意思是跳转到某一帧或场景，并播放或停止动画，用户在使用该代码时在括号中添加对应的动画帧即可，其表达方式为：【帧】和【场景】。本实例将使用gotoAndplayStop()代码制作出跳转动画，最终效果如图8-161~图8-163所示。

图8-161

图8-162

图8-163

【操作步骤】

01 新建一个Flash空白文档，然后执行【文件\导入\导入到舞台】菜单命令，将【素材文件\CH08\图片01.jpg】导入到舞台，如图8-164所示。

图8-164

02 按快捷键Ctrl+ F8，新建一个【名称】为btn1的【按钮】元件，如图8-165所示。打开【颜色】面板，设置【笔触颜色】为无，【填充颜色】为灰色（红:0，绿:0，蓝:0，A:40%），如图8-166所示。使用【矩形工具】绘制一个矩形（高:38，宽:38），如图8-167所示。

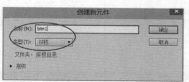

图8-165

图8-166

图8-167

03 使用【线条工具】 ✐，绘制如图8-168所示的形状。然后选择【文本工具】 T，输入文本，使用形同的方法绘制出【下一张】的按钮，如图8-169所示。

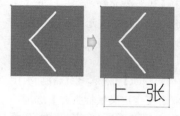

图8-168

图8-169

04 回到场景1，打开【库】面板，将两个【按钮】元件拖动到舞台相应位置，如图8-170所示。

图8-170

05 选中btn1按钮元件，然后打开【属性】面板，并在面板中设置该元件的【实例名称】为btn_1。选中btn2按钮元件，然后打开【属性】面板，并在面板中设置该元件的【实例名称】为btn_2，如图8-171所示。

图8-171

06 新建一个图层，按F9键打开【动作】面板，并添加停止代码，然后再新建一个图层，按F9键打开【动作】面板，并添加控制代码，如图8-172和图8-173所示。

图8-172

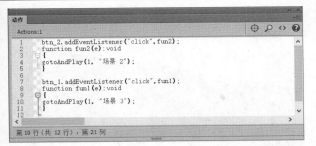

图8-173

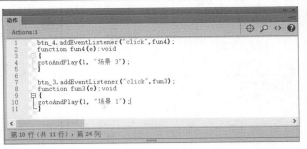

图8-177

07 按快捷键Shift+F2打开【场景】面板，按左下方新建场景按钮📇新建一个场景2。然后将【素材文件\CH08\图片02.jpg】导入到舞台，并将【库】面板中的两个【按钮】元件分别拖动到舞台中，如图8-174所示。

10 按快捷键Shift+F2打开【场景】面板，按左下方新建场景按钮📇新建一个场景3，将【素材文件\CH08\图片03.jpg】导入到舞台，并拖动【库】面板中的两个【按钮】元件到舞台中，如图8-178所示。

图8-174

图8-178

08 分别选中【按钮】元件，然后打开【属性】面板，并在面板中设置元件的【实例名称】分别为btn_3和btn_4，如图8-175和图8-176所示。

11 分别选中【按钮】元件，然后打开【属性】面板，并在面板中设置元件的【实例名称】分别为btn_5和btn_6，如图8-179和图8-180所示。

图8-175　　　　　　　　　图8-176

图8-179　　　　　　　　　图8-180

09 新建一个图层，按F9键打开【动作】面板，并添加停止代码。然后再新建一个图层，按F9键打开【动作】面板，并添加如图8-177所示代码。

12 新建一个图层，按F9键打开【动作】面板，并添加停止代码。然后再新建一个图层，按F9键打开【动作】面板，并添加如图8-181所示代码。

图8-181

图8-183

13 保存文件，然后按快捷键Ctrl+Enter输出影片，单击按钮可以播放下一张或上一张图片，最终完成效果如图8-182~图8-184所示。

图8-182

图8-184

实例 123 用ActionScript3.0制作时钟

实例位置：实例>CH08>实例123.fla

设计思路分析

运用代码可以制作出一些控制程序，例如，模仿鼠标、模仿灯光和制作时钟等效果。本实例通过脚本与传统Flash动画结合制作出时钟效果，最终效果如图8-185所示。

图8-185

【操作步骤】

01 新建一个Flash文件，并将其保存为01，按快捷键Ctrl+F8新建一个【名称】为Bg的【影片剪辑】元件；然后使用【椭圆工具】绘制出如图8-186所示的时钟界面。

02 新建一个【刻度】图层，然后使用【线条工具】绘制出表盘的刻度，如图8-187所示。

图8-186 　　　　　　　　　　　　　　　图8-187

03 使用【椭圆工具】绘制一个只有边框的灰色圆形，然后删除圆形内的线条，再删除圆形，如图8-188所示。

图8-188

04 将时针所在的刻度直线进行加粗显示，然后使用【文本工具】添加时刻文字，如图8-189所示。

05 新建一个【高光】图层，然后绘制一个半圆形作为高光区域，再设置【填充类型】为【线性渐变】，并设置第1个色标【颜色】为（红:255，绿:255，蓝:255，Alpha 60%），第2个色标【颜色】为（红: 43，绿:43，蓝:43，Alpha0%），效果如图8-190所示。

图8-189 　　　　　　　　　　　　　　　图8-190

06 新建3个【影片剪辑】元件，分别命名为Hours、Minutes和Seconds，然后分别在对应的【影片剪辑】中绘制出如图8-191所示的时针、分针和秒针。

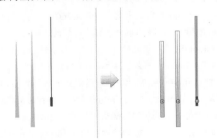

图8-191

07 切换到【库】面板，然后分别为4个【影片剪辑】添加元件【类】，如图8-192~图8-195所示。

图8-192

图8-193

图8-194

图8-195

技巧与提示

　　在前面步骤中只创建了4个影片剪辑元件，它们只存在于【库】面板中。发布成swf文件时，此时查看swf文件则为空，因为没有编写任何程序来进行引用和控制，就相当于该swf文件中只包含4个元件类，下面将通过加载该swf文件来引用和创建其元件类实例。

08 按快捷键Ctrl+N，新建一个ActionScript文件，并将其保存为SkinManager；然后编写出图8-196所示的加载皮肤的管理类程序。

图8-196

疑问解答

问：关于SkinManager类涉及到的难点？

答：有一定编程基础的用户很容易看出该类使用了很常用的【设计模式】中的单件模式，通过提供该类公有的静态方法getInstance（）作为返回唯一的实例对象，并且可以对该实例进行全局访问。

09 新建一个ActionScript文件，并将其保存为Clock，下面编写时钟类的程序代码，如图8-197所示。

```
1  /**
2   * 该类为皮肤加载管理类
3   * @author lbynet
4   * @version 0.1
5   */
6
7  package {
8
9      import flash.display.Loader;
10     import flash.net.URLRequest;
11     import flash.events.Event;
12     import flash.events.EventDispatcher;
13
14     public class SkinManager extends EventDispatcher {
15         public static  const SKINCOMPLETE:String="skincomplete";
16         private static  var instance:SkinManager=new SkinManager();
17         public var loader:Loader;
18
19         public function SkinManager() {
20             if (instance != null) {
21                 throw new Error("不能直接创建对象");
22             }
23             loader=new Loader();
24         }
25         public static function getInstance():SkinManager {
26             return instance;
27         }
28         public function loadSkin(path:String):void {
29
30             loader.load(new URLRequest(path));
31             loader.contentLoaderInfo.addEventListener(Event.COMPLETE, completeHandler);
32         }
33         private function completeHandler(e:Event) {
34             //移除侦听器
35             loader.contentLoaderInfo.removeEventListener(Event.COMPLETE, completeHandler);
36             dispatchEvent(new Event(SkinManager.SKINCOMPLETE));//发布事件
37         }
38         public function getClass(className:String):Class {
39             try {
40                 return loader.contentLoaderInfo.applicationDomain.getDefinition(className)  as  Class;
41             } catch (e:Error) {
42                 throw new Error(className + " definition not found in " + e.toString());
43             }
44             return null;
45         }
46     }
47 }
```

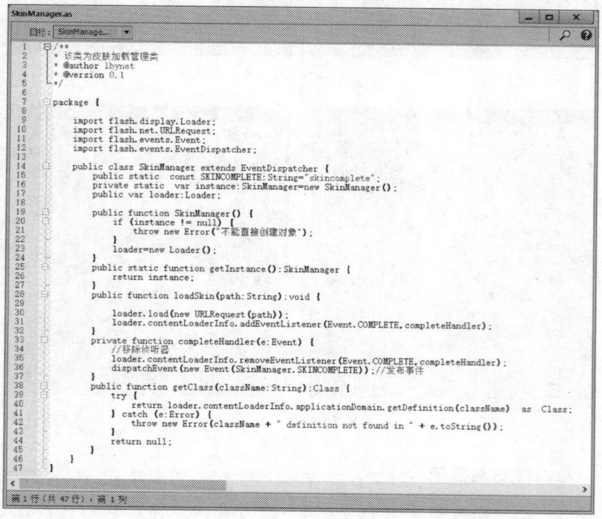

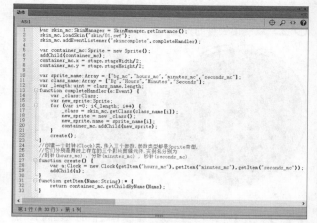

图8-197

技巧与提示

该类接收3个Sprite类型的对象参数，它们分别来自前面3个元件类所创建的实例（如第21~第28行代码）。在创建实例时接收完这3个参数后，然后调用init（）方法来注册ENTER_FRAME事件，并在侦听器函数enterFrameHandler（）中创建Date的实例，再取得一个特定时间点的时、分和秒值（如第35~第38行代码）。

10 新建一个Flash空白文档，设置【舞台大小】为500像素×350像素，然后执行【文件\导入\导入到舞台】命令，将【素材文件\CH08\背景123.png】导入到舞台，如图8-198所示。

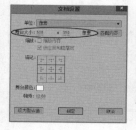

图8-198

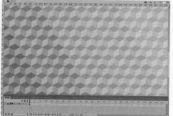

图8-199

11 新建一个名为AS的图层，并编写出如图8-200所示的程序。

```
1  var skin_mc:SkinManager = SkinManager.getInstance();
2  skin_mc.loadSkin("skin/01.swf");
3  skin_mc.addEventListener("skincomplete",completeHandler);
4
5  var container_mc:Sprite = new Sprite();
6  addChild(container_mc);
7  container_mc.x = stage.stageWidth/2;
8  container_mc.y = stage.stageHeight/2;
9
10 var sprite_name:Array = ["bg_mc","hours_mc","minutes_mc","seconds_mc"];
11 var class_name:Array = ["Bg","Hours","Minutes","Seconds"];
12 var _length:uint = class_name.length;
13 function completeHandler(e:Event) {
14     var _class:Class;
15     var new_sprite:Sprite;
16     for (var i=0; i<_length; i++) {
17         _class = skin_mc.getClass(class_name[i]);
18         new_sprite = new _class();
19         new_sprite.name = sprite_name[i];
20         container_mc.addChild(new_sprite);
21     }
22     create();
23 }
24 //创建一个时钟(Clock)类，传入三个参数，参数类型都是Sprite类型，
25 //它们分别是舞台上存在的三个影片剪辑元件，实例名分别为
26 //时针(hours_mc) ， 分针(minutes_mc) ， 秒针(seconds_mc)
27 function create() {
28     var a:Clock = new Clock(getItem("hours_mc"),getItem("minutes_mc"),getItem("seconds_mc"));
29     addChild(a);
30 }
31 function getItem(Name:String):* {
32     return container_mc.getChildByName(Name);
33 }
```

图8-200

技巧与提示

通过SkinManager类来加载皮肤文件，并注册侦听器（如第1~第3行代码）；第5~第8行代码是创建存储时钟组成元素的容器，并设置舞台为居中对齐；接着创建sprite_name和class_name两个数组，来分别存储将要被加载swf文件中的元件类的实例名称以及元件类名称（如第10和第11行代码）；当加载完swf时钟皮肤文件后，调用侦听器函数completeHandler（），在侦听器函数中执行一个for（）循环语句，再创建4个（_length值等于4）被加载swf文件中的元件类实例，并在添加实例名称后统一添加到container_mc容器中（如第16~第21行代码）。创建完被加载swf文件中的元件类实例后，调用create（）方法来创建Clock类实例（如第28行代码）；getItem（）方法主要是通过container_mc.getChildByName（）方法来取得container_mc容器中指定名称的对象。

12 保存文件，按快捷键Ctrl+Enter发布本实例的所有程序，最终效果如图8-201和图8-202所示。

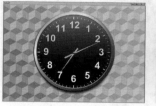

图8-201

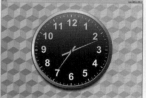

图8-202

疑问解答

问：关于时、分和秒的算法？

答：小时（hours）：时钟转动一圈是360°，总共花12个小时，每一小时为30°，为了更加接近生活中时钟的运动效果，因此再加上时针（hour）走完一小时的角度（30°）与分针（minute）走完一小时的角度（360°），那么它们的比例关系就是1/12。

分钟（minutes）：时钟转动一圈是360°，总共花60分钟，每一分钟是6°，再加上分针（minute）走完一分钟的角度6°与秒针（second）走过一分钟的角度360°，那么它们的比例关系就是1/60。

秒钟（seconds）：时钟转动一圈是360°，共60秒，每一秒是6°。

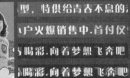

■ 制作过光文字动画/284页

■ 碎裂文字动画制作过光文字动画 /290页

■ 富有弹性的文字动画/298页

■ 文字渐显/303页

■ 动画片头文字渐显/309页

■ 水波文字动画/315页

■ 放大镜文字效果/322页

■ 制作登录界面/326页

网页设计师　　广告设计师　　游戏特效师　　动画设计师　　交互设计师

项目 001 制作过光文字动画

文件位置：实例文件>CH09>项目001.fla

项目背景

本实例以制作一则春季旅游网站的横幅广告作为背景，主要目的是吸引用户参与旅行。

项目分析

本实例是一个旅游网站的春季横幅广告，主要是为宣传网站上的春季旅游活动，因此在制作本实例的时候，首先一幅春季风景图片吸引住用户的眼球，然后出现文字，并使文字产生过光的效果，强调主题，案例最终效果如图9-1~图9-5所示。

图9-3

图9-1

图9-4

图9-2

图9-5

制作背景动画

【制作流程】

01 新建一个空白文档，然后执行【修改\文档】菜单命令，打开【文档设置】对话框，并设置【舞台大小】为970像素×195像素，如图9-6所示。

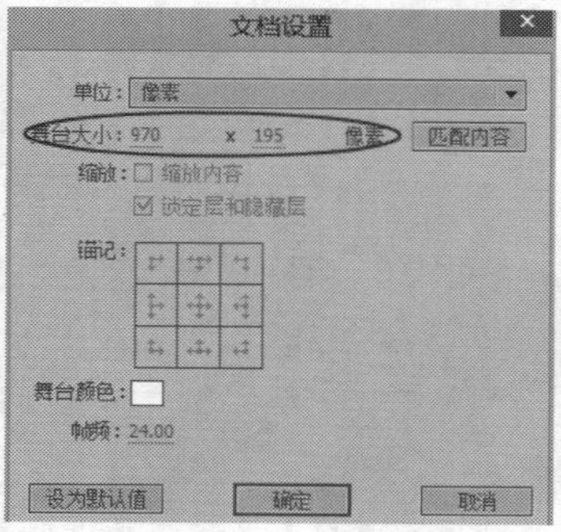

图9-6

02 选中【图层1】图层，将其重命名为【背景】，然后在【素材文件\CH13】文件夹中选中【背景.jpg】，并按住鼠标左键将其拖曳至舞台中，如图9-7所示。

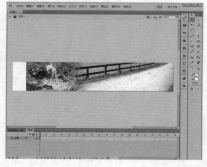

图9-7

03 选中舞台中的背景图片，然后打开对齐面板，在面板中勾选【与舞台对齐】选项，接着单击【水平中齐】按钮和【垂直中齐】按钮，使背景图片与舞台重合，如图9-8所示。

图9-8

04 新建一个图层，并将其重命名为【片头】，然后使用【矩形工具】在舞台绘制一个可覆盖舞台的白色矩形，如图9-9所示。

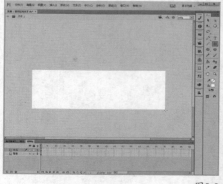

图9-9

05 使用【选择工具】 选中矩形，然后打开颜色面板，并在面板中设置【填充颜色】的颜色类型为【线性渐变】；接着设置渐变色标的颜色均为白色，并更改第2个色标的Alpha值为0%，如图9-10所示。

06 选中两个图层的第180帧，然后按F5键添加帧；接着将第28帧转换为关键帧，并选中该帧处的矩形，再打开颜色面板，将其【填充颜色】的颜色模式更改为【纯色填充】，颜色为白色，Alpha值为0%，如图9-11所示。

07 在片头的第1帧~第28帧之间创建补间形状，以制作出广告入景的效果，如图9-12所示。

图9-11　　　　　　　　图9-12

制作文字动画

【制作流程】

01 选中【背景】层，然后新建一个图层，并将其命名为【文字01】；接着在【文字01】层的第29帧插入关键帧，并选中【文本工具】，设置【字符】的【系列】为【方正超粗黑_GBK】、【颜色】为绿色（红:69，绿:158，蓝:160）、【大小】为30.00磅，如图9-13所示。

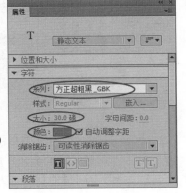

图9-13

02 在舞台中单击鼠标左键插入文本框，然后输入文

字【开启春季唯美之旅】，并使用【任意变形工具】将文本缩放至合适大小，如图9-14所示。

图9-14

03 使用【选择工具】选中文本，并在属性面板中为其添加滤镜【投影】；再设置【投影颜色】为深绿色（红:0，绿:51，蓝:51）、【模糊品质】为【高】、模糊像素为2像素，如图9-15所示。

图9-15

04 复制【文字01】层，然后选中复制图层中的文本，并按快捷键Ctrl+B将文本分离为形状；接着选中该图层的第29帧，并拖曳鼠标指针将其移动至该图层的第68帧，如图9-16所示。

图9-16

05 新建一个图层，然后将其移动至【文字01】的复制图层下层，并在第68帧位置新建一个关键帧；接着使用【矩形工具】在文字左侧绘制一个无边框的白色矩形，如图9-17所示。

图9-17

06 使用【选择工具】选中矩形，然后打开颜色面板，并更改其【填充颜色】的颜色类型为【线性渐变】，线性渐变的颜色设置如图9-18所示。

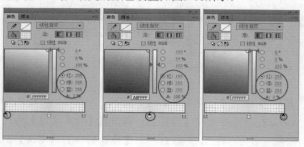

图9-18

技巧与提示

在选择渐变色时，尽量选择与文字颜色同一色系的亮色，这样可以使过光效果更为显著。

07 设置完成渐变后，可以使用【渐变变形工具】对矩形的渐变效果稍作调整，然后使用【任意变形工具】将矩形向右旋转，如图9-19所示。

图9-19

08 选中矩形，按F8键将其转换为图形元件，命名为【光】；然后在该图层的第116帧插入关键帧，并选中该帧中的矩形，将其水平移动至文字右侧；接着在第68帧~第116帧之间创建传统补间，如图9-20所示。

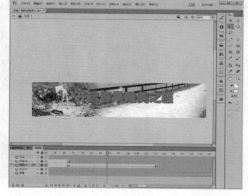

图9-20

09 将【文字01】图层的复制层转换为遮罩层，制作出文字过光的动画效果，如图9-21所示。

图9-21

10 选中【文字01】图层的第48帧，并按F6键将其转换为关键帧，然后选中第29帧中的文字元件，将其向下移动一段距离；接着在属性面板中设置其【颜色样式】为Alpha，Alpha值为0%，再在两个关键帧之间创建传统补间，制作出文字出现的效果，如图9-22所示。

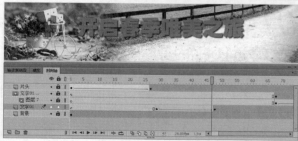

图9-22

11 新建一个图层，并将其命名为【文字02】，然后在该图层的第112帧位置插入关键帧，接着选中【文本工具】，并设置【字符】的【系列】为【方正细黑一_GBK】、【大小】为30.00磅、【颜色】为黑色；接着在舞台右侧插入文本框，并输入文字，如图9-23所示。

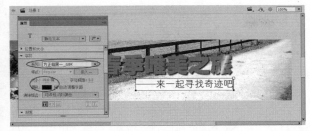

图9-23

12 新建一个图层，并使其位于【文字02】图层的上层，然后在该图层的第112帧位置插入关键帧。接着使用【矩形工具】在文字下方绘制一个无边框，且填充色为任意色的矩形，如图9-24所示。

图9-24

13 在新建图层的第126帧插入关键帧，然后使用【任意变形工具】选中该帧中的矩形，并将其纵向拉伸至覆盖住文字位置，如图9-25所示。

图9-25

14 接着在第112帧~第126帧之间创建补间形状，并将该图层转换为遮罩层，如图9-26所示。

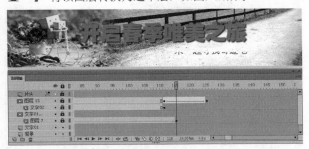

图9-26

制作按钮动画

【制作流程】

01 新建一个图层，并将其命名为【按钮】，然后在该图层的第128帧位置插入关键帧。接着使用【矩形工具】在舞台右侧绘制一个深灰色矩形，并用【选择工具】将矩形的右侧调整为尖角，如图9-27所示。

图9-27

02 复制【按钮】图层，并将其重命名为【遮罩】，然后选中【按钮】层中的深灰色矩形，并使用【文本工具】在矩形位置输入文本JOIN US；接着选中文本，设置文字【系列】为【方正黑体_GBK】、【颜色】为白色、【大小】为25.0磅，如图9-28所示。

图9-28

03 选中【按钮】层中的所有元素，然后按F8键将其转换为图形元件，命名为【按钮动画】，并双击元件，进入元件编辑区；接着选中舞台中的所有元素，单击鼠标右键，并在弹出的快捷菜单中选择【分散到图层】命令，如图9-29所示。

04 选中所有图层的第30帧，按F5键添加帧，然后选中【图层1】图层，并使用【矩形工具】在舞台中绘制一个填充色为任意色的矩形，如图9-30所示。

05 将【图层1】层的第16帧转换为关键帧，然后使用【任意变形工具】选中第1帧中的矩形，并将其横向压缩至最小，如图9-31所示。

图9-29

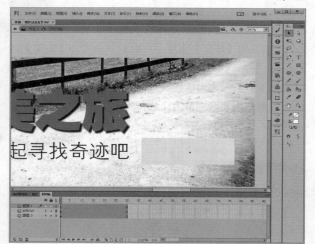

图9-30

图9-31

06 在【图层1】层的第1帧~第16帧之间创建补间形状，然后将【图层1】层转换为【遮罩层】，并将其下面的两个图层都转换为被遮罩层，制作出按出现的动画，如图9-32所示。

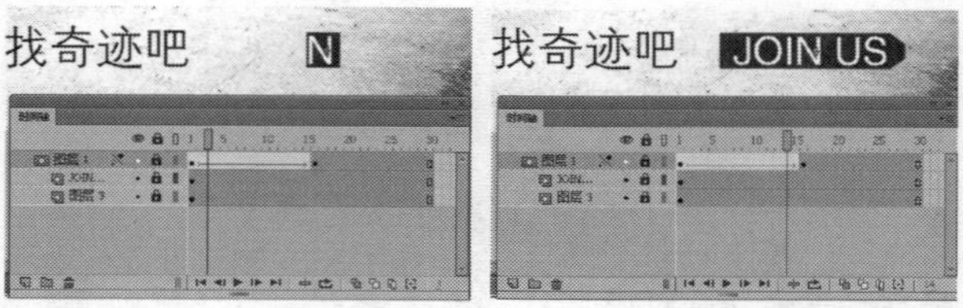

找奇迹吧　　N　　　找奇迹吧　JOIN US

图9-32

07 单击 场景 按钮回到主场景，然后选中制作完成的【按钮动画】元件，并在属性面板中设置【循环】为【播放一次】，如图9-33所示。

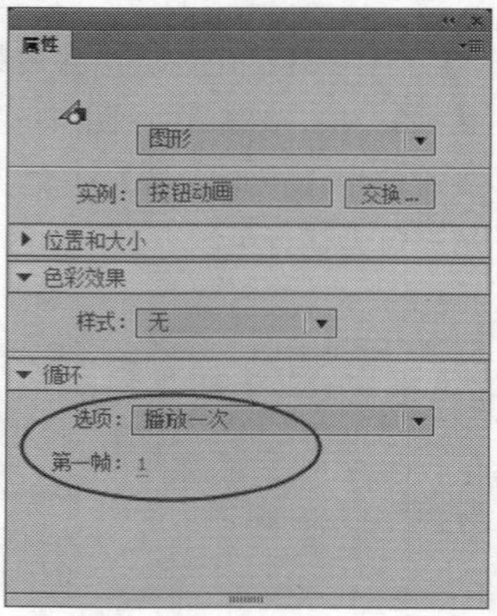

图9-33

08 选中【按钮】层的第151帧，并将其转换为关键帧，然后选中该帧中的【按钮动画】元件，按快捷键Ctrl+B将其分离，接着按F8键将其转换为【按钮】元件，再双击元件进入元件编辑区，如图9-34所示。

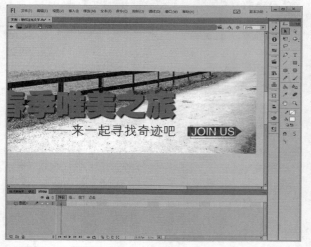

图9-34

09 将舞台中的元素分散到图层，然后选中图层JOIN US和【图层3】层的【按下】帧，并将其转换为关键帧；接着将该帧中的深灰色矩形更改为浅灰色（红:153，绿:153，蓝:153），并使用【任意变形工具】横向拉伸文字，如图9-35所示。

10 选中【图层1】层的【指针经过】帧，按F6键创建关键帧，然后选中【图层3】层中的深灰色矩形，并将其原位复制到该帧中；接着在颜色面板中将矩形的【填充颜色】更改为Alpha值为20%的白色，如图9-36所示。

图9-35

图9-36

11 单击单击 场景1 按钮回到主场景，按快捷键
Ctrl+Enter测试影片，可测试按钮效果，如图9-37
所示。

指针经过时的按钮效果

按下鼠标时的按钮效果

图9-37

12 选中【遮罩】层中的第128帧，将其拖曳至该图
层的第151帧，然后新建一个图层，并调整该图
层的位置至【遮罩】层在下层，接着使用制作过光文字
效果的方法制作出按钮的过光效果，如图9-38所示。

图9-38

13 在最顶层新建一个命名为AS的图层，然后将其
后一帧转换为关键帧，并打开动作面板，为其
添加播放停止命令，如图9-39所示；接着使用文件夹整
理图层，根据动画效果可分为【文字动画】和【按钮动
画】两个文件夹，如图9-40所示。

图9-39

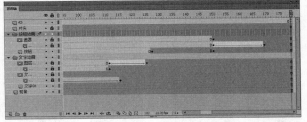

图9-40

14 按快捷键Ctrl+S保存文件，然后按快捷键Ctrl+Enter
输出影片，最终完成效果如图9-41~图9-44所示。

图9-41

289

图9-42

图9-43

图9-44

制作过光文字动画的方式，不仅仅只应用于文字，用户还可以使用同样的方式制作出按钮、图形或者边框的过光效果，如图9-45~图9-47所示。

图9-45

图9-46

 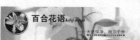

图9-47

项目 002 碎裂文字动画制作过光文字动画

文件位置：实例文件>CH09>项目002.fla

项目背景

本实例以制作一则游戏竖边广告作为案例背景，主要目的是吸引玩家参与游戏。

项目分析

竖边广告通常放置在一个网页的两边，因此也被称为对联广告。本实例制作的是一个游戏网站的竖边广告，为了是广告内容更加有代入感，整体采取深色调，并使用富有男子气概的广告词，使广告主题更加突出；然后再给文字添加碎裂动画，文字将会变得更有视觉冲击力，最终效果如图9-48~图9-51所示。

图9-48

图9-49

图9-50

图9-51

制作文字碎裂动画

【制作流程】

01 新建一个Flash
空白文档，然
后执行【文档\修改】
菜单命令，打开文档
设置对话框，并在对
话框中设置【舞台大
小】为200像素×600
像素，如图9-52所示。

图9-52

02 执行【文件\导入\导入到舞台】菜单命令，将
【素材文件\CH09\背景002.jpg】导入到舞台中，
并按F8键将其转换为【图形】元件，如图9-53所示。

03 选择【矩形工具】，然后在【颜色】面板中
设置【笔触颜色】为无色，【填充颜色】为【线
性渐变】，再设置渐变色标的颜色均为红色（红:204，
绿:0，蓝:0）；接着在渐变条的中间位置添加色标，并设
置两边的渐变色标的Alpha值为0%，如图9-54所示。

图9-53

图9-54

04 新建一个图层，并将其命名为【按钮】，然后在
舞台的下端分别绘制出两个矩形，并分别将矩形
转换为组，接着使用【文本工具】在矩形位置输入文
本，【字符】的【颜色】为白色，如图9-55所示。

05 新建一个图层，并将其命名为【按钮动画】，然
后使用【文本工具】在舞台顶端输入文本，
如图9-56所示；接着选中文本，并按F8键将其转换为【图
形】元件，将其命名为【文字动画】，如图9-57所示。

06 双击元件，进入元件编辑区，然后选中工作区中的
文本，并按快捷键Ctrl+B将文本分离为单个的文本
框；接着选中【男人风采】4个文本框，按F8键将其转换为
一个【影片剪辑】，【名称】为【采】，如图9-58所示。

图9-55

图9-56

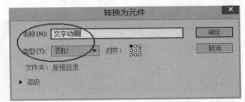

图9-57

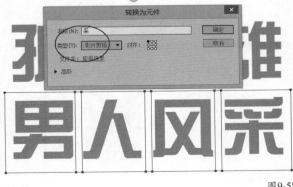

图9-58

07 分别将剩余的文字转换为【影片剪辑】，如图9-59所示；然后选中【图层1】图层的第80帧，按F5键添加帧，接着选中工作区中的所有元件，单击鼠标右键，并在弹出的快捷菜单中选择【分散到图层】命令，最后删除【图层1】图层，如图9-60所示。

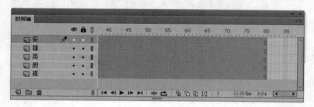

图9-59

图9-60

08 选中【孤】【胆】【英】和【雄】4个元件，然后打开【对齐】面板，并在面板中取消勾选【与舞台对齐】，然后单击【水平中齐】 按钮，使所有元件以元件中心对齐，如图9-61所示；接着使用【选择工具】选中所有元件，将其一种至舞台右侧，如图9-62所示。

图9-61

图9-62

09 在【时间轴】中选中【胆】【英】【雄】和【采】4个图层的第1帧，然后按住鼠标左键，将选中帧拖曳至第52帧，如图9-63所示。

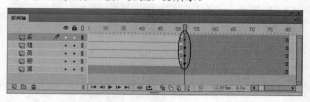

图9-63

10 选中图层【孤】的第13帧，按F6键创建关键帧，然后将元件移动至舞台左侧区域，并在第1帧～第13帧之间创建传统补间；接着将该图层的第5帧转换为关键帧，并选中【孤】元件，在【属性】面板中为其添加【模糊】滤镜，参数设置如图9-64所示。

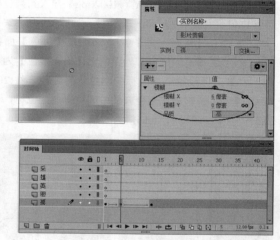

图9-64

? 疑问解答

问：为什么要给文字添加模糊？

答：这样做的目的是模仿物体在运动过程中的速度感，因为当某一物体快速移动时，它的外形会变得模糊。

11 在图层【孤】的第24帧位置创建关键帧，然后将该图层的第14帧和第43帧转换为空白关键帧，如图9-65所示；接着选中第24帧中的元件，将其分离为形状，并使用【线条工具】将文字分割为小块，最后分别将文字块转换为组，如图9-66所示。

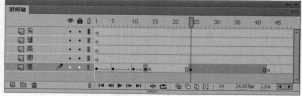

图9-65

图9-66

12 选中所有组，并按F8键将其转换为【图形】元件，然后双击元件进入编辑区，并在【图层1】层的第18帧处添加帧；接着将所有组分散到图层，在所有图层的最后一帧创建关键帧，如图9-67所示。

13 在所有图层的第8帧创建关键帧，分别移动关键帧位置文字块儿，然后将所有图层的第11帧转换为关键帧；接着在所有图层的第1帧~第8帧之间、第11帧~第18帧之间创建传统补间，如图9-68所示。

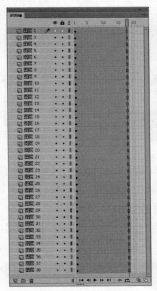
图9-67

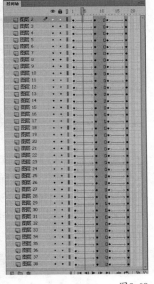
图9-68

技巧与提示

当组被分离到图层后，新建立的图层并没有固定的名称，皆按照图层序号排列即可。

14 选中所有图层的第8帧，然后在舞台中单击任意一个元件，激活元件属性；接着在【属性】面板中设置色彩的【样式】为Alpha，Alpha值为0%，如图9-69所示；接着使用同样的方式设置第11帧中的元件属性。

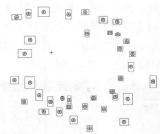

图9-69

15 单击 文字动画 按钮，回到【文字动画】的元件编辑区，然后选择【孤】层第24帧中的元件，并在【属性】面板中设置【循环】为【播放一次】，如图9-70所示。按Enter键预览动画，效果如图9-71所示。

图9-70

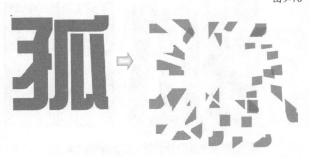
图9-71

制作文字碎裂动画

【制作流程】

01 新建一个图层，并将其命名为【孤01】，然后在该图层的第14帧位置创建关键帧，再将【孤】图层中的第23帧复制到新建图层中，如图9-72所示。

图9-72

293

02 选中该帧中的元件，按F8键将其转换为一个【名称】为【孤02】的【图形】元件；接着进入该元件的编辑区，并在对应的位置创建关键帧，再给对应帧中的元件添加【模糊】滤镜，如图9-73和图9-74所示。

图9-73

图9-74

03 在所有关键帧之间插入传统补间，如图9-75所示；然后回到【文字动画】的元件编辑区，并在新建图层的第24帧和第22帧位置创建关键帧；接着设置第24帧位置的元件的色彩样式为Alpha，Alpha值为0%，并在两个关键帧之间创建传统补间，如图9-76所示。

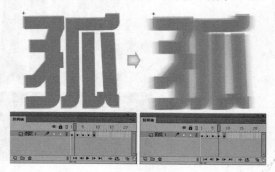

图9-75

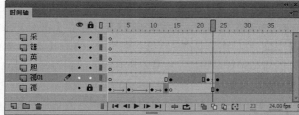

图9-76

04 在【孤01】图层的第38帧、第43帧和第51帧位置创建关键帧，然后将该图层的第25帧转换为空白关键帧，再将【孤】层的第43帧转换为空白关键帧，如图9-77所示。

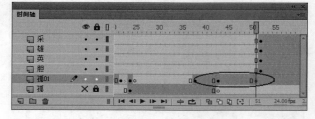

图9-77

05 选中【孤01】图层第38帧中的元件，并在【属性】面板中设置其色彩【样式】为【无】，如图9-78所示；然后在第38帧~第43帧之间创建传统补间，接着在第41帧位置创建关键帧，并将该帧中的元件缩放至合适大小，如图9-79所示；最后设置该元件的Alpha值为0%。

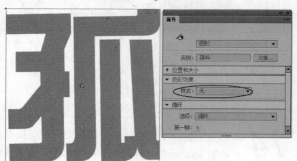

图9-78

间，然后分别将补间范围中的第55帧和第58帧转换为关键帧；接着为第55帧中的元件添加【模糊】滤镜，如图9-82所示；再选中第58帧中的元件，将其向左移动至合适位置，如图9-83所示。

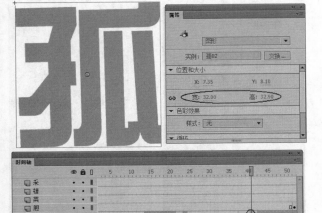

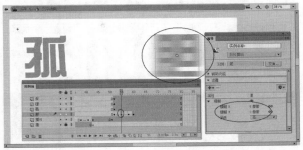

图9-82

06 选中【孤01】图层第51帧中的元件，然后在【属性】面板中设置【循环】为【单帧】、【第一帧】为1，如图9-80所示；接着在【胆】层的第60帧位置创建关键帧，并将【胆】元件水平向左移动至合适位置，如图9-81所示。

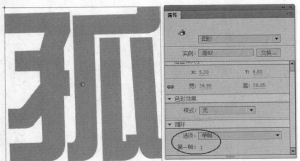

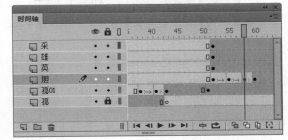

图9-83

08 使用同样的方式制作出【英】和【雄】两个元件的动画效果，然后调整动画的起始帧位置，如图9-84所示；接着选中【男人风采】图层的第52帧，将其移动至第65帧，再在第72帧位置创建关键帧；最后将该帧中的元件水平向左移动至舞台中，并在两个关键帧之间创建传统补间，如图9-85所示。

图9-80

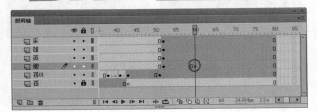

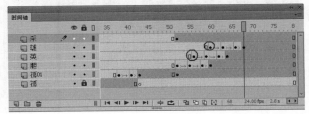

图9-84

图9-81

07 在【胆】层的第52帧~第60帧之间创建传统补

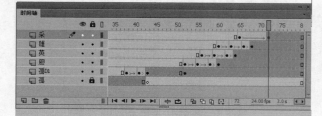

图9-85

09 选中【男人风采】图层的第68帧，将其转换为关键帧，然后选中该帧中的元件，并在【属性】面板中设置色彩【样式】为Alpha，Alpha值为70%；接着为其添加【模糊】滤镜，并使用【任意变形工具】 ⬛ 纵向压缩文本，如图9-86所示。

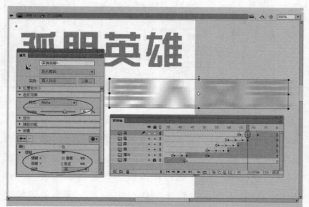

图9-86

10 单击 ▓ ▓ ▓ 按钮回到主场景，然后在所有图层的第80帧添加帧，如图9-87所示；按Enter键可预览动画效果，如图9-88~图9-91所示。

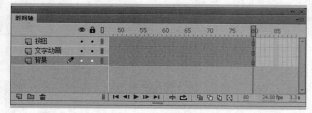

图9-87

图9-88

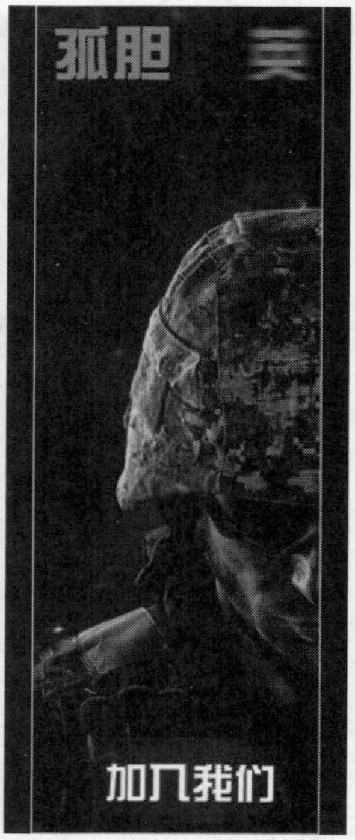

图9-89

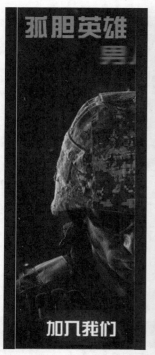

图9-90

图9-91

制作背景动画

【制作流程】

01 双击【背景】层中的【背景】元件，进入该元件的编辑区，然后选中编辑区中的背景图，按F8键将其转换为【影片剪辑】、【名称】为【背景01】，如图9-92所示；接着在【图层1】层中创建两个关键帧，如图9-93所示。

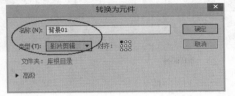

图9-92

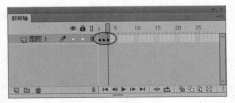

图9-93

02 分别选中第2帧和第3帧中的元件，然后分别在【属性】面板中为元件添加【模糊】滤镜，如图9-94和图9-95所示。

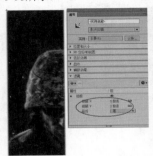

图9-94

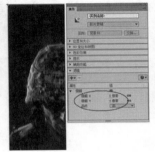

图9-95

❓ 疑问解答

问：为什么要给背景添加模糊？

答：这样做的目的是制作出背景抖动的效果，以响应文字碎裂的动画。

03 回到主场景，然后选中【文字动画】图层的第1帧中的元件，并在【属性】面板中设置【循环】为【单帧】，如图9-96所示；接着在【背景】层的第8帧、第25帧和第47帧创建关键帧，如图9-97所示。

图9-96

图9-97

04 设置第8帧中的元件的循环【选项】为【循环】，如图9-98所示；然后在第23帧创建关键帧，并将该帧中的元件等比放大至合适大小，如图9-99所示。

图9-98

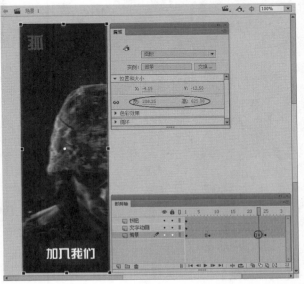

图9-99

05 按快捷键Ctrl+S保存文件，然后按快捷键Ctrl+Enter测试影片，最终效果如图9-100~图9-103所示。

图9-100

图9-101

图9-102

图9-103

技巧与提示

用户可以使用制作碎裂文字动画的方式，制作出多种文字碎裂的动画效果。不仅如此，还可以制作出形状碎裂的动画效果。

项目 **003** 富有弹性的文字动画

文件位置：实例文件>CH09>项目003.fla

项目背景

本实例以制作一则培训网站的通栏广告为案例背景，主要目的是吸引儿童参与暑期绘画培训。

项目分析

本实例中的广告主要宣传的是儿童暑期绘画培训，因此在选取颜色的时选取富有跳跃性的颜色，在制作动画时需要制作一些富有趣味的动画效果，例如文字跳跃。本实例最终效果如图9-104~图9-107所示，首先以云朵的扩散作为广告的开始，然后切入文字。

图9-104

图9-105

图9-106

图9-107

入场动画

【制作流程】

01 新建一个Flash空白文档，然后执行【文档\修改】菜单命令，打开文档设置对话框，并在对话框中设置【舞台大小】为680像素×240像素，【舞台颜色】为绿色（红:102，绿:204，蓝:204），如图9-108所示。

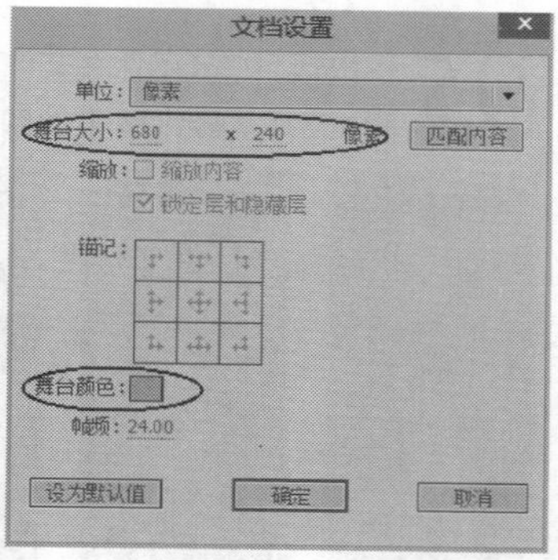

图9-108

02 执行【文件\导入\导入到舞台】菜单命令，将【素材文件\CH09\背景003.jpg】导入到舞台中，如图9-109所示。

图9-109

03 按快捷键Ctrl+F8新建元件，然后在元件的编辑区中绘制出云朵的形状，接着使用同样的方式制作出多个白云的元件，如图9-110所示。

图9-110

04 新建一个图层，将其命名为【云朵】，然后将【库】中的白云拖曳至对应位置，并分别调整白云的位置和方向，如图9-111所示；接着选中所有云朵，按F8键将其转换为【图形】元件，【名称】为【云动画】，如图9-112所示。

05 双击元件进入元件编辑区，然后选中【图层1】层的第40帧，按F5键添加帧；接着选中工作区中的所有元件，并将其分散到图层中，如图9-113所示；最后在所有图层的第24帧位置创建关键帧，如图9-114所示。

图9-111

图9-112

云朵的运动轨迹并不是完全的直线，在运动过程中伴随着一定的旋转。

06 使用【任意变形工具】▣分别调整每个图层中第24帧位置的云朵的位置和大小，如图9-115所示；然后在所有图层的两个关键帧之间创建传统补间，如图9-116所示。

图9-115

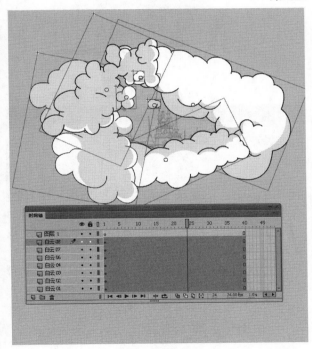

图9-113

图9-116

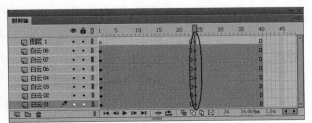

图9-114

07 在空白位置双击鼠标左键，回到主场景；然后设置【云动画】的【循环】为【播放一次】，如图9-117所示；接着选中两个图层的第110帧，按F5键添加帧，如图9-118所示。

图9-117

图9-118

08 按快捷键Ctrl+F8新建一个【图形】元件，【名称】为【小孩】，如图9-119所示；然后执行【文件\导入\导入到舞台】菜单命令，将【素材文件\CH09\素材003. png】导入到工作区中，如图9-120所示。

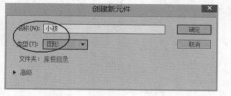

图9-119

图9-121

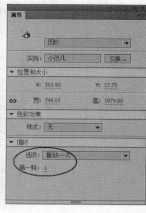

图9-122

11 双击元件进入【小孩儿】元件编辑区，然后在【图层1】层的第15帧位置创建关键帧，并使用【任意变形工具】 等比缩小元件；接着在两个关键帧之间创建传统补间，如图9-123所示。

图9-123

12 保存文件，按快捷键Ctrl+Enter测试影片，完成效果如图9-124和图9-125所示。

图9-120

09 新建一个图层，将其命名为【角色】，并使该图层位于【云朵】下层；然后将【库】中的小孩拖曳至舞台中，并使用【任意变形工具】 将元件调整至合适大小，如图9-121所示。

10 保持对该元件的选中，然后按F8键将其转换为元件，【名称】为【小孩儿】；接着选中转换后的元件，并在【属性】面板中设置【循环】为【播放一次】，如图9-122所示。

图9-124

图9-125

文字动画

【制作流程】

01 按快捷键Ctrl+F8，新建一个【图形】元件，【名称】为【童】；然后执行【文件\导入\导入到舞台】菜单命令，将【素材文件\CH09绘003.png】导入到舞台中；接着使用同样的方式新建【绘】【世】和【界】3个元件，如图9-126所示。

图9-126

02 新建一个图层，将其命名为【文字动画】，并使它位于【云朵】层的下层，然后在该图层的第10帧位置创建关键帧，并将【库】中的4个文字元件拖曳至舞台中，并分别调整文字的位置，如图9-127所示。

图9-127

03 选中【童】元件，按F8键再次将其转换为一个【图形】元件，【名称】为【童 动】；然后双击元件进入元件编辑区，并将工作区中的元件移动至舞台外侧；接着打开【动画预设】面板，将面板中的【多次跳跃】应用至该元件，如图9-128所示。

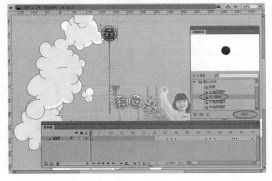

图9-128

04 调整补间动画的时间长度，然后使用【任意变形工具】调整最后一帧的位置和方向，如图9-129所示。

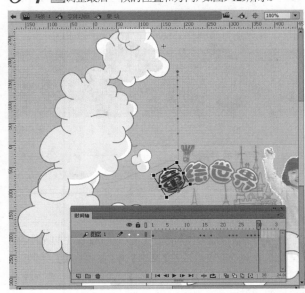

图9-129

05 选中所有帧，并单击鼠标右键，在弹出的快捷菜单中选择【另存为动画预设】命令，打开【将预设另存为】对话框，最后在对话框中输入名称，如图9-130所示；单击确定后预设将会被保存至【动画预设】面板中，如图9-131所示。

图9-130　　　　　　　　图9-131

技巧与提示

　　动画预设在制作动画过程中常常会用到，用户可以利用动画预设制作出多种动画效果，也可以在原有的基础上对运动轨迹进行调整，制作出合适的动画效果。

---

06 分别将剩余的3个文字转换为元件，然后进入各个元件的编辑区调整与元件的位置，并将【文字跳跃】动画预设应用至各个元件中；接着回到主场景，并设置4个文字元件的【循环】为【播放一次】，如图9-132所示。

图9-132

07 保持对4个文字元件的选中，按F8键将其转换为【图形】元件；然后在【图层1】层的第115帧插入帧，再将所有元件分散到图层中，接着删除【图层1】图层，并分别将其调整第1帧的位置，如图9-133所示。

图9-133

技巧与提示

在制作这4个文字的动画时，需要注意时间的把控，让每个字出现的时间间隔是相同的，形成规律感，从而可以避免这个广告中的动画杂乱无章。

08 回到主场景，然后选中【文字动画】层中的元件，并在属性面板中设置【循环】为【播放一次】；接着新建一个图层，将其命名为【广告词】，在第73帧位置创建关键帧，最后在舞台中输入文本，如图9-134所示。

图9-134

09 将文本转换为【图形】元件，然后在【广告词】层的第93帧位置创建关键帧，并选中第73帧中的元件，设置其色彩的【样式】为Alpha，Alpha值为0%，如图9-135所示；接着在两个关键帧之间创建传统补间，如图9-136所示。

10 新建一个图层，将其命名为AS，然后在最后一帧位置创建关键帧；接着按F9键打开【动作】面板，并在面板中输入stop()，如图9-137所示。

图9-135

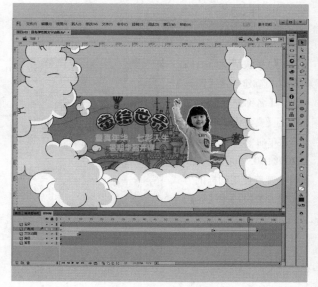

图9-136

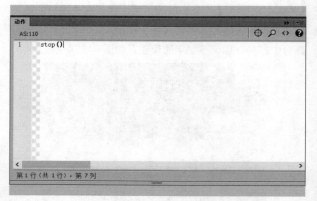

图9-137

11 按快捷键Ctrl+S保存文件，然后按快捷键Ctrl+Enter测试影片，最终效果如图9-138~图9-141所示。

图9-138

图9-139

图9-140 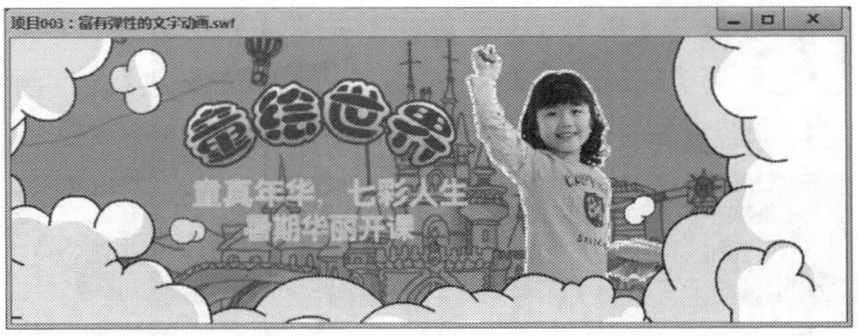　　　　　　　　　　　　　　　　　　　　　　图9-141

项目 004 文字渐显

文件位置：实例文件>CH09>项目004.fla

项目背景

本实例以制作一则房地产横幅广告为案例背景，主要目的是宣传楼盘，从而提高楼盘的购买率。

项目分析

本实例中的广告是以文字为主的横幅广告，首先使用冷色的背景向用户讲述楼盘优势，简洁大方；然后更改背景为红色，并使用一句充满励志的广告词来引起用户的共鸣，激发潜在用户的购买欲，最终效果如图9-142~图9-145所示。

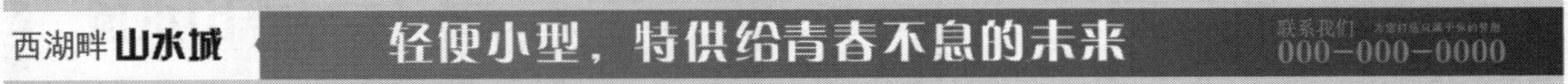

西湖畔 山水城　轻便小型，特供给青春不息的未来　联系我们 为您打造只属于你的梦想
000-000-0000

图9-142

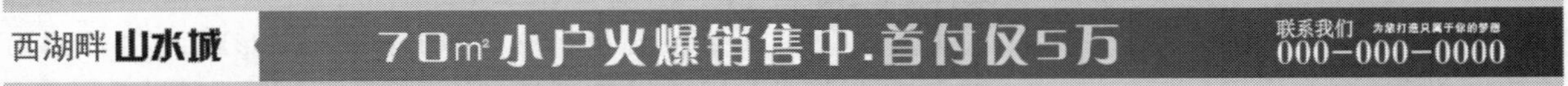

西湖畔 山水城　70㎡小户火爆销售中·首付仅5万　联系我们 为您打造只属于你的梦想
000-000-0000

图9-143

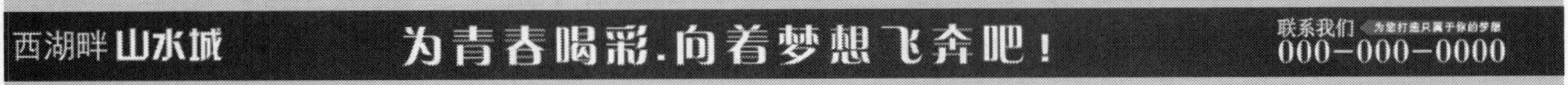

西湖畔 山水城　为青春喝彩·向着梦想飞奔吧！　联系我们 为您打造只属于你的梦想
000-000-0000

图9-144

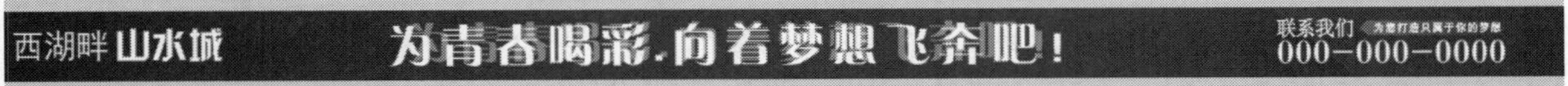

西湖畔 山水城　为青春喝彩·向着梦想飞奔吧！　联系我们 为您打造只属于你的梦想
000-000-0000

图9-145

入场动画

【制作流程】

01 新建一个Flash空白文档，然后执行【文档\修改】菜单命令，打开【文档设置】对话框，并在对话框中设置【舞台大小】为1200像素×55像素，如图9-146所示。

图9-146

02 执行【视图\标尺】菜单命令，打开标尺，然后使用【选择工具】从标尺上拖曳出辅助线，如图9-147所示；接着选中【图层1】图层，将其重命名为【背景

01】，并在第140帧位置添加帧，如图9-148所示。

图9-147

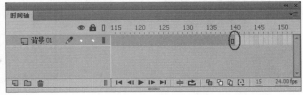

图9-148

技巧与提示

在制作广告初期规划好页面的布局是必要的，这样做可以避免在制作广告的过程中动画素材产生位移。

03 选择【矩形工具】，然后在【颜色】面板中设置【笔触颜色】为无色，【填充颜色】为【线性渐变】，再设置渐变的色标颜色，具体参数如图9-149所示。

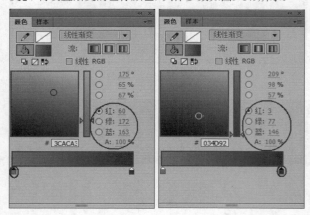

图9-149

04 在舞台中绘制一个合适大小的矩形，如图9-150所示；然后使用【选择工具】调整矩形左侧的轮廓，如图9-151所示。

图9-150

图9-151

05 选中【背景01】中的图形，将其转换为【图形】元件，【名称】为【背景02】；然后双击元件，进入元件编辑区；接着为【图层1】层添加遮罩层，制作出图形从左至右缓缓显示的动画效果，如图9-152所示。

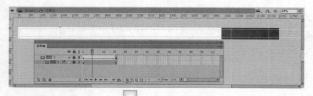

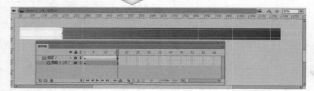

图9-152

06 新建一个名为【标志】的图层，然后选择【文本工具】，并在【属性】面板中设置字体为【黑体】，【大小】为25.0磅，【颜色】为深灰色，如图9-153所示；接着在舞台左侧输入文本，如图9-154所示。

图9-153

图9-154

07 选择【文本工具】，然后在【属性】面板中选择一个较粗的字体，并设置【字符】的【大小】为28.0磅，【颜色】为黑色，如图9-155所示；接着在舞台对应位置输入文本，如图9-156所示。

图9-155

图9-156

08 选中两个文本，将其转换为【图形】元件，【名称】为【文字01】；然后双击元件进入元件编辑区，并再次将文本转换为【图形】元件，【名称】为【文字】；接着在【图层1】层的第10帧位置创建关键帧，并设置第1帧中的元件的色彩【样式】为Alpha，Alpha值为0%，如图9-157所示。

图9-157

09 将第1帧中的元件水平移动至舞台外侧，然后在两个关键帧之间创建传统补间，制作出文字缓缓进入舞台的动画效果，如图9-158所示；接着回到主场景，并选中【标志】层中的元件，设置其【循环】为【播放一次】，如图9-159所示。

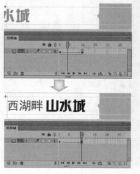

图9-158

图9-159

10 将【标志】层的第1帧移动至15帧位置，如图9-160所示；然后保存文件，并按快捷键Ctrl+Enter测试影片，最终效果如图9-161和图9-162所示。

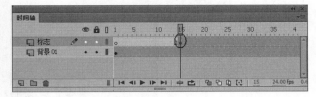

图9-160

图9-161

图9-162

文字动画

【制作流程】

01 选择【文本工具】，并在【属性】面板中设置【字符】的【系列】为【迷你简粗倩】、【大小】为35.0磅、【字母间距】为3.0，如图9-163所示。

图9-163

02 新建一个图层，将其命名为【文字动画】，然后给图层的第15帧位置创建关键帧，在舞台上对应位置输入文本，如图9-164所示；接着将文本转换为【图形】元件，并在元件中建立两个关键帧，分别输入不同的文本，如图9-165所示。

图9-164

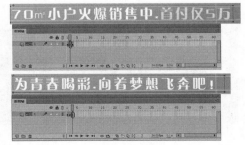

图9-165

03 退出元件编辑区，然后选中【文本动画】层中的元件，并在【属性】面板中设置【循环】为【单帧】、【第一帧】为1，如图9-166所示。

图9-166

04 保持对文本的选中，然后按F8键将其转化为图形元件，并进入元件编辑区，分别在【图层1】层的第10帧、第39帧和第45帧位置创建关键帧，如图9-167所示。

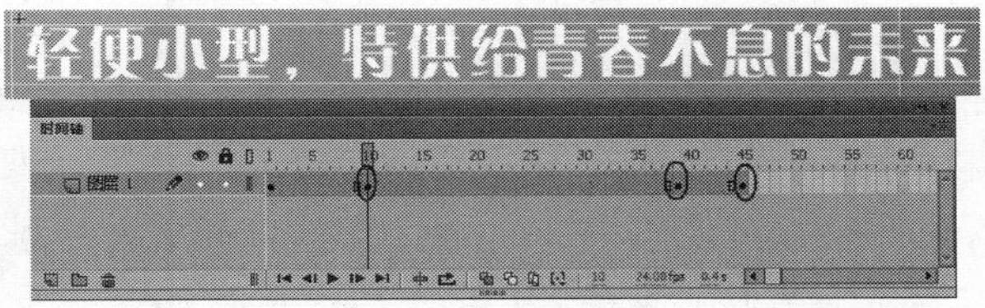

图9-167

05 分别设置第1帧和第45帧中的元件的色彩【样式】为Alpha，Alpha值为0%；接着创建传统补间，制作出文本渐显和渐出的动画，如图9-168所示。

图9-168

06 新建两个图层，并使它们位于【图层1】层的下层，然后将【图层1】层中第10帧分别复制到两个图形的第1帧；接着分别选中两个图层中的元件，在【属性】面板中设置【循环】为【单帧】、【第一帧】为2，如图9-169所示。

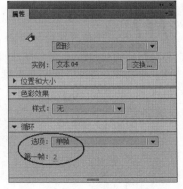

图9-169

07 在两个新建图层的第136帧位置添加帧，如图9-170所示；然后将【图层5】层的第1帧移动至第43帧，移动【图层4】层的第1帧~第47帧位置，如图9-171所示。

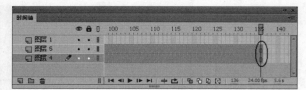

图9-170

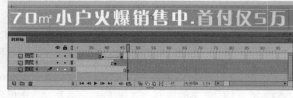

图9-171

08 在【图层5】层的第49帧位置创建关键帧，然后使用传统补间制作出文字渐显的动画效果，如图9-172所示。

图9-172

09 隐藏【图层5】图层，然后在【图层4】层的第69帧和第79帧位置创建关键帧，并在两个关键帧之间建立传统补间；接着在第71帧位置创建关键帧，并将该帧中的元件等比缩小至合适大小，如图9-173所示。

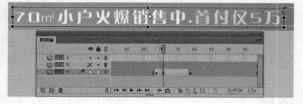

图9-173

10 在【图层5】层的第76帧和第83帧位置创建关键帧，然后将第69帧转换为空白关键帧；接着在第76帧~第83帧之间创建传统补间，再选中第76帧中的元件，将其等比缩小；最后设置其色彩的Alpha值为0%，最终动画效果如图9-174所示。

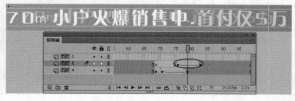

图9-174

? 疑问解答

问：为什么要再制作一次文字补间？

答：这样做可以使文字在放大的过程中有震动。

11 在【图层4】和【图层5】层的第100帧和第106帧创建关键帧；然后分别设置【图层5】层第100帧和第106帧两个帧中的元件的【第一帧】为3，如图9-175所示。

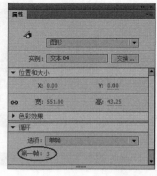

图9-175

12 选中【图层5】层第100帧中的元件，设置其色彩Alpha值为0%，然后选中【图层4】层第106帧中的元件，并设置其色彩Alpha值为0%，如图9-176所示；接着在两个图层的第100帧~第106帧之间创建传统补间，如图9-177所示。

图9-176

图9-177

13 在【图层5】和【图层4】层的对应位置创建关键帧，然后使用传统补间制作出文本放大的动画效果，如图9-178所示。

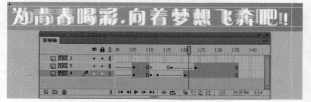

图9-178

14 回到主场景，然后新建一个图层，并将其命名为【联系我们】；接着在该图层的第30帧位置创建空白关键帧，接着使用【文本工具】 T 在舞台右侧输入文本，并将其转换为【图形】元件，如图9-179所示。

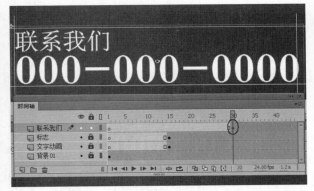

图9-179

15 在【联系我们】层中的第38帧位置创建关键帧，然后使用传统补间制作出文字渐显的动画，如图9-180所示。

图9-180

16 新建一个图层，并将其命名为【标签】，使用绘图工具在舞台中绘制出一个红色渐变标签，如图9-181所示；渐变色的颜色设置如图9-182所示，然后将绘制完成的标签转换为【图形】元件。

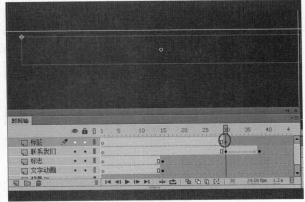

图9-181

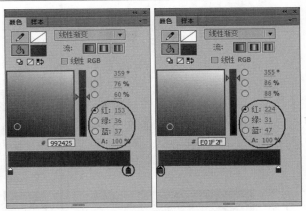

图9-182

17 双击【标签】元件，进入元件编辑区，然后在【图层1】层的第10帧位置创建关键帧，并将该帧中的渐变色更改为两种蓝色的渐变，如图9-183所示；接着在两个关键帧之间创建形状补间，再新建一个图层，在标签位置输入文本，如图9-184所示。

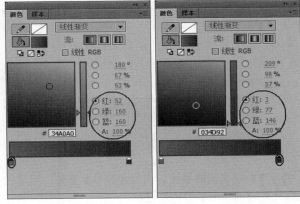

图9-183

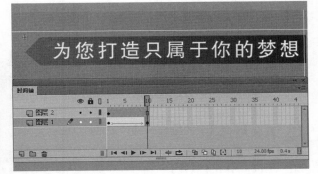

图9-184

18 回到主场景，然后选中【标签】元件，并在【属性】面板中设置【循环】为【单帧】，如图9-185所示；接着在【标签】层的第38帧位置创建关键帧，并使用传统补间制作出标签渐显的动画，如图9-186所示。

图9-185

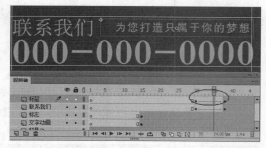

图9-186

图9-190

22 在【标签】层的第112帧位置创建关键帧，然后选中该帧中的元件，并在【属性】面板中设置【循环】为【播放一次】，【第一帧】为1，如图9-191所示；接着新建一个名为AS的图层，并在最后一帧位置创建关键帧，最后打开【动作】面板，并在面板中输入代码，如图9-192所示。

图9-191

19 在【背景01】层上新建一个图层，并将其命名为【背景02】，然后在该图层的第112帧位置创建关键帧；接着执行【文件\导入\导入到舞台】菜单命令，将【素材文件\CH03\背景004.jpg】导入到舞台中，如图9-187所示。

图9-187

20 将导入的背景图转换为【图形】元件，然后在【背景02】层的第123帧位置创建关键帧；再选中第112帧中的元件，在【属性】面板中设置其色彩【样式】为Alpha，Alpha值为0%；接着在两个关键帧之间创建传统补间，如图9-188所示。

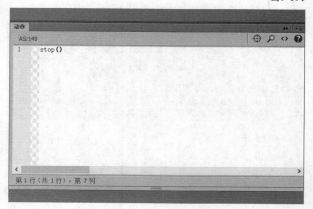

图9-192

23 按快捷键Ctrl+S保存文件，然后按快捷键Ctrl+Enter测试影片，最终效果如图9-193~图9-196所示。

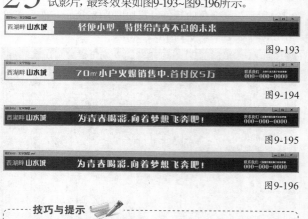

图9-193

图9-194

图9-195

图9-196

图9-188

21 在【标志】层的第112帧和第123帧位置创建关键帧，然后选中第123帧中的元件，并在【属性】面板中设置色彩【样式】为【亮度】，亮度值为100%，如图9-189所示；接着在两个关键帧之间创建传统补间，如图9-190所示。

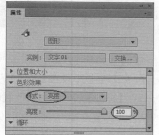

图9-189

技巧与提示

　　本实例中的文字放大效果，也可以用来制作物体的放大效果，使物体在放大过程中出现缓缓显现的效果。

项目 **005** 动画片头文字渐显

文件位置：实例文件>CH09>项目005.fla

项目背景

本实例是制作一段动画的片头入场动画，主要目的是吸引用户观看动画。

项目分析

在动画片中动画片头通常是具有固定的动态，这样不仅可以节约动画制作的成本，也可以增强该动画的记忆性。本实例中的动画片头制作的是一只小狗从左侧进入场景，然后显现文字的动画效果，如图9-197~图9-200所示。

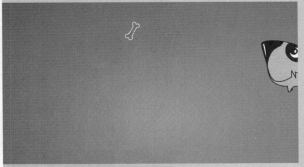

图9-197

图9-198

图9-199

图9-200

制作元件

【制作流程】

01 新建一个Flash空白文档，然后执行【文档\修改】菜单命令，打开文档设置对话框，并在对话框中设置【舞台大小】为1280像素×720像素，如图9-201所示。

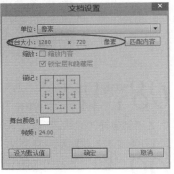

图9-201

02 按快捷键Ctrl+F8新建一个【图形】元件，【名

称】为dog，然后使用绘图工具在该元件中绘制出一只小狗，如图9-202所示。

图9-202

03 在【图层1】层的第2帧~第8帧中创建关键帧，然后分别更改关键帧中的图形，制作出小狗行走的动画张，如图9-203所示；每个关键帧中的动画张示意图如图9-204所示。

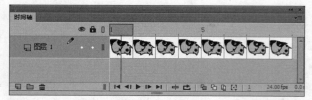

图9-203

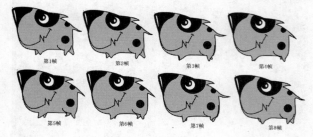

第1帧　第2帧　第3帧　第4帧
第5帧　第6帧　第7帧　第8帧

图9-204

技巧与提示

本实例中小狗是一只很卡通的小狗，这样的小狗的走路速度会比生活中的小狗快一些，因此在制作小狗走路时采用逐帧制作的方式，并不需要在中间添加帧。

04 将【库】中的小狗元件拖曳至舞台中央位置，然后使用【文本工具】 在小狗下方输入文本；接着选中文本，并按两次快捷键Ctrl+B将文本转换为形状，如图9-205所示。

图9-205

05 选中文本，然后按F8键将其转换为一个【图形】元件，【名称】为【文字】，如图9-206所示；接着选中文本和小狗，按F8键将其转换为一个【图形】元件，【名称】为【标志动画】，如图9-207所示。

图9-206

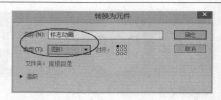

图9-207

06 双击元件进入【标志动画】元件的编辑区，然后使用绘图工具在小狗上方绘制一根骨头，并将其转换为【图形】元件，如图9-208所示；接着在【图层1】层的第130帧位置添加帧。

图9-208

07 选中【图层1】层中的所有元件，单击鼠标右键，在弹出的快捷菜单中选择【分散到图层】命令，将元件分散到独立的图层中，如图9-209所示。

图9-209

08 双击【骨头】元件，进入该元件的编辑区，然后在【图层1】层的第9帧位置创建关键帧，在两个关键字之间创建补间形状；接着在第5帧位置创建关键帧，并使用【任意变形工具】 调整骨头的方向，如图9-210所示。

09 在空白位置双击鼠标左键，退出【骨头】元件的编辑区；然后选中【骨头】层中的元件，并在【属性】面板中设置【循环】为【单帧】，如图9-211所示。

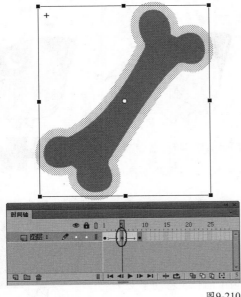

图9-210

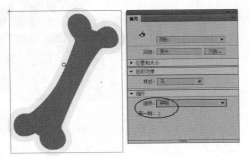

图9-211

制作动画

【制作流程】

01 删除【图层1】图层，然后选中【骨头】层中的第15帧，按F6键将其转换为关键帧；接着选中第1帧中的【骨头】元件，垂直向上移动元件至舞台外侧，如图9-212所示；最后在两个关键帧之间创建传统补间，如图9-213所示。

图9-212　　　　　　图9-213

02 选中【骨头】层的第15帧中的元件，然后在【属性】面板中设置【循环】的【选项】为【循环】，如图9-214所示。

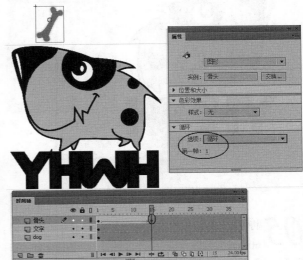

图9-214

03 将dog层的第1帧移动至第10帧位置，然后在该图层的第40帧位置创建关键帧，并将第1帧中的元件水平向右移动至舞台外侧；接着在两个关键帧之间创建传统补间，如图9-215所示。

图9-215

04 在dog层的第42帧位置创建关键帧，然后选中该帧中的元件，并在【属性】面板种设置【循环】为【单帧】，如图9-216所示。

图9-216

图9-219

05 将【文字】层的第1帧移动至第42帧位置，然后在第60帧位置创建关键帧，并设置第42帧中的元件的色彩【样式】为Alpha，Alpha值为0%，如图9-217所示。

07 选中【骨头】层的第73帧和第90帧，按F6键将其转换为关键帧；然后将第90帧中的骨头移动至文字位置，在两个关键帧之间创建传统补间，如图9-220所示。

图9-217

图9-220

06 在【文字】层的两个关键帧之间创建传统补间，然后选中第42帧种的元件，将其垂直向下移动一段距离，如图9-218所示；按Enter键预览动画，效果如图9-219所示。

08 在【骨头】层的第95帧位置创建关键帧，然后选中该帧中的元件，并设置该元件的【循环】为【单帧】，如图9-221所示。

图9-218

图9-221

09 在dog层的第73帧位置创建关键帧，然后选中该帧中的元件，按快捷键Ctrl+B将元件分离，如图9-222所示；接着按F8键将小狗转换为【图形】元件，【名称】为dog02，如图9-223所示。

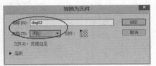

图9-222　　　　　　　　　　图9-223

10 双击元件，进入元件编辑区，然后选中舞台中的小狗图形，并在【属性】面板中更改【笔触高度】为3.50，如图9-224所示。

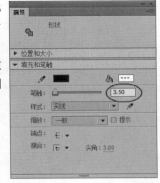

图9-224

11 将小狗的眼睛分散到独立的图层中，然后在两个图层的第20帧位置创建关键帧；接着使用补间形状制作出小狗眼睛下移的动画，如图9-225所示。

图9-225

12 在空白处双击鼠标左键，回到【标志动画】元件的编辑区，然后选中dog层的第73帧中的元件，并在【属性】面板中设置【循环】为【播放一次】，如图9-226所示。

图9-226

编辑背景

【制作流程】

01 回到主场景，然后在【图层1】层的第130帧位置添加帧，如图9-227所示；接着新建一个图层，并使用【矩形工具】■在该图层中绘制一个舞台大小的矩形，【填充颜色】为任意色，最后将【图层1】层的第1帧移动至第18帧位置，如图9-228所示。

图9-227

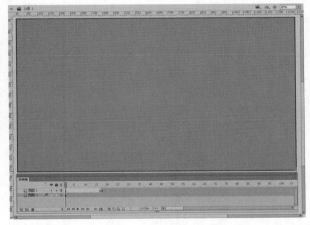

图9-228

02 在【图层4】层的第15帧位置创建关键帧，并选中第1帧中的矩形；然后在【颜色】面板中设置【填充颜色】为【径向渐变】，第1个渐变色标的颜色为（红:255，绿:153，蓝:0），第2个渐变色标的颜色为白色，如图9-229所示。

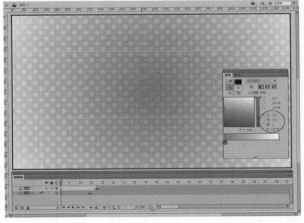

图9-229

313

03 选中第15帧中的矩形，然后在【属性】面板中设置【填充颜色】为【径向渐变】，并设置第1个渐变色标的颜色为（红:255，绿:204，蓝:0）、第2个渐变色标的颜色为（红:255，绿:102，蓝:51），如图9-230所示。

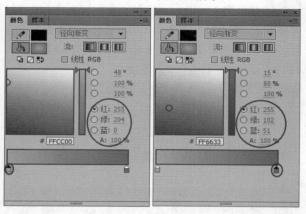

图9-230

04 使用【渐变变形工具】选中矩形，并调整渐变的范围，如图9-231所示；然后在【图层4】层的第1帧~第15帧之间创建补间形状，如图9-232所示。

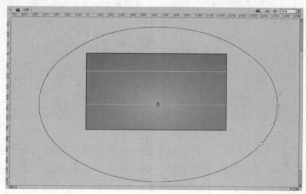

图9-231

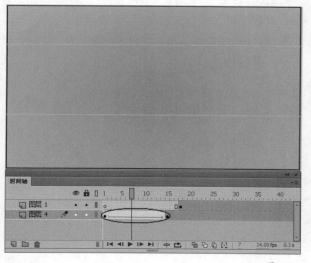

图9-232

05 按快捷键Ctrl+S保存文件，然后按快捷键Ctrl+Enter测试影片，最终效果如图9-233~图9-236所示。

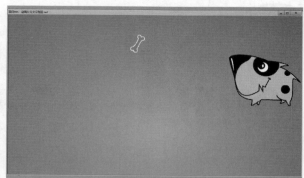

图9-233

图9-234

图9-235

图9-236

项目 006 水波文字动画

文件位置：实例文件>CH09>项目006.fla

项目背景

本实例以制作一则旅游网站的主题广告为背景，主要目的是吸引用户参与该网站的旅游活动。

项目分析

本实例中的广告选择了一个湖泊作为背景，赋予广告强烈的自然感，然后制作出广告文字从水中缓缓上升的动画效果，再制作出水波荡漾的动画，最终效果如图9-237~图9-240所示。

图9-237

图9-238

图9-239

图9-240

处理素材

【制作流程】

01 新建一个Flash空白文档，然后执行【文档\修改】菜单命令，打开【文档设置】对话框，并在对话框中设置【舞台大小】为650像素×350像素，如图9-241所示。

图9-241

然后将图片调整至舞台大小，再将【图层1】层重命名为【背景】，如图9-242所示。

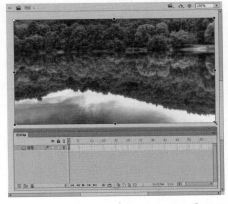

图9-242

02 执行【文件\导入\导入到舞台】菜单命令，将【素材文件\CH09\背景006.jpg】导入到舞台中，

03 按快捷键Ctrl+F8，新建一个【图形】元件，【名称】为【竹叶】；然后执行【文件\导入\导入到舞台】菜单命令，将【素材文件\CH09\竹叶.png】导入到工作区中，如图9-243所示。

04 按快捷键Ctrl+F8，新建一个【影片剪辑】，【名称】为【露水】；然后执行【文件\导入\导入到舞台】菜单命令，将【素材文件\CH09\露水.png】导入到工作区中，如图9-244所示。

图9-246

图9-243　　　　　　　图9-244

05 新建一个图层，将其命名为【水滴】，然后将【库】面板中的竹叶拖曳到舞台的右上角，并使用【任意变形工具】█将竹叶调整至合适大小，如图9-245所示。

图9-247

07 选中【水滴】层中的所有元件，按F8键将其转换为【图形】元件；然后进入该元件的编辑区，并选中露水，单击鼠标右键在弹出的快捷菜单中选择【分散到图层】命令；接着调整图层顺序，在【属性】面板中设置露水的【混合】为叠加，如图9-248所示。

图9-245

06 将【库】中的露水拖曳到舞台中，然后使用【任意变形工具】█调整露水的大小，再将露水拖曳至竹叶上，如图9-246所示；接着在两个图层的第100帧位置添加帧，如图9-247所示。

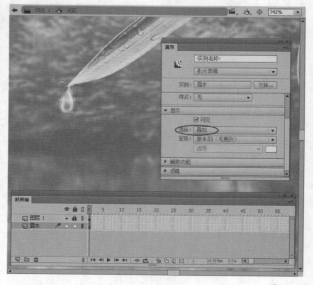

图9-248

08 选中两个图层的第70帧，按F5键添加帧，如图9-249所示；然后将【图层1】层的第5帧转换为关键帧，并在两个关键帧之间创建传统补间，接着选中第5

帧中的竹叶，将其垂直向下移动一段距离，如图9-250所示。

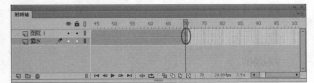

图9-249

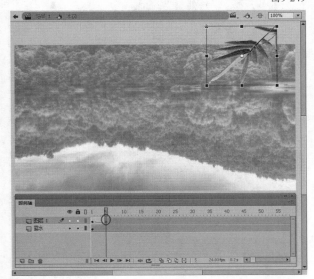

图9-250

09 将【露水】层的第24帧转换为关键帧，然后在两个关键帧之间创建传统补间；接着使用【任意变形工具】选中第24帧中的露水，等比放大露水至合适大小，如图9-251所示。

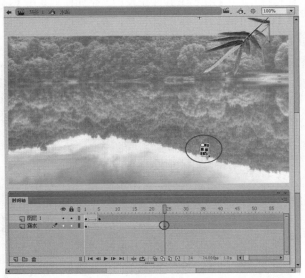

图9-251

10 在【露水】层上新建一个图层，然后使用【椭圆工具】在工作区中绘制一个颜色为任意色的椭圆，绘制完成后将新建图层转换为【遮罩层】，如图9-252所示。

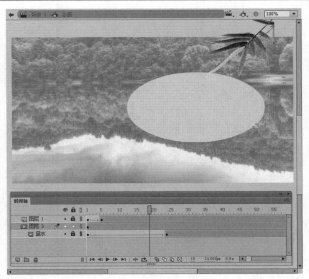

图9-252

疑问解答

问：为什么使用椭圆作为遮罩形状？

答：湖面的水波在扩散时是弧形的，当水滴落入湖水中，水波正好开始扩散，因此水滴最后消失的位置也应该是有弧度的。

11 单击【场景】按钮回到主场景，然后选中【水滴】层中的元件，打开【属性】面板，设置该元件的【循环】为【播放一次】，如图9-253所示。

图9-253

制作文字动画

【制作流程】

01 新建一个图层，将其命名为【文字】，然后使用【文本工具】在舞台左侧输入文本，接着按两次快捷键Ctrl+B将文本分离为形状，再将其转换为【图形】元件，如图9-254所示。

图9-254

02 选中文本元件，按住Alt键拖曳鼠标，复制出一个相同的文本；然后使用【任意变形工具】调整文本元件的形状，调整至合适形状后，再将元件移动至原始元件的下方，作为该元件的倒影，如图9-255所示。

图9-255

03 保持对当前元件的选中，然后单击鼠标右键，在弹出的快捷菜单中选择【分散到图层】命令；接着调整图层顺序，并选中文字倒影，在【属性】面板中设置色彩的【样式】为Alpha，Alpha值为61%、【混合】为【叠加】，如图9-256所示。

04 分别在两个【文字】层上新建一个图层，并分别命名为【遮罩01】和【遮罩02】；然后使用【矩形工具】分别在两个图层中绘制一个颜色为任意色的矩形，如图9-257所示。

图9-256

图9-257

05 打开两个遮罩层的线框显示模式，然后分别在两个文字层的第15帧位置创建关键帧，再分别创建传统补间；接着选择位于上层的文字元件，并在【属性】面板中设置其透明度为50%，最后将该元件垂直向下移动至合适位置，如图9-258所示。

图9-258

06 选择位于下层的文字元件，然后将其垂直向上移动至合适位置，如图9-259所示；接着分别选

中两个遮罩层，单击鼠标右键在弹出的快捷菜单中选择
【遮罩层】命令，如图9-260所示。

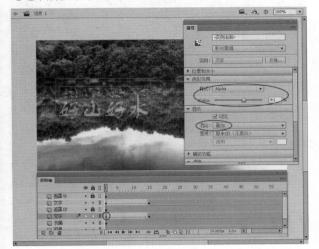

图9-259

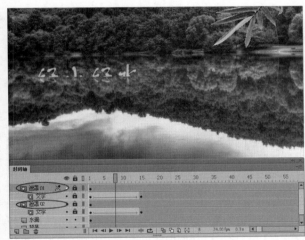

图9-260

07 选中【遮罩02】层和【文字】层，将其移动至
【水滴】层的下方，如图9-261所示。

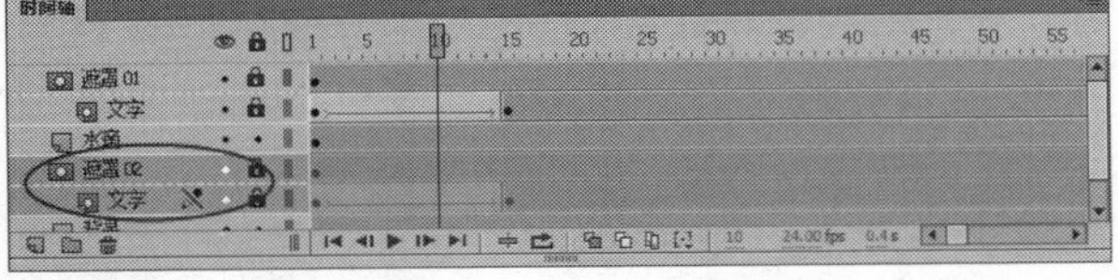

图9-262

02 删除岸边的植被和线条，然后使用【任意变形
工具】选中水面，并将其等比放大至合适大
小，如图9-263所示。

图9-263

03 新建一个图层，并将其命名为【遮罩03】，然后
在该图层的第33帧位置创建关键帧；接着使用绘
图工具在舞台中绘制出水波的形状，并将其转换为【图
形】元件，如图9-264所示。

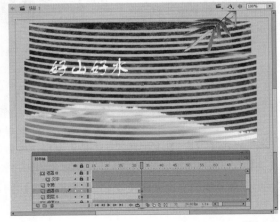

图9-264

（图9-261处）

图9-261

制作水波和添加效果

【制作流程】

01 在【遮罩02】层的上层新建一个图层，并在该图层
的第33帧位置创建关键帧，接着将【背景】层中的
图像复制到该帧中，再将图片分离为图形，最后使用【钢笔
工具】沿着水岸绘制一条线，如图9-262所示。

04 在【遮罩03】层的第67帧位置创建关键帧，然后将该帧中的元件垂直向下移动至舞台外侧，如图9-265所示。

图9-267

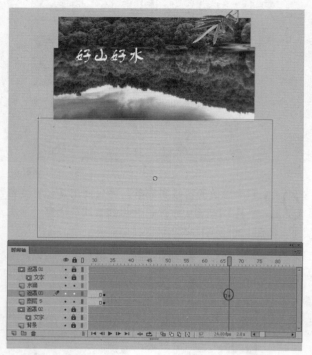

图9-265

05 在两个关键帧之间创建传统补间，然后选中【遮罩03】层，再单击鼠标右键，在弹出的快捷菜单中选择【遮罩层】，如图9-266所示。

07 新建一个【图形】元件，【名称】为【圆形】，然后选择【椭圆工具】 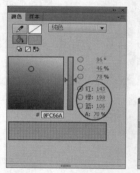，并在【颜色】面板中设置【笔触颜色】为无、【填充颜色】为（红:143，绿:198，蓝,106，A:70%），如图9-268所示；接着在工作区中绘制一个圆形，如图9-269所示。

图9-268　　　　　　　　　　　图9-269

08 在【图层1】层的第115帧位置添加帧，然后将第20帧转换为关键帧，再选中第1帧中的圆，使用【任意变形工具】 将其等比缩小至合适大小；接着在【颜色】面板中设置【填充颜色】的Alpha值为0%，如图9-270所示；最后在两个关键帧之间创建补间形状，如图9-271所示。

图9-266

06 在【图层5】上层新建一个被遮罩层，然后选中该图层的第33帧，按F6键创建关键帧，并将文字倒影复制到该帧中；接着使用【任意变形工具】 等比放大文字至合适大小，如图9-267所示。

图9-270　　　　　　　　　　　图9-271

09 回到主场景，然后新建一个图层，并将其命名为【圆形】，在该图层的第51帧位置创建关键帧；接着将【库】中的圆形拖曳5个至舞台右侧，并分别调整圆形的大小，如图9-272所示。

图9-272

11 按快捷键Ctrl+S保存文件，然后按快捷键Ctrl+Enter 测试影片，最终效果如图9-275~图9-278所示。

图9-275

10 选中最左侧的圆形，然后在【属性】面板中设置色 彩的【样式】为【高级】，如图9-273所示；接着使用 同样的方式设置另一个圆的色彩，如图9-274所示。

图9-273

图9-276

图9-277

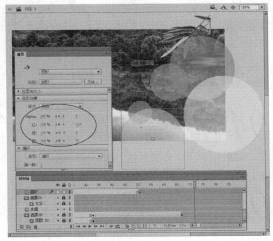

图9-274

图9-278

项目 007 放大镜文字效果

文件位置：实例文件>CH09>项目007.fla

项目背景

本实例以制作一个音乐网站的主题广告为背景，主要目的是呼吁用户积极参与音乐创作。

项目分析

本实例中的广告采用了黑白色调作为背景，然后添加少量黄色使整个背景富有活力；广告词使用纯正的红色更有突出效果，最后为文字添加放大效果，主要是为了强调活动主题，激发用户参与活动的欲望，最终效果如图9-279和图9-280所示。

图9-279

图9-280

制作按钮

【制作流程】

01 新建一个Flash空白文档，然后执行【文档\修改】菜单命令，打开【文档设置】对话框，并在对话框中设置【舞台大小】为760像素×350像素，如图9-281所示。

图9-281

02 执行【文件\导入\导入到舞台】菜单命令，将【素材文件\CH09\背景007.jpg】导入到舞台中，然后使用【任意变形工具】将图片调整至舞台大小，如图9-282所示。

图9-282

03 新建一个图层，并将其命名为【文字】，然后使用【文本工具】T在舞台左侧输入文本，字符的【颜色】为红色，如图9-283所示。

图9-283

04 新建一个图层，并将其命名为【按钮】，然后使用【椭圆工具】在舞台右侧绘制一个黄色的圆，如图9-284所示；接着选中圆，按F8键将其转换为【按钮】元件，【名称】为【圆按钮】，如图9-285所示。

05 双击按钮元件，进入元件编辑区，然后在【图层1】层的【按下】帧位置添加帧；接着新建一个图层，并使用【线条工具】在圆上绘制一条线，并将直线调整至尖角状，如图9-286所示。

图9-284

图9-285

图9-286

06 选中【图层1】层中的圆形，按F8键将其转换为【图形】元件；然后在【指针经过】帧创建关键帧，并选中该帧中的元件，按F8键将其转换为【影片剪辑】，【名称】为【园03】，如图9-287所示。

图9-287

07 双击圆形，进入【园03】的元件编辑区，然后复制一个圆，并将两个圆分散到独立的图层中；接着删除【图层1】图层，并分别在剩余两个图层的第15帧位置创建关键帧和添加帧，如图9-288所示。

图9-288

08 在顶层图层的两个关键帧之间创建传统补间，然后选中第1帧中的圆，并在【属性】面板中设置色彩的【样式】为Alpha，Alpha值为0%，如图9-289所示。

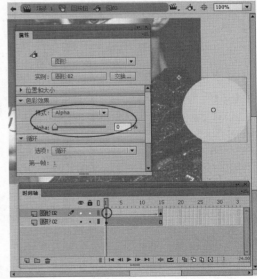

图9-289

09 在顶层图层的第13帧位置创建关键帧，然后选中该帧中的元件，并在【属性】面板中设置色彩的【样式】为Alpha，Alpha值为80%；接着将圆形水平向左移动一段距离，如图9-290所示。

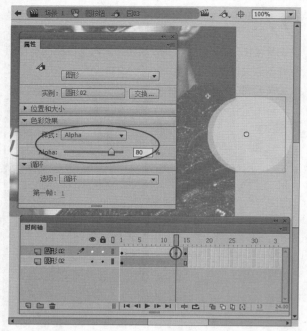

图9-290

图9-292

图9-293

10 退出【园03】的元件编辑区，然后在【按下】帧位置创建关键帧；接着选中关键帧中的元件，并在属性面板中设置【元件类型】为【图形】、色彩的【样式】为【高级】、【循环】为【单帧】，如图9-291所示。

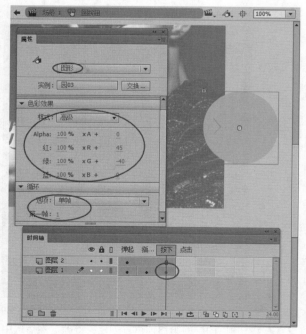

图9-291

11 在【图层2】层的【指针经过】帧位置创建关键帧，然后选中该帧中的图形，将其水平向右移动至合适位置，至此按钮制作完成。按快捷键Ctrl+Enter测试影片，即可查看按钮效果，如图9-292和图9-293所示。

制作文字放大效果

【制作流程】

01 单击 场景1 回到出场景，然后将【文字】层中的文本分离为形状；接着单击鼠标右键，在弹出的快捷菜单中选择【复制图层】命令，如图9-294所示；最后选中复制图层中的文本，使用【任意变形工具】 将其等比放大至合适大小，如图9-295所示。

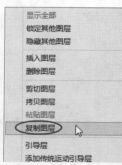

图9-294

图9-295

02 新建一个图层，并将其命名为【遮罩】，然后使用【椭圆工具】 在舞台中绘制一个圆形，并按F8键，将其转换为【影片剪辑】；接着在【属性】面板中，设置【实例名称】为maskMc，如图9-296所示。

图9-296

03 复制【遮罩】层,然后选中该图层中的元件,并按快捷键Ctrl+B分离元件;接着在【颜色】面板中设置【填充颜色】的透明度为0%,再按F8键将圆形转换为【影片剪辑】,【名称】为【圆05】,如图9-297所示。

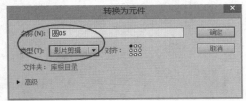

图9-297

04 选中该元件,然后在【属性】面板中输入【实例名称】为magnifier,如图9-298所示;接着选中【遮罩】层单击鼠标右键,在弹出的快捷菜单中选择【遮罩层】,再复制【背景】层,并将该图层调整至【文字】层的下方,如图9-299所示。

图9-298

图9-299

05 新建一个图层,并将其命名为AS,然后选中第1帧,并按F9键打开【动作】面板;接着在面板中输入如图9-300所示的代码。

图9-300

技巧与提示

程序第1行先添加一个事件,进入每一帧时都会执行这个事件,在事件函数enterFrame中将遮罩图形和方形元件的坐标设置为鼠标坐标,这样就能让放大镜和圆都跟着鼠标指针移动;同时将鼠标指针隐藏起来,这样运行后的效果就很自然了。

06 按快捷键Ctrl+S保存文件,然后按快捷键Ctrl+Enter测试影片,最终效果如图9-301和图9-302所示。当鼠标指针移动至文字位置时,将出现被放大后的文字。

图9-301

图9-302

项目 **008** 制作登录界面

文件位置：实例文件>CH09>项目008.fla

项目背景

本实例以制作一个登录界面，主要目的是方便用户登录相关联的网站页面。

项目分析

登录界面通常包含有用户名、密码和验证码三个选项，用户可以在这三个选项中输入对应的字符，本实例中的登录界面主要使用组件制作出可输入的文本框，用户可以在文本框位置对文本的内容进行编辑，如图9-303和图9-304所示。

图9-303

图9-304

制作按钮

【制作流程】

01 新建一个Flash空白文档，然后执行【文档\修改】菜单命令，打开【文档设置】对话框，并在对话框中设置【舞台大小】为1000像素×680像素，如图9-305所示。

图9-305

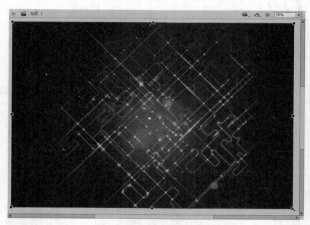

图9-306

02 执行【文件\导入\导入到舞台】菜单命令，将【素材文件\CH09\背景008.jpg】导入到舞台中，然后将图片调整至舞台大小，再将【图层1】层重命名为【背景】，如图9-306所示。

03 新建一个图层，并将其命名为【界面】，然后打开【素材文件\CH09】文件夹，并将【界面.png】文件拖曳至舞台中；接着将其等比缩小至合适大小，再使用【对齐】面板将图片居于舞台中央，如图9-307所示。

图9-307

04 新建一个图层，并将其命名为【按钮】，然后执行【窗口\组件】菜单命令，打开【组件】面板；接着选中面板中的CheckBox，并按住鼠标左键将其拖曳至舞台中，如图9-308所示。

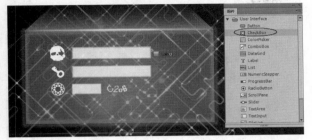

图9-308

05 选中CheckBox组件，然后打开【属性】面板，并在【组件参数】的Label值位置输入需要显示的文字；接着使用【任意变形工具】将CheckBox组件横向放大，使文字完整地显示在舞台中，如图9-309所示。

图9-309

06 按快捷键Ctrl+F8，新建一个【按钮】元件，【名称】为【忘记密码】，如图9-310所示；接着在【按钮】元件的工作区中输入文字，并使用【线条工具】在文字下方绘制一条黑色直线，如图9-311所示。

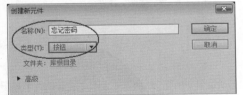

图9-310

图9-311

07 将工作区中的文字分离为形状，然后将【指针经过】帧转换为关键帧，并选中该帧中的对象，分别将颜色更改为浅灰色，如图9-312所示；接着在【按下】帧位置创建关键帧，并更改该帧中的对象的颜色为灰色，最后使用【任意变形工具】将对象等比放大至合适位置，如图9-313所示。

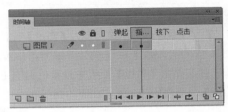

图9-312

图9-313

08 回到主场景，然后将【库】中的【忘记密码】元件拖曳至舞台中的对应位置，并使用【任意变形工具】调整该元件的大小，如图9-314所示。

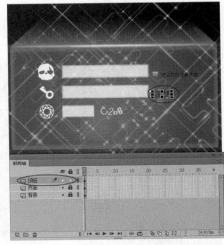

图9-314

09 新建一个【按钮】元件，【名称】为登录，然后将【素材文件\CH09】文件夹中的【按钮01.png】拖曳至工作区中，如图9-315所示。

图9-315

10 将导入的图像转换为【图形】元件，然后将【指针经过】帧转换为关键帧；接着选中该帧中的元件，并在【属性】面板中设置色彩的【样式】为【亮度】、亮度值为50%，如图9-316所示。

图9-316

11 将【按下】帧转换为关键帧，然后使用【任意变形工具】等比缩小元件，如图9-317所示；接着回到主场景，并将【库】中的【登录】元件拖曳至舞台中，最后使用【任意变形工具】调整元件至合适大小，如图9-318所示。

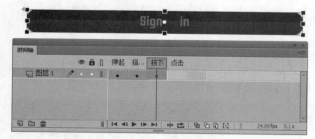

图9-317

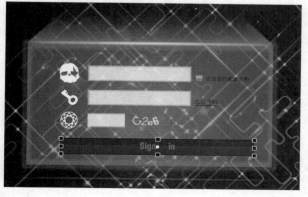

图9-318

12 使用同样的方式制作出登录界面右上角的按钮，然后将制作好的按钮摆放在舞台中的对应位置，如图9-319所示。

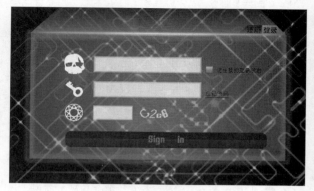

图9-319

添加组件

【制作流程】

01 新建一个【影片剪辑】，【名称】为【标志】，如图9-320所示；然后将【素材文件\CH09】文件夹中的【标志.png】拖曳至工作区中，如图9-321所示。

图9-320

图9-321

02 选中工作区中的图像，按F8键将其转换为【图形】元件，然后在【图层1】层的第14帧位置创建关键帧，并在两个关键帧之间创建传统补间；接着选中第7帧的元件，并使用【任意变形工具】调整元件的方向，如图9-322所示。

图9-322

03 新建一个图层，并将其命名为【标志】，然后将【库】中的【标志】元件拖曳至舞台中，并使用【任意变形工具】调整元件的大小至合适位置，如图9-323所示。

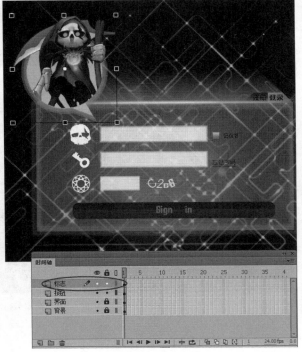

图9-323

04 新建一个图层，并将其命名为【文本】，然后使用【文本工具】在标志左侧输入文本，如图9-324所示；接着在【属性】面板中更改【字符】的【大小】为60.0磅、【颜色】为蓝色、【字母间距】为3.0，最后在舞台中输入文本，如图9-325所示。

图9-324

图9-325

05 新建一个图层，并将其命名为【输入】，打开【组件】面板，将Label组件拖曳到舞台中，并在【属性】面板中的text文本框中输入Username，如图9-326所示.

图9-326

06 再一次拖曳两个Label组件至舞台中，并分别在【属性】面板中的text文本框中输入Password和Auth code，如图9-327和图9-328所示。

图9-327

图9-328

07 打开【组件】面板，然后将TextInput组件拖曳3个到舞台对应位置，并使用【任意变形工具】分别调整组件的大小，如图9-329所示。

图9-329

08 选中第2个组件，然后在【属性】面板中的【组件参数】的下拉选项中勾选displayAdPassword选项，如图9-330所示。

图9-330

09 按快捷键Ctrl+S保存文件，然后按快捷键Ctrl+Enter测试影片，最终效果如图9-331所示；移动光标至输入文本的位置，即可输入文本，如图9-332所示。

图9-331

图9-332

第10章
综合实例——制作有趣的表情

■ 使用图片制作表情/332页

■ 制作文字表情/336页

■ 制作背景切换表情/342页

■ 制作角色动画表情/350页

网页设计师

广告设计师

游戏特效师

动画设计师

交互设计师

项目 009 使用图片制作表情

文件位置：实例文件>CH10>项目009.fla

项目背景

本实例以制作一个图片损坏的表情为背景，主要目的是表达图片碎裂后的无奈之感。

项目分析

本实例中的表情，以一张图片作为素材，然后编辑图像，并制作出图片撕裂的动画效果；接着以文字出现的动画效果作为表情的结束动画，案例最终效果如图10-1~图10-3所示。

图10-1

图10-2

图10-3

【制作流程】

01 新建一个Flash空白文档，然后按快捷键Ctrl+F8打开【创建新元件】对话框；接着输入【名称】为【图片动画】，设置元件【类型】为【图形】，如图10-4所示。

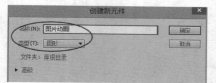
图10-4

02 单击【确定】按钮进入元件编辑区，然后执行【文件\导入\导入到舞台】菜单命令，将【素材文件\CH10\图片009.jpg】导入到舞台中，接着按快捷键Ctrl+B将图片分离为性状，如图10-5所示。

图10-5

03 使用【线条工具】 在舞台中绘制出图片碎裂的缝隙，如图10-6所示。

图10-6

04 选中图片的右半部分，然后按F8键将其转换为【图形】元件，【名称】为【右】，如图10-7所示；接着删

除图片的缝隙线条，并选中图片的左半部分，按F8键将其转换为【图形】元件，【名称】为【左】，如图10-8所示。

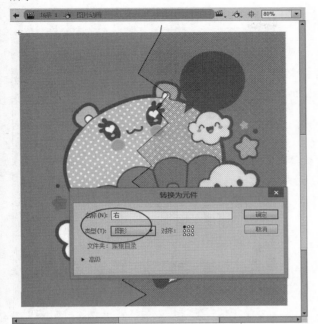

图10-7

图10-8

05 选中工作区中的元件，然后使用【分散到图层】命令，将元件分散到独立的图层中，并删除【图层1】图层；接着在【左】层和【右】层的第10帧位置创建关键帧，并在两个关键帧之间创建传统补间，最后分别调整两个图层的第10帧中的元件，如图10-9所示。

图10-9

06 单击 [图标] 按钮回到主场景，然后按快捷键Ctrl+J打开【文档设置】对话框，并在对话框中设置【舞台大小】为200像素×213像素，如图10-10所示。

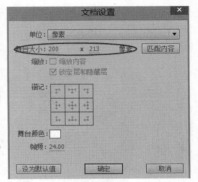

图10-10

> **技巧与提示**
>
> 表情的应用范围主要是聊天工具，这就决定了表情的文件不能过大，否则会影响传输速度。通常在聊天工具中所见到的表情的尺寸多为方形，即长宽一样。QQ表情的默认大小为24像素×24像素，也可以设置更大的尺寸，只要最终图片大小不超过30K即可。

07 将【库】面板中的【图片动画】元件拖曳到舞台中，然后使用【任意变形工具】[图标]将元件等比缩小至舞台大小，如图10-11所示。

图10-11

08 保持对【图片动画】元件的选中，然后在【属性】面板中设置【循环】为【播放一次】，如图10-12所示。

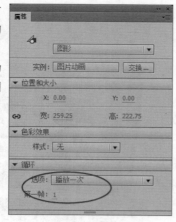

图10-12

09 在【图层1】层的第25帧和第35帧位置创建关键帧，然后在第25帧~第35帧之间创建传统补间，再选中第35帧中的元件，在【属性】面板中设置其Alpha值为30%；接着调整元件的大小，如图10-13所示。

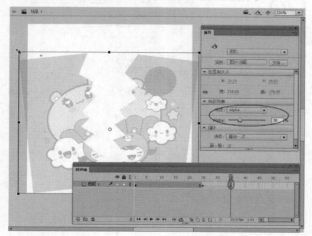

图10-13

10 打开【颜色】面板，然后在面板中设置【笔触颜色】为无，【填充颜色】为【线性渐变】，接着设置渐变的第1个色标颜色为（红:0，绿:51，蓝:102），第2个色标颜色为透明的白色，如图10-14所示。

图10-14

11 新建一个图层，然后在第25帧位置创建帧，并使用【矩形工具】■在舞台中绘制出一个合适大小的矩形；接着使用【渐变变形工具】■调整矩形的渐变方向，如图10-15所示。

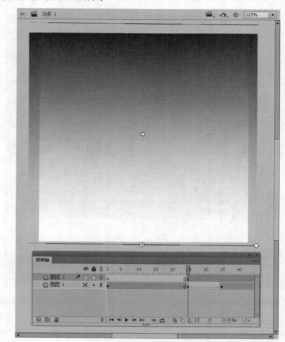

图10-15

12 将绘制完成的矩形转换为组，然后按快捷键Ctrl+G新建一个组，并使用【线条工具】╱在舞台上方绘制出数条垂直的直线，如图10-16所示。

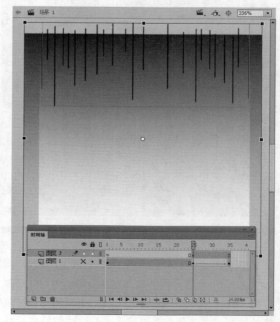

图10-16

13 选择【文本工具】，并在【属性】面板中设置【字符】的【系列】为【方正综艺_GBK】、【大小】为16.0磅、【颜色】为（红:153，绿:51，蓝:0），如图10-17所示。

图10-17

14 新建一个图层，并将其命名为【文字】，然后在该图层的第47帧位置创建关键帧，并在所有图层的第60帧位置添加帧；接着使用【文本工具】在舞台中输入文字，如图10-18所示。

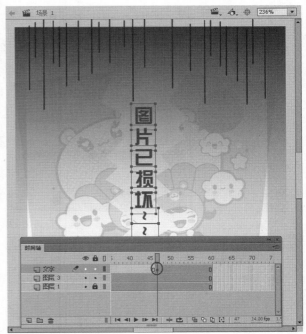

图10-19

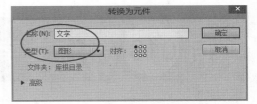

图10-20

图10-18

15 选中文本，按快捷键Ctrl+B将一串文字分离为单个的文本框，然后重新排列文字，使其垂直向下排列，如图10-19所示；接着选中所有文字，按F8键将其转换为【图形】元件，【名称】为【文字】，如图10-20所示。

16 将【文字】层的第57帧转换为关键帧，然后在第42帧~第57帧之间创建传统补间，并使用【任意变形工具】调整第57帧中的元件大小，如图10-21所示。

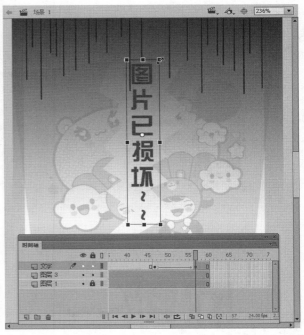

图10-21

17 选中第42帧中的元件，然后在【属性】面板中设置色彩的【样式】为0%，如图10-22所示；接着选中所有图层的第75帧，按F5键添加帧，如图10-23所示。

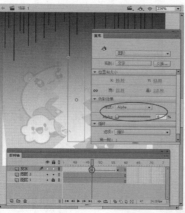

图10-22

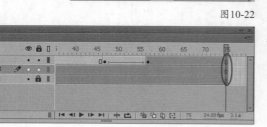

图10-23

18 按快捷键Ctrl+S保存文件，然后按快捷键Ctrl+Enter测试影片，最终效果如图10-24~图10-26所示。

图10-24

图10-25

图10-26

项目 010 制作文字表情

文件位置：实例文件>CH10>项目010.fla

项目背景

本实例以制作一个文字表情为背景，主要目的是赋予文字新的趣味，增加聊天的趣味。

项目分析

本实例中的文字表情使用已经设计好的文字进行制作，分别给文字添加弹跳动画，然后制作出文字眨眼和害羞的动画。本实例最终效果如图10-27~图10-30所示。

图10-27

图10-28

图10-29

图10-30

整理素材

【制作流程】

01 新建一个Flash空白文档，然后执行【文档\修改】菜单命令，打开【文档设置】对话框，并在对话框中设置【帧频】为12.00，如图10-31所示。

02 打开【素材文件\CH10】，选中【欧巴~~.ai】文件，然后将其拖曳至舞台中；接着会弹出【将'欧巴~~.ai'导入到舞台】对话框，单击【确定】按钮即可将文件导入到舞台中，如图10-32所示。

图10-31　　　　　　　　图10-32

03 文件被导入后，舞台中的元素会自动转换为绘制对象，如图10-33所示；然后选中最底层的绘制对象，按快捷键Ctrl+B，将其分离为形状，如图10-33所示。

图10-33

图10-34

04 选中文字【欧】的形状，然后按F8键，将其转换为一个【图形】元件，【名称】为【欧】，如图10-35所示；接着选中文字【巴】和文字的眼睛，按F8键将其转换为一个【图形】元件，【名称】为【巴】，如图10-36所示。

图10-35

图10-36

05 选中文字后面的波形符号，然后按F8键，打开【转换为元件】对话框，并设置元件【名称】为01，【类型】为【图形】，如图10-37所示；接着单击【确定】按钮即可将图形转换为元件，如图10-38所示。

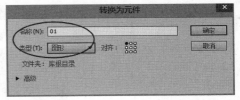

图10-37

图10-38

06 删除第2个波形符号，然后选中01元件，将其水平向右复制一个；接着选中【图层1】层的第75帧，按F5键添加帧，如图10-39所示。

图10-39

07 选中舞台中的所有元件，然后单击鼠标右键，在弹出的快捷菜单中选择【分散到图层】命令，将各个元件分布到独立的图层中，如图10-40所示。

图10-40

08 选中【巴】层，然后单击鼠标右键，在弹出的快捷菜单中选择【复制图层】命令，即可复制一个图层；接着将该图层重命名为【巴02】，如图10-41所示。

图10-41

09 双击文字【巴】进入元件编辑区，然后分别选中该文字的两个眼见，按F8键将其转换为【图形】元件，【名称】分别为【眼睛1】和【眼睛02】，如图10-42所示。

图10-42

10 在【图层1】层的第35帧位置添加帧，然后选中工作区中的所有元件，单击鼠标右键在弹出的快捷菜单中选择【分散到图层】菜单命令，将文字的各个部分分散到图层中；接着删除【图层1】图层，如图10-43所示。

图10-43

11 双击左眼，进入该元件的编辑区，然后在【图层1】层的第5帧位置创建关键帧，如图10-44所示；然后调整绘制对象的位置和形状，制作出闭眼的动画张，如图10-45所示。

图10-44 图10-45

12 将【图层1】层的第3帧转换为关键帧，然后调整工作区中的绘制对象，制作出眼睛半闭的动画张，如图10-46所示。

图10-46

13 在空白位置双击鼠标左键，退出当前元件的编辑区，然后双击右眼，进入该元件的编辑区，并使用同样的方式制作出右眼眨眼的动画张，如图10-47所示。

图10-47

14 退出当前元件的编辑区，然后分别选中文字的两撇眉毛，按F8键将其转换为【图形】元件，【名称】分别为【眉毛01】和【眉毛02】，如图10-48所示。

15 分别进入两个眉毛的元件编辑区，然后使用制作眼睛眨眼的方法制作出眉毛抖动的动画张，如图10-49所示。

图10-48　　　　　　　　　　　图10-49

制作动画

【制作流程】

01 退出眉毛元件的编辑区，回到【巴】元件的编辑区，然后将【眼睛02】层调整至【眼睛1】层的下层，并将该图层中的元件调整至合适位置；接着在所有图层的第11帧插入关键帧，并选中舞台中的所有眉毛和眼睛，设置其【循环】为【单帧】，如图10-50所示。

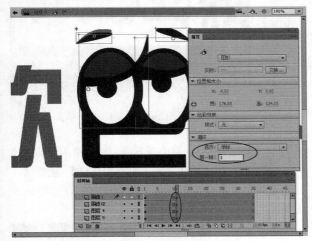

图10-50

02 选择【椭圆工具】，然后在【颜色】面板中设置【笔触颜色】为无，【填充颜色】为【径向渐变】，渐变的第1个渐变色标的颜色为（红:255，绿:102，蓝:153），第2个渐变色标为透明的白色，如图10-51所示。

图10-51

03 新建一个图层，并在该图层的第20帧位置创建关键帧，然后使用【椭圆工具】在舞台中绘制一个椭圆，并使用【渐变变形工具】调整渐变，如图10-52所示；接着将椭圆复制一个，如图10-53所示。

图10-52

图10-53

04 在【图层8】层的第30帧位置插入关键帧，然后在两个关键帧之间创建补间形状，并将第20帧中的形状的填充色更改为Alpha值为0%的红色，如图10-54所示。

图10-54

05 在【眼睛1】和【眼睛02】两个图层的第27帧位置插入关键帧，然后选中该帧位置的眼睛元件；在【属性】面板中设置眼睛元件的【循环】为【单帧】，【第一帧】为3，如图10-55所示。

图10-55

06 单击 场景1 按钮回到主场景，然后选中舞台中的文字【欧】，按F8键再次将其转换为【图形】元件，【名称】为【欧动画】，如图10-56所示。

图10-56

07 进入元件的编辑区后，选中工作区中的元件，将其垂直向上移动至舞台外侧，然后打开【动画预设】面板，选中【多次跳跃】选项，如图10-57所示；接着单击【应用】按钮将当前选择的动画应用到文字上，如图10-58所示。

08 移动鼠标指针至时间轴的最后一帧，当鼠标指针变为横向箭头时，向左拖曳鼠标，拖曳至30帧位置释放鼠标；然后分别调整关键帧位置的元件形状和位置，如图10-59所示。

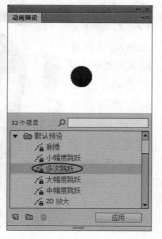

图10-57

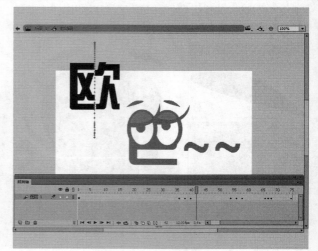

图10-58

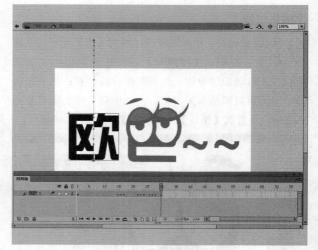

图10-59

09 选中【图层1】层的所有帧，然后单击【动画预设】面板上的【将选区另存为预设】 按钮，打开【将预设另存为】对话框；接着在对话框中输入【预设名称】，如图10-60所示。

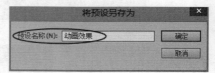

图10-60

10 设置完成后，单击【确定】按钮即可保存当前选中的动画，新的动画预设将会出现在动画预设的【自定义预设】文件夹中，如图10-61所示。

11 回到主场景，然后选中【欧动画】元件，并在【属性】面板中设置【循环】为【播放一次】，如图10-62所示。

图10-61　　　　　　　　图10-62

12 将【巴】和【巴02】层的第1帧移动至第16帧位置，然后选中【巴】层中的元件，并将其垂直向上移动至舞台外侧；接着在【属性】面板中设置选中元件的【循环】为【单帧】，如图10-63所示。

图10-63

13 将【文字效果】动画预设应用至【巴】层的元件上，然后将【巴02】层的第16帧移动至第46帧位置；接着选中该帧中的元件，在【属性】面板设置【循环】为【播放一次】，如图10-64所示。

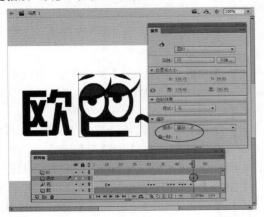

图10-64

14 移动两个01层的第1帧至第42帧，然后在两个图层的第50帧位置插入关键帧，并使用传统补间制作出波形符号渐显的动画，如图10-65所示。

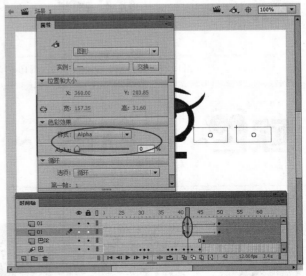

图10-65

15 新建一个图层，并将其命名为AS，然后在该图层的第75帧创建关键帧，并按F9键打开【动作】面板，并在面板中输入代码，如图10-66所示。

图10-66

16 按快捷键Ctrl+J打开【文档设置】对话框，然后在对话框中设置【舞台大小】为100像素×80像素，并勾选【缩放内容】选项，选择【锚记】为中心位置，设置完成后，单击【确定】按钮保存设置，如图10-67所示。

图10-67

17 按快捷键Ctrl+S保存文件，然后按快捷键Ctrl+Enter测试影片，最终效果如图10-68~图10-71所示。

图10-68

图10-69

图10-70

图10-71

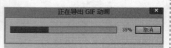
项目 011 制作背景切换表情

文件位置：实例文件>CH10>项目011.fla

项目背景

本实例以制作一个图片切换同时角色表情跟着切换的表情，主要目的是表达一种乐极生悲的心情。

项目分析

本实例中的表情首先制作出小女孩在天气晴朗的时候笑眯眯地晃动脑袋的动画，然后制作出阴天时小女孩表情哀怨的动画。案例最终效果如图10-74~图10-76所示。

图10-74

图10-75

图10-76

制作头部表情

【制作流程】

01 新建一个Flash空白文档，然后执行【文档\修改】菜单命令，打开文档设置对话框，并在对话框中设置【舞台大小】为350像素×300像素，如图10-77所示。

图10-77

02 执行【文件\打开】菜单命令，打开【素材文件\CH10\素材011.fla】文档，然后将该文档中的对象复制到案例文档中，如图10-78所示。

03 选中角色头部的各个部分，然后按F8键将其转换为【图形】元件，【名称】为【头部】，如图10-79所示；接着选中角色的红色头巾，按F8键将其转换为【图形】元件，【名称】为【头巾】，如图10-80所示。

04 双击【头部】元件，进入该元件的编辑区，然后在【图层1】层的第10帧位置添加帧；接着选中

角色的五官，将其分散到独立的图层中，并将该图层调整至顶层，再选中该图层中的图形，按快捷键Ctrl+B分离为形状，如图10-81所示。

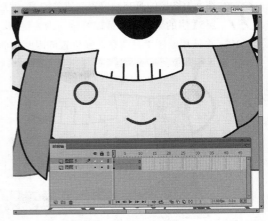

图10-81

图10-78

图10-79

05 选中嘴巴，然后将其分散到图层，并将【图层5】和【图层6】层的第10帧转换为关键帧；接着使用【选择工具】调整第5帧位置的嘴巴形状，如图10-82所示。

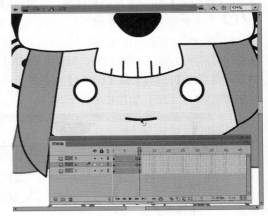

图10-82

06 在【图层6】层的第1帧~第10帧之间创建补间形状，然后选中【图层1】层的第1帧，并使用绘图工具调整第1帧中的眼睛形状，如图10-83所示；接着在该图层的第1帧~第10帧之间创建补间形状。

图10-80

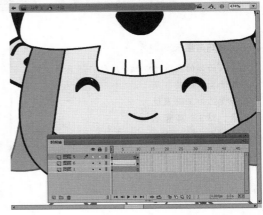

图10-83

343

07 在所有图层的第25帧位置创建关键帧，然后将【图层5】层的第19帧和第22帧转换为关键帧，并选中第22帧；再使用绘图工具调整该帧位置的眼睛形状，如图10-84所示。

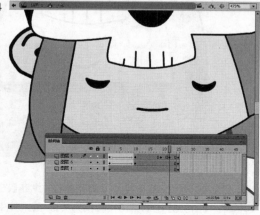

图10-84

08 分别在【图层5】层的第19帧、第22帧~第25帧3个关键帧之间创建补间形状，然后选中第19帧~第22帧，按住Alt键拖曳鼠标，将其复制到第25帧位置；接着使用同样的方式多次复制帧，制作出眨眼3次的动画效果，最后将【图层1】后【图层5】层的最后一帧关键帧移动至第37帧位置，如图10-85所示。

图10-85

╭╌╌ **技巧与提示** ✎╌╌╌╌╌╌╌╌╌╌╌╌
┊　　人面部的表情可以配合肢体与道具来加强表现力度，面
┊部表情又以眼睛、眉
┊毛和嘴巴为主要表现
┊元素，这3个器官从
┊常态到喜、怒、哀、
┊乐的情绪变化如图
┊10-86所示。

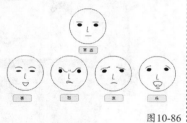

图10-86
╰╌╌╌╌╌╌╌╌╌╌╌╌╌╌╌╌╌╌╌╌╌╌╌╌╌╌╌╌╌

09 选中帽子上的耳朵，然后使用【分散到图层】命令将其分布到独立的图层中；接着选中耳朵，按快捷键Ctrl+B将其分离为形状，如图10-87所示。

图10-87

10 将【图层7】层的第37帧转换为关键帧，然后选中第45帧，按F6键创建关键帧；接着分布选中该帧中图形，使用【任意变形工具】调整图形的方向，如图10-88所示。

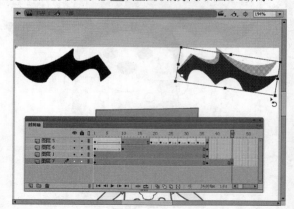

图10-88

11 在【图层7】层的第37帧~第45帧之间创建补间形状，如图10-89所示；然后选中所有图层的第55帧，按F5键添加帧，如图10-90所示。

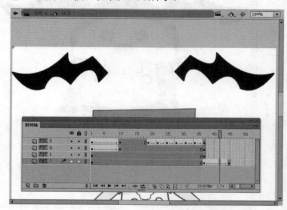

图10-89

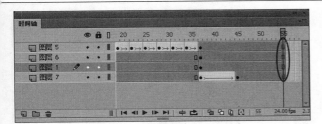

图10-90

图10-93

12 选中头部的骨头，使用【分散到图层】命令将骨头分散到一个新建图层中，然后将新建图层调整至【图层1】层的上层，如图10-91所示。

图10-91

图10-94

13 打开【颜色】面板，然后设置【笔触颜色】为无，【填充颜色】为【线性渐变】；接着设置两个渐变色标的颜色均为深紫色（红:51，绿:51，蓝:102），其透明度分别为50%和0%，如图10-92所示。

图10-92

图10-95

14 在【图层1】层上新建一个图层，然后在该图层的第40帧位置插入关键帧；接着使用【矩形工具】 在舞台中绘制一个矩形，如图10-93所示；并使用【渐变变形工具】 调整矩形的渐变，如图10-94所示。

15 使用【线条工具】 在矩形的对应位置绘制两条直线，然后使用【选择工具】 将直线调整至角色的头发边缘弧度，如图10-95所示；接着删除头发边缘以外的图形和线条，如图10-96所示。

图10-96

16 使用【线条工具】 ✏ 在渐变上绘制数条垂直的直线，然后选中【图层11】层中的所有图层，按F8键将其转换为【图形】元件，如图10-97所示。

图10-97

17 将【图层11】层中的第49帧转换为关键帧，然后在第40帧~第49帧之间创建传统补间，接着选中第40帧中的元件，将其垂直向上移动一段距离，在【属性】面板中设置其Alpha值为0%，如图10-98所示。

图10-98

制作头部动画

【制作流程】

01 单击 场景 按钮回到主场景，然后在【图层1】层的第100帧位置添加帧；接着选中【头部】元件，并在【属性】面板中设置【循环】为【单帧】，如图10-99所示。

02 将【图层1】层的第41帧转换为关键帧，然后选中第1帧中的【头部】元件，然后按F8键再次将元件转换为【图形】元件，【名称】为【摇头】，如图10-100所示。

图10-99

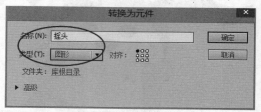

图10-100

03 双击角色头部进入元件编辑区，然后使用【任意变形工具】 ▦ 调整头部的中心点；接着选中【图层1】层的第7帧，按F6键创建关键帧，如图10-101所示。

图10-101

04 选中第1帧中的【头部】元件，使用【任意变形工具】 ▦ 将该元件向左旋转，如图10-102所示；然后选中第7帧中的元件，并使用【任意变形工具】 ▦ 将元件向右旋转，如图10-103所示。

图10-102

图10-103

05 选中第1帧~第4帧，按住Alt键拖曳鼠标将选中帧复制到第10帧位置，然后单击鼠标右键，在弹出的快捷菜单中选择【翻转帧】，如图10-104所示。

图10-104

06 选中第11帧，将其移动至第13帧位置，然后分别在各个关键帧之间创建传统补间，制作出头部左右摇晃的动画效果，如图10-105所示。

图10-105

07 回到主场景，然后选中【头巾】元件，按F8键将其再次转换为【图形】元件；接着进入该元件的编辑区，使用同样的方式制作出头巾左右摇摆的动画，如图10-106所示。

图10-106

08 按快捷键Ctrl+J打开【文档设置】对话框，然后在对话框中设置【舞台大小】为400像素×400像素，如图10-107所示。

图10-107

09 分别选中【图层1】层第1帧和第41帧中的对象，将其调整至合适位置，使两个关键帧中角色处于舞台的同一位置，如图10-108所示。

图10-108

制作背景动画

【制作流程】

01 选中【图层1】层第41帧中的【头部】元件，然后在【属性】面板中设置【循环】为【播放一次】，如图10-109所示；接着新建一个图层，并将其命名为【背景】，再将该图层调整至底层，如图10-110所示。

图10-109

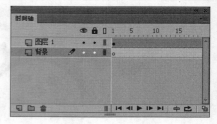

图10-110

02 执行【文件\导入\导入到舞台】菜单命令，将【素材文件\CH10\晴天011.jpg】导入到舞台中，然后将图片调整至舞台大小，并选中图片，按F8键转换为【图形】元件，如图10-111所示。

图10-111

03 在【背景】层的第41帧和第50帧位置插入关键帧，然后将第51帧转换为空白关键帧；接着在两个关键帧之间创建传统补间，并选中第50帧中的元件，在【属性】面板中设置Alpha值为0%，如图10-112所示。

图10-112

04 在【背景】层上新建一个图层,并将其命名为【背景1】,然后在该图层的第41帧插入关键帧,并将【素材文件\CH10\雨前011.jpg】导入到舞台中;接着调整图片至合适大小,并将图片转换为【图形】元件,如图10-113所示。

图10-115

图10-113

05 将【背景1】层的第51帧转换为关键帧,然后在该帧的第41帧~第51帧之间创建传统补间,并选中第41帧中的元件,在【属性】面板中设置其Alpha值为0%,如图10-114所示。

图10-116

图10-114

06 按快捷键Ctrl+S保存文件,然后按快捷键Ctrl+Enter测试影片,最终效果如图10-115~图10-117所示。

图10-117

项目 012 制作角色动画表情

文件位置：实例文件>CH10>项目012.fla

项目背景

本实例制作一挥手再见的表情，主要目的是使用动画生动地表达出挥手再见时的心情。

项目分析

本实例中的表情，首先使用绘图工具在舞台中绘制出角色，然后为角色添加挥手再见的动画，最终效果如图10-118和图10-119所示。

图10-118

再见~~

图10-119

【制作流程】

01 新建一个Flash空白文档，然后使用绘图工具在舞台中制作出动画角色的外形，并分别将各个部分转换为组，再调整各组的层次关系，如图10-120所示。

图10-120

02 选中企鹅的右手，然后按F8键将其转换为【图形】元件，【名称】为右手，如图10-121所示，接着调整该元件的层次。

图10-121

技巧与提示

角色主要包括角色的背景设定和形象设定，背景设定主要是设定角色的性格生活环境等，形象设定则是根据对应的性格设定出有趣味的表演角色，在设定角色的过程中要注意以下3点。

第1点：角色具有版权保护，即原创或者已经获得版权授权。

第2点：角色形象固定，不会随意变更外形。

第3点：同一角色同一表情，上色风格一致。

03 选中企鹅的左手和鱼，按F8键将其转换为【图形】元件，【名称】为【左手】，如图10-122所示，然后调整该元件的层次。

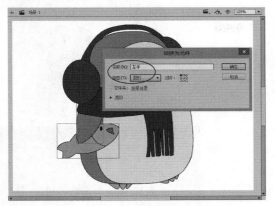

图10-122

04 选中企鹅的眼睛和嘴巴，按F8键将其转换为【图形】元件，【名称】为【五官】，如图10-123所示。

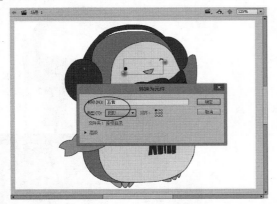

图10-123

05 双击【五官】元件，进入元件编辑区，然后在【图层1】层的第5帧位置按F6键创建关键帧；再使用绘图工具更改该帧中的图形，使企鹅的左眼变为眨眼的形状，嘴巴变为张嘴的形状，如图10-124所示。

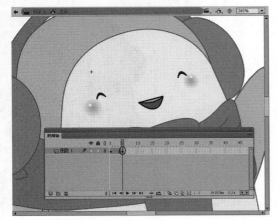

图10-124

06 在【图层1】层的第3帧位置插入关键帧，然后使用绘图工具更改该帧中的图形，制作出企鹅嘴巴微张的动画张，如图10-125所示。

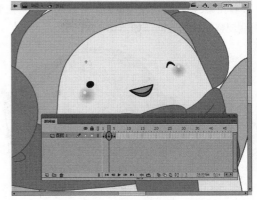

图10-125

07 单击 [场景] 按钮回到主场景，然后在【图层1】层的第50帧位置添加帧；接着选中【五官】元件，并打开【属性】面板，设置【循环】为【播放一次】，如图10-126所示。

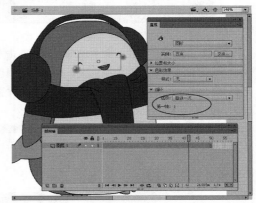

图10-126

08 双击【右手】元件，进入该元件的编辑区，然后选中工作区中的右手再次将其转换为【图形】元件，【名称】为【手01】，如图10-127所示。

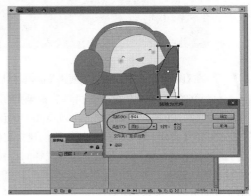

图10-127

09 选中【图层1】层中的元件，调整元件的中心点至元件的左下端，然后在【图层1】层的第11帧位置创建关键帧，并在两个关键帧之间创建传统补间；接着在第6帧位置创建关键帧，并使用【任意变形工具】 调整元件的方向，如图10-128所示。

图10-128

10 单击 场景 按钮回到主场景，然后双击【左手】元件进入该元件的编辑区，并选中编辑区中的图形，按F8键将其转换为【图形】元件，【名称】为【手02】，如图10-129所示。

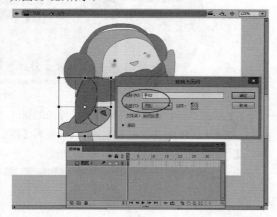

图10-129

11 在【图层1】层的第6帧位置创建关键帧，然后在第1帧~第6帧之间创建传统补间，并选中第6帧中的元件，使用【任意变形工具】 调整元件的方向，如图10-130所示。

12 在【图层1】层的第12帧位置创建关键帧，然后在第6帧~第12帧之间创建传统补间；接着将第9帧转换为关键帧，并使用【任意变形工具】 调整该帧中元件的方向，如图10-131所示。

图10-130

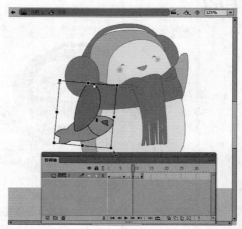

图10-131

13 回到主场景，然后选中【左手】元件，并打开【属性】面板，在面板中设置该元件的【循环】为【播放一次】，如图10-132所示。

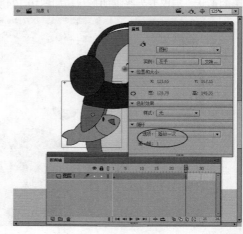

图10-132

14 选中【文本工具】T，然后在【属性】面板中设置【字符】的【系列】为【方正综艺_GBK】，【大小】为45.0磅，【颜色】为紫色（红:102，绿:51，蓝:153），如图10-133所示。

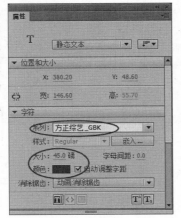

图10-133

15 新建一个图层，并将其命名为【文字】，然后在该图层的第20帧位置创建关键帧；接着在该帧位置输入对应的文字，如图10-134所示。

图10-134

16 将【文字】层的第35帧转换为关键帧，然后在第20帧~第35帧之间创建传统补间；接着选中第20帧中的元件，并打开【属性】面板，在面板中设置色彩【样式】为Alpha，Alpha值为0%，如图10-135所示。

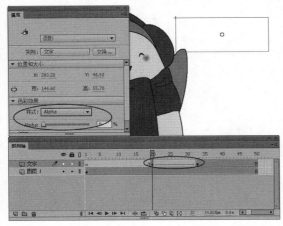

图10-135

17 按快捷键Ctrl+J打开【文档设置】对话框，然后在对话框中设置【舞台大小】为200像素×200像素，勾选【缩放内容】选项，选择【锚记】为中心位置，如图10-136所示，设置完成后单击【确定】按钮保存设置。

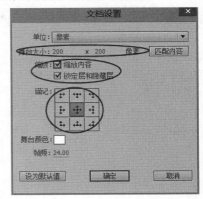

图10-136

18 按快捷键Ctrl+S保存文件，然后按快捷键Ctrl+Enter测试影片，最终效果如图10-137和图10-138所示。

图10-137

图10-138

技巧与提示

　　动画表情事实上就是一小段的表情动画，主要内容是根据人的面部表情或动作制作的一些角色的表情变化，用户可以通过不同的动画表情表达出自己的情绪，使文字具有趣味性。在开始制作表情前，首先要确定一个表演角色，这一点和动画片中的角色设定类似，QQ表情的设计流程如图10-139所示。

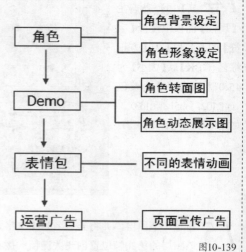

图10-139

第11章
综合实例——制作电子贺卡

■新年贺卡/356页

■秋的祝福/362页

■生日贺卡/371页

■圣诞贺卡/381页

网页设计师

广告设计师

游戏特效师

动画设计师

交互设计师

项目背景

本实例以制作一个新年贺卡为实例背景，主要目的是向朋友传达新年的祝福。

项目分析

本实例中的贺卡是一个道贺新年的贺卡，主要使用补间动画来完成，同时添加一些文字动画表明贺卡意图，案例最终效果如图11-1~图11-7所示。

图11-1

图11-2

图11-3

图11-4

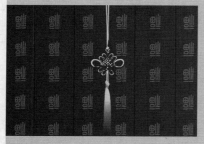

图11-5

图11-6

图11-7

制作镜头1

【制作流程】

01 新建Flash空白文档，然后执行【修改\文档】菜单命令，打开【文档设置】对话框，设置【舞台大小】为550像素×400像素，【帧频】为30.00；接着导入【素材文件\CH011\背景.fla】文件，如图11-8所示。

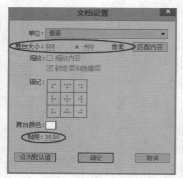

图11-8

02 按快捷键Ctrl+F8创建一个【名称】为shape6的【图形】元件，然后执行【文件\导入\导入到舞台】菜单命令，将【素材文件\CH11\shape6.png】导入到【库】面板，再打开【库】面板，将shape6图片拖曳到舞台左侧；接着新建一个图层，在库面板中将shape6拖曳到舞台右侧，做出幕布效果，如图11-9所示。

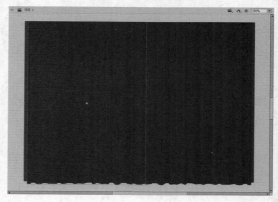

图11-9

03 新建一个图层，选择所有图层的第143帧并按F5键创建帧，然后在图层的第16帧按F6键插入关键帧；接着选择【椭圆工具】 ⬭，打开【属性】面板，绘制一个【笔触颜色】为无，【填充颜色】为黄色（红:255，绿:255，蓝:0）的椭圆，效果如图11-10所示。

04 在第26帧插入关键帧，然后使用【任意变形工具】 ▦ 将椭圆放大；接着选中关键帧与关键帧之间的任意一帧创建形状补间，并在【属性】面板中设置【缓动】值为-100，如图11-11所示。

图11-10

图11-11

05 新建图层，在第26帧创建关键帧，然后选择【文本工具】 T，打开【属性】面板；接着设置【字符系列】为【隶书】，【字符大小】为96.0磅，【颜色】为红色，如图11-12所示。

图11-12

06 在黄色圆形上出入文本框，输入文字【新】，然后选中文本框将文字转换成【影片剪辑】元件；接着在第50帧插入关键帧，将元件放大，如图11-13所示。

图11-13

07 在第64帧按F7键插入空白关键帧，然后在第63帧插入关键帧，将元件放大至如图11-14所示大小，并在【属性】面板中设置Alpha值为0%；接着在第50帧~第64帧之间创建传统补间。

08 新建图层，在第59帧创建关键帧，然后选择【文本工具】 T 插入文本框输入文字【年】；接着将文字年转换成【影片剪辑】元件，并调整元件到与【新】元件相同位置，最后在第79帧插入关键帧，并调整元件至图11-15所示大小。

图11-14
图11-15

创建完补间后，用户可以为第26帧与第50帧的传统补间设置【缓动】值，可以是补间动画的运动效果更好。

09 在第93帧插入空白关键帧，在第92帧插入关键帧，然后将元件放大至图11-16所示大小，并在【属性】面板中设置Alpha值为0%；接着在第59帧~第92帧之间创建传统补间。

10 新建图层，在第91帧创建关键帧，然后使用【文本工具】 T 插入文本框输入文字【好】，将文字转换成【影片剪辑】元件，再将元件调整到与【新】元件相同位置；接着在112帧插入关键帧，将元件放大至图11-17所示大小。

图11-16
图11-17

11 在124帧插入关键帧，将元件放大至如图11-18所示大小；然后在第140帧插入空白关键帧，在第139帧插入关键帧，再将元件放大至如图11-19所示大小，并在【属性】面板中设置Alpha值为0%；最后在124帧~第139帧之间创建传统补间。

图11-18
图11-19

技巧与提示

用户可以选择【好】图层，在第91帧与第112帧的传统补间输入【缓动】值为100，在第112帧与第124帧的传统补间输入【缓动】值为-100，在第124帧与第139帧的传统补间输入【缓动】值为-100。

12 选择椭圆图层，然后在第124帧插入关键帧，在第142帧插入关键帧；接着将椭圆放大覆盖至整个舞台大小，并在【属性】面板中设置Alpha值为0%，如图11-20所示。

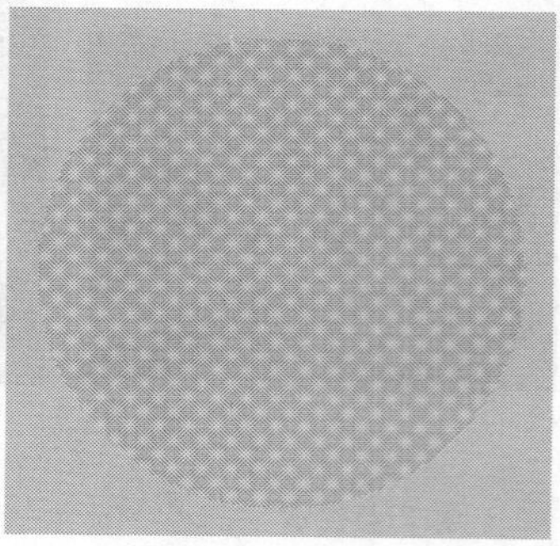

图11-20

13 选择关键帧与关键帧之间的任意一帧创建形状补间动画，然后在第124帧与第143帧的传统补间输入【缓动】值为100，【时间轴】面板如图11-21所示。

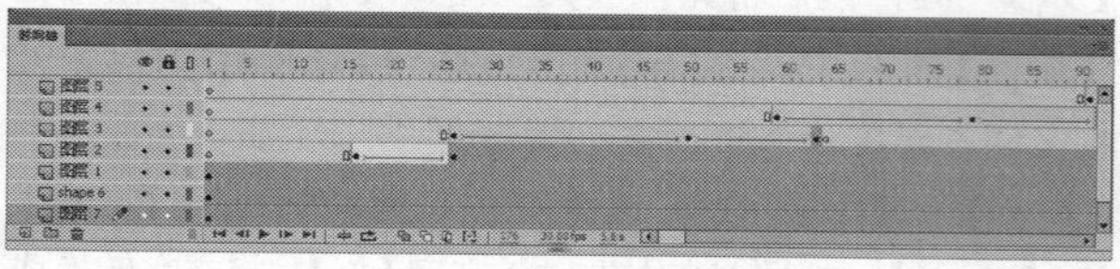

图11-21

制作镜头2

【制作流程】

01 新建一个图层，然后选择【矩形工具】 ，绘制一个无边框、【填充颜色】为红色与舞台大小相同的矩形；接着将图层拖曳到最底层作背景层，如图11-22所示。

图11-22

02 选中两个shape6元件所在的图层，然后在两个图层第147、175帧插入关键帧，在第176帧插入空白关键帧；接着将第175帧上的元件平移到舞台两侧，如图11-23所示。

图11-23

03 新建图层，将图层拖曳到背景层的上一层，然后按快捷键Ctrl+F8创建一个【影片剪辑】；进入编辑区，接着使用【椭圆工具】 绘制一个黄色圆形，再按住Alt键单击鼠标左键拖曳出多个圆形，最后在第562帧插入帧，如图11-24所示。

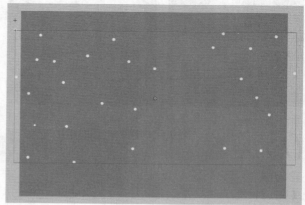

图11-24

04 新建图层，在第20帧插入关键帧，然后打开【素材文件\CH11\中国结和福字.fla】文件，将福字图形复制粘贴到新建图层；接着将福字图形转换成【影片剪辑】元件，最后使用【任意变形工具】 将元件缩小至如图11-25所示大小。

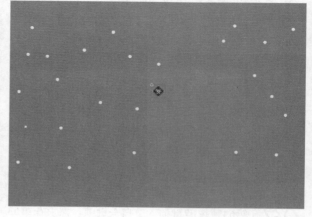

图11-25

05 在第60帧插入关键帧，将元件放大至图11-26所示大小；然后选中关键帧与关键帧之间的任意一帧创建传统补间，在【属性】面板里设置【缓动】值为100。

图11-26

图11-30

06 在第98帧、第116帧创建关键帧，在第117帧插入空白关键帧，然后将第116帧的元件向下移动至舞台外面；接着在第98帧~第116帧之间创建传统补间，如图11-27所示。

07 新建图层，在第98帧插入关键帧，然后打开【素材文件\CH11\爆竹.fla】文件，再将【爆竹】元件复制粘贴到第98帧；接着将元件拖动到舞台的上方，如图11-28所示。

制作镜头3

01 新建图层，在第280帧创建关键帧，然后打开【素材文件\CH11\福字背景.fla】文件，将炮背景元件复制粘贴到第280帧，再调整至合适位置，如图11-31所示。

图11-27 　　　　　　　图11-28

08 在第116帧插入关键帧，将元件向下拖动到舞台中，然后在两个关键帧之间创建传统补间，如图11-29和图11-30所示。

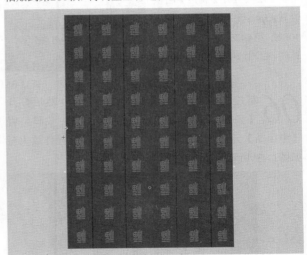

图11-31

02 在第300帧插入关键帧，在第280帧打开【属性】面板设置Alpha值为0%，然后在两个关键帧之间创建传统补间，如图11-32所示。

图11-32

03 新建图层，在第305帧创建关键帧，然后打开【素材文件\CH11\中国结和福字.fla】文件，将【中国结】元件复制到第305帧，将元件放大至如图11-33所示大小与位置。

图11-29

04 在第333帧、第406帧插入关键帧，然后将第406帧元件调整到如图11-34所示位置；接着在第305帧打开【属性】面板设置Alpha值为0%，在关键帧与关键帧之间创建传统补间。

图11-33　　　　　　　　　图11-34

05 在第408帧、第442帧插入关键帧，然后选中第442帧打开【属性】面板设置Alpha值为0%；接着在第408帧~第442帧之间创建传统补间，如图11-35所示。

图11-35

06 新建图层，在第408帧创建关键帧，然后打开【素材文件\CH11\中国结和福字.fla】文件，将【中国结】元件复制粘贴到第408帧，接着将元件放大至如图11-36所示大小。

图11-36

07 在第442帧插入关键帧，然后将第479帧转换为空白关键帧；接着选择第408帧，打开【属性】面板设置Alpha值为0%，如图11-37所示，并在第408帧~第442帧之间创建传统补间。

图11-37

08 新建图层，在第463帧创建关键帧，然后打开【素材文件\CH11\恭喜发财.fla文件，将元件复制粘贴到第463帧位置，如图11-38所示。

图11-38

09 在第478帧插入关键帧，然后选择第463帧打开属性面板设置Alpha值为0%，并在第463帧~478帧之间创建传统补间，如图11-39所示。

图11-39

制作镜头4

01 新建图层，在第525帧创建关键帧，然后打开【素材文件\CH11\春.fla】文件，将春文件中的背景复制粘贴到图层中；接着选中文件将其转换成一个默认的【图形】元件，如图11-40所示。

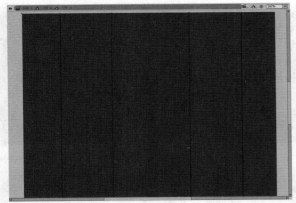

图11-40

02 进入元件编辑区新建图层，然后打开素材文件中的元件，复制粘贴到如图11-41所示位置，新建图层；接着选择【文本工具】 T，插入文本输入【新年贺卡】竖排文字，最后选择新建图层按F9键，打开【动作】对话框，在对话框中输入停止代码，代码如图11-42所示。

图11-41

图11-42

03 退出元件编辑区，然后在第562帧插入关键帧，选中第525帧，将元件向下平移适当距离；接着打开【属性】面板设置Alpha值为0%，如图11-43所示。

图11-43

04 选中第562帧将元件向上平移适当距离，然后在关键帧与关键帧之间任何一帧创建传统补间，产生元件逐渐显现并且向上慢慢平移的动画效果，如图11-44所示。

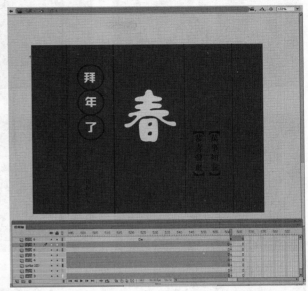

图11-44

05 返回到场景1，然后选择置顶的图层的最后一帧，按F9键打开【动作】面板；接着在动作面板中输入停止代码，代码效果如图11-45所示。

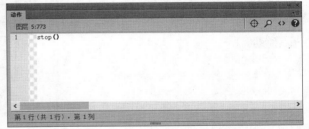

图11-45

06 按快捷键Ctrl+S保存文件，然后按快捷键Ctrl+Enter输出影片，最终效果如图11-46~图11-52所示。

图11-46

图11-47

图11-48

图11-49

图11-50

图11-51

图11-52

项目 014 秋的祝福

文件位置：实例文件>CH11>项目014.fla

项目背景

本实例以制作一个秋天的祝福贺卡为实例背景，主要目的是传达秋天的祝福。

项目分析

本实例主要讲解电子贺卡的制作方法，通过本实例的制作，需要掌握动画分镜头的切换方法，完成后的效果如图11-53~图11-57所示。

图11-53

图11-54

图11-55

图11-56

图11-57

制作镜头1

【制作流程】

01 新建一个空白文档，然后执行【修改\文档】菜单命令，打开【文档设置】对话框，设置【舞台大小】为550像素×400像素，【帧频】为20.00；接着绘制一个与舞台大小相同的矩形，并设置【填充类型】为【线性渐变】，再设置第1个色标颜色为（红:189，绿:229，蓝:190），第2个色标颜色为（红:249，绿:247，蓝:219），如图11-58所示。

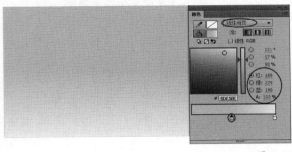

图11-58

02 新建一个图层，然后执行【文件\打开】菜单命令，打开【素材文件\CH11\风车.fla】文件；接着将舞台中的元件复制到新建图层中，并将其放置在背景的左下角，如图11-59所示。

图11-59

03 新建一个图层，使用绘图工具在舞台上中绘制出草的形状，如图11-60所示；然后选中绘制完成的草，按F8键，将其转换为【影片剪辑】元件，双击元件进入元件编辑区；接着再次按F8键将舞台中的形状转换为【图形】元件，并使用制作出草左右摇摆的补间动画，如图表11-61所示。

图11-60

图11-61

04 将草的元件进行多次复制，然后调整每个元件的大小和颜色，调整完成后选中所有元件，将其转换为组，如图11-62所示；接着使用绘图工具在舞台中绘制出白云的形状，并转换为组，如图11-63所示。

图11-62

图11-63

05 选中【文本工具】T，然后在【属性】面板中设置【字符系列】为【方正粗宋简体】，【字符

颜色】为白色；接着在舞台上中插入文本框，输入【云淡天高】4个字，如图11-64所示。

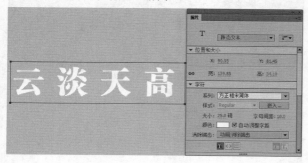

图11-64

06 按快捷键Ctrl+B分离，将4个字分离为单个的文本框，然后分别给4个字体添加滤镜，具体设置如图11-65所示，并将字转换为元件；接着插入一个新的文本框，并输入【好一片晚秋天气】，并在【属性】面板中更改【字符系列】为【方正毡笔黑简体】，【字体颜色】为红色，如图11-66所示，最后选中文本将其转换为元件。

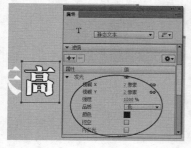

图11-65

图11-66

07 将所有文本分散到各图层中，然后选中所有图层的第62帧，按F5键添加帧，并在【云】【淡】【天】和【高】4个图层中创建出传统补间动画；接着制作出文本的动画效果，如图11-67所示；采用相同的方法制作出另外一句话的动画，如图11-68所示。

图11-67

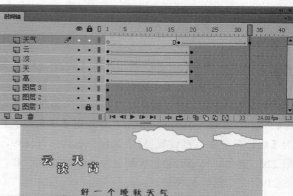

图11-68

制作镜头2

【制作流程】

01 下面制作第2个镜头，首先新建一个文件夹，并将其命名为【镜头1】，并将之前的动画层都拖曳到该文件夹中，然后在组的上层新建一个图层命名为【切换1】，以蓝天为背景来切换第1个镜头，如图11-69所示。

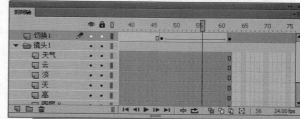

图11-69

02 新建一个图层，并将其命名为【阳光】，然后打开【素材文件\CH11\阳光.fla】文件，选中舞台中的元件，并将其复制到【阳光】层的第75帧的位置；

接着再新建一个图层，并将其命名为【白云】；最后打开【素材文件\CH11\白云.fla】文件，并将舞台中的白云复制到【白云】层的第75帧，如图11-70所示。

图11-72

05 复制多个枫叶元件，并绘制出枫叶的树枝，然后将树枝转换为元件，并位于所有元件的下层；接着调整枫叶的大小和方向，调整完成后选中图层中的所有元件，最后将其转换为【影片剪辑】元件，如图11-73所示。

图11-70

03 在3个图层的第290帧的位置插入帧，然后使用传统补间制作出阳光渐渐出现、白云出现后向右移动再缓缓消失的动画，如图11-71所示。

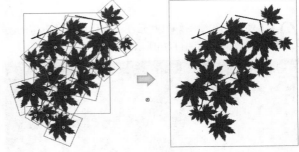

图11-73

06 新建一个图层，并将其命名为【枫叶2】，然后使用同样的方法绘制出黄色的枫叶，如图11-74所示。

图11-71

04 新建一个图层，并将其命名为【枫叶1】，然后在图层的第87帧位置插入关键帧，并使用绘图工具在舞台中绘制出枫叶的形状，再将其转换为【图形】元件，如图11-72所示。

图11-74

07 在两个枫叶图层的第110帧插入关键帧，然后使用补间制作出枫叶渐渐出现的动画效果，如图11-75所示。

图 11-75

08 使用视线绘制好枫叶元件，制作出树叶下落的动画效果，如图11-76所示。

图 11-76

09 新建两个图层，用于制作文字动画，然后使用【文本工具】 **T** 分别在图层中输入相应的文字信息，并将其转换为元件；接着使用传统补间制作出文字渐显的动画，如图11-77所示，

10 制作镜头2中的元素消失的动画效果，以便过渡到下一个镜头，如图11-78所示。

图 11-77

图 11-78

11 新建一个文件夹，并将其命名为【镜头2】，并将镜头2的相关图层拖曳到文件夹中，如图11-79所示；然后预览动画效果，如图11-80所示。

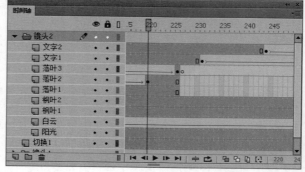

图 11-79

图11-80

制作镜头3

【制作流程】

01 开始制作第3个镜头，新建一个图层，并将其命名为【背景】，然后在第249帧的位置插入关键帧，并执行【文件\导入\导入到舞台】菜单命令，将【素材文件\CH11\bg2.png】导入到舞台中，如图11-81所示。

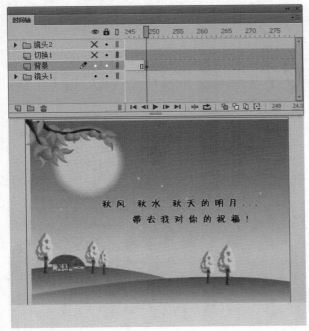

图11-81

02 新建一个图层，将其命名为【云朵】，并在第249帧位置插入关键帧，然后使用绘图工具在舞台上绘制出白云的形状，并将其转换为元件；接着进入元件编辑区，将舞台中的形状再次转换为元件，再使用传统补间制作出云朵缓动的效果，如图11-82所示。

图11-82

03 选中【切换】图层的第249帧和258帧，按F6键创建关键帧，然后制作【切换】图层中的对象缓缓消失的动画效果，使位于下层的镜头3的动画效果显现出来，如图11-83所示。

图11-83

04 在3个图层的第340帧的位置添加帧，增加镜头的时间长度，然后新建一个文件夹，将其命名为【镜头3】并将【背景】和【云朵】两个图层拖曳到文件中，如图11-84所示。

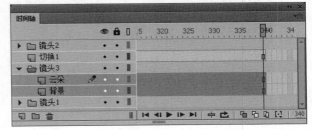

图11-84

制作镜头4

【制作流程】

01 第3个镜头制作完后开始制作第4个镜头，新建一

个图层，将其命名为【背景】，并在该图层的418帧插入帧，第341帧插入关键帧，然后执行【文件\导入\导入到舞台】菜单命令，将【素材文件\CH11\bg1.png】导入到舞台，如图11-85所示。

图11-85

02 新建两个图层，然后使用【文本工具】 T 在两个图层分别输入相应的文字信息，如图11-86所示；接着将两行文字转换为【影片剪辑】元件，再创建传统补间制作出渐显动画，如图11-87所示。

图11-86

图11-87

03 在切换图层的第332帧位置插入关键帧，然后使用【矩形工具】 绘制一个完全覆盖舞台【笔触颜色】为无、【填充颜色】为白色的矩形，再将其转换为元件；接着分别在图层的第341帧和第358帧创建关键帧，并使用传统补间制作出矩形渐显和渐隐的动画效果，如图11-88所示。

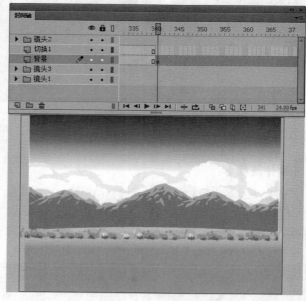

图11-88

04 新建一个图层，将其命名为【草】，然后使用绘图工具在舞台上中绘制出两个不同的形状的草，如图11-89所示。

图11-89

05 分别将两个绘制完成的形状转换为【影片剪辑】元件，如图11-90所示；然后分别进入两个元件的编辑区，使用传统补间制作出小草随风飘动的动画效果，如图11-91所示。

图11-90

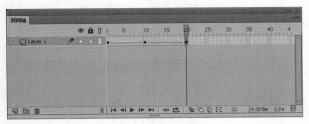

图11-91

06 复制多个草的元件，然后将其排列到舞台的对应位置；接着调整其层次和方向，再选中所有元件将其转换为组，如图11-92所示。

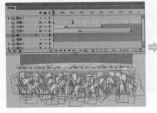 

图11-92

07 新建一个图层，将其命名为【蜻蜓】，然后使用绘图工具在舞台中绘制一只蜻蜓，如图11-93所示；接着将蜻蜓转换为【图形】元件，最后按住Alt键复制一个元件为蜻蜓，并按F8键将其转换为【影片剪辑】，再进入影片剪辑编辑区制作出引导飞行动画，如图11-94所示。

图11-93

图11-94

08 使用同样的方式制作出另一只蜻蜓的引导飞行动画，如图11-95所示。

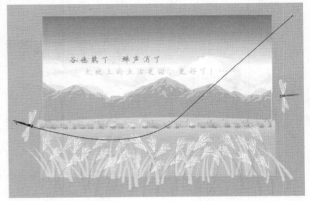

图11-95

09 新建一个文件夹，将其命名为【镜头4】，然后将镜头4的动画图层移动到文件夹中，如图11-96所示。

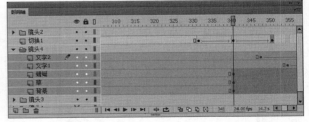

图11-96

制作镜头5

【制作流程】

01 第4个镜头制作完后过渡到第5个镜头，如图11-97所示。在【切换1】图层的第404帧插入空白关键帧，然后在工作区中绘制一个覆盖舞台【笔触颜色】为无、【填充颜色】为白色的矩形，并使其处于完全透明的状态；接着在第420帧创建关键帧，并更改矩形【填充颜色】为【线性渐变】，第1个色标颜色为（红:255，绿:240，蓝:0），第2个色标颜色为（红:255，绿:102，蓝:0），如图11-98所示。

图11-97

图11-100

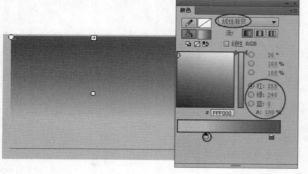

图11-98

示；接着选中舞台中的所有文本，将其转换为元件，并制作出文字渐显的动画效果，如图11-101所示。

02 在两个关键帧之间创建形状补间，制作出镜头5缓缓显现的动画效果，如图11-99所示。

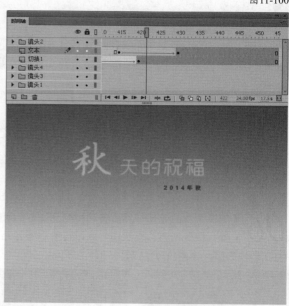

图11-101

04 新建一个文件夹，将其命名为【镜头5】，将镜头5的动画图层拖曳到文件夹中；然后在所有文件夹的最上层新建一个命名为AS的图层，并在第446帧插入空白关键帧，添加停止动作，如图11-102所示。

图11-99

03 新建一个图层，将其命名为【文本】，在第215帧创建关键帧；然后使用【文本工具】 **T** 输入文字，再为【秋】字添加【发光】滤镜，如图11-100所

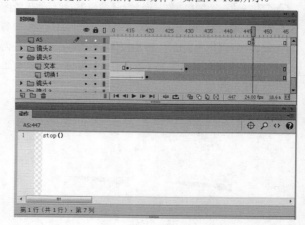

图11-102

05 按快捷键Ctrl+S保存文件，然后按快捷键Ctrl+Enter输出影片，最终效果如图11-103~图11-107所示。

图11-103

图11-104

图11-105

图11-106

图11-107

项目 015 生日贺卡

文件位置：实例文件>CH11>项目015.fla

项目背景

本实例以制作一个生日贺卡为实例背景，主要目的是向朋友表达生日祝福。

项目分析

本实例中的贺卡主要是用于向朋友祝贺生日，因此在制作贺卡时蛋糕是必不可少的。首先在场景1中制作出贺卡的动画，并添加一个play按钮，案例输出后单击此按钮即可播放下一场景的动画，案例最终效果如图11-108~图11-112所示。

图11-108

图11-109

图11-110

图11-111

图11-112

制作镜头1

【制作流程】

01 新建一个空白文档，然后执行【修改\文档】菜单命令，打开【文档设置】对话框，设置【舞台大小】为600像素×600像素，【舞台颜色】为黄色（红:237，绿:209，蓝:156），如图11-113所示；接着绘制一个与舞台大小相同的矩形，并设置【填充颜色】为黄色（红:237，绿:209，蓝:156），如图11-114所示。

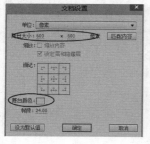

图11-113　　　　　　　　图11-114

02 打开【素材文件\CH11\生日.png】文件，将蛋糕图片导入到舞台中；然后将图片转换成【名称】为【生日】的【图形】元件，再把【生日】元件转换为【影片剪辑】，【名称】为【片头】；接着进入编辑区，选中第80帧创建帧，分别在第30帧、第33帧和第36帧插入关键帧，如图11-115所示。

图11-115

03 选中第1帧使用【任意变形工具】纵向缩小元件，然后选中第33帧将元件纵向拉伸，在关键帧与关键帧之间创建传统补间，如图11-116和图11-117所示。

图11-116

图11-117

04 新建图层，选择第36帧创建关键帧，然后使用【线条工具】绘制出两个相互重叠的三角形状，再使用【选择工具】进行适当调整，如图11-118所示。

图11-118

05 在【颜色】面板中选取黄色（红：254，绿：200，蓝：92）作为火苗的内焰颜色，选取红色（红：169，绿：32，蓝：38）作为火苗焰心的颜色，然后删除所有轮廓线；接着将火苗转换为【影片剪辑】，【名称】为【火苗动画】，如图11-119所示。

图11-119

06 新建图层，将图层拖曳到【图层1】层下方，使用【线条工具】绘制出一个三角形；然后使用【选择工具】进行适当调整，再使图形叠放与【图层1】层的图形下方；接着打开【颜色】面板选取白色作为外焰的颜色，如图11-120和图11-121所示。

图11-120　　　　　　　　图11-121

07 选择第14帧创建帧，分别在第3、5、7、9、11和第13帧插入关键帧，然后使用【选择工具】 对每一个关键帧进行适当调整，制作出火苗飘动的动画效果；接着使用相同的方法制作出另外两个火苗效果，最后返回【片头】元件编辑区，将制作完整的火苗放置到蜡烛的上方，如图11-122和图11-123所示。

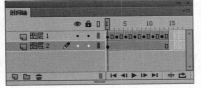

图11-122

图11-123

08 新建图层，然后选中图层的最后一帧位置，按F9键打开【动作】面板，在【动作】面板中输入停止代码，代码如图11-124所示。

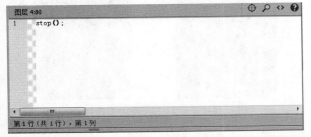

图11-124

09 返回到场景1，新建图层，然后选择【线条工具】 绘制出一个矩形，再调整到如图11-125（左）所示的曲线图形；接着打开【颜色】面板选取两种不同的蓝色，填充到曲线矩形中，选中所有线条按Delete键将其删除，如图11-125（右）所示。

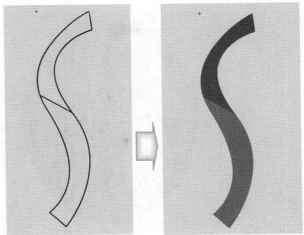

图11-125

10 选中曲线矩形，将其转换成【名称】为【彩带】的【图形】元件，如图11-126所示；然后打开【库】面板将【彩带】元件多次拖曳到舞台中，并分别调整彩带的颜色、大小、形状和位置，如图11-127所示。

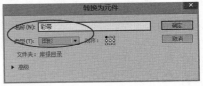

图11-126

图11-127

11 创建一个【名称】为【气球】的【影片剪辑】元件，然后进入编辑区，使用绘图工具绘制出气球的图形；接着打开【颜色】面板选取两种同色系的颜色填充到气球中，将气球转换成【名称】为【球】的【图形】元件，如图11-128和图11-129所示。

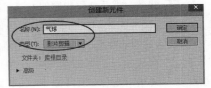

图11-128

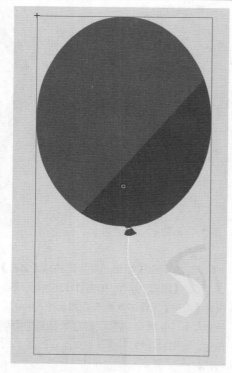

图11-132

图11-129

12 进入元件编辑区，选择第80帧创建帧，然后在第5、10、14、19帧插入关键帧，分别将第5、14帧的元件向下平移适当距离，将第1、10、19帧的元件向上平移适当距离；接着在关键帧与关键帧之间创建传统补间，制作出气球上下跳动的效果，如图11-130所示。

图11-130

13 新建图层，选择第19帧创建关键帧，然后使用【线条工具】 ✏ 绘制出一条线并调整线条；接着在第23、30、40、49、60、72、76帧插入关键帧，如图11-131所示。

图11-131

14 使用【橡皮擦工具】 ✏ ，在第23帧擦掉多余的线条，然后使用相同的方法擦掉每一关键帧多余的部分；接着在关键帧与关键帧之间创建传统补间，制作出线条延伸的效果，如图11-132所示。

15 新建图层，选择第80帧创建关键帧，然后打开【素材文件\CH11\礼物.fla】文件，将元件复制粘贴到第80帧，并调整位置到线条的末端，如图11-133所示。

图11-133

16 新建图层，选中图层的第80帧按F9键打开【动作】面板，然后在【动作】面板输入停止代码，代码如图11-134所示。

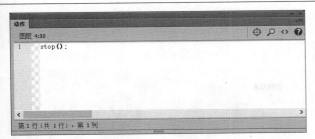

图11-134

17 返回到场景1，然后打开【库】面板将【球】元件多次拖曳到舞台中；接着任选一个【图形】元件，打开【属性】面板设置【样式】为【色调】，并在【着色】中任选一种颜色改变原有颜色，如图11-135所示。

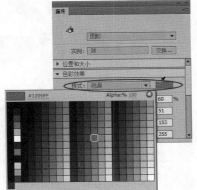

图11-135

18 新建图层，打开【素材文件\CH11\按钮.fla】文件，将按钮元件复制粘贴到新建图层，并调整到适当位置，如图11-136所示。

图11-136

19 新建图层，选择第1帧打开【动作】面板，然后在【动作】面板中输入停止代码，代码如图11-137所示；接着新建图层，选择第1帧打开动作面板，在

【动作】面板中输入代码，代码如图11-138所示，场景1如图11-139所示。

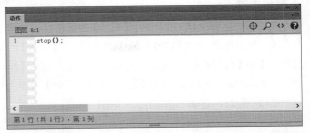

图11-137

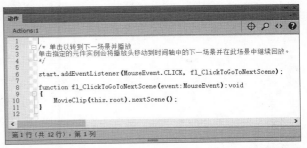

图11-138

图11-139

375

制作镜头2

【制作流程】

01 按快捷键Shift+F2，打开【场景】面板新建一个场景2，然后进入场景2编辑区，创建一个【名称】为【背景】的【图形】元件，进入元件编辑区；接着使用【矩形工具】，绘制一个【笔触颜色】为无、【填充颜色】为黄色（红:248，绿:251，蓝:201）的矩形，如图11-140所示。

图11-140

02 新建图层，然后打开【素材文件\CH11\背景.fla】文件，如图11-141所示，然后将背景元件复制到实例文档中。

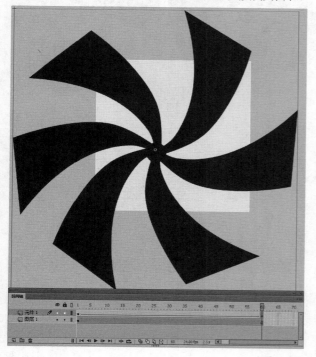

图11-141

03 选择第190帧创建帧，在第20帧插入关键帧，然后选中第1帧打开【属性】面板设置Alpha值为0%，在两个关键帧之间创建传统补间动画，如图11-142所示。

图11-142

04 新建图层，在第20帧创建关键帧，然后打开【素材文件\CH11\蛋糕.fla】文件，将蛋糕元件复制粘贴到新建图层；接着将蛋糕转换成【名称】为【蛋糕动画】的【图形】元件，进入编辑区，如图11-143所示。

图11-143

05 选中所有元件单击鼠标右键，然后在弹出的快捷菜单中选择【分散到图层】命令进行调整，再修改图层名称并调整图层顺序；接着选中所有图层在第150帧创建帧，在【第1层】选中第19帧插入关键帧，最后选

择第1帧位置使用【任意变形工具】将元件缩小，在两个关键帧之间创建传统补间，如图11-144所示。

图11-144

06 在【第2层】选中第19、37和40帧插入关键帧，然后选中第19帧之前的所有帧并删除帧，选中第19帧将元件放置到【第1层】下面被【第1层】遮盖；接着在第37帧将元件向上平移到适当位置，在第40帧将元件向下平移到适当距离，最后使用【任意变形工具】将元件适当放大，如图11-145所示。

图11-145

07 在关键帧与关键帧之间创建传统补间，然后使用相同的方法制作出【第3层】与【第4层】的动画效果，如图11-146所示；【时间轴】面板如图11-147所示。

图11-146

图11-147

08 新建图层，拖曳到【第4层】的下一层，然后在第80帧创建关键帧；接着用绘图工具绘制出彩带，将彩带转换成【名称】为【彩带1】的【图形】元件，进入元件编辑区，如图11-148所示。

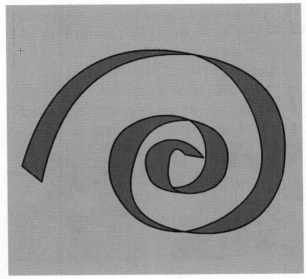

图11-148

09 在第1帧~第26帧的每一帧都插入关键帧，然后选中第1帧使用【橡皮擦工具】将多余的部分擦掉，从第1帧~第21帧使用相同的方法擦除多余的部分，制作出延伸效果，如图11-149所示。

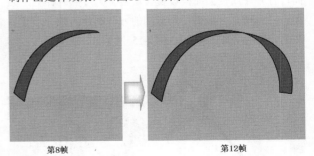

第8帧　　　　第12帧

图11-149

10 在第21帧~第26帧中使用【任意变形工具】对元件进行旋转，制作出摆动的效果，然后使用相同的方法制作出另一个【彩带】元件的效果，如图11-150所示。

11 新建图层，在第89帧创建关键帧，然后打开【素材文件\CH11\糖果.fla】文件，将糖果复制粘贴到新建图层；接着在第101帧插入关键帧，如图11-151所示。

图 11-150　　　　　　　　图 11-151

12 在两个关键帧之间创建传统补间，调整两个关键帧的位置，然后制作出【糖果】元件由【蛋糕】元件背后渐渐移动显现的效果；接着使用相同的方法，制作出另一个【糖果】元件的动画效果，如图11-152所示。

13 新建图层，使用绘图工具绘制出一个星形【图形】元件，然后将【星形】元件再次转换成【名称】为【星星】的【影片剪辑】元件，如图11-153所示。

图 11-152　　　　　　　　图 11-153

14 新建图层，然后使用【线条工具】 ✏ 绘制一根较粗的线条，并将其调整至合适的位置；接着选中所有图层的第30帧创建帧，在【星形】元件层的第30帧插入关键帧，在关键帧与关键帧之间创建传统补间，打开【属性】面板设置【旋转】为【顺时针】，如图11-154所示；最后使用形同的方法制作出领一个【星星】元件的动画效果，如图11-155所示。

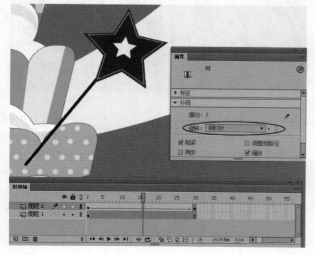

图 11-154

图 11-155

15 新建图层，在第77帧创建关键帧，然后打开【素材文件\CH11\蜡烛.fla】文件，将元件复制粘贴到第77帧位置；接着在第101帧插入关键帧，在77帧位置将元件缩小并移动到蛋糕下面，最后在第101帧位置将元件向上移动合适距离，在关键帧与关键帧之间创建传统补间，如图11-156所示，【时间轴】面板如图11-157所示。

图 11-156

图 11-157

蜡烛在传统补间动画下出现跳跃效果，这是由于元件的中心点位置所产生的效果，如图11-158所示，左边的蜡烛中线点位置在下边缘线的中心位置，右边的蜡烛中心点就在中心，在补间动画中动画效果跟随中心点运动，所以会出现跳跃效果。

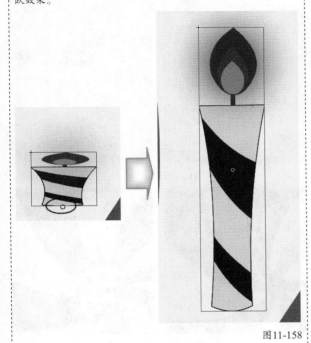

图11-158

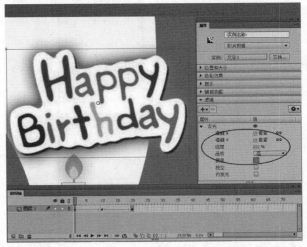

图11-160

16 返回到场景1中新建图层，然后打开【素材文件\CH11\生日快乐.fla】文件，将图形复制粘贴到新建图层；接着将图形转换成【影片剪辑】元件，选中【影片剪辑】，再将其转换成【名称】为【文字】的【图形】元件，如图11-159所示。

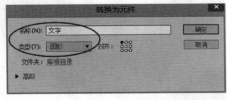

图11-159

17 进入元件编辑区，然后选中【图层1】层中的元件，在【属性】面板为其添加【发光】滤镜，并设置【模糊】为19像素，【强度】为200%，【品质】为【高】，【颜色】为橙色（红:255，绿:153，蓝:0）；接着在【图层1】层的第20帧和第10帧插入关键帧，并在关键帧之间创建传统补间，如图11-160所示。

18 选中第10帧中的元件，然后在【属性】面板更改【发光】滤镜的参数值，设置【模糊】为19像素、【强度】为100%、【品质】为【高】、【颜色】为

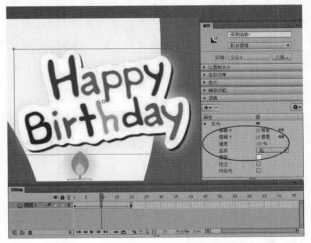

图11-161

19 返回到场景2，创建一个【名称】为【彩带动画】的【影片剪辑】元件；然后进入元件编辑区，打开【库】面板，将【彩带】元件拖曳到舞台中，选中第50帧创建关键帧；接着选中图层添加传统运动引导层，自动出现一个引导层，如图11-162所示。

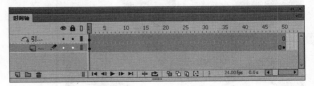

图11-162

20 在引导层中使用【线条工具】绘制一条引导线条，然后在第1帧位置将【彩带】拖曳到引导线的顶端；接着将第50帧的【彩带】拖曳到引导线的下方末端，如图11-163所示，在关键帧与关键帧之间创建传统补间，制作出彩带动画效果，如图11-164所示。

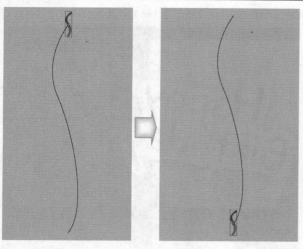

图11-163

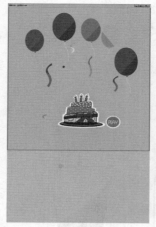

22 按快捷键Ctrl+S保存文件，然后按快捷键Ctrl+Enter
输出影片，最终效果如图11-166~图11-170所示。

图11-166   图11-167

图11-164

> **技巧与提示**
>
> 将【彩带】元件的中心点放置到引导线上。

21 返回到场景2，打开【库】面板，将【彩带动
画】元件多次拖曳到舞台中，并适当改变其方向
和大小，如图11-165所示

图11-168   图11-169

图11-165

图11-170

项目 016 圣诞贺卡

文件位置：实例文件>CH11>项目016.fla

项目背景

本实例以制作一个圣诞节贺卡为实例背景，主要目的是向朋友传达圣诞节的喜悦和祝福。

项目分析

本实例中贺卡以圣诞节为主题，分两个镜头制作完成，第1个镜头为贺卡开篇，单击play按钮即可播放第2个镜头中的动画，第2个镜头为贺卡的主要内容，最终效果如图11-171~图11-174所示。

图11-171

图11-172

图11-173

图11-174

制作镜头1

【制作流程】

01 新建一个空白文档，然后执行【修改\文档】菜单命令，打开【文档设置】对话框，设置【舞台大小】为550像素×400像素，【舞台颜色】为黑色，如图11-175所示。

图11-175

02 打开【素材文件\CH11\圣诞.png】文件，将图像复制到新建空白文档，然后新建一个图层，将【素材文件\CH11\挂饰.png】导入到舞台中，并将其复制一个图形，使其交叉对称；接着将圣诞老人图片转换成【名称】为【片头】的【影片剪辑】元件，如图11-176所示。

图11-176

03 使用【椭圆工具】绘制一个无边框、【填充颜色】为褐色的椭圆，然后按住Alt键单击鼠标左键复制一个椭圆，并将两个椭圆放置到麋鹿眼睛相重合的地方；接着选中两个椭圆将其转换成【名称】为【眼睛】的【图形】元件，并进入编辑区，如图11-177所示。

04 在第3、5帧位置插入关键帧，然后在第3帧调整眼睛大小，使其比第1帧眼睛要小，如图11-178所示；接着在第5帧调整眼睛大小，使其比第3帧眼睛更小，如图11-179所示。

05 在第7帧和第9帧插入关键帧，然后将第3帧复制原位粘贴到第7帧位置；接着将第1帧复制原位粘贴带到第9帧位置，如图11-180所示。

图11-177

图11-178

图11-179

图11-180

06 返回到【片头】元件中，然后选中第45帧创建帧，在第8帧插入关键帧；接着使用相同的方法制作出圣诞老人的眨眼动画效果，如图11-181所示。

图11-181

07 在第21帧插入关键帧，热后使用【线条工具】绘制出老人的嘴巴，并转换成【图形】元件；接着进入元件编辑区，在第15帧创建关键帧，调整第15帧的图形大小，最后在关键帧与关键帧之间创建传统补间，制作出圣诞老人微笑的效果，如图11-182所示。

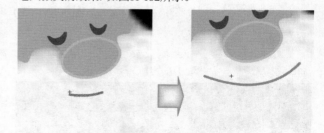

图11-182

08 返回到【片头】元件中，新建图层，然后选择【矩形工具】绘制一个无边框、【填充颜色】为白色的矩形，将矩形调整到如图11-183所示形状。

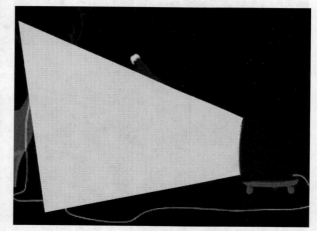

图11-183

09 打开【颜色】面板，并在面板中设置【填充颜色】为【线性渐变】，再设置两个色标颜色均为白色，Alpha值依次为100%和0%，如图11-184所示。

图11-184

10 使用【渐变变形工具】进行调整，调整效果如图11-185所示；在第5帧插入关键帧，然后使用【渐变变形工具】将光源颜色向电视机后调整，使光源效果变弱；接着在第8帧插入关键帧，复制第1帧并原位粘贴到第8帧位置，将光源矩形进行调整，将光源适当放大。

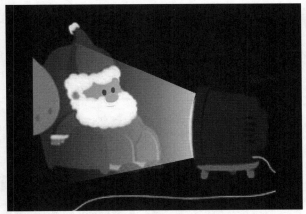

图11-185

11 在关键帧与关键帧之间创建形状补间，然后选中形状补间的所有帧，再按住Alt键单击鼠标左键，分别将其拖曳到第9帧和第16帧位置，制作出电视播放闪烁的效果，如图11-186所示。

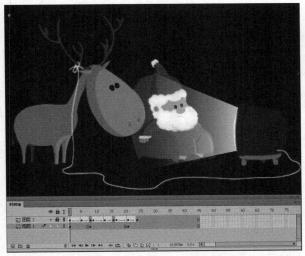

图11-186

12 返回到场景1新建图层，然后使用工具栏里的工具绘制出斜纹红白颜色相间的矩形，将矩形转换成【图形】元件；接着将矩形转换成【名称】为【进度】的【影片剪辑】元件，如图11-187所示。

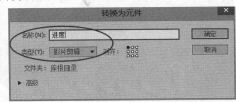

图11-187

13 进入编辑区，然后在第100帧创建关键帧，并新建图层；接着使用【矩形工具】绘制一个无边框、【填充颜色】为任意色的长条矩形，如图11-188所示。

图11-188

14 选中【花纹】元件的第100帧创建，然后将元件向上平移一段距离，在关键帧与关键帧之间创建传统补间；接着选中矩形条层，单击鼠标右键，在弹出的快捷菜单中选择【遮罩层】命令，将【花纹】元件层变成【被遮罩层】，如图11-189和图11-190所示。

图11-189

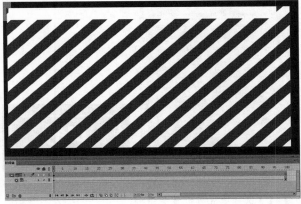

图11-190

15 返回到场景1，然后打开【素材文件\CH11\礼品1.fla】文件，再将礼品元件复制粘贴到图层中，如图11-191所示。

16 新建图层，创建一个【名称】为【开始】的【影片剪辑】元件，进入编辑区，然后使用【矩形工具】▣绘制一个【笔触大小】为2.00，【笔触颜色】为白色，【矩形边角半径】为9.5的圆角矩形；接着使用【文本工具】Ⓣ插入文本框输入文本内容play，将文本移动到矩形框内，如图11-192所示。

示；设置完成后元件效果如图11-196所示。

图11-195　　　　　　　　图11-196

图11-191　　　　　　　　图11-192

17 按两次快捷键Ctrl+B将文本分离，然后选中所有图形将其转换成【影片剪辑】元件，在【属性】面板中设置【滤镜】为【发光】；接着设置参数【模糊】为4像素，【强度】为200%，【品质】为【低】，【颜色】为红色（红:255，绿:0，蓝:0），如图11-193所示；设置完成后的按钮效果如图11-194所示。

19 在关键帧与关键帧之间创建传统补间，如图11-197所示；然后返回场景1，打开【库】面板，将【开始】元件拖曳到舞台中；接着将元件转化成【名称】为【开始按钮】的【按钮】元件，如图11-198所示。

图11-197

图11-193　　　　　　　　图11-194

18 选择第50帧创建关键帧，在第25帧插入关键帧，然后打开【属性】面板，设置【滤镜】为【发光】，并设置参数【模糊】为4像素，【强度】为200%，【品质】为【低】，【颜色】为绿色（红:0，绿:255，蓝:0），如图11-195所

图11-198

20 新建图层，然后选中第1帧按F9键打开【动作】面板，在【动作】面板中输入代码，如图11-199所示。

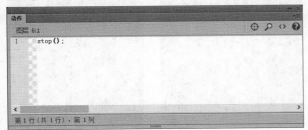

图11-199

21 新建图层，然后选中第1帧按F9键打开【动作】面板，在【动作】面板中输入代码，代码如图11-200所示，场景1完成效果如图11-201所示。

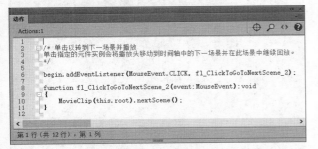

图11-200

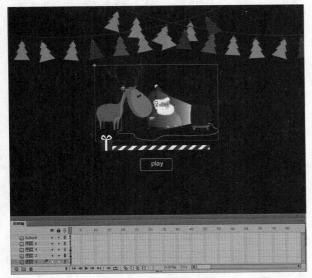

图11-201

制作镜头2

【制作流程】

01 按快捷键Shift+F2，打开【场景】面板新建一个场景2，进入场景2编辑区，然后使用【矩形工具】绘制一个比舞台大、无边框且【填充颜色】为蓝色（红:86，绿:123，蓝:137）的矩形，如图11-202所示。

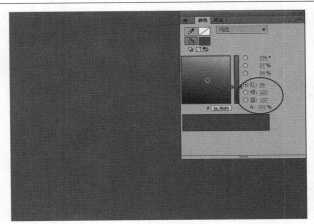

图11-202

02 选择第160帧创建帧，然后在第20帧插入关键帧；接着选中第1帧打开【属性】面板设置Alpha值为0%，在关键帧与关键帧之间创建形状补间，如图11-203所示。

图11-203

03 新建图层，然后使用绘图工具绘制出雪地的图形，如图11-204所示图形；接着在第20帧插入关键帧，最后选中第1帧打开【属性】面板设置Alpha值为0%，在两个关键帧之间创建补间形状，如图11-205所示。

04 新建图层，在第20帧创建关键帧，然后创建一个【名称】为【雪花动画】的【影片剪辑】元件；接着进入编辑区，打开【素材文件\CH11\雪花.fla】文件，将雪花形状复制到编辑区，最后将形状转换成【图形】元件，选中第70帧创建关键帧，如图11-26所示。

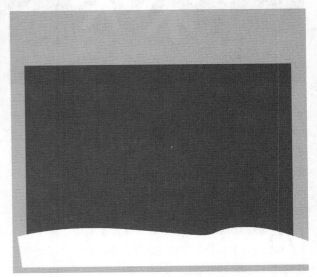

图11-204

图11-207

图11-205

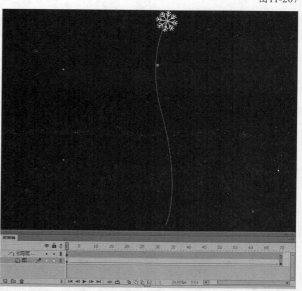

图11-208

图11-206

05 选中图层，单击鼠标右键，在弹出的快捷菜单中选择【添加传统运动引导层】命令，自动生成引导层；然后在引导层中绘制一条引导线，并将第1帧中的【雪花】元件调整到引导线的上端，中心点对齐引导线，以同样的方式将第70帧中的【雪花】元件调整到引导线的下端，如图11-207和图11-208所示。

06 返回到场景2，然后打开【库】面板，将【雪花动画】元件多次拖曳到舞台中；接着分别调整元件的大小、方向和位置，如图11-209所示。

图11-209

07 新建图层，在第41帧创建关键帧，然后打开【素材文件\CH11\礼物016.fla】文件，将礼物形状复制粘贴到新建图层；接着将形状转换成【图形】元件，再将礼物元件转化成【名称】为【礼物动画】的【影片剪辑】元件，如图11-210所示。

图11-210

08 进入编辑区，然后在第10帧插入关键帧，选择第1帧；然后使用【任意变形工具】选中元件，调整元件中心点到下边缘线的中心位置，将元件压缩至如图11-211所示。

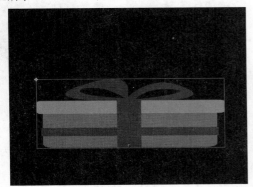

图11-211

09 在关键帧与关键帧之间创建传统补间，如图11-212所示；然后使用相同的方法制作出其余礼物的动画效果，如图11-213所示，【时间轴】面板如图11-214所示。

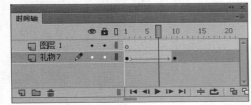

图11-212

图11-213

图11-214

10 返回到场景2，新建图层，在第81帧创建关键帧；然后创建一个【名称】为【挂件】的【图形】元件，进入元件编辑区；接着绘制一个无边框、【填充颜色】为任意色的椭圆，最后选中第50帧创建帧，如图11-215所示。

图11-215

11 新建图层，绘制出一个斜纹红白颜色相间的矩形，然后在第50帧插入关键帧；接着将矩形调整到如图11-216所示位置，将图层调整到椭圆图层的下一层。

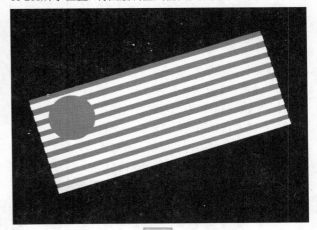

图11-216

12 新建图层，绘制出挂件的电线，然后将图层调整到矩形的下一层，在矩形图层的关键帧与关键帧之间创建传统补间；接着选中椭圆层创建遮罩层，矩形层变成【被遮罩层】，如图11-217所示。

图11-217

13 返回到场景2，创建一个【名称】为【挂件2】的【图形】元件；然后进入元件编辑区，绘制一个无边框、【填充颜色】为任意色的椭圆，再选中第50帧创建帧；接着新建图层，绘制出一个白底蓝色圆形覆盖的矩形，在第50帧插入关键帧，最后将矩形调整到如图11-218所示位置，将图层调整到椭圆图层的下一层。

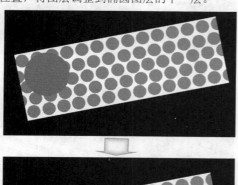

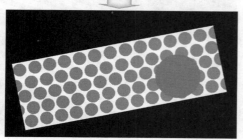

图11-128

14 新建图层，然后绘制出挂件的电线，将图层调整到矩形的下一层，接着在矩形图层的关键帧与关键帧之间创建传统补间；最后选中椭圆图层创建遮罩层，矩形层变成【被遮罩层】，如图11-219所示。

图11-219

15 返回到场景2中，然后创建一个【名称】为【挂件3】的【图形】元件；接着进入元件编辑区，绘制一个无边框，【颜色类型】为【径向渐变】，再设置第1个色标颜色为（红:255，绿:204，蓝:0），第2个色标颜色为（红:255，绿:255，蓝:255），如图11-220所示。

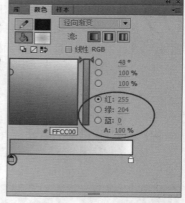

图11-220

16 将椭圆转换成【影片剪辑】元件，然后选中第25帧创建帧，打开【属性】面板设置【滤镜】为【发光】，并设置参数【模糊】为19像素，【强度】为200%，【品质】为【高】，【颜色】为白色；接着新建图层，绘制出挂件的电线，如图11-221所示。

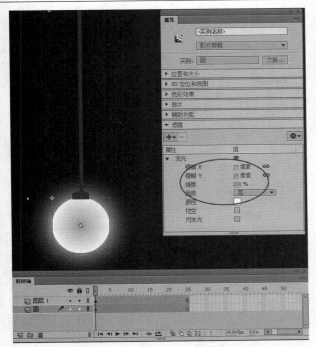

图11-223

图11-221

17 返回到场景2，打开【库】面板，然后将【挂件】【挂件2】和【挂件3】元件多次拖曳到舞台中，并调整其位置和大小，如图11-222所示。

图11-224

20 新建图层，在第78帧创建关键帧，然后创建一个【名称】为【文字】的【影片剪辑】元件，如图11-225所示；接着打开【素材文件\CH11\雪花.fla】文件，将雪花复制粘贴到元件编辑区中，最后使用【文字工具】T输入文本内容。

图11-225

图11-222

18 新建图层，在第20帧创建关键帧，然后使用【椭圆工具】绘制出圆形，将椭圆转换成【影片剪辑】元件；接着打开【属性】面板设置【滤镜】为【投影】，并设置参数【模糊】为6像素，【强度】为100%，【品质】为【高】，【距离】为4，【颜色】为黑色，如图11-223所示。

19 选中圆形，按住Alt键多次拖曳鼠标，复制出多个圆形，然后分别调整元件的大小、位置和相关属性设置，如图11-224所示。

21 返回到场景2中，打开【库】面板将【文字】拖曳到舞台中，然后选中元件，并在【属性】面板中设置为元件添加【投影】滤镜；接着设置参数【模糊】为4像素，【强度】为100%，【品质】为【高】，【角度】为45°，【距离】为2，【颜色】为黑色，如图11-226和11-227所示。

22 新建图层，在第20帧创建关键帧，然后打开【素材文件\CH11\圣诞老人.fla】文件，将圣诞老人复制粘贴到第20帧位置，如图11-228所示。

图 11-226　　　　图 11-227

图 11-230

图 11-228

23 按快捷键Ctrl+S保存文件，然后按快捷键Ctrl+Enter输出影片，最终效果如图11-229~图11-232所示。

图 11-231

图 11-229

图 11-232

第12章
综合实例——制作网页广告

■ 旅游网站广告/392页　　■ 珠宝广告/404页　　■ 圣诞节快乐/407页　　■ 七夕主题广告/409页　　■ 幻灯片广告/416页

■ 网络游戏banner/419页　　■ 儿童文学广告/421页　　■ 家居横幅广告/424页　　■ 网络促销广告/427页　　■ 汽车广告/433页

 网页设计师　 广告设计师　 游戏特效师　 动画设计师　 交互设计师

项目 **017** 旅游网站广告

文件位置：实例文件>CH12>项目017.fla

项目背景

　　本实例以制作一则旅游网站的广告为案例背景，主要目的是吸引用户参与旅行，从而增加网站的业务量。

项目分析

　　本实例中的广告以蓝色调为主，与地球的颜色达成一致，使用户在视觉感官上比较清爽；然后以云朵中的文字动画展现广告主题，再添加地球的旋转动画来响应世界精彩无限的主题；最后使热气从城市上升，则暗示用户走出城市去旅行，本实例最终效果如图12-1~图12-4所示。

图12-1

图12-2

图12-3

图12-4

制作元件

【制作流程】

01 新建一个Flash空白文档，然后执行【文档\修改】菜单命令，打开【文档设置】对话框，并在对话框中设置【舞台大小】为750像素×360像素，如图12-5所示。

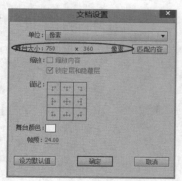

图12-5

02 执行【文件\导入\导入到舞台】菜单命令，将【素材文件\CH12\背景018.jpg】导入到舞台中，然后使用【任意变形工具】 将图片调整至舞台大小，如图12-6所示。

图12-6

03 使用绘图工具在舞台中绘制出一朵云的形状，然后使用【选择工具】 选中云朵的轮廓线，按Delete键删除轮廓线，如图12-7所示。

04 选中绘制完成的云朵，然后按F8键将其转换为【图形】元件，【名称】为图形，如图12-8所

示；接着双击云朵进入该元件的编辑区，并选中【文本工具】T，在【属性】面板中设置【字符】的【系列】为【方正综艺_GBK】，【大小】为60.0磅，【字母间距】2.0，【颜色】为蓝色（红:85，绿:171，蓝:233），如图12-9所示。

图12-7

图12-8　　　　　　　　　图12-9

05 新建一个图层，将其命名为【文字】，然后在舞台中输入对应的文本，如图12-10所示；接着按快捷键Ctrl+B将文本分离为独立的文本，并分别调整文字的大小和位置，如图12-11所示。

图12-10

图12-11

06 保持对【文本工具】T的选中，然后在【属性】面板中设置【字符】的系列为【方正正准黑简体】，【大小】为40.0磅，【颜色】为（红:0，绿:51，蓝:105），如图12-12所示。

图12-12

07 按快捷键Ctrl+B将分离文本，然后选中问号，使用【任意变形工具】将问号向右旋转，如图12-13所示。

图12-13

08 选中所有文本，并按快捷键Ctrl+B将文字分离为形状，然后在所有图层的第30帧位置添加帧；接着分别选中每一个字符，按快捷键Ctrl+G将其转换为组，如图12-14所示。

图12-14

09 在【文字】层的第6帧和第9帧位置插入关键帧，然后选中第6帧中的【那】字，并使用【任意变形工具】调整该中文字体的大小和方向，如图12-15所示。

图12-15

10 选中【文字】层的第15帧和第18帧，按F6键插入关键
帧，然后选中第15帧中的【彩】字，并使用【任意变
形工具】调整该中文字体的大小和方向，如图12-16所示。

图12-16

11 选中【文字】层的第23帧和第25帧，按F6键插入
关键帧，然后选中第23帧中的问号，并使用【任
意变形工具】向左旋转文字，如图12-17所示；接着
选中第23帧~第25帧，按住Alt键拖曳选中帧至第26帧位
置，如图12-18所示。

图12-17

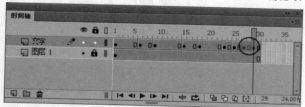

图12-18

12 单击 场景1 按钮，回到主场景，然后使用绘图工具
在文字右端绘制出飞机的形状，如图12-19所示；接
着选中绘制完成的图像，按F8键将其转换为【按钮】元件，
【名称】为【按钮动画】，如图12-20所示。

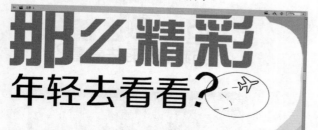

图12-19

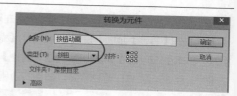

图12-20

13 双击【按钮动画】
元件，进入该元件
的编辑区；然后选中【文
本工具】，并在【属
性】面板中设置【字符】
的【系列】为一个英文字
体，【大小】为10.0磅，
【颜色】为黑色，如图
12-21所示。

图12-21

14 在飞机的下方插入文本框，并输入对应的文本，
如图12-22所示；然后在【指针经过】帧位置创
建关键帧，并
选中工作区中
的文本，将其
转换为【影片
剪辑】，【名
称】为【文
字】，如图
12-23所示。

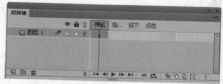

图12-22

图12-23

15 双击文本进入该元件的编辑区，然后在【图层1】层的
第2帧
位置创建关键
帧；接着用【文
本工具】编
辑第2帧中的文
本，将该文本中
的第1个三角符
号变为空格，如
图12-24所示。

图12-24

16 回到【按钮动画】元件的编辑区，然后将【按下】帧转换为关键帧，并选中该帧中的文本元件，按快捷键Ctrl+B分离元件；接着选中该帧中的所有对象，并使用【任意变形工具】将其等比缩小，如图12-25所示。

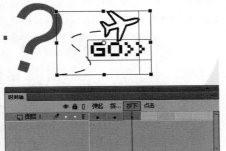

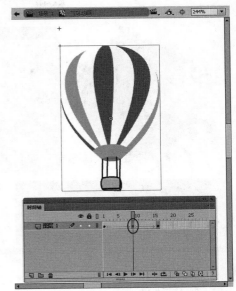

图12-25

17 按快捷键Ctrl+F8新建一个【图形】元件，【名称】为【气球】，然后使用绘图工具在工作区中绘制出气球的图形，如图12-26所示。

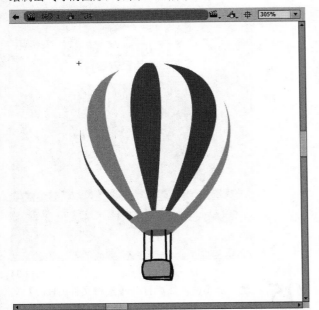

图12-26

技巧与提示

热气球象征自由，用它在此处表达环游世界的理念。

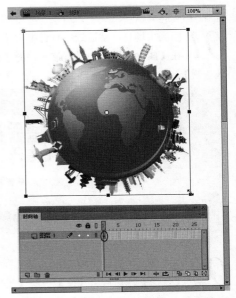

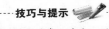

18 按快捷键Ctrl+F8新建一个【影片剪辑】，然后将【库】中的【气球】元件拖曳到工作区中；接着在【图层1】层的第15帧位置创建关键帧，并在两个关键帧之间创建传统补间；接着将第9帧转换为关键帧，并将该帧中的元件垂直向下移动，如图12-27所示。

19 按快捷键Ctrl+F8新建一个【图形】元件，然后打开【素材文件\CH12】文件夹，将【地球018.png】拖曳到工作区中，并调整图片大小，如图12-28所示；接着新建一个【影片剪辑】，【名称】为【地球动画】，如图12-29所示。

图12-27

图12-28

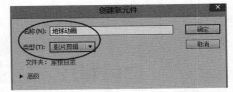

图12-29

20 将【库】中的【地球】元件拖曳到【地球动画】元件的工作区中，然后在【图层1】层的第90帧位置创建关键帧，并在两个关键帧之间创建传统补间；接着选中补间范围中的任意帧，并在【属性】面板中设置【旋转】为【顺时针】，如图12-30所示。

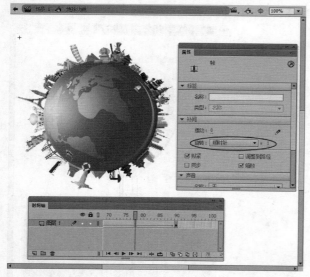

图12-30

制作动画

【制作流程】

01 回到主场景，然后选中舞台中的【云朵】元件，
在【属性】面板中设置该元件的【循环】为【播放一次】，如图12-31所示。

图12-31

02 在【图层1】层上新建一个图层，【名称】为
【气球】，然后将【库】中的【气球动画】元件
拖曳至舞台下端；接着使用【任意变形工具】将气球
调整至合适大小，如图12-32所示。

图12-32

03 在所有图层的第80帧位置添加帧，然后选中【气
球】层的第30帧和第45帧，按F6键将其转换为关
键帧；接着在两个关键帧之间创建传统补间，并调整第
45帧中的气球位置和方向，如图12-33所示。

图12-33

04 新建一个图层，将其命名为【地球】，然后将
【库】中的【气球动画】元件拖曳至舞台右侧，
并调整该元件的大小，如图12-34所示。

图12-34

05 新建一个元件，然后打开【素材文件\CH12】文
件夹，将【房屋018.png】拖曳到舞台中，并调
整房屋素材至舞台下端，如图12-35所示；接着在所有图
层的第110帧添加帧，如图12-36所示。

图12-35

图12-36

06 新建一个图层，将其命名为AS，然后将其调整至顶层；接着将该图层的最后一帧转换为关键帧，并打开【动作】面板，在面板中输入停止代码，如图12-37所示。

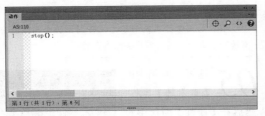

图12-37

07 按快捷键Ctrl+S保存文件，然后按快捷键Ctrl+Enter测试影片，最终效果如图12-38~图12-41所示

图12-38

图12-39

图12-40

图12-41

项目 018 体育网站广告

文件位置：实例文件>CH12>项目018.fla

项目背景

本实例以制作一个体育网站的横幅广告为背景，主要目的是吸引用户关注体育网站，了解更多体育赛事。

项目分析

本实例中的广告的主题是宣传体育网站，吸引用户了解体育赛事，因此本实例选择了较为大众的篮球运动作为主题，并选择篮球场作为背景，然后选择较为明亮的黄色作为广告词颜色，更好地突出了广告主题，最终完成效果如图12-42和12-43所示。

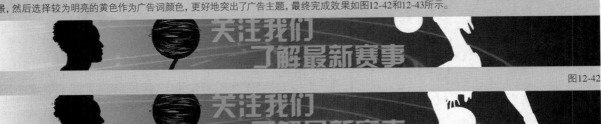

图12-42

图12-43

【制作流程】

01 新建一个Flash空白文档。执行【修改\文档】菜单命令，打开【文档设置】对话框，在对话框中将【舞台大小】设置为468像素×60像素，如图12-44所示，设置完成后单击 确定 按钮保存设置。

02 选择【矩形工具】 ▦ ，然后在【颜色】面板中设置【笔触颜色】为无、【填充颜色】为【线性渐变】；接着设置第1个色标的颜色为白色，Alpha值为100%，第2个色标颜色为黑色，Alpha值为40%，如图12-45所示。

图12-44　　　　　　　　　　图12-45

03 在舞台中绘制出一个矩形，如图12-46所示；然后新建一个图层，并将【素材文件\CH12】文件夹中的【运动.jpg】拖曳至舞台中，最后使用【任意变形工具】 ▦ 调整图片大小，如图12-47所示。

图12-46

图12-47

04 选中图片，然后按快捷键Ctrl+B将图片分离为形状，如图12-48所示。

图12-48

? 疑问解答

问：这里将图像分离的目的是什么？

答：将图像分离是为了方便将图像的白色底色去除，没有进行分离的位图是不能去除底色的。

05 选择工具箱中的【魔术棒】 ▨ ，然后在【属性】面板中设置【阈值】为30，并在【平滑】的下拉列表中选择【平滑】，如图12-49所示。

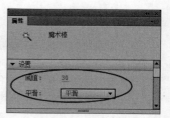

图12-49

06 移动鼠标指针至舞台中，选中图片的空白区域，然后按Delete键删除选中部分，如图12-50所示。

图12-50

07 执行【文件\打开】菜单命令，打开【素材文件\CH12\素材019.fla】文件，文档打开后，在该文档的舞台中有两个已经制作完成的元件，如图12-51所示。

图12-51

08 选中舞台中的元件，然后按快捷键Ctrl+C复制元件；接着回到案例文档，并按快捷键Ctrl+V粘贴元件，如图12-52所示。

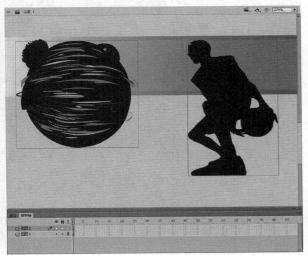

图12-52

09 选中【圆形】元件，然后使用【任意变形工具】 将其等比缩小至人物指尖的篮球大小，如图12-53所示。

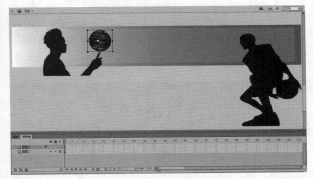

图12-53

10 选中舞台右侧的人物元件，然后打开【属性】面板，并设置其色彩的【样式】为【无】，如图12-54所示。

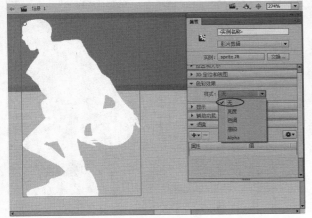

图12-54

11 使用【任意变形工具】 选中篮球运动员，然后将其等比缩小至合适大小，并移动元件至舞台的右侧，如图12-55所示。

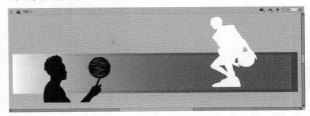

图12-55

12 新建一个图层，并将该图层调整至最底层，然后执行【文件\导入\导入到舞台】菜单命令，将【素材文件\CH12\背景019.jpg】导入到舞台中，如图12-56所示。

图12-56

13 选中导入的图片，然后执行【修改\变形\水平翻转】菜单命令，将图片翻转，使图片近处的半场面向篮球运动员；接着移动图片至合适位置，如图12-57所示。

图12-57

14 新建【图层4】图层，并使其位于所有图层的最顶层，然后选择【文本工具】 ，并在【属性】面板中设置【字符】的【系列】为【汉仪菱心简

体】、【大小】为30.0磅、【颜
色】为黄色（红:225，绿:204，
蓝:0），如图12-58所示。

图12-58

15 在舞台中输入文字【关注我们了解最新赛事】，并
将其移动至舞台中间位置，如图12-59所示；然后选
中所有图层的第130帧，按F5键添加帧，如图12-60所示。

图12-60

16 保存文件，按快捷键Ctrl+Enter输出影片，最终
完成效果如图12-61所示。

图12-59

图12-61

项目 **019** 音乐网站竖边广告

文件位置：实例文件>CH12>项目019.fla

项目背景

　　本实例以制作一个音乐网站的竖边广告为背景，主要目的是
宣传音乐网站，树立良好的网站形象。

项目分析

　　本实例中的广告是一个动态的竖边广告，广告以温馨的乱色调为
主，赋予广告温馨感；然后选择一副耳机作为背景，并使人物在整个
广告的布局中偏小，营造出一种身临其境的氛围，本实例最终效果如
图12-62和图12-63所示。

图12-62　　　　　　　　　　　　　图12-63

【制作流程】

01 新建一个Flash空白文档，执行【修改\文档】菜单命令，打开【文档设置】对话框，在对话框中将【舞台大小】设置为240像素×400像素，完成后单击【确定】按钮保存设置，如图12-64所示。

02 按快捷键Ctrl+F8新建一个【图形】元件，【名称】为【人物】，如图12-65所示，然后执行【文件\导入\导入到舞台】菜单命令，打开【导入】对话框，并在对话框中选择【素材文件\CH12\人物01.png】，如图12-66所示。

图12-64 　　　　　　　　　　图12-65

图12-66

03 单击【打开】按钮确定导入，此时会弹出一个询问对话框，询问是否导入序列图像，单击【是】按钮确定导入序列图像，系统会自动将所选图片文件中的序列图按顺序导入序列帧中，如图12-67所示。

图12-67

04 选中第1帧~第13帧，然后按住Alt键拖曳鼠标，将选中的帧复制到第16帧位置，如图12-68所示；接着单击鼠标右键，在弹出的快捷菜单中选择【翻转帧】命令，如图12-69所示；最后在【图层1】层的最后一帧位置添加帧，如图12-70所示。

图12-68 　　　　　　　　　图12-69

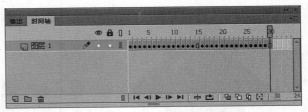

图12-70

05 单击 Scene 1 按钮回到主场景，然后打开【库】面板，并选中【人物】元件，将其拖曳到舞台的下半部分，并使用【任意变形工具】 将其等比缩放至合适大小，如图12-71所示。

图12-71

06 保持对【人物】元件的选中，然后打开【属性】面板，在【色彩效果】选项卡中设置【样式】为【高级】；接着调整色彩的偏移值，如图12-72所示。

07 选中【人物】元件，然后按住Alt键拖曳鼠标复制出一个【人物】元件，并在【属性】面板中设置【色彩效果】的【样式】为Alpha，Alpha值为18%，如图12-73所示。

图12-72

图12-73

08 按快捷键Ctrl+↓将已经透明化的【人物】元件调整至最底层，制作出人物投影的效果，如图12-74所示。

图12-74

09 新建【图层2】图层，然后使用【矩形工具】 在舞台下端绘制出一个无边框、【填充颜色】为（红:68，绿:7，蓝:30）的矩形，如图12-75所示。

10 新建【图层3】图层，并将其调整至最底层，然后执行【文件\导入\导入到舞台】菜单命令，将【素材文件\CH12\背景020.jpg】导入到舞台中，并使用【任意变形工具】将图片缩放至合适大小，如图12-76所示。

11 保持对【图层3】层的选中，然后执行【文件\导入\导入到舞台】菜单命令，将【素材文件\CH12\音符.png】导入到舞台中，如图12-77所示。

图12-75

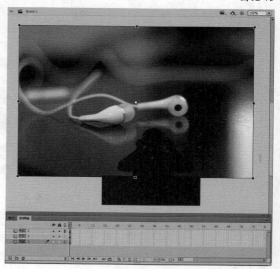

图12-76

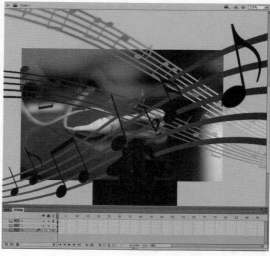

图12-77

12 使用【任意变形工具】📐将音符等比缩放至合适
大小，然后向左旋转音符，使其有一定的倾斜度，
如图12-78
所示。

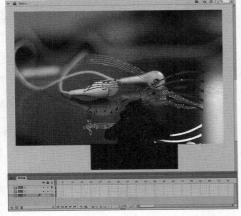

图12-78

13 新建【图层4】图层，
并将其移动至最顶层，
然后选择【文本工具】T，并
在其【属性】面板中设置【字
符】的【系列】为【方正细倩简
体】、【大小】为20.0磅、【颜
色】为白色，如图12-79所示。

图12-79

14 在舞台右上角单击鼠标左键插入文本框，然后输入
文本，如图12-80所示；接着选中文本，并打开【属
性】面板，在【滤镜】为
文本添加一个【投影】滤
镜，滤镜的具体参数设置
如图12-81所示。

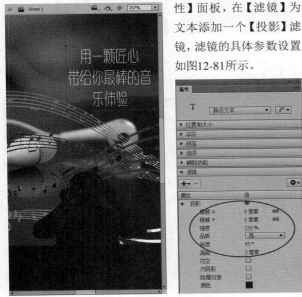

图12-80

图12-81

15 设置完成后的文本效果如图12-82所示，然后选
中所有图层的第29帧，按F5键添加帧。

图12-82

16 保存文件，再按快捷键Ctrl+Enter测试影片，最
终效果如图12-83和图12-84所示。

图12-83

图12-84

403

项目 020 珠宝广告

文件位置：实例文件>CH12>项目020.fla

项目背景

本实例以制作一个珠宝商店的宣传广告为背景，主要目的是吸引用户购买商品，提高店铺的销售额。

项目分析

本实例中的广告以一张静态的产品图为背景，然后为图片添加一些简单的动画效果以及广告词，使浏览者关注产品，提高广告的点击率，案例最终效果如图12-85所示。

珍藏美好，为爱定制！

收藏时间的印记，让这一刻变为永恒

图12-85

【制作流程】

01 新建一个Flash空白文档，然后执行【修改\文档】菜单命令，打开【文档设置】对话框，并在对话框设置【舞台大小】为300像素×250像素，【舞台颜色】设置为黑色，如图12-86所示。

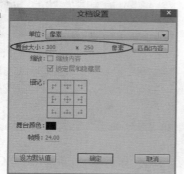

图12-86

02 按快捷键Ctrl+F8新建一个【影片剪辑】，【名称】为【闪光】，如图12-87所示；然后选择【多角星形工具】 ，并在【属性】面板中单击【选项】按钮，打开【工具设置】对话框；接着设置【样式】为【星形】、【边数】为4、【星形顶点大小】为0.1，如图12-88所示。

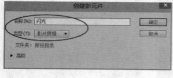

图12-87

图12-88

03 设置完成后单击【确定】按钮保存设置，然后移动鼠标指针至编辑区中心位置，并按住Shift键拖曳鼠标，绘制出一个无边框的白色四角星，如图12-89所示。

04 选择四角星，然后打开【颜色】面板，并将【颜色类型】更改为【径向渐变】；接着设置渐变色标的颜色均为白色，并设置第2个色标的Alpha值为0%，如图12-90所示。

图12-89 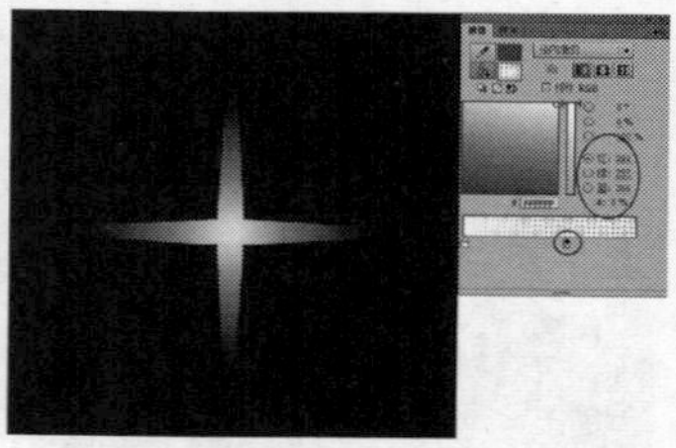   图12-90

05 选中绘制完成的四角星，然后按F8键将其转换为【影片剪辑】，【名称】为【光】，如图12-91所示。

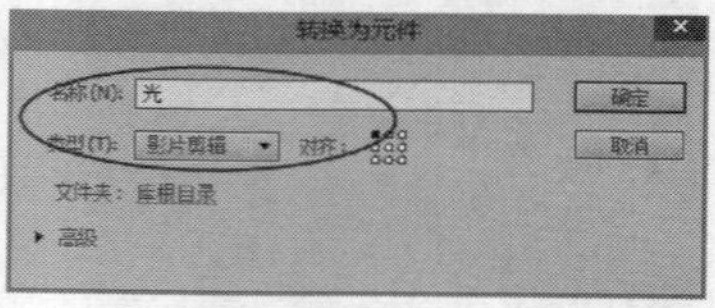

图12-91

06 选择工作区中的闪光，然后打开【属性】面板，并打开【滤镜】选项卡；接着单击【添加滤镜】按钮，在弹出的快捷菜单中选择【发光】，如图12-92所示。

07 在【发光】滤镜的参数设置选项中设置【颜色】为白色，【品质】为【高】，【模糊】为4像素，如图12-93所示。

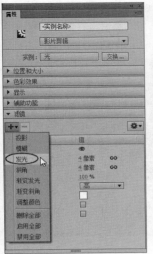

图12-92

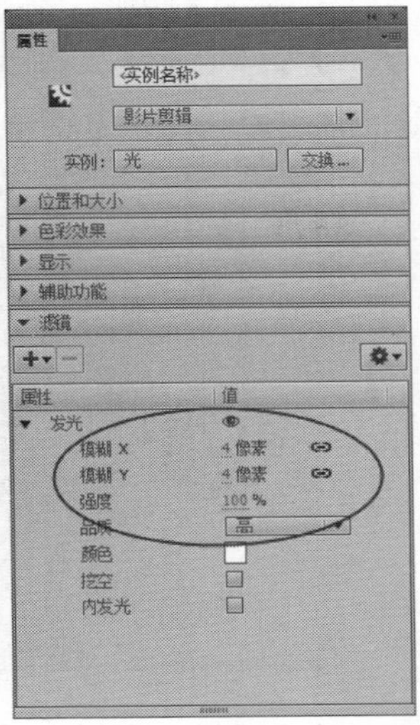

10 分别在第1帧~第30帧和第30帧~第60帧之间选中任意帧，创建传统补间，如图12-96所示，

图12-93

08 选中【图层1】层中的第60帧和第30帧转换为关键帧，然后选中编辑区中的闪光，并在【属性】面板中更改【强度】为200%，【模糊】为5像素，如图12-94所示。

09 使用【任意变形工具】选中闪光，然后将其向右旋转至合适角度，并等比放大闪光至合适大小，如图12-95所示。

图12-94

图12-96

11 将【图层1】层重命名为【背景】，然后单击 Scene 1 回到主场景；接着将【素材文件\CH12\背景021.jpg】导入到舞台中，并使用【任意变形工具】调整图片大小，如图12-97所示。

图12-97

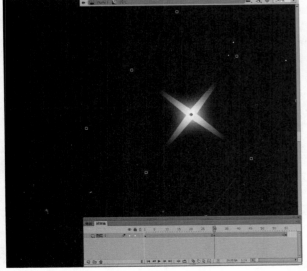

图12-95

12 单击【新建图层】按钮新建【图层2】图层，并将其重命名为【闪光】，然后打开【库】面板，将闪光拖曳到戒指的亮光位置，如图12-98所示。

图12-98

13 选中舞台中的闪光，然后按住Alt键拖曳鼠标复制出两个相同的闪光；接着使用【任意变形工具】 在分别调整3个闪光的位置、大小和方向，如图12-99所示。

图12-99

14 新建一个图层，将其命名为【底色】，然后使用【矩形工具】 在舞台中绘制一个无边框的裸色（红:147，绿:140，蓝:130）矩形；接着选中绘制完成的矩形，并在【颜色】面板中设置Alpha值为60%，如图12-100所示。

图12-100

15 使用【钢笔工具】 在矩形的右下角添加锚点，制作出一个小三角，然后将其填充为和矩形相同的颜色，并删除轮廓线，如图12-101所示。

图12-101

16 新建一个图层，将其命名为【文字】，然后选择【文本工具】 ，并在【属性】面板中选择【字符】的【系列】为【微软雅黑】、【颜色】为深棕色（红:25，绿:12，蓝:6）、【大小】为36.0磅，如图12-102所示。

17 在舞台中插入两个文本框，并输入文本，然后使用【任意变形工具】 调整文本的大小和位置，如图12-103所示。

图12-102

图12-103

18 按快捷键Ctrl+S保存文件，然后按快捷键Ctrl+Enter输出影片，最终效果如图12-104所示。

图12-104

项目 021 圣诞节快乐

文件位置：实例文件>CH12>项目021.fla

图12-105

项目背景

　　本实例以制作一个交友网站的圣诞节主题广告为案例背景，主要目的是增加网站的节日气氛，提升网站的使用率。

项目分析

　　本实例中主要是制作一个圣诞节的首页祝福广告，因此选用了红色、白色和绿色作为广告的主色，辅以简单的动效，案例最终效果如图12-105所示。

【制作流程】

01 新建一个Flash空白文档，执行【修改\文档】菜单命令，打开【文档设置】对话框，在对话框设置【舞台大小】为800像素×380像素，如图12-106所示，设置完成后单击 确定 按钮。

图12-106

02 选择【文本工具】，然后在【属性】面板中设置【字符】的【系列】为【汉仪方叠体简】、【大小】为30.0磅、【颜色】为任意色，如图12-107所示。

图12-107

03 移动鼠标指针至舞台中，然后输入文本【圣诞节快乐】，如图12-108所示；选中文本，然后按两次快捷键Ctrl+B将文本分离为形状，如图12-109所示。

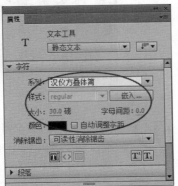

图12-108

圣诞节快乐

图12-109

04 使用【任意变形工具】选中已分离的文本，将其等比放大至合适大小，如图12-110所示；单击绘图工具箱中的【笔触颜色】按钮，在弹出的【样本】面板中选择绿色（红:0，绿:102，蓝:0），如图12-110所示。

05 选择【墨水瓶工具】，并在其【属性】面板中设置【笔触高度】为2.00，然后在分离后的文字的边缘单击鼠标左键，为文字添加描边，如图12-112所示；最后删除所有文字的填充色部分，如图12-113所示。

圣诞节快乐

圣诞节快乐

图12-110

407

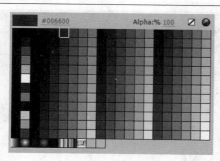

图12-111

图12-112

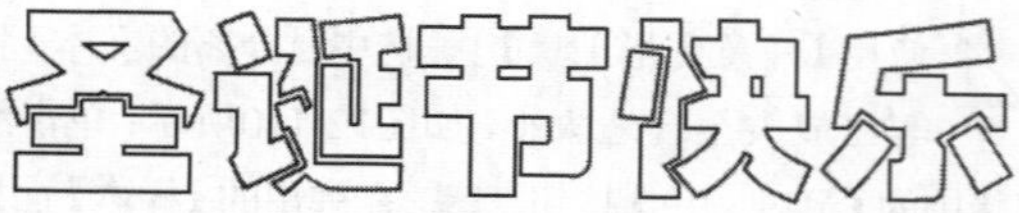

图12-113

06 选择所有文字，按快捷键Ctrl+G将文字转换为组，然后执行【文件\导入\导入到舞台】菜单命令，将【素材文件\CH12\背景022.jpg】导入到舞台中，如图12-114所示。

图12-115

图12-116

08 执行【文件\打开】菜单命令，打开【素材文件\CH12\素材022.fla】，文档打开后可以在舞台中看到已绘制完成的5顶帽子，如图12-117所示。

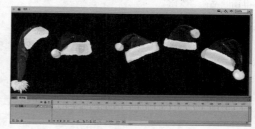

图12-117

09 选中素材文档中的5顶帽子，并将其全部复制到案例文档中，如图12-118所示；然后使用【任意变形工具】将帽子等比放大至合适大小，并分别将5顶帽子放置到对应的文字上方，如图12-119所示。

图12-114

07 选中图片，然后按快捷键Ctrl+↓将图片调整至文字的下层，如图12-115所示；接着使用【任意变形工具】选中导入的图片，并将其等比放大至合适大小，如图12-116所示。

图12-118

图12-119

10 按快捷键Ctrl+S保存文件，然后按快捷键Ctrl+Enter测试影片，最终效果如图12-120所示。

图12-120

项目 **022** 七夕主题广告

文件位置：实例文件>CH12>项目022.fla

项目背景

　　本实例以制作一则七夕节的主题广告为项目背景，主要目的是烘托网站的节日气氛，提升网站的点击率。

项目分析

　　本实例中的广告以浪漫的紫色作为主色调，目的是渲染七夕节的节日气氛；然后以其对比色作为文字的颜色，使主题变得鲜明，再辅以云朵的动画和飘落的花瓣，使广告更加吸引用户的眼球，案例完成效果如图12-121和图12-122所示。

图12-121

图12-122

制作元件

【制作流程】

01 新建一个Flash空白文档，然后执行【文档\修改】菜单命令，打开文档设置对话框，并在对话框中设置【舞台大小】为750像素×450像素，【舞台颜色】为浅灰色，如图12-123所示。

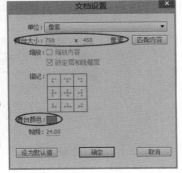

图12-123

02 执行【文件\导入\导入到舞台】菜单命令，将【素材文件\CH12\背景023.jpg】导入到舞台中，并使用【任意变形工具】将图片调整至合适大小，如图12-124所示。

图12-124

03 按快捷键Ctrl+F8，新建一个【影片剪辑】，
【名称】为【云朵】，然后使用绘图工具在该元
件的工作区中绘制出云朵的形状，如图12-125所示。

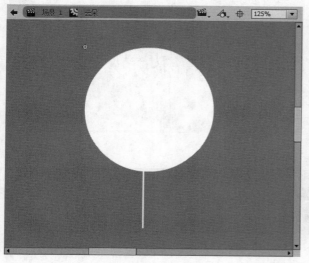

图12-125

04 新建一个【图形】元件，【名称】为【云朵动
画】，如图12-126所示；然后进入该元件的编辑
区，并将【库】中的【云朵】元件拖曳至工作区中；接
着在【属性】面板中为该元件添加【投影】滤镜，如图
12-127所示。

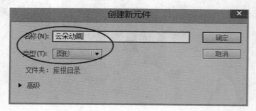

图12-126

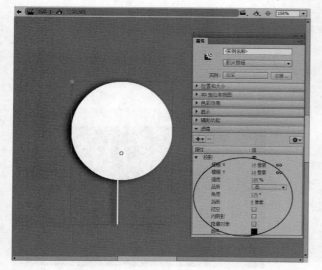

图12-127

05 选中工作区中的【云朵】元件，按住Alt键拖曳鼠标
复制云朵，然后使用同样的方式复制多个【云朵】元
件，并分别调整元件的大小、属性和位置，如图12-128所示。

图12-128

06 打开【素材文件\CH12】文件夹，将该文件夹中
的【人物023.png】拖曳至工作区中，然后调整
图片的层次，如图12-129所示；接着将工作区中的所有
对象分散到图层中，并删除【图层1】图层，最后在所有
图层的第90帧位置添加帧，如图12-130所示。

图12-129

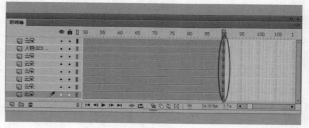

图12-130

07 选中左侧云朵所在的图层，然后在该图层的第10帧位置插入关键帧，并在第1帧~第10帧之间创建传统补间；接着将第5帧转换为关键帧，并将该帧中的元件垂直向下移动至合适位置，如图12-131所示。

图12-131

08 使用同样的方式制作出其他【云朵】元件的漂浮动画，在制作这些动画时注意关键帧的位置，如图12-132和图12-133所示。

图12-132

图12-133

? 疑问解答

问：为什么要给云朵添加动画？

答：一则广告中有动和静两个部分，合理的给一些广告元素添加动画可以使广告更加吸引眼球。本实例中为云朵添加动画，主要是为了突出七夕节表白日的主题。

09 选中人物图片，将其转换为【图形】元件，然后将该元件所在图层的第1帧移动至第30帧位置；接着在第60帧位置插入关键帧，并在第30帧~第60帧之间创建传统补间，最后设置第30帧中的元件的Alpha值为0%，如图12-134所示。

图12-134

10 选中人物图层的第40帧, 按F6键将其转换为关键帧, 然后选中该帧中的【人物】元件, 并在【属性】面板中设置该元件的【亮度】为100%, 如图12-135所示。

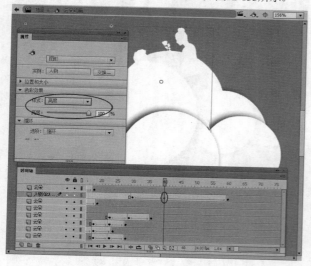

图12-135

图12-138

11 至此云朵的动画效果制作完成, 按Enter键即可预览时间轴中的动画效果, 如图12-136~图12-139所示。

图12-139

图12-136

技巧与提示

在制作短动画时, 用户需要注意的是时间节奏的把控, 云朵漂浮的动画不要处于同一时间段, 使各个部分错开运动, 以增加动画的趣味性; 人物出现的动画采用较长的时间, 引导浏览者看到表白这一图像信息。

12 新建一个【图形】元件,【名称】为【花瓣】, 然后在该元件的工作区中绘制出花瓣的形状, 花瓣的【填充颜色】为红色(红:255, 绿:102, 蓝:102), 如图12-140所示。

图12-137

图12-140

13 新建一个【影片剪辑】，【名称】为【花瓣动画】，然后将【库】中的【花瓣】元件拖曳到工作区中；接着选中【图层1】图层，使用【添加传统远动引导层】命令为【图层1】层添加一个【引导层】，如图12-141所示。

中的元件位于引导线底端，最后在两个关键帧之间创建传统补间，如图12-143所示。

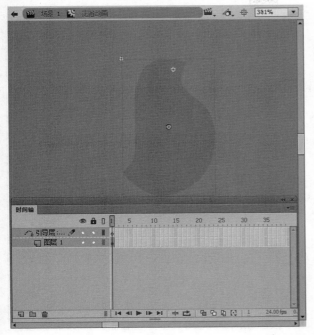

图12-141

14 选中【引导层】，然后使用【钢笔工具】 在工作区中绘制出一条引导线，如图12-142所示。

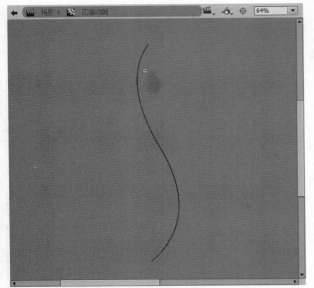

图12-142

15 接着在两个图层的第45帧位置添加帧，并将【图层1】层的第45帧转换为关键帧；接着分别调整花瓣的位置，使第1帧中的元件位于引导线顶端，第45帧

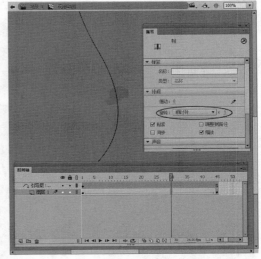

图12-143

16 选中第1帧中的【花瓣】元件，然后在【属性】面板中设置该元件的Alpha值为0%，如图12-144所示。

17 新建一个【影片剪辑】，【名称】为【文字】，如图12-145所示；然后执行【文件\导入\导入到舞台】菜单命令，将【素材文件\CH12\文字023.png】导入到工作区中，并将图片调整至合适大小，如图12-146所示。

图12-144

图12-145

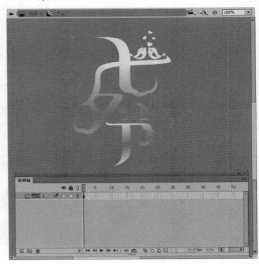

图12-146

18 将【库】中的【花瓣动画】元件拖曳到文字上,然后复制多个【花瓣动画】元件,并使用【任意变形工具】分别调整元件的大小、形状和方向,如图12-147所示。

图12-147

19 新建一个【影片剪辑】,【名称】为【蓝气球】,然后将【素材文件\CH12\气球023.png】导入到工作区中,并将图片调整至合适大小;接着在气球上输入文本,如图12-148所示。

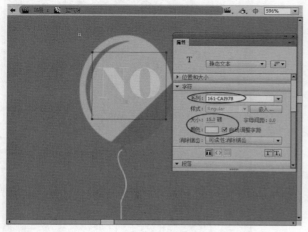

图12-148

20 选中工作区中的所有对象,按F8键将其转换为【图形】元件,然后在【图层1】层的第15帧位置创建关键帧,并在两个关键帧之间创建传统补间;接着将第8帧转换为关键帧,并将该帧中的元件垂直向下移动,如图12-149所示。

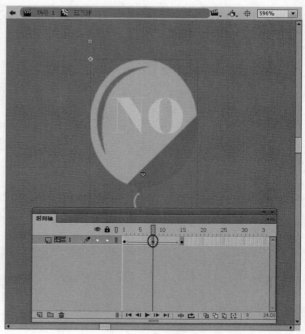

图12-149

21 使用同样的方式,制作出【红气球】的【影片剪辑】动画,如图12-150所示。

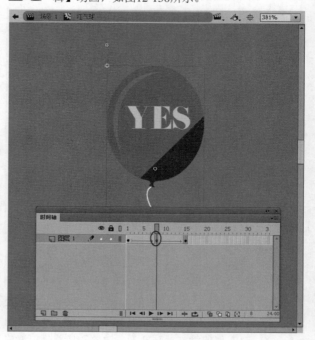

图12-150

制作动画

【制作流程】

01 单击 场景 1 按钮回到主场景，然后新建一个图层，将其命名为【云动画】，并将【库】中的【云朵动画】元件拖曳至该图层；接着使用【任意变形工具】 调整元件的位置和大小，在【属性】面板中设置该元件的【循环】为【播放一次】，如图12-151所示。

图12-151

02 新建一个图层，将其命名为【气球】，然后在该图层的第55帧位置插入关键帧；接着将【库】中的【红气球】元件和【蓝气球】元件拖曳至舞台中，并分别调整元件的大小，如图12-152所示。

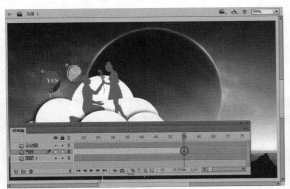

图12-152

技巧与提示

　　两个气球元件恰好出现在人物显现之后，并且位于人物右侧，这代表表白后的两个选择。

03 将【气球】层的第72帧转换为关键帧，然后在第55帧~第72帧之间创建传统补间；接着选中第55帧中的元件，在【属性】面板中设置其Alpha值为0%，如图12-153所示。

04 在【云动画】层上新建一个图层，将其命名为【云朵】，然后执行【文件\导入\导入到舞台】菜单命令，

将【素材文件\CH12\云1.png~云6.png】导入到舞台中，并分别调整图片的大小、位置和层次，如图12-154所示。

图12-153

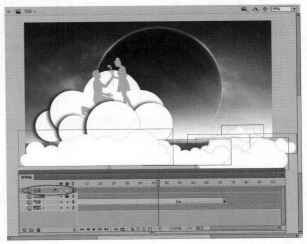

图12-154

05 新建一个图层，将其命名为【主题】，然后将【文字】元件拖曳到舞台中，并将元件调整至合适大小，如图12-155所示。

图12-155

06 在【主题】层下方新建一个图层，将其命名为【文字】，然后使用【文本工具】 T 在舞台中输入对应的文本，如图12-156所示。

图12-156

07 在顶层新建一个图层，将其命名为AS，然后将该图层的最后一帧转换为关键帧；接着打开【动作】面板，并在面板中输入停止代码，如图12-157所示。

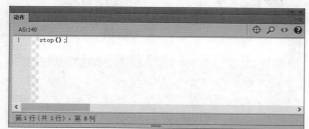

图12-157

08 按快捷键Ctrl+S保存文件，然后按快捷键Ctrl+Enter测试影片，最终效果如图12-158和图12-159所示。

图12-158

图12-159

项目 023 幻灯片广告

文件位置：实例文件>CH12>项目023.fla

项目背景

本实例以制作一则幻灯片广告为背景，主要目的展示图片，方便用户查看。

项目分析

幻灯型广告条是最简单的一种动画效果，幻灯片动画的主要功能就是切换图片，然后配以过渡元素来装饰画面，本实例最终效果如图12-160所示。

图12-160

制作百叶窗切换动画

【制作流程】

01 新建一个空白文档，然后执行【修改\文档】菜单命令，在弹出的【文档设置】对话框中，设置【舞台大小】为400像素×200像素，帧频为25.00，如图12-161所示。

02 执行【文件\导入\导入到库】菜单命令，将【素材文件\CH12\img1~img4.jpg】导入到库中，如图12-162所示。

图12-161　　　　　　　　图12-162

03 选中【库】中的img1，并将其拖曳到舞台中，然后在【图层1】层的第540帧位置添加帧，并重命名图层为【图片1】，如图12-163所示。

图12-163

04 新建两个图层，然后将最上层的图层设置为下一个图层的遮罩层，并分别重命名两个图层为【遮罩层】和【图片2】，如图12-164所示。

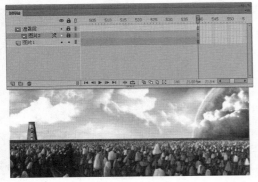

图12-164

05 在【图片2】层的第50帧按F7键插入空白关键帧，然后将【库】中的img2.文件拖曳到舞台中，如图12-165所示。

图12-165

06 在【遮罩层】的第50帧按F7键插入空白关键帧（用来制作百叶窗切换动画），然后用【矩形工具】■绘制一个没有边框的蓝色（红:51，绿:255，蓝:204）为矩形，并将其转换为【影片剪辑】，如图12-166所示。

图12-166

07 双击元件，进入【影片剪辑】编辑区域，然后将工作区中的矩形转换为【图形】元件，并双击元件进入图形元件编辑区；再通过使用传统补间制作出矩形由窄变宽的动画效果，如图12-167所示。

图12-167

08 回到【影片剪辑】工作区，然后将图形的循环属性设置为【播放一次】，并在【图层1】层的第69帧位置添加帧；接着向下复制出多个矩形，直至填满整个屏幕为止，如图12-168所示。

图12-168

技巧与提示

复制出一个图形后，然后选中两个图形再进行复制，按照这个规律继续复制图形就容易多了。

09 新建一个图层，然后在第40帧位置添加空白关键帧，并打开【动作】面板添加停止代码，如图12-169所示。

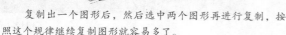
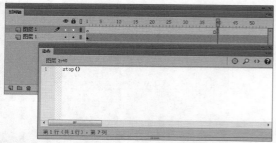

图12-169

10 按快捷键Ctrl+Enter测试动画，效果如图12-170所示。

图12-170

制作过渡动画

【制作流程】

01 百叶窗动画播放完后，选中【图片1】图层的第135帧，按F7键创建空白关键帧，然后将库里的img3文件拖曳到舞台中，如图12-171所示。

02 在【遮罩层】的第135帧按F7键插入空白关键帧，然后使用【椭圆工具】绘制一个没有边框的圆，如图12-172所示。

图12-171

图12-172

技巧与提示

这个圆形也是遮罩图形，用来制作过渡动画，其制作方法与百叶窗动画的制作方法一样，只是圆形是由小变大，百叶窗是由大变小而已。

03 将圆形转换为【影片剪辑】，然后双击元件进入【影片剪辑】工作区，并制作出由大变小的补间形状动画，再在补间的最后一帧添加停止代码，如图12-173所示。

图12-173

04 将圆形影片剪辑再一次转换为影片剪辑，然后双击元件进入影片剪辑编辑区，并复制圆形直到布满整个舞台，如图12-174所示。

图12-174

05 按快捷键Ctrl+Enter测试动画，效果如图12-175所示。

图12-175

06 在【图片2】图层的第240帧位置插入空白关键帧，然后将库里的img4文件拖曳到舞台中，然后采用相同的方法制作出多边形过渡动画，如图12-176所示。

图12-176

07 将库里的img1文件插入到【图片1】层的第420帧中，然后在【遮罩层】中制作出过渡动画，如图12-177所示。

图12-177

08 按快捷键Ctrl+S保存文件，然后按快捷键Ctrl+Enter测试影片，最终效果如图12-178所示。

图12-178

项目 024 网络游戏banner

文件位置：实例文件>CH12>项目024.fla

项目背景

本实例以制作一则游戏网站的横幅banner为例，主要目的是宣传游戏，吸引用户试玩游戏。

项目分析

本实例中的广告以游戏场景为背景，然后缓缓显示出游戏的名称；接着出现试玩游戏的按钮，整个广告的层次感明确，案例最终效果如图12-179~图12-181所示。

图12-179

图12-180

图12-181

【制作流程】

01 新建一个Flash
空白文档，执行
【修改\文档】菜单命令，
打开【文档设置】对话
框，在对话框中设置【舞
台大小】为689像素×149
像素，【帧频】为24.00，
完成后单击 确定 按
钮，如图12-182所示。

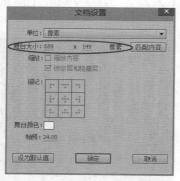

图12-182

02 执行【文件\导入\导入到舞台】菜单命令，将
【素材文件\CH12\背景025.jpg】导入到舞台中，
然后将其调整至合适位置，如图12-183所示。

图12-183

03 新建一个【图层2】图层，然后使用【文本工
具】**T**在舞台右侧输入文本；接着选中文本，在
【属性】面板中设置【字符】的【系列】为【微软繁隶
书】，【大小】为48.0磅，【颜色】为黑色，【字母间
距】为2.0，如图12-184所示。

图12-184

04 新建一个【图层3】图层，使用【矩形工具】▣
在文字的左侧绘制一个无边框、【填充颜色】为
任意色矩形，如图12-185所示。

图12-185

05 在【图层1】与【图层2】层的第35帧位置添加帧，然
后将【图层3】层的第35帧转换为关键帧；接着将该
帧中的矩形水平向右移动至完全遮住文字，如图12-186所示。

图12-186

06 在【图层3】层的两个关键帧之间创建补间形状，然后
在【图层3】层上单击鼠标右键，在弹出的快捷菜单中
选择【遮罩层】命令，如图12-187所
示；即可将【图层3】层转换为【遮
罩层】，如图12-188所示。

图12-187

图12-188

07 在所有图层的第95帧处添加帧，然后新建【图层
4】图层，并在该图层的第36帧处插入关键帧；接
着执行【文件\导入\导入到舞台】菜单命令，将【素材文
件\CH12\按钮025.png】导入到舞台中，如图12-189所示。

图12-189

08 新建一个图层，然后使用【矩形工具】▣在按钮
的左侧绘制一个无边框、【填充颜色】为任意色
的矩形，如图12-190所示。

图12-190

09 在【图层5】层的第56帧处插入关键帧，然后选中该帧中的矩形，使用【任意变形工具】横向拉伸矩形至完全遮住按钮，如图12-191所示。

图12-191

10 在【图层5】层的第36帧~第56帧之间创建补间形状，然后在【图层5】层上单击鼠标右键，在弹出的快捷菜单中选择【遮罩层】命令，如图12-192所示；即可将【图层5】层转换为【遮罩层】，如图12-193所示。

图12-192

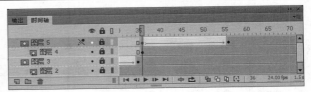

图12-193

11 按快捷键Ctrl+S保存文件，然后按快捷键Ctrl+Enter测试影片，最终效果如图12-194所示。

图12-194

项目 025 儿童文学广告

文件位置：实例文件>CH12>项目025.fla

项目背景

本实例以制作一个儿童文学网站的小型banner为背景，主要目的是吸引更多的人关注儿童文学。

项目分析

在本案例中的广告选择了最为经典的童话故事【美女与野兽】作为宣传对象，选用狮子和美女为两个主角的模拟形象，凸显出童话主题，本实例最终完成效果如图12-195和图12-196所示。

图12-195

图12-196

【制作流程】

01 新建一个Flash空白文档，执行【修改\文档】菜单命令，打开【文档设置】对话框，在对话框中设置【舞台大小】为234像素×60像素，完成后单击确定按钮，如图12-197所示。

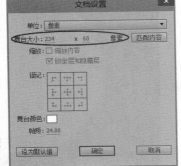

图12-197

02 按快捷键Ctrl+F8新建一个【图形】元件，【名称】为【狮子】，如图12-198所示；然后执行【文件\导入\导入到舞台】菜单命令，并在弹出的【打开】对话框中选择第一张狮子图像，如图12-199所示。

03 单击【打开】按钮确定导入选中图像，接着会弹出一个询问窗口，单击【是】即可将同一文件夹中的序列图像按顺序导入到序列帧中，如图12-200所示。

04 在空白区域双击鼠标左键退出元件编辑区，然后打开【库】面板，将【狮子】元件拖曳到舞台中；接着使用【任意变形工具】将【狮子】元件等比缩小至合适大小，如图12-201所示。

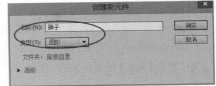

图12-198

421

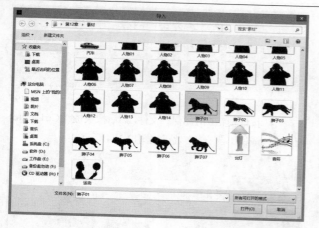

图12-199

图12-200

图12-201

具】将图片调整至合适大小，如图12-204所示。

图12-202

图12-203

05 将【图层1】层重命名为【狮子】，然后新建一个图层，将其命名为【背景】，并将其调整至最底层；接着执行【文件\导入\导入到舞台】菜单命令，将【素材文件\CH12\背景026.jpg】导入到舞台中，如图12-202所示。

06 保持对导入图片的选中，然后使用【任意变形工具】将图片等比缩小至合适大小，如图12-203所示。

07 在【狮子】层上新建一个图层，将其命名为【美女】，然后执行【文件\导入\导入到舞台】菜单命令，将【素材文件\CH12\美女.png】导入到舞台中，并使用【任意变形工

图12-204

08 新建一个图层，将其命名为【前景】，并将该图层调整至最顶层；然后执行【文件\导入\导入到舞台】菜单命令，将【素材文件\CH12\草坪.png】导入到舞台中，并使用【任意变形工具】 ![icon] 调整图片至合适大小，如图12-205所示。

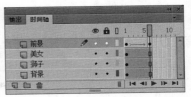

图12-208　　　　　　　　　　图12-209

11 新建一个图层，将其命名为【文字】，然后选择【文本工具】 T；接着在【属性】面板中设置【字符】的【系列】为【方正粗圆_GBK】、【大小】为20.0磅、【颜色】为蓝色（红:21,绿:57,蓝:86），如图12-210所示；最后在舞台中输入文本，如图12-211所示。

图12-210

图12-205

09 选中【狮子】元件，然后在【属性】面板中设置色彩的【样式】为【高级】，并调整后色彩偏移值，如图12-206所示；接着在所有图层的第6帧位置添加帧，并将【前景】层中的草坪转换为【图形】元件，如图12-207所示。

图12-211

按快捷键Ctrl+S保存文件，然后按快捷键Ctrl+Enter测试影片，最终效果如图12-212和图12-213所示。

图12-206

图12-212

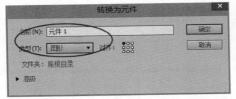

图12-207

10 将【前景】层的第6帧转换为关键帧，然后选中该帧中的草坪水平向右移动一段距离；接着在两个关键帧之间【创建传统补间】，如图12-208所示；制作出草坪向右移动的动画效果，如图12-209所示。

图12-213

项目 026 家居横幅广告

文件位置：实例文件>CH12>项目026.fla

项目背景

本实例以制作一则家居横幅为广告背景，主要目的是吸引用户关注家居用品，从而提升家居用品的购买率。

项目分析

静态型广告条往往放置在网页或博客的顶部，对网站起到渲染效果，使网站更加生动。本实例中的广告采用一张广告图片配以动画点缀元素插入到网页中，也可以将布局好的广告图片分割出来，本实例最终效果如图12-214所示。

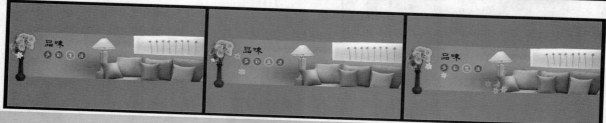

图12-214

制作过渡动画

【制作流程】

01 新建一个空白文档，然后执行【修改\文档】菜单命令，打开【文档设置】对话框，并在对话框中设置【舞台大小】为775像素×180像素，【舞台颜色】为（红:182，绿:188，蓝:4），【帧频】为40.00，如图12-215所示。

图12-215

02 按快捷键Ctrl+R，打开【导入】对话框，选择【素材文件\CH12\背景027.jpg、花1.png、花2.png、花3.jpg、抱枕.png、台灯.png】如图12-216所示；然后单击【打开】按钮将选中素材导入到舞台中，如图12-217所示。

图12-216

图12-217

03 选中舞台中的所有素材，然后单击鼠标右键，在弹出的快捷菜单中选择【分散到图层】，将所有素材分离到独立的图层中；接着整理图层顺序和名称，如图12-218所示。

图12-218

04 选中【背景】层的第50帧，按F6键创建关键帧，然后使用传统补间制作出图片从右向左移动的过渡动画，如图12-219所示；接着选中所有图层的第438帧，按F5键添加帧。

图12-219

05 将【花瓶】层的第1帧移动至第51帧位置，然后选中花瓶，按F8键将其转换为【影片剪辑】；接着在第80帧位置插入关键帧，并选中第51帧中的花瓶，在【属性】面板中设置色彩的【样式】为Alpha，Alpha值为0%，最后在两个关键帧之间创建传统补间，如图12-220所示。

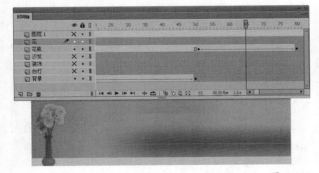

图12-220

06 将【花】层的第1帧移动到第378帧，然后在该图层的第69帧位置创建关键帧，并将花瓶元件原位复制到该帧中；接着在【花】层的第94帧位置创建关键帧，并将该帧中的花瓶元件缩放至合适大小，再设置花瓶的颜色样式为Alpha，Alpha值为0%，最后在两个关键帧之间创建传统补间，如图12-221所示。

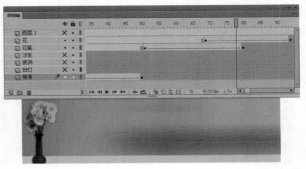

图12-221

07 新建一个图层，将其移动至【背景】上层，并更名为【文字】，然后在第51帧位置创建关键帧，为其添加一些广告语，如图12-222所示。

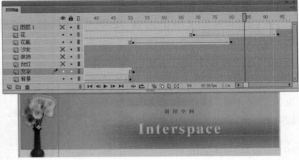

图12-222

技巧与提示

　　在制作广告语动画时可以在舞台中输入对应的文本后，将其转换为【图形】元件，然后进入元件编辑区，使用补间制作广告语的动画效果，如图12-223所示。制作完成后，回到主场景，在【属性】面板中将元件的【循环】属性设置为【播放一次】，如图12-224所示。

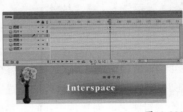

图12-223　　　　　　图12-224

08 将【沙发】层的第1帧移动至第196帧位置，然后将舞台中的图像转换为【影片剪辑】；接着在【沙发】层的第314帧位置创建关键帧，并选中第196帧中的沙发，在【属性】面板中设置【样式】为【高级】，再将颜色进行如图12-225所示的设置，设置完成后的元件效果如图12-226所示。

图12-225

图12-226

技巧与提示

沙发是以曝光方式出现的，曝光方式经常应用在广告中，这种方式一定要掌握。

09 选中第314帧中的沙发，然后在【属性】面板中设置【样式】为【无】，如图12-227所示；接着在两个关键帧之间创建传统补间，如图12-228所示。

图12-227

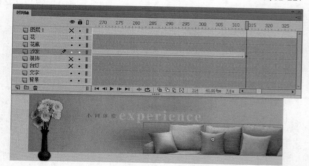

图12-228

10 将【台灯】层的第1帧移动到第362帧，然后将台灯转换为【影片剪辑】，并在第381帧的位置插入关键帧；接着在两个关键帧之间创建传统补间，并设置第362帧中的台灯的Alpha值为0%，如图12-229所示。

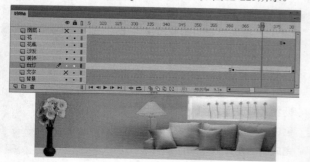

图12-229

11 将【装饰】层的第一帧移动至第333帧，然后选中装饰图，将其转换为【影片剪辑】；接着在第360帧位置插入关键帧，并选中第333帧中的元件，在【属性】面板中设置颜色【样式】为Alpha，Alpha值为0%；设置完成后将其向左平移一小段距离，最后在两个关键帧之间创建传统补间，如图12-230所示。

图12-230

完善效果

【制作流程】

01 双击【文字】层中的元件，进入元件编辑区。沙发呈现在画面后，紧接着出现台灯和装饰品，然后添加口号【多彩生活】来装饰背景，如图12-231所示。

图12-231

02 分别将口号文字转换为【图形】元件，然后使用传统补间制作出口号文字一个一个出现的动画效果，如图12-232所示。

图12-232

03 在文字的结束帧添加一些文字作为结束讯号，如图12-233所示。

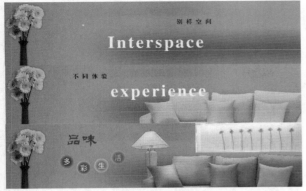

图12-233

04 回到主场景,然后选中【花】层第378帧中的小花,按F8键将其转换为【影片剪辑】,然后双击鼠标左键,进入【影片剪辑】工作区,再次将工作区中的小花转换为【影片剪辑】;接着复制多个小花,使用引导层动画制作出小花向右飘的动画效果,如图12-234所示。

图12-234

05 将【图层1】层更名为【AS】,然后将该图层的最后一帧转换为关键帧;接着按F9键打开【动作】面板,并输入脚本stop(),如图12-235所示。

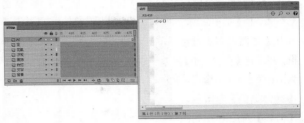

图12-235

06 按快捷键Ctrl+S保存文件,然后按快捷键Ctrl+Enter测试影片,最终效果如图12-236所示。

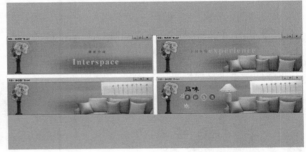

图12-236

项目 027 网络促销广告

文件位置:实例文件>CH12>项目027.fla

项目背景

本实例以制作一则牛仔裤的促销广告为背景,主要目的是宣传打折活动,吸引用户购买商品。

项目分析

本实例中的广告以品牌牛仔裤的产品图片为背景,以醒目的文字和文字动效展示给用户促销活动的主要信息,本实例完成效果如图12-237和图12-238所示。

图12-237

图12-238

制作场景1

【制作流程】

01 新建一个Flash空白文档，然后执行【修改\文档】菜单命令，打开【文档设置】对话框，并设置【舞台大小】为570像素×450像素，【舞台颜色】为黑色，【帧频】为12.00，如图12-239所示。

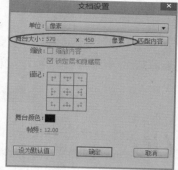

图12-239

02 执行【文件\导入\导入到舞台】菜单命令，将【素材文件\CH12\背景028.jpg】导入到舞台中，并将图片调整至合适位置，如图12-240所示。

图12-240

03 选中舞台中的图片，按F8键将其转换为【名称】为【图1】的【图形】元件，如图12-241所示。

图12-241

04 在【图层1】层的第16帧处插入关键帧，将第1帧处图片的Alpha值设置为35%，然后在第1帧~第16帧之间创建补间动画，如图12-242所示。

图12-242

05 新建一个图层，将其命名为【文字1】，然后分别在【图层1】和【文字1】层的第100帧处插入帧，如图12-243所示。

图12-243

06 在【文字1】层的第10帧处插入关键帧，使用【文本工具】 T 在舞台右侧输入文字；然后设置【字符】的【系列】为【微软雅黑】，【大小】为33.0磅，【颜色】为白色，【字母间距】为1.0，如图12-244所示；最后在【属性】面板中为文字添加【投影】滤镜效果，如图12-245所示。

图12-244   图12-245

07 双击输入的文字，选择其中的3，将其字体更改为Impact，【颜色】更改为黄色，【大小】更改为50.0

磅，如图12-246和图12-247所示。

图12-246　　　　　　　图12-247

08 在【文字1】层的第25帧处插入关键帧，然后将该帧处的文字水平向左移动至舞台中，如图12-248所示；最后在两个关键帧之间创建传统补间。

图12-248

09 新建一个图层，将其命名为【文字2】，然后在该图层的第25帧位置插入关键帧，并使用【文本工具】在舞台中输入文字；接着选中文本，在【属性】面板中为文本添加【投影】滤镜，如图12-249所示。

图12-249

10 新建一个图层，将其命名为【遮罩】，然后在第25帧位置插入关键帧，然后使用【矩形工具】在文字的左侧绘制一个无边框、【填充颜色】为任意色的矩形，如图12-250所示。

图12-250

11 在【遮罩】层的第40帧位置插入关键帧，并将矩形向右移动至遮住文字的位置，然后在第25帧~第40帧之间创建补间形状，如图12-251所示。

图12-251

12 在【遮罩】层上单击鼠标右键，在弹出的菜单中选择【遮罩层】命令，如图12-252所示。

图12-252

图12-254

13 新建一个图层，将其命名为【文字3】，然后在第33帧位置插入关键帧，并使用【文本工具】T在舞台右侧输入文字【抢】，更改文字字体为【迷你简菱心】，【大小】为41.0磅，【颜色】为白色；接着为文字添加【投影】滤镜，如图12-253所示。

图12-255

图12-253

图12-256

14 在【文字3】层的第41帧位置插入关键帧，将文字【抢】移动至如图12-254所示的位置，然后在第33帧~第41帧之间创建动画。

15 分别在【文字3】层的第43帧、第45帧、第47帧、第49帧、第51帧和第53帧处插入关键帧，然后分别选中第43帧和第49帧中的文字，使用【任意变形工具】将文字向左旋转，如图12-255所示。

16 分别选中第45帧和第51帧中的文字，使用【任意变形工具】将文字向右旋转，如图12-256所示。

制作场景2

【制作流程】

01 执行【窗口\场景】菜单命令，打开【场景】面板，在【场景】面板中单击【添加场景】按钮，新增一个【场景2】，如图12-257所示。

图12-257

02 执行【文件\导入\导入到舞台】菜单命令，将【素材文件\CH12\背景28.jpg】导入到舞台中，然后将图片调整至合适位置，如图12-258所示。

加【投影】滤镜，如图12-260所示。

图12-258

03 新建【图层2】图层，选择【文本工具】 T ，在【属性】面板中设置【字符】的【系列】为【微软雅黑】，【大小】为30.0磅，【颜色】为黄色；然后在舞台上输入文字，并为文字添加【投影】滤镜，如图12-259所示。

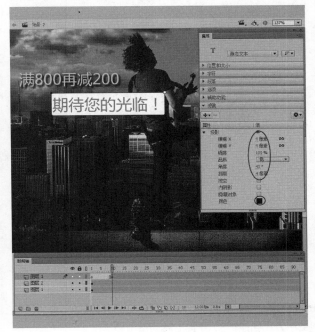

图12-260

05 选择文本中的【光临】两个字，然后更改字体为【迷你简菱心】，【颜色】为红色，【大小】为36.0磅，如图12-261所示。

图12-259

04 在两个图层的第100帧位置插入帧，然后新建【图层3】图层，并在第10帧位置插入关键帧处，输入白色的文字【期待你的光临！】；接着为文本添

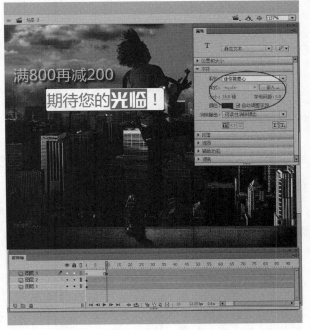

图12-261

06 新建一个【图层4】图层，在第10帧位置插入关键帧，然后使用【矩形工具】 ▣ 在文字的左侧绘制一个无边框、【填充颜色】为任意色的矩形，如图12-262所示。

图12-262

图12-264

07 在【图层4】层的第42帧位置插入关键帧，并将该帧中的矩形水平向右移动至刚好遮住文字的位置；然后在第10帧~第42帧之间创建补间形状，如图12-263所示；最后将【图层4】层转换为【遮罩层】，如图12-264所示。

08 按快捷键Ctrl+S保存文件，然后按快捷键Ctrl+Enter测试影片，最终效果如图12-265和图12-266所示。

图12-265

图12-263

图12-266

项目 028 汽车广告

文件位置：实例文件>CH12>项目028.fla

项目背景

本实例以制作一则汽车广告为背景，主要目的是介绍汽车性能，引起用户的购买欲。

项目分析

本实例中的广告是一则有关汽车介绍的动画型广告，通过使用不同的动画效果展示汽车的性能，使浏览者注意到广告内容，以达到宣传的目的，提高广告的点击率，本实例最终效果如图12-267所示。

图12-267

制作汽车广告

【制作流程】

01 新建一个空白文档，然后执行【修改\文档】菜单命令，在弹出的【文档设置】对话框中设置【舞台大小】为700像素×150像素，【帧频】为20.00，如图12-268所示。

图12-268

02 选择【矩形工具】，并在【颜色】面板设置【笔触颜色】为无，【填充颜色】为【线性渐变】，渐变色设置如图12-269所示；设置完成后在舞台中绘制一个舞台大小的矩形，并调整渐变，如图12-270所示。

图12-269

图12-270

03 执行【文件\导入\导入到库】菜单命令，将【素材文件\CH12\j1.jpg、汽车.png、楼.png、解剖图1.png、解剖图2.jpg】文件导入到库中，如图12-271所示。

图12-271

04 将【图层1】层更名为【背景】，然后在该层的第465帧位置添加帧；接着将库中的汽车和楼房拖曳到舞台中，并将两张图分散到图层独立的图层中，最后调整图层的顺序，并更改图层名称，如图12-272所示。

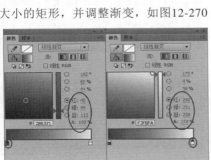

05 将小车转换为【影片剪辑】，然后双击元件进入 【影片剪辑】工作区；接着用【线条工具】╱绘制 小车的轮廓线，如图12-273所示，并在轮廓线区域填充好颜 色作为遮罩图形；
最后删除轮廓线，
如图12-274所示。

图12-273

图12-277

08 选中【汽车】层和【遮罩层】的第25帧，按F6键 创建关键帧然后为小车制作出从左至右运动的传 统补间动画；再使用遮罩层制作出城市大楼出现的传统 补间动画，如图12-278所示。

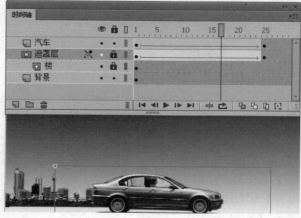

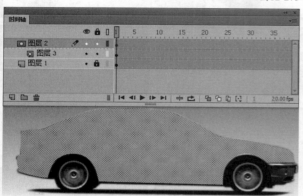

图12-274

06 在被遮罩层（即【图 层3】）中绘制出线 性半透明的矩形，【填充颜 色】为【线性渐变】，如图 12-275所示；将矩形转换为 【影片剪辑】，然后制作出 从右到左运动的传统补间动 画，如图12-276所示。

图12-278

制作文字动画

【制作流程】

01 打开【素材文件\CH12\文字动画.fla】文件，然后选中 舞台中的文字动画元件，按快捷键Ctrl+C复制元件； 接着回到案例文档，并在【文字】层的第34帧创建关键帧，再 按快捷键Ctrl+V将元件粘贴到舞台中，如图12-279所示。

图12-275

图12-276

07 回到主场景，新建一个图层，并将其移动到【楼】层 的上层，然后将其转换为遮罩层；接着在遮罩层中 绘制一个没有边框的任意色矩形，如图12-277所示。

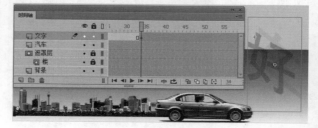

图12-279

02 选中元件，然后在【属性】面板中设置【元件类型】为【图形】；接着在色彩效果选项中，设置【样式】为【色调】，并调整参数值，使文字为白色，再设置循环属性为【播放一次】，如图12-280所示。

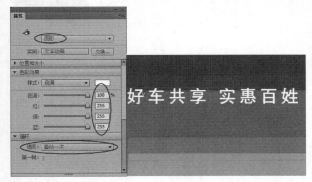

图12-280

03 新建一个图层，用于制作文字动画的底色，在第28帧的位置创建关键帧；然后选择【矩形工具】，并在【颜色】面板中设置【笔触颜色】为无，【填充颜色】为（红:41，绿:100，蓝:114，A:50%），如图12-281所示；接着在舞台中绘制一个矩形。

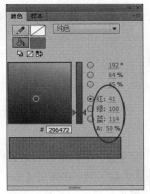

图12-281

04 将新建图层更名为【底色】，然后选中该图层的第41帧，按F7键创建空白关键帧；接着使用【矩形工具】在文字停留的位置绘制一个矩形，并在两个关键帧之间创建形状补间，如图12-282所示。

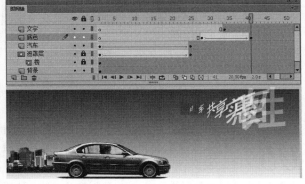

图12-282

05 文字播放完后会消失，底色也会随着一起消失，在【底色】层的第100帧~第144帧制作出底色消失的形状补间动画，如图12-283所示。

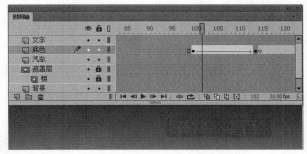

图12-283

06 接下来制作出这个镜头结束的动画效果，如图12-284所示。

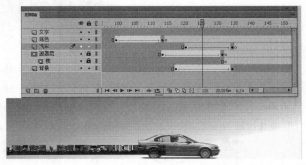

图12-284

07 按快捷键Ctrl+S保存文件，然后按快捷键Ctrl+Enter测试影片，最终效果如图12-285所示。

图12-285

制作产品剖面图广告

【制作流程】

01 所有镜头消失后进入下一个镜头，首先出现的是汽车的解剖图形。在【背景】图层上新建一个图

层，将其命名为【解剖图】，然后在第136帧的位置创建关键帧；接着将库中的【解剖图1.png】拖曳到舞台中，并将其转换为元件，如图12-286所示。

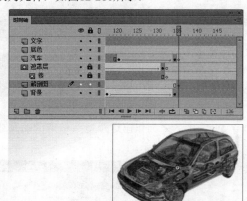

图12-286

02 在第151帧的位置插入关键帧，并调整第136帧中元件的透明度，然后在两个关键帧之间插入传统补间，制作出解剖图缓缓出现的动画效果，如图12-287所示。

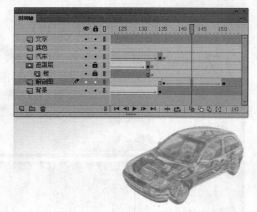

图12-287

03 在【汽车】层的第143帧和第155帧插入关键帧，然后将解剖图元件复制到两个关键帧中，并使用传统补间制作出重影的效果，如图12-288所示。

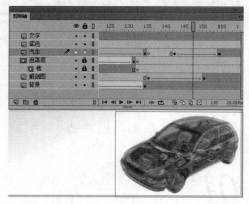

图12-288

04 使用遮罩动画制作汽车的性能指示动画，如图12-289所示。

图12-289

技巧与提示

在制作性能指示动画时，可以创建一个图形元件，在元件中制作出动画效果，如图12-290所示；然后设置元件循环为【播放一次】即可。

图12-290

05 汽车解剖图镜头消失后紧接着过渡到另一张解剖图。在图层【楼】的第207帧位置创建关键帧，然后将库中的【解剖图2.png】拖曳到舞台中，并将图片转换为元件，如图12-291所示。

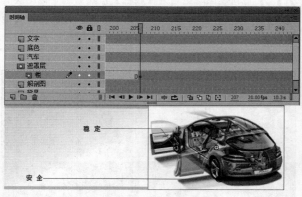

图12-291

06 在第226帧创建关键帧，然后使用传统补间制作出汽车缓缓出现的效果，如图12-292所示。

07 在【底色】层的第244帧位置创建关键帧，然后使用【文本工具】 T 在汽车解剖图的右侧输入文本，并将其转换为【影片剪辑】；接着为其添加【发光】滤镜，具体参数设置如图12-293所示。

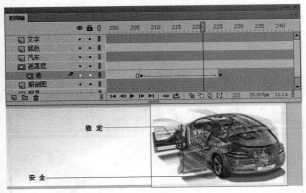

图12-292

图12-293

技巧与提示

环保文字广告动画是一个由大变小的传统补间动画。

08 接下来制作一个灰色带来增强画面的视觉效果，首先在【文字】层下方新建一个图层，然后在舞台中绘制出色带出现的区域，如图12-294所示；接着将色带转换为【图形】元件。

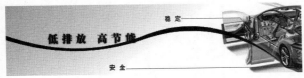

图12-294

09 双击元件进入元件编辑区，新建一个图层，并将【图层1】层转换为【遮罩层】，然后在【图层2】层中绘制出半透明的被遮罩图形，如图12-295所示。

图12-295

10 将绘制完成的渐变转换为元件，然后在两个图层的第50帧位置插入帧，并将【图层2】层的第50帧转换为关键帧；接着使用传统补间制作出渐变从左向右移动的动画，如图12-296所示。

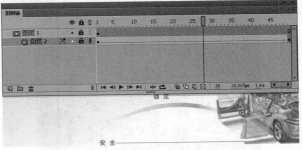

图12-296

11 回到主场景，然后在【属性】面板中设置灰色带的循环属性为【播放一次】，并复制一份出来；接着执行【修改\变形\垂直翻转】菜单命令，将复制元件垂直翻转，使两个元件垂直对称，如图12-297所示。

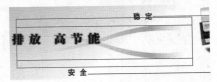

图12-297

12 按快捷键Ctrl+Enter测试影片，最终效果如图12-298所示。

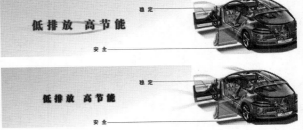

图12-298

13 在【图层2】层第282帧的位置插入空白关键帧，然后将库中的j1.jpg拖曳到舞台中，并调整图片至合适大小；接着按F8键将图片转换为【图形】元件，并为其制作出传统补间动画，形成一个过渡的视觉差，如图12-299所示。

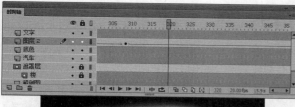

图12-299

14 为画面添加一个广告结束语动画，如图12-300所示，然后按快捷键Ctrl+S保存文件；接着按快捷键Ctrl+Enter测试影片，最终效果如图12-301所示。

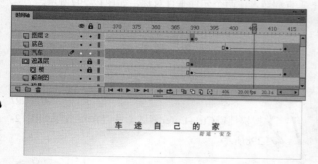

图12-300

图12-301

13

第13章
综合实例——制作特效

■ 指针经过弹起/440页　　■ 声音控制按钮/445页　　■ 下画线缓冲菜单/447页　　■ 滚动镜像菜单/451页　　■ 散落的星火/455页

■ 鼠标跟随动画/458页　　■ 抓泡泡/460页　　■ 宠物网站进度条/467页　　■ 游戏加载进度条/470页　　■ 圆形进度条/474页

 网页设计师　 广告设计师　 游戏特效师　 动画设计师　交互设计师

项目 **029** 指针经过弹起

文件位置：实例文件>CH13>项目029.fla

项目背景

本实例以制作一个指针经过按钮弹起的按钮效果为案例背景，主要目的是增加浏览者在单击按钮时的趣味性。

项目分析

本实例中的按钮特效将使用补间动画来实现，制作指针经过按钮弹起的动画效果，首先绘制出按钮的形状，然后制作按钮动画，完成后的效果如图13-1~图13-4所示。

图13-1

图13-2

图13-3

图13-4

【制作流程】

01 新建Flash空白文档，执行【修改\文档】菜单命令，打开【文档设置】对话框，设置【舞台大小】为550像素×200像素，【舞台颜色】为绿色（红:102，绿:204，蓝:153），如图13-5所示。

图13-5

02 按快捷键Ctrl+F8新建一个【影片剪辑】元件，【名称】为【按钮动画】，然后选择【基本矩形工具】，并在【属性】面板中设置【笔触颜色】为无、【填充颜色】为绿色（红:156，绿:193，蓝:3）、【矩形边角半径】为5.90，如图13-6所示；接着在工作区中绘制一个圆角矩形，如图13-7所示。

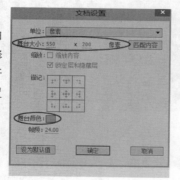
图13-6

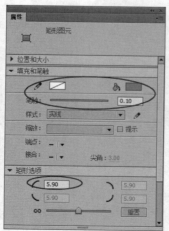
图13-7

03 原位复制矩形，然后选中复制的矩形，并在【颜色】面板中设置【填充颜色】为【线性渐变】，两个色标的颜色均为（红:255，绿:244，蓝:72），第2个色标的Alpha值为0%，如图13-8所示；接着使用【渐变变形工具】调整渐变。

图13-8

04 原位复制矩形，然后选中复制的矩形，并在【颜色】面板中设置【填充颜色】为【线性渐变】，两个渐变色标的颜色均为（红:139，绿:170，蓝:39），第2个色标的Alpha值为0%；接着使用【渐变变形工具】

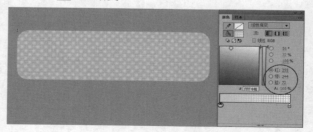

■调整渐变，如图13-9所示。

图13-9

05 原位复制矩形，并使用绘图工具将图形调整至合适形状，如图13-10所示；然后选中图形，在【颜色】面板中设置【填充颜色】为【线性渐变】，两个渐变色标的颜色均为白色，Alpha值依次为100%和0%；接着使用【渐变变形工具】■调整渐变，如图13-11所示。

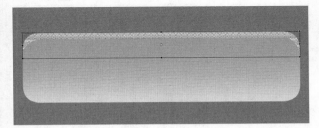

图13-10

图13-11

技巧与提示

按钮的拆分效果如图13-12所示。

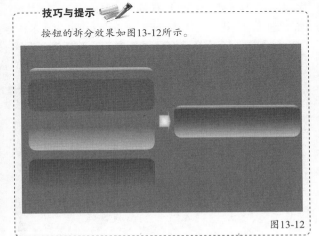

图13-12

06 选中绘制完成的图形，按F8键将其转换为【影片剪辑】，【名称】为【按钮】，如图13-13所示；然后新建一个图层，并使用【文本工具】T在工作区中输入文

本；接着分离文本，并将其转换为【影片剪辑】，【名称】为【文字】，如图13-14所示。

图13-13

图13-14

07 打开【素材文件\CH13\气泡.fla】文档，然后复制该文档中的图层，将图层粘贴到实例文档中；接着调整元件至合适位置，并在【属性】面板中设置【混合】为【滤色】，如图13-15~图13-17所示。

图13-15

图13-16

图13-17

08 在所有图层的第21帧位置添加帧，如图13-18所示；然后在所有图层第6帧和第8帧位置插入关键帧，并使用【任意变形工具】■调整该帧中的元件，将选中元件纵向拉伸；接着选中文字元件，并在【属性】面板中为其添加【模糊】滤镜，具体参数设置如图13-19所示，

设置完成后的效果如图13-20所示。

图13-18 　　　　　　　　　　图13-19

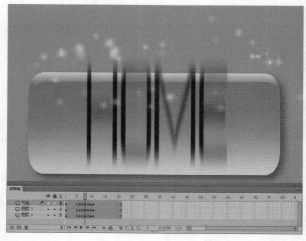

图13-22

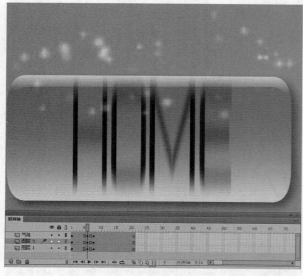

图13-20

图13-23

技巧与提示

使用【任意变形工具】，对元件进行拉伸和压缩，都是参照前一帧位置来做的调整，在进行拉伸和压缩时，元件中心点必须调整至元件的底边中线位置，如图13-21所示。

图13-21

10 在【气泡】层和【图层1】层的第10帧位置插入关键帧，然后选择该帧中的【按钮】元件，并向上拉伸元件，如图13-24所示；接着在所有图层的第11帧位置插入关键帧，并选中所有图层的元件，将元件向上拉伸，如图13-25所示。

09 使用【任意变形工具】，选中第8帧中的【按钮】元件，并将其向下压缩，如图13-22所示；然后在【图层3】层的第9帧位置插入关键帧，并向下压缩该帧中的元件，如图13-23所示。

图13-24

图13-25

11 分别选中所有图层的第18帧和第20帧，按F6键插入关键帧，然后选中【气泡】层和【图层1】层的第21帧，按F6键插入关键帧；接着使用【任意变形工具】压缩第18帧中的所有元件，如图13-26所示。

图13-26

12 选中第20帧中的所有元件，然后使用【任意变形工具】将元件向上拉伸，并选中【气泡】层和【图层1】层第21帧中的元件，将元件向上拉伸，如图13-27和图13-28所示。

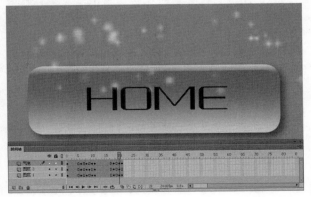

图13-27

图13-28

13 分别在所有关键帧之间创建传统补间动画，如图13-29所示；然后新建图层，在第21帧位置按F6键插入关键帧，并打开【动作】面板，在面板中输入停止代码，如图13-30所示。

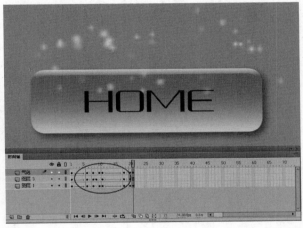

图13-29

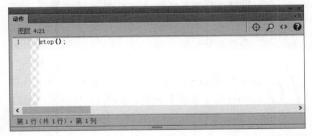

图13-30

14 返回到场景1中，打开【库】面板，将【按钮动画】元件拖曳到舞台中，然后按F8键将【按钮动画】元件转换成【按钮】元件，如图13-31所示。

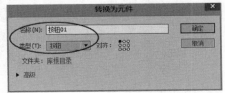

图13-31

15 双击元件进入编辑区，然后选中【指针经过】帧，按F6键插入关键帧；接着选中【弹起】帧中的元件，按快捷键Ctrl+B分离元件，并删除【气泡】元件，如图13-32和图13-33所示。

图13-32

图13-35

17 完成所有动画效果，按快捷键Ctrl+S保存文件，然后按快捷键Ctrl+Enter测试影片，最终效果如图13-36~图13-39所示。

图13-36

图13-37

图13-33

16 使用相同的方法，分别制作出about、works和service的【按钮】元件，如图13-34所示；然后新建图层，并使新建图层位于底层，接着将【素材文件\CH13\背景029.jpg】导入到舞台中，如图13-35所示。

图13-38

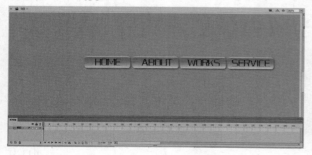

图13-34

图13-39

项目 030 声音控制按钮
文件位置：实例文件>CH13>项目030.fla

项目背景
本实例以制作一个声音控制按钮为案例背景，主要目的是控制声音的播放和停止。

项目分析
本实例通过导入音频来制作简单的播放器，这种方式在Flash动态网站设计中可以用来控制背景音乐，但前提是比较小的声音文件才可作为背景音乐，本实例完成后的效果如图13-40和图13-41所示。

图13-40

图13-41

导入声音与图形素材

【制作流程】

01 新建Flash空白文档，然后执行【修改\文档】菜单命令，打开【文档设置】对话框，并设置【舞台大小】为590像素×300像素，【帧频】为12.00，如图13-42所示。

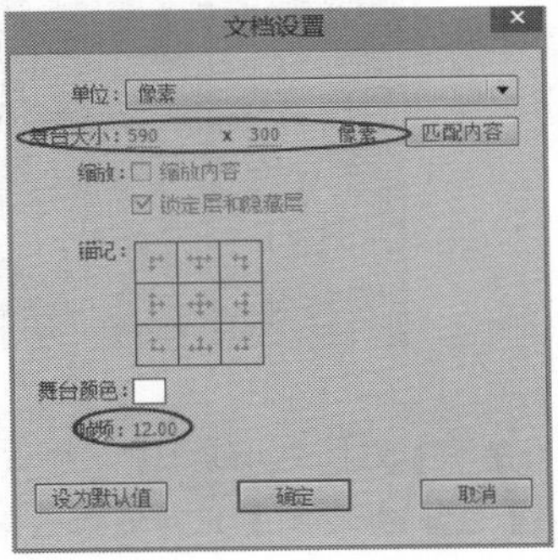

图13-42

02 执行【文件\导入\导入到舞台】菜单命令，将【素材文件\CH13\背景030.jpg】导入到舞台中，并将图片调整至合适大小，如图13-43所示。

图13-43

03 执行【文件\导入\导入到库】菜单命令，将【素材文件\CH13\sound.mp3】音频文件导入到【库】面板中，如图13-44所示。

图13-44

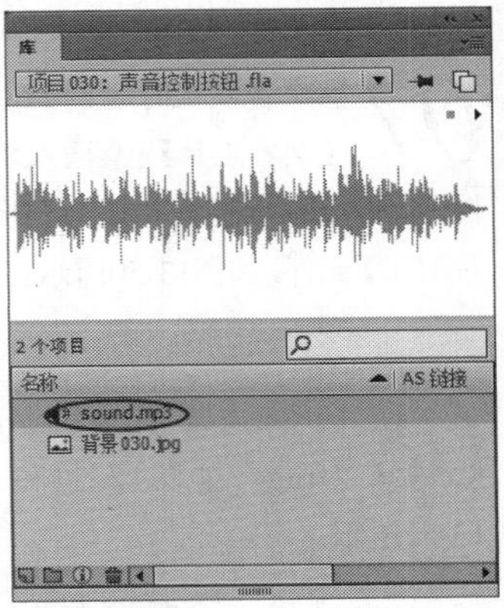

04 新建一个名为sound的图层，选中所有图层的第389帧按F5键插入帧，然后选中sound层的第1帧，并在【属性】面板中设置【声音】的【名称】为sound.mp3，【同步】为【数据流】，如图13-45和图13-46所示。

图13-45

图13-46

中文版
Fl Flash CC 实例教程

技巧与提示

可以在帧上预览声音的波形图，如果波形为一条直线，则说明声音到此播放完成。

05 新建一个图层，将其命名为control，打开【素材文件\CH13\素材030.fla】文件，然后选中文档中的两个图层，如图13-47所示；接着按Ctrl+C复制图形，将图形粘贴到新建文档中，并调整图形的层次，如图13-48所示。

图13-47　　　　　　　　图13-48

06 将导入的图形转换成【名称】为control的【按钮】元件，然后制作出按钮动画，如图13-49所示。

图13-49

07 当声音停止时，在按钮上会出现×图标，因此使用【文本工具】T输入×，然后按快捷键Ctrl+B分离图形，再按F8键将其转换为【影片剪辑】元件，如图13-50所示。

图13-50

08 将图标放置在按钮上，然后设置【实例名称】为tag，如图13-51和13-52所示。

图13-51　　　　　　　　图13-52

09 新建一个图层，按快捷键Ctrl+F8，新建一个【名称】为【雪花动画】的【影片剪辑】元件，进入该【影片剪辑】的编辑区域，选择【椭圆工具】，打开【颜色】面板设置【颜色类型】为【径向渐变】，第1个色标颜色为（红:255，绿:255，蓝:255，A:100%），第2个色标颜色为（红:255，绿:255，蓝:255，A:0%），如图13-53所示。

10 在工作区中绘制一个圆，并按快捷键F8，将圆转换为【图形】元件，【名称】为【雪花】，如图13-54所示。

图13-53　　　　　　　　图13-54

11 新建一个【引导层】，然后使用【钢笔工具】绘制一条曲线作为雪花飘落的路径；接着在两个图层的第90帧为其添加帧，并将【图层1】层的第90针转换为关键帧，再在【图层1】层的两个关键帧之间创建传统补间，并分别调整两个关键帧中的原件位置，使元件中心与运动路径吻合，如图13-55所示。

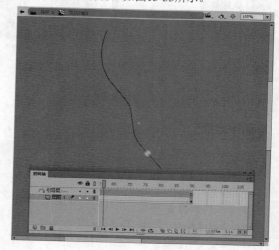

图13-55

12 返回到场景1中，然后打开【库】面板，将【雪花动画】元件多次拖曳到舞台中，并分别调整元件的方向、大小和位置，如图13-56所示。

图13-56

446

编写程序

【制作流程】

01 新建一个AS图层，并在第1帧上添加如图13-57所示的代码。

```
1   tag.visible=false;
2   control.addEventListener(MouseEvent.CLICK,clickFun);
3   function clickFun(event:MouseEvent):void{
4       if(tag.visible){
5           tag.visible=false;
6           this.play();
7       }else{
8           tag.visible=true;
9           this.stop();
10      }
11  }
```

图13-57

技巧与提示

第1行：开始时声音处于播放状态，先把×图标隐藏起来。

第2行：给按钮添加单击事件。

第4~10行：判断×图标是否显示出来，如果显示出来则说明声音已经停止；第5和6行代码隐藏×图标并播放帧，即开始播放声音，反之则停止播放声音。

02 保存文件，然后按快捷键Ctrl+Enter测试影片，最终效果如图13-28和图13-59所示。

图13-58

图13-59

项目 031 下画线缓冲菜单

文件位置：实例文件>CH13>项目031文件夹

项目背景

本实例以制作一个下画线缓冲菜单为案例背景，主要目的是使菜单栏富有趣味与创意。

项目分析

本实例的难度相对要大些，主要介绍如何编写元件类的扩展类，且该元件类对象接收一个字符串类型参数作为按钮文本内容（该参数是从加载的xml对象中取得）；然后使用ActionScript动态创建元件类对象所组合成的按钮组，并通过侦听按钮事件状态来控制按钮文字的颜色，当用鼠标单击按钮时使创建的下画线产生缩放效果，本实例完成效果如图13-60~图13-63所示。

图13-60

图13-61

图13-62

图13-63

制按钮

【制作流程】

01 新建Flash空白文档，执行【修改\文档】菜单命令，打开【文档设置】对话框，设置【舞台大小】为600像素×210像素、【帧频】为30.00、【舞台颜色】为深灰色，如图13-64所示。

图13-64

02 执行【文件\导入\导入到舞台】菜单命令，将【素材文件\CH13\背景031.jpg】图片导入到舞台中，并将图片调整至合适大小，如图13-65所示。

图13-65

03 按快捷键Ctrl+F8新建一个【影片剪辑】，【名称】为button，然后使用【矩形工具】绘制一个【笔触颜色】为蓝色（红:0，绿:203，蓝:255）、【填充颜色】为黑色的矩形，并将其转换成【影片剪辑】，【名称】为bg，如图13-66所示；接着设置【实例名称】为bg，如图13-67所示。

图13-66　　　　　图13-67

04 新建一个gloss图层，使用【矩形工具】绘制一个【笔触颜色】为无的矩形；然后删除矩形的右下部分，并设置【填充颜色】为【线性渐变】，第1个色标颜色为（红:255，绿:255，蓝:255，A:35%），第2个色标颜色为（红:255，绿:255，蓝:255，A:0%），如图13-68所示；接着将图形转换为【影片剪辑】，并设置【实例名称】为gloss，如图13-69所示。

图13-68

图13-69

05 新建一个hit图层，使用【矩形工具】绘制一个与bg【影片剪辑】大小相同的矩形色块；然后将图形转换成【影片剪辑】，并设置【实例名称】为hit，再设置Alpha值为0%，如图13-70所示。

图13-70

> **技巧与提示**
>
> 该影片剪辑将作为该按钮的感应区域。

06 按快捷键Ctrl+F8，新建一个【名称】为lin的【影片剪辑】，然后使用【矩形工具】绘制一个大小为400像素×2像素、并且没有边框的蓝色矩形，如图13-71所示。

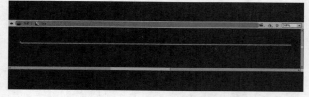

图13-71

编写扩展类

【制作流程】

01 为button和line【影片剪辑】添加元件类，然后新建一个ActionScript文件，并将其保存为button，该类就是扩展类（button类），所以该类默认下包含3个【影片剪辑】对象：hit、gloss和bg，该类通过接收字符串值作为按钮的文本内容，从而创建自动适应长度的按钮对象，如图13-72和图13-73所示。

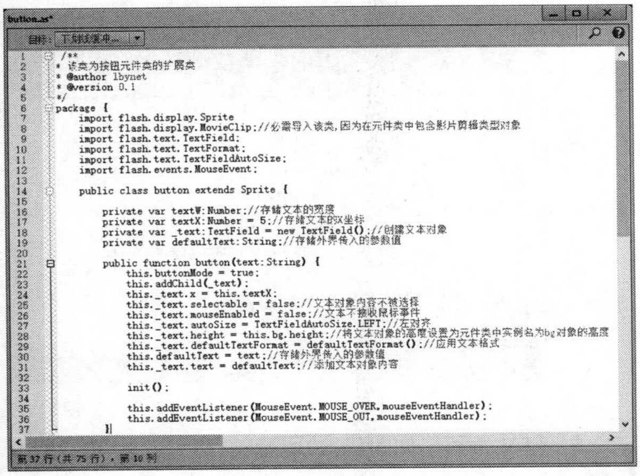

```
1   /**
2   * 该类为按钮元件类的扩展类
3   * @author lbynet
4   * @version 0.1
5   */
6   package {
7       import flash.display.Sprite
8       import flash.display.MovieClip;//必需导入该类,因为在元件类中包含影片剪辑类型对象
9       import flash.text.TextField;
10      import flash.text.TextFormat;
11      import flash.text.TextFieldAutoSize;
12      import flash.events.MouseEvent;
13
14      public class button extends Sprite {
15
16          private var textW:Number;//存储文本的宽度
17          private var textX:Number = 5;//存储文本的X坐标
18          private var _text:TextField = new TextField();//创建文本对象
19          private var defaultText:String;//存储外界传入的参数值
20
21          public function button(text:String) {
22              this.buttonMode = true;
23              this.addChild(_text);
24              this._text.x = this.textX;
25              this._text.selectable = false;//文本对象内容不被选择
26              this._text.mouseEnabled = false;//文本不接收鼠标事件
27              this._text.autoSize = TextFieldAutoSize.LEFT;//左对齐
28              this._text.height = this.bg.height;//将文本对象的高度设置为元件类中实例名为bg对象的高度
29              this._text.defaultTextFormat = defaultTextFormat();//应用文本格式
30              this.defaultText = text;//存储外界传入的参数值
31              this._text.text = defaultText;//添加文本对象内容
32
33              init();
34
35              this.addEventListener(MouseEvent.MOUSE_OVER,mouseEventHandler);
36              this.addEventListener(MouseEvent.MOUSE_OUT,mouseEventHandler);
37          }
```

图13-72

```
39              this.textW = this._text.textWidth;
40              //这里统一把元件类中的三个对象都设置为不能接收鼠标事件,并统一设置它们的宽度
41              this.bg.mouseEnabled = this.hit.mouseEnabled = this.gloss.mouseEnabled = false;
42              this.bg.width = this.hit.width = this.gloss.width = this.textX*2 + this.textW;
43          }
44
45          private function overTextFormat():TextFormat{
46              var format:TextFormat = new TextFormat();
47              format.font = "Verdana";
48              format.color = 0xFEFE00;
49              format.size = 18;
50              return format;
51          }
52          private function defaultTextFormat():TextFormat{
53              var format:TextFormat = new TextFormat();
54              format.font = "Verdana";
55              format.color = 0x1FD2FF;
56              format.size = 18;
57              return format;
58          }
59
60          function mouseEventHandler(e:MouseEvent) {
61              switch (e.type) {
62                  case MouseEvent.MOUSE_OVER :
63                      this._text.defaultTextFormat = overTextFormat();
64                      this._text.text = this.defaultText;
65                      break;
66                  case MouseEvent.MOUSE_OUT :
67                      this._text.defaultTextFormat = defaultTextFormat();
68                      this._text.text = this.defaultText;
69                      break;
70              }
71
72          }
73
74      }
75  }
```

图13-73

技巧与提示

图13-74所示是要使用程序来实现的原理图，主要解析菜单按钮在被单击时位于其下方的下画线进行二次缓冲的变形原理。

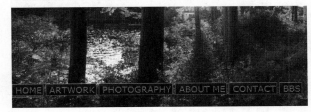

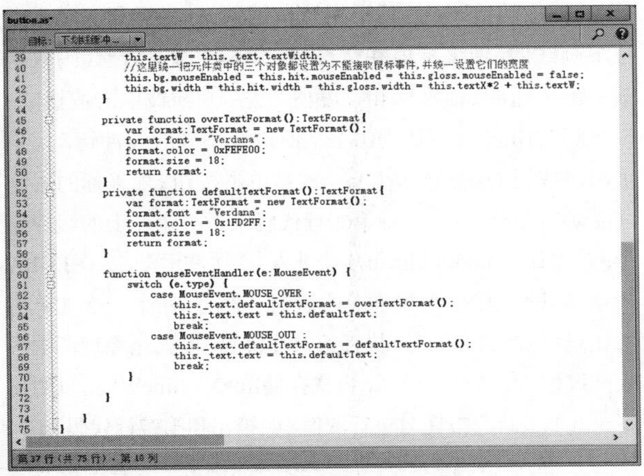

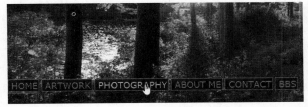

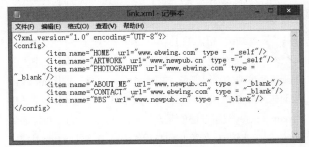

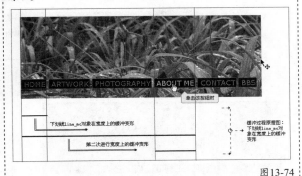

图13-74

02 button类是继承Sprite类中的button类，而不是默认的MovieClip类。该类接收一个字符串类型参数（如第21行代码）；在该类的构造函数中，第22行代码先启动该扩展按钮类的按钮模式，然后通过第18行代码声明变量来创建文本对象_text，并将其添加进来作为该类的文本；接着在第23~第31行代码中设置文本的相关属性，再在第33行代码中调用init（）方法来取得添加文本对象的宽度textW，并根据textW值来设置元件类中的hit、gloss和bg这3个【影片剪辑】对象的宽度（如第39~第42行代码），最终达到根据文本字符的多少创建出符合要求的按钮对象，如图13-75所示。

图13-75

03 第35和第36行代码是构造函数中的最后两行代码，其功能是为扩展类统一添加鼠标事件侦听。当鼠标指针经过和离开时分别应用文本格式（如第63和第67行代码），在应用完文本格式后，重新为文本对象添加文本内容this.defaultText，这就是为什么要在第30行代码中存储从构造函数传入的字符串参数值的原因，鼠标指针经过时的测试效果如图13-76所示。

图13-76

04 编写完元件类扩展类后，新建一个xml文件，用来创建xml（即记事本文件）菜单，并将其命名为link.xml，然后在该文档中输入存储菜单按钮的名称、链接以及打开链接的方式，分别是name、url、type，如图13-77所示；xml中包含6个相同名称的子项（<item/>），并将按钮名称、链接以及打开链接的方式存储在对应子项的属性中。

```
<?xml version="1.0" encoding="UTF-8"?>
<config>
        <item name="HOME" url="www.ebwing.com" type = "_self"/>
        <item name="ARTWORK" url="www.newpub.cn" type = "_self"/>
        <item name="PHOTOGRAPHY" url="www.ebwing.com" type =
"_blank"/>
        <item name="ABOUT ME" url="www.newpub.cn" type = "_blank"/>
        <item name="CONTACT" url="www.ebwing.com" type = "_blank"/>
        <item name="BBS" url="www.newpub.cn" type = "_blank"/>
</config>
```

图13-77

05 返回到【场景1】，新建一个AS图层，然后编写出如图13-78所示的程序。首先创建一个存储本

实例对象的容器，并设置其坐标位置在舞台下方（如第3~第5行代码），然后分别定义存储line元件类的初始新、旧坐标及其宽度；接着创建出line元件类实例（如第7~第11行代码）；第12~第16行代码是加载xml配置文件并接收相关数据，将对应的数据分别存储到数组中，其中Num值用于存储xml配置文件的节点总数，也就是将要创建的按钮总数。

图13-78

06 加载完xml配置文件后，调用completeHandler侦听器函数，然后从URLLoader实例（event.target）的data属性中接收数据；接着将其转换成xml实例，并取得xml实例的节点总数（如第26~第28行代码），再通过for each … in阅读xml文件所有的节点，并取得对应节点的属性值，最后依次添加到空数据中（如第29~第34行代码）。

> **技巧与提示**
>
> 在ActionScript 3.0中，加载xml对象与以前的版本有所差别。在ActionScript 3.0中加载xml文件先要创建一个URLLoader实例，然后从将要指定的路径中加载数据，并且要设置URLLoader以纯文本方式来加载数据（即将dataFormat属性设置为URLLoaderDataFormat.TEXT），最后必须调用URLLoader实例的load（）方法将要加载的xml文件的URLRequest实例传递进去。此外还需要为URLLoader实例添加事件侦听器，以便侦听加载程序和加载完成后提取xml数据。

07 继续编写出如图13-79所示的程序。在统一创建按钮前，首先定义用于存储默认按钮对象以及其下方的下画线宽度值的临时变量。在加载完xml文件后调用init（）函数创建Num个按钮并进行排序（如第41~第53行代码），然后将name_array数组存储的元素提取出来，并作为参数传递到button对象实例中（如第44和45行代码）；接着为button对象实例添加实例名称和x轴坐标值dis（如第46和47行代码）。创建完按钮后，再重新赋予新的值给dis变量（dis变量存储上一个按钮的宽度），以便在创建下一个按钮时能取得该值，最后为按钮

注册事件侦听器，并添加到容器中（如第48~第51行代码）。

图13-79

08 继续编写出如图13-80所示的程序。init（）方法中的最后3行代码是通过getChildAt（0）方法取得第1个被添加的按钮，然后根据该按钮的y轴坐标和宽度来定位下画线的y轴坐标值和宽度值；第64和第65行代码取得被单击按钮的x轴坐标和宽度值，然后判断被单击按钮的x轴坐标与lineX（默认为0），从而进行不同的缓冲运动；当被单击按钮的x轴坐标在上一次被单击按钮x轴坐标的右侧（newX>lineX）时，执行第69行代码来进行宽度上的缓冲变形；接着调用motionFinish方法进入2次缓冲运动，如图13-187所示是其原理图；当被单击按钮的x轴坐标在上一次被单击按钮x轴坐标的左侧时，执行第71行代码，也就是原理图中的反向过程。在缓冲完成后，再次存储lineX和lineW值，以便在下一次单击新的按钮时进行取值（如第76和第77行代码）。

图13-80

> **技巧与提示**
>
> 如图13-81所示是菜单下方进入二次缓冲运动的原理图。
>
> 图13-81

09 按快捷键Ctrl+S保存文件，然后按快捷键Ctrl+Enter测试影片，最终如图13-82~图13-85所示。

图13-82　　　　　　　　　　　　　　　　　　　　图13-83

图13-84　　　　　　　　　　　　　　　　　　　　图13-85

项目 032 滚动镜像菜单

文件位置：实例文件->CH13->项目032.fla

项目背景

本实例以制作一个滚动镜像菜单为案例背景，主要目的是增加菜单的趣味，提升网站的用户体验度。

项目分析

本实例主要介绍使用ActionScript动态创建Sprite类型的文字按钮所组合成的菜单，并通过侦听文字按钮事件状态来控制按钮文字的移动切换，当鼠标指针经过按钮时可产生文字缓冲运动效果。本实例【滚动镜像菜单】效果如图13-86~图13-89所示。

图13-86　　　　　　　　　　　　　　　　　　　　图13-87

图13-88　　　　　　　　　　　　　　　　　　　　图13-89

素材组合图形

【制作流程】

01 新建一个Flash空白文档，执行【修改\文档】菜单命令，打开【文档设置】对话框，设置【舞台大小】为600像素×300像素，【帧频】为30.00，如图13-90所示。

图13-90

02 执行【文件\导入\导入到舞台】菜单命令，将【素材文件\CH13\背景32.jpg】导入到舞台中，并调整图片至合适位置，如图13-91所示。

图13-91

03 新建一个【菜单背景】图层，打开【颜色】面板，设置【颜色类型】为【线性渐变】，第1个色标颜色为（红:65，绿:66，蓝:53），第2个色标颜色为黑色，如图13-92所示。

图13-92

04 然后使用【矩形工具】▢绘制出渐变矩形，接着再使用【矩形工具】▢绘制一个【填充颜色】为灰色（红:51，绿:51，蓝:51）的矩形色块，并放置到渐变矩形上方，如图13-93所示。

图13-93

05 执行【文件\导入\导入到库】菜单命令，将【素材文件\CH13\发光线条.png】、【高光.png】导入到【库】，如图13-94所示。

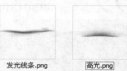

发光线条.png   高光.png

图13-94

06 新建一个【发光线条】图层，切换到【库】面板，然后将【发光线条】拖曳到舞台中，并调整好位置，如图13-95所示。

图13-95

07 新建一个【菜单底部高光】图层，然后从【库】面板中将【高光】图片拖曳到舞台中，并复制出4个高光图形，如图13-96所示；选中所有高光图形，按F8键将其转换成【名称】为【菜单底部高光】的【图形】元件。

图13-96

08 选择【文本工具】T，打开【属性】面板，然后设置【文本类型】为【动态文本】、【字符大小】为12.0磅、【颜色】为灰色（红:204，绿:204，蓝:204），如图13-97所示；接着在舞台下方插入文本对话框输入文本内容，如图13-98所示。

图13-97

图13-98

编写TextTransform类

【制作流程】

01 在AS图层中编写出如图13-99所示的代码，这里使用一个数组来存储所要创建按钮的文本字符串，并取得数组个数，也就是所要创建的按钮个数，通过for()循环语句统一创建TextTransform对象，并通过取得对应数组元素值作为参数值传入TextTransform对象（添加按钮的文本内容）。

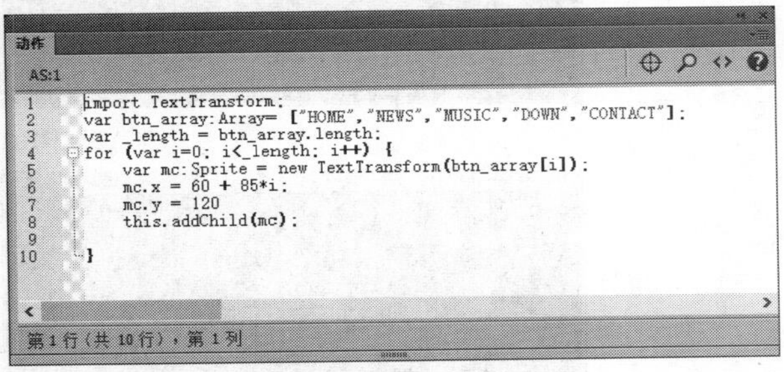

```
import TextTransform;
var btn_array:Array=["HOME","NEWS","MUSIC","DOWN","CONTACT"];
var _length = btn_array.length;
for (var i=0; i<_length; i++) {
    var mc:Sprite = new TextTransform(btn_array[i]);
    mc.x = 60 + 85*i;
    mc.y = 120;
    this.addChild(mc);
}
```

图13-99

02 按快捷键Ctrl+N新建一个ActionScript文件，并将其保存为TextTransform（保存在实例相同的目录下）；然后编写出只接收字符串参数作为按钮的文本内容的镜像滚动效果类TextTransform，如图13-100所示。

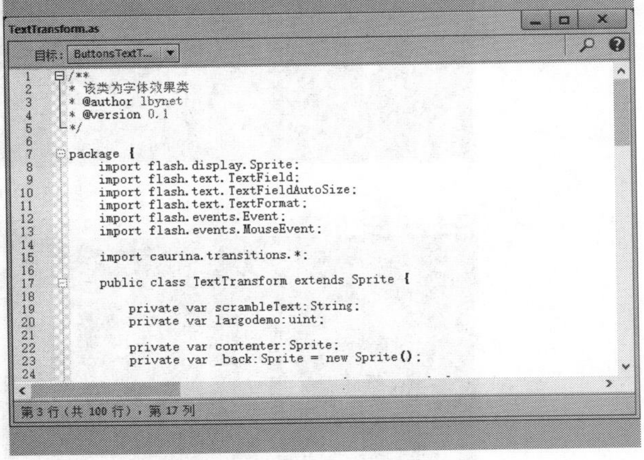

```
/**
 * 该类为字体效果类
 * @author lbynet
 * @version 0.1
 */
package {
    import flash.display.Sprite;
    import flash.text.TextField;
    import flash.text.TextFieldAutoSize;
    import flash.text.TextFormat;
    import flash.events.Event;
    import flash.events.MouseEvent;

    import caurina.transitions.*;

    public class TextTransform extends Sprite {

        private var scrambleText:String;
        private var largodemo:uint;

        private var contenter:Sprite;
        private var _back:Sprite = new Sprite();
```

图13-100

技巧与提示

关于类的创建、类变量定义、类方法编写与导入等操作，在这里就不多加讲解了，用户可参考帮助文档或其他相关资料来学习，本书所有的代码都是先列举出来，然后再分步骤进行讲解的。

03 在构造函数中包含一个字符串类型参数，当创建实例时会将参数传递进来，并赋予该类的scrambleText字符串类型属性（如第26行代码）；第28行代码调用的是init()方法，该方法创建一个用于存储文本的容器，创建容器后便开始创建两个文本（如第44行代码调用的addText()方法），如图13-101所示。

图13-101

04 在addText()方法中，通过创建两个在y轴方向上进行排列的动态文本（如第48~第50行代码），然后设置两个动态文本的对齐方式为左对齐（TextFieldAutoSize.LEFT），并设置文本不被选择和不接收鼠标事件（如第52~第54行代码）；第56~第61行代码是设置不同的文本格式，分别调用第73和第83行代码中的defaultTextFormat()和overTextFormat()两个方法，代码如图13-102和图13-103所示。

图13-102

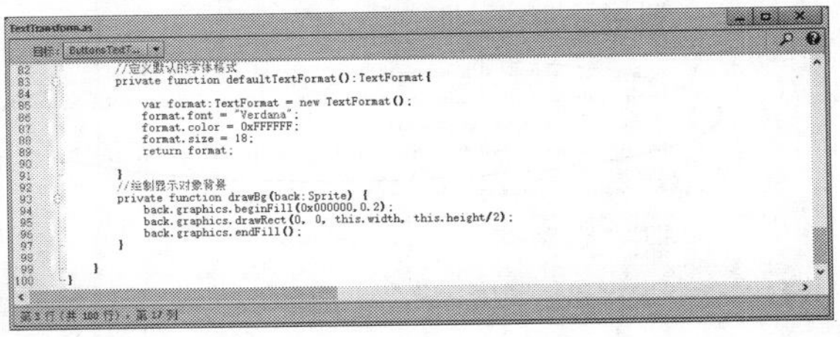

图13-103

05 创建完文本对象后，返回到构造函数中的第30~第32行代码中，首先将_back对象添加到显示列表中，如图13-104所示；然后设置_back对象为contenter容器的遮罩，再通过drawBg（_back）方法为_back对象绘制背景（即添加作为遮罩区域），如图13-105所示的效果只显示通过drawBg（）方法绘制的遮罩区域。

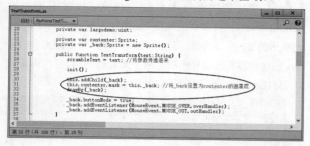

图13-104

图13-105

技巧与提示

_back是TextTransform类的一个属性，其类型为Sprite类型，在声明TextTransform该类属性时默认就创建了一个Sprite对象（如第23行代码）；drawBg（）方法用于绘制一个长方形作为显示对象的背景。

06 _back对象在作为contenter容器的遮罩层的同时，也作为TextTransform对象的侦听对象（第34~第36行代码），在为_back对象启用按钮模式后，也为_back对象注册侦听器，通过侦听_back对象的鼠标指针状态，与contenter容器产生交互，即分别控制contenter容器上下缓冲滚动位移，如第64和第68行代码中的两个侦听器函数使用的是Tweener.addTween（）方法，如图13-106所示。

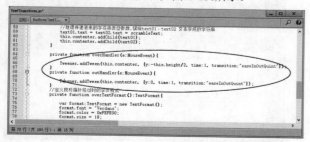

图13-106

技巧与提示

到该步骤已经完成该实例效果的制作，用户可采用相同的方法进行思路扩展，制作出其他相似的效果，如图13-107所示是在x轴方向上进行滚动的效果。

图13-107

07 按快捷键Ctrl+S保存文件，然后按快捷键Ctrl+Enter测试影片，最终如图13-108~图13-111所示。

图13-108

图13-109

图13-110

图13-111

项目 033 散落的星火

文件位置：实例文件>CH13>项目033.fla

项目背景

本实例以制作一个鼠标跟随效果为案例背景，主要目的是使鼠标富有趣味性。

项目分析

本实例主要是在上一个实例的基础上进行扩展，计算鼠标跟随对象来产生具有一定规律的星火特效，本实例【星火飘落】效果如图13-112~图13-114所示。

图13-112　　　　　　　　　图13-113　　　　　　　　　图13-114

制作星火特效

【制作流程】

01 新建一个Flash空白文档，执行【修改\文档】菜单命令，打开【文档设置】对话框，设置【舞台大小】为500像素×300像素，【帧频】为30.00，如图13-115所示。

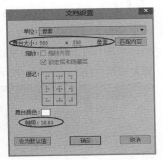

图13-115

02 执行【文件\导入\导入到舞台】菜单命令，将【素材文件\CH13\西湖夜景.jpg】导入到舞台，如图13-116所示；打开【属性】面板中添加Main文档类，如图13-117所示。

图13-116

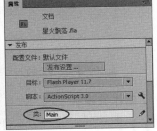

图13-117

03 按快捷键Ctrl+F8，新建一个【名称】为Star_m的【影片剪辑】元件；然后进入该【影片剪辑】的编辑区，并按住Shift+Alt键，使用【椭圆工具】在编

辑区的中心点绘制一个圆形，【填充颜色】为【径向渐变】，第1个色标颜色为（红:255，绿:0，蓝:0），第2个色标颜色为（红:153，绿:0，蓝:0），第3个色标颜色为（红:153，绿:0，蓝:0，A:0%），如图13-118所示。

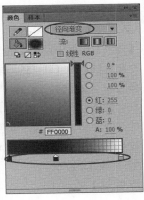

图13-118

04 新建一个star图层，选择【多角星形工具】，并在【属性】面板单击【工具选项】按钮，然后在弹出的【工具设置】对话框中设置好该工具的参数，并按住Shift+Alt键，在【影片剪辑】的中心点绘制一个如图13-119所示的星形。

05 使用【选择工具】调整好星形的顶点位置，如图13-120所示。

图13-119

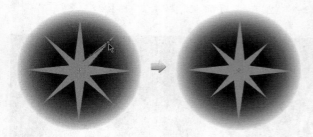

图13-120

06 选择调整好的多角星形，然后原位复制粘贴多角星形，按快捷键Ctrl+Alt+S打开【缩放和旋转】对话框，设置缩放为40%，再设置其颜色为白色，如图13-121所示。

图13-121

07 回到主场景，然后按快捷键Ctrl+F8，新建一个【影片剪辑】，【名称】为Magic_mc，并在【颜色】面板中设置【填充颜色】为【径向渐变】，第1个色标颜色为（红:255，绿:255，蓝:255），第2个色标颜色为（红:255，绿:255，蓝:204），第3个色标颜色为（红:255，绿:204，蓝:0），第4个色标颜色为（红:255，绿:102，蓝:0），第5个色标颜色为（红:153，绿:0，蓝:0，A:0%）；接着按住Alt键，同时使用【矩形工具】▣ 以该【影片剪辑】中心点为起点绘制一个如图13-122所示的矩形。

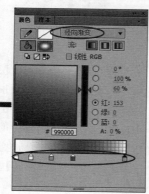

图13-122

08 使用【任意变形工具】▣选择矩形，然后按快捷键Ctrl+T，打开【变形】面板，设置旋转为45°，再单击【重制选区和变形】按钮▣，复制出3份图形，如图13-123和图13-124所示。

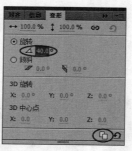

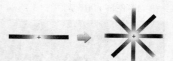

图13-123   图13-124

09 复制出5个图形，然后将其调整成如图13-125所示的颜色，再将复制出的图形转换为【影片剪辑】，并将其分别命名为01、02、03、04和05。

图13-125

10 将01、02、03、04和05【影片剪辑】分别放置在Magic_mc图层的5个关键帧上，然后打开【属性】面板在【滤镜】中选择【发光】选项，并设置其参数，如图13-126所示；再新建一个AS图层，最后在【动作】面板中输入stop（）;程序。

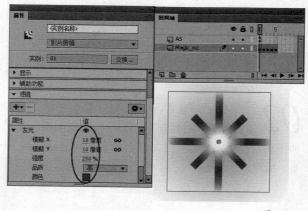

图13-126

制作星火特效

【制作流程】

01 采用前面的方法分别为Magic_mc和Star_mc【影片剪辑】添加元件类，如图13-127和图13-128所示。

02 新建一个ActionScript文件，将其命名为Main，然后将其保存在该实例的文件夹中，再输入如图

13-129所示的控制代码。

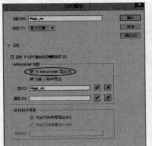

图13-127

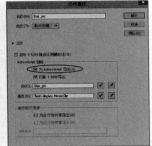

图13-128

```
1  /**
2   * 该类为主程序类
3   * @author lbynet
4   * @version 0.1
5   */
6  package {
7      import flash.display.Sprite;
8      import flash.display.MovieClip;
9      import flash.events.Event;
10     import flash.events.MouseEvent;
11     import flash.ui.Mouse;
12     public class Main extends Sprite {
13
14         private var star:MovieClip;
15
16         public function Main() {
17
18             Mouse.hide();
19             this.star = new Star_mc();
20             addChild(star);
21             stage.addEventListener(MouseEvent.MOUSE_MOVE, moveHandler);
22         }
23         private function moveHandler(e:MouseEvent):void {
24             this.star.x = stage.mouseX;
25             this.star.y = stage.mouseY;
26
27             var _mc = new Magic_mc();
28             _mc.x = stage.mouseX;
29             _mc.y = stage.mouseY;
30             addChild(_mc);
31             _mc.addEventListener(Event.ENTER_FRAME, RemoveDrop);
32         }
33         private function RemoveDrop(event:Event) {
34             var _mc:MovieClip = event.target as MovieClip;
35
36             if (_mc.scaleX <= 0) {
37                 _mc.removeEventListener(Event.ENTER_FRAME, RemoveDrop);
38                 removeChild(_mc);
39             }
40             //trace(this.numChildren)
41         }
42
43     }
44 }
```

图13-129

技巧与提示

该文档类基本包含了【星星洒落】实例中Main文档类的知识，此外第18行代码为Mouse类的hide（）方法，用于隐藏鼠标指针，在使用该方法前必须先导入Mouse类（如第11行代码）。

该文档类定义了一个私有属性Star，第19行代码是为该属性赋值，值为所创建的元件类（Star_mc），并将其添加到显示列表中（如第20行代码），而第24和第25行代码是为该元件类应用鼠标跟随效果。

03 同样新建一个ActionScript文件，然后输入如图13-130所示的控制代码。

```
1  /**
2   * 该类为扩展元件类
3   * @author lbynet
4   * @version 0.1
5   */
6  package {
7
8      import flash.display.MovieClip;
9      import flash.events.Event;
10
11     public class Magic_mc extends MovieClip {
12
13         private var dis:Number;
14
15         public function Magic_mc() {
16             init();
17         }
18         private function init() {
19             var Random = 1 + Math.round(Math.random()*4);
20             this.gotoAndStop(Random);
21
22             this.scaleX = this.scaleY = Math.random();
23             //产生随机数-5到5之间的随机数
24             dis = Math.round((Math.random()-.5)*10)
25             this.addEventListener(Event.ENTER_FRAME,enterFrameHandler);
26
27         }
28         private function enterFrameHandler(event:Event) {
29
30             this.y += 5;
31             this.x += dis
32
33             this.scaleX -=.005;
34             this.scaleY -=.005;
35         }
36
37     }
38 }
```

图13-130

技巧与提示

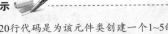

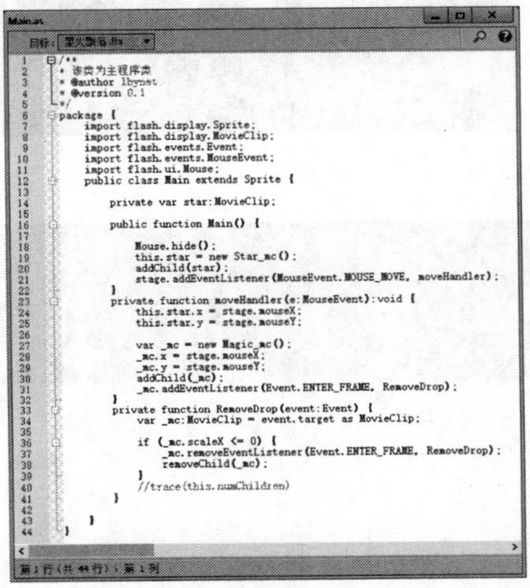

第19和第20行代码是为该元件类创建一个1~5的随机数，使该影片剪辑元件类在实例化（被创建时）时将播放头移到并停止在指定的时间帧上。

Math.random（）方法产生0~1的随机数，Math.random（）*4方法返回到0~4的随机数，而Math.round（）方法用于向上或向下舍入为最接近的整数并返回该值，所以1+Math.round（Math.random（）*4）方法取得1~5的随机整数值；gotoAndStop（）语句使影片剪辑的播放头移到并停止在指定的时间帧上。

通过使用Math.random（）-0.5 方法来生成-0.5~0.5的随机数，然后乘以10得到-5~5的随机数，再使用Math.round方法进行舍入并取得整数，这样当鼠标指针由下往上移动时，就会产生星火飘落的效果，如图13-131所示。

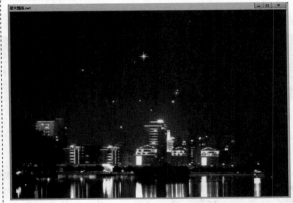

图13-131

第30行代码是为火花加入y轴坐标方向上的一个固定加速度，而第31行代码则是火花在x轴坐标方向上的一个-5~5的随机加速度值。

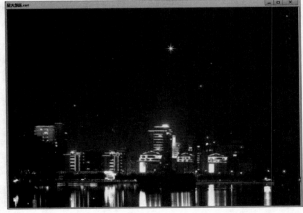

04 按快捷键Ctrl+S保存文件，然后按快捷键Ctrl+Enter测试影片，在表演区鼠标指针变成星火，并跟随鼠标移动，最终如图13-132~图13-134所示。

图13-132

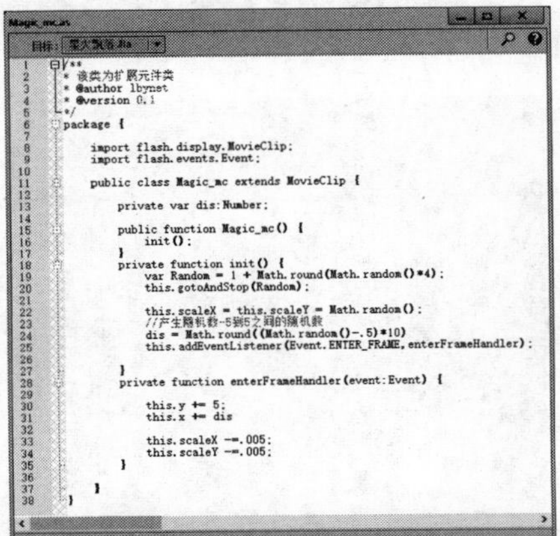

图13-133

图13-134

项目 034 鼠标跟随动画

文件位置: 实例文件>CH13>项目034.fla

项目背景

本实例以制作一个鼠标跟随动画为案例背景,主要原因是鼠标指针的样式多样,以此来让用户体验不一样的鼠标效果。

项目分析

本实例主要学习如何精确定位鼠标跟随对象的坐标,以及临时统一移除和添加侦听器,本实例完成效果如图13-135~图13-138所示。

图13-135

图13-136

图13-137

图13-138

制作背景与特效文字

【制作流程】

01 新建一个Flash空白文档，执行【修改\文档】菜单命令，打开【文档设置】对话框，设置【舞台大小】为500像素×300像素，【帧频】为30.00，如图13-139所示。

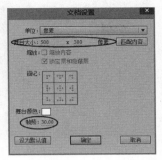

图13-139

02 执行【文件\导入\导入到舞台】菜单命令，将【素材文件\CH13\背景033.jpg】导入到舞台，如图13-140所示。

图13-140

03 执行【插入\新建元件】菜单命令，打开【创建新元件】对话框，新建一个【名称】为 Logo_mc 的【影片剪辑】元件，如图13-141所示。

图13-141

04 进入元件编辑区，选择【椭圆工具】，设置【笔触颜色】为黄色（红:255，绿:153，蓝:51，A:20%），再设置【填充颜色】的【颜色类型】为【径向渐变】，第1个色标颜色为（红:102，绿:102，蓝:204，A:65%），第2个色标颜色为（红:102，绿:204，蓝:255，A:33%），如图13-142和图13-143所示。

05 然后在元件编辑区，绘制一个渐变椭圆（高:38.00，宽:38.00），如图13-144所示。

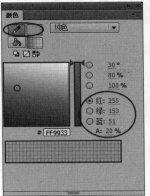

图13-142

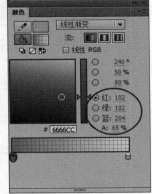

图13-143

图13-144

06 打开【库】面板，选中Logo_mc元件，然后单击鼠标右键，在弹出的快捷菜单中选择【属性】命令，打开【元件属性】对话框；接着单击 高级 按钮，勾选【为ActionScript导出】选项，完成后单击 确定 按钮，如图13-145所示。

图13-145

定位鼠标跟随对象

【制作流程】

01 新创建一个AS图层，然后在第1帧按F9键打开【动作】面板，再输入如图13-146和图13-147所示的代码。

图13-146

459

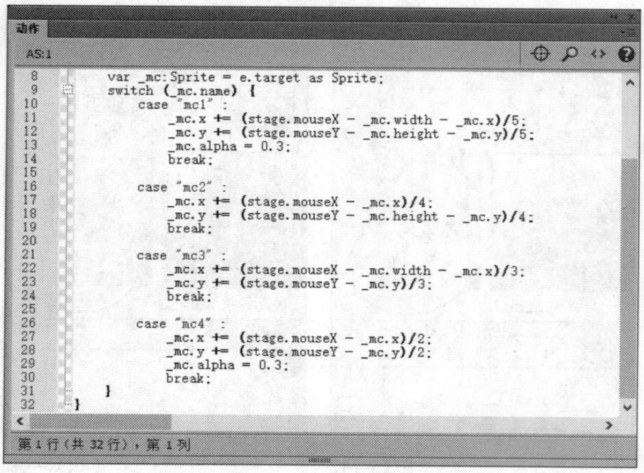

图13-150

```
8        var _mc:Sprite = e.target as Sprite;
9        switch (_mc.name) {
10           case "mc1" :
11              _mc.x += (stage.mouseX - _mc.width - _mc.x)/5;
12              _mc.y += (stage.mouseY - _mc.height - _mc.y)/5;
13              _mc.alpha = 0.3;
14              break;
15
16           case "mc2" :
17              _mc.x += (stage.mouseX - _mc.x)/4;
18              _mc.y += (stage.mouseY - _mc.height - _mc.y)/4;
19              break;
20
21           case "mc3" :
22              _mc.x += (stage.mouseX - _mc.width - _mc.x)/3;
23              _mc.y += (stage.mouseY - _mc.y)/3;
24              break;
25
26           case "mc4" :
27              _mc.x += (stage.mouseX - _mc.x)/2;
28              _mc.y += (stage.mouseY - _mc.y)/2;
29              _mc.alpha = 0.3;
30              break;
31        }
32  }
```

第1行（共32行），第1列

图13-147

02 按快捷键Ctrl+S保存文件，然后按快捷键Ctrl+Enter测试影片，在表演区鼠标指针变成渐变圆形，并跟随鼠标移动，最终效果如图13-148~图13-151所示。

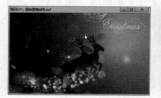

图13-148

图13-149

图13-151

项目 035 抓泡泡

文件位置：实例文件>CH13>项目035.fla

项目背景

本实例以制作一个鼠标指针经过消失的效果为案例背景，主要目的是使鼠标效果多样化。

项目分析

本实例首先导入背景素材，接着创建出游戏界面中的元素，然后编写元件扩展类，最后编写主程序类，控制游戏的开始与结束过程。完成后的效果如图13-152和图13-153所示。

图13-152

图13-153

制作元件

【制作流程】

01 新建一个Flash空白文档,接着执行【修改\文档】菜单命令,打开【文档设置】对话框,然后在对话框中【舞台大小】设置为660像素×480像素,【帧频】设置为30.00,如图13-154所示。

图13-154

02 执行【文件\导入\导入到舞台】菜单命令,将【素材文件\CH13\t1.jpg】片导入到舞台上,如图13-155所示。

图13-155

03 执行【插入\新建元件】菜单命令,打开【创建新元件】对话框,新建一个【名称】为【开始】的【按钮】元件,如图13-156所示。

图13-156

04 在【按钮】元件的编辑状态下,选择【矩形工具】,在【属性】面板中的【边角半径】文本框中将【边角半径】设置为6.00,如图13-157所示。

图13-157

05 在工作区中绘制一个【笔触颜色】为无,【填充颜色】为绿色(红:67,绿:212,蓝:144)的圆角矩形,如图13-158所示。

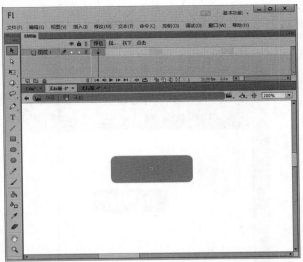

图13-158

06 选择【文本工具】在圆角矩形上输入【开始游戏】文本,【字符系列】选择【迷你简菱心】、【字符大小】为18.0磅、【字符颜色】为黄色、【字母间距】为2.0,如图13-159所示。

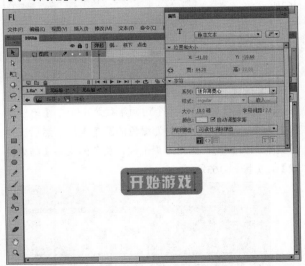

图13-159

07 执行【插入\新建元件】菜单命令,打开【创建新元件】对话框,新建一个【名称】为【帮助】的【按钮】元件,如图13-160所示。

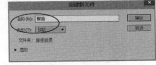

图13-160

08 在【按钮】元件的编辑状态下，选择【矩形工具】绘制一个边角半径为6.00、【笔触颜色】为无、【填充颜色】为绿色的圆角矩形；然后选择【文本工具】T在圆角矩形上输入黄色的文字【游戏帮助】，如图13-161所示。

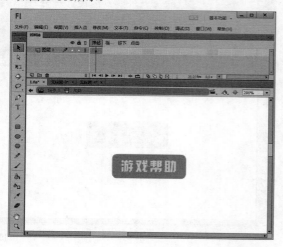

图13-161

09 执行【插入\新建元件】菜单命令，打开【创建新元件】对话框，新建一个【名称】为【结束】的【按钮】元件，如图13-162所示。

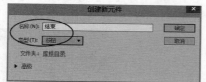

图13-162

10 在【按钮】元件的编辑状态下，选择【矩形工具】绘制一个边角半径为6.00、【笔触颜色】为无、【填充颜色】为绿色的圆角矩形；然后选择【文本工具】T在圆角矩形上输入黄色的文字【结束游戏】，如图13-163所示。

图13-163

11 回到主场景中，新建【图层2】图层，从【库】面板中将【开始】【帮助】【结束】和【按钮】元件拖曳到舞台上，如图13-164所示。

图13-164

技巧与提示

对于大多数的Flash学习者来说，制作Flash游戏一直是一项很吸引人、也很有趣的技术，甚至许多学习者都以制作精彩的Flash游戏作为主要的目标。不过往往由于急于求成，制作资料不足，使许多学习者难以顺利进行Flash游戏设计。所有这一切都不是因为制作者的技术水平的问题，而是在于游戏制作前的前期设计与规划没有做好造成的。所以除技术外，游戏的创作规划也是非常重要的。

12 分别在【属性】面板中将【开始】【帮助】和【结束】这3个【按钮】元件的【实例名称】设置为start_btn、help_btn和out_btn，如图13-165~图13-167所示。

图13-165

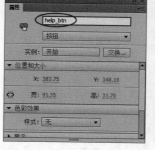

图13-166

图13-167

13 新建【图层3】图层，然后在舞台上绘制一个矩形并输入文字，如图13-168所示。

图13-168

14 新建【图层4】图层，然后在文字中间添加一个动态文本框，如图13-169所示。

图13-169

15 选中动态文本框，在【属性】面板中将它的【实例名称】设置为displayGrade_txt，如图13-170所示。

图13-170

16 执行【插入\新建元件】菜单命令，打开【创建新元件】对话框，新建一个【名称】为Fly的【影片剪辑】元件，如图13-171所示。

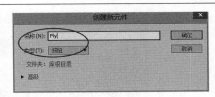

图13-171

17 在【影片剪辑】Fly的编辑状态下，使用【椭圆工具】◯在工作区中绘制一个【笔触颜色】为无、【填充颜色】为任意色，宽和高都为45像素的圆，如图13-172所示。

图13-172

18 打开【颜色】面板，将【颜色类型】设置为【径向渐变】，将调色条左端的色标的颜色设置为白色，再设置右端的色标的颜色为蓝色（红:63，绿:243，蓝:243，A: 80%），然后使用【颜料桶工具】◇为小圆填充颜色，如图13-173和图13-174所示。

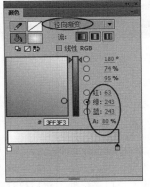

图13-173　　　　　　　　　图13-174

19 新建【图层2】图层，使用【铅笔工具】✎在气泡上绘制两个【笔触颜色】为无、【填充颜色】为白色的无规则几何图形，如图13-175所示。

20 执行【插入\新建元件】菜单命令，打开【创建新元件】对话框，新建一个【名称】为gotgood_mc的【影片剪辑】元件，如图13-176所示。

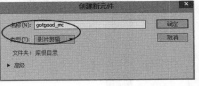

图13-175　　　　　　　　　图13-176

21 在影片剪辑gotgood_mc的编辑状态下，执行【文件\导入\导入到舞台】菜单命令，导入一幅图像到舞台中，如图13-177所示。

图13-177

22 在时间轴的第2帧处插入空白关键帧，然后执行【文件\导入\导入到舞台】菜单命令，将一幅图像导入到舞台中，如图13-178所示。

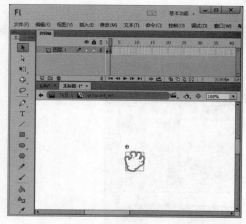

图13-178

23 在时间轴的第3帧处插入空白关键帧，然后执行【文件\导入\导入到舞台】菜单命令，将一幅图像导入到舞台中，如图13-179所示。

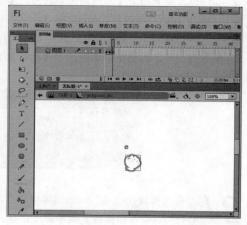

图13-179

24 新建【图层2】图层，选中【图层2】层的第1帧，在【动作】面板中添加代码stop();，如图13-180所示。

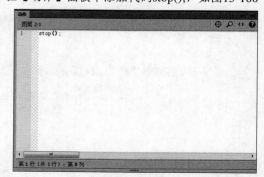

图13-180

25 分别在【图层1】与【图层2】层的第12帧处插入帧，如图13-181所示。

图13-181

26 执行【插入\新建元件】菜单命令，打开【创建新元件】对话框，新建一个【名称】为MouseHand的【影片剪辑】元件，如图13-182所示。

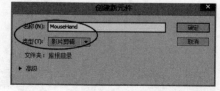

图13-182

27 在【影片剪辑】MouseHand的编辑状态下，从【库】面板中将【影片剪辑】gotgood_mc拖曳到工作区中，并在【属性】面板中设置其【实例名称】为gotgood_mc，如图13-183所示。

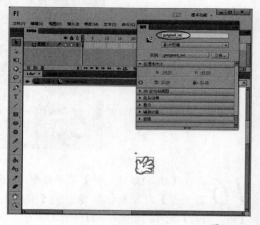

图13-183

编写程序

【制作流程】

01 按快捷键Ctrl+N打开【新建文档】对话框，选择【ActionScript文件】选项，单击 确定 按钮，如图13-184所示。

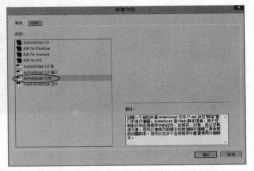

图13-184

02 按快捷键Ctrl+S将ActionScript文件保存为Fly.as，然后在Fly.as中输入如下代码，如图13-185所示。

图13-185

03 编写主程序类，按照同样的方法新建一个ActionScript文件（保存为Main文件），然后编写如图13-186~图13-188所示的程序。

图13-186

图13-187

图13-188

04 打开【库】面板，在【影片剪辑】元件Fly上单击鼠标右键，在弹出的快捷菜单中选择【属性】命令，如图13-189所示。

图13-189

05 打开【元件属性】对话框，单击 高级 按钮，单击【为ActionScript导出】选项，完成后单击 确定 按钮，如图13-190所示。

06 打开【库】面板，在影片剪辑元件MouseHand上单击鼠标右键，在弹出的快捷菜单中选择【属性】命令，如图13-191所示。

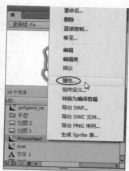

图13-190　　　　　　　　图13-191

图13-195

07 打开【元件属性】对话框，单击 高级 ▼ 按钮，单击【为ActionScript导出】选项，完成后单击 确定 按钮，如图13-192所示。

08 打开【属性】面板，在【类】文本框中输入Main，如图13-193所示。

图13-192　　　　　　　　图13-193

09 按快捷键Ctrl+S保存文件，然后按快捷键Ctrl+Enter测试影片，即可欣赏本实例的完成效果。在播放窗口中移动鼠标指针即可消除泡泡，如图13-194和图13-195所示。

图13-194

技巧与提示

在整个Flash动画创作中显得尤为重要的便是创作规划，也常被称作整体规划。古语有云：运筹帷幄，决胜千里。在开始动手制作之前，对所要做的事有一个全盘的考量，做起来才会从容不迫。没有一个整体的框架，制作会显得非常茫然，没有目标，甚至会偏离主题。特别是需要多人合作时，创作规划更是不能或缺。

Flash动画作品无论是静态还是动态，前期制作中的整体规划都十分重要，使制作的Flash动画更加合理，更加精美。同时也能反应作为一个Flash动画设计师的具体工作能力。因此，Flash动画的创作规划对于Flash动画设计师的重要性也就显易见了。

对于大多数的Flash学习者来说，制作Flash游戏一直是一项很吸引人、也很有趣的技术，甚至许多闪客都以制作精彩的Flash游戏作为主要的目标。不过往往由于急于求成，制作资料不足，数据获得不易，使许多朋友难以顺利进行Flash游戏设计。即使自己下定决心，也是进展缓慢，乃至最终放弃。所有这一切都不是因为制作者的技术水平的问题，而是在于游戏制作前的前期设计与规划没有做好造成的，所以这里我们主要来介绍一下Flash游戏制作流程与规划这两个方面。

1.构思

不管大家学习Flash已有多长时间，现在大家所想的都是做出精彩的、能让玩家一玩就不想停下来的游戏。但是要想让玩家可以在游戏中玩得尽兴，真正做起来并不轻松。因为要制作一个好的Flash游戏必须要考虑到许多方面的因素。

在着手制作一个游戏前，必须先要有一个大概的游戏规划或者方案，要做到心中有数，而不能边做边想。就算最后完成了，这中间浪费的时间和精力也会让人不堪忍受。虽然制作游戏的最终目的是取悦游戏的玩家，但是通过玩家的肯定来得到一定的成就感，这也是激励游戏制作者继续不断创作的重要因素。

要想让游戏的制作过程轻轻松松，关键就在于不要让工作的内容太过繁琐或困难重重，要先制定一个完善的工作流程，安排好工作进度和分工，这样做起来就会事半功倍；不过在制定任何工作计划之前，一定要在心里有个明确的构思，以及对于游戏的整体设想。充满想象力的幻想，的确有助于你的创作，但是有系统的构思，要绝对优于漫无边际的空想。

技巧与提示

2.游戏的目的

制作一个游戏的目的有很多，有的纯粹是娱乐，有的则是想吸引更多的访问者来浏览自己的网站，还有很多时候是出于商业上的目的，设计一个游戏来进行比赛，或者将通过游戏的关卡作为奖品。

所以在进行游戏的制作之前，必须先确定游戏的目的，这样才能够根据游戏的目的来设计符合需求的作品。

3.游戏的规划与制作

在决定好将要制作的游戏的目标与类型后，接下来是不是可以立即开始制作游戏了呢？不可以！当然如果坚持立即开始制作，也不是不可以，只不过要事先提醒大家的是：如果在制作游戏前还没有一个完整的规划，或者没有一个严谨的制作流程，那么必定将浪费非常多的时间和精力，很有可能游戏还没制作完成，就已经感到筋疲力尽了。所以制作前认真制定一个制作游戏流程和规划是十分必要的。

其实像Flash游戏这样的制作规划或者流程并没有想象中的那么难，大致上只需要设想好游戏中会发生的所有情况，如果是RPG游戏需要设计好游戏中的所有可能情节，并针对这些情况安排好对应的处理方法，那么制作游戏就变成了一件很有系统的工作了。

4.素材的收集和准备

游戏流程图设计出来后，就需要着手收集和准备游戏中要用到的各种素材了，包括图片，声音等，俗话说，巧妇难为无米之炊。所以要完成一个比较成功的flash游戏，必须拥有足够丰富的游戏内容和漂亮的游戏画面，所以在进行下一步具体的制作工作前，需要好好准备游戏素材。

（1）图形图像的准备

这里的图形一方面指Flash中应用很广的矢量图，另一方面也指一些外部的位图文件，两者可以进行互补，这是游戏中最基本的素材。虽然flash提供了丰富的绘图和造型的工具，如贝塞耳曲线工具，可以在flash中完成绝大多数的图形绘制工作，但是flash中只能绘制矢量图形，如果需要用到一些位图或者用flash很难绘制的图形时，就需要使用外部的素材了。

（2）音乐及音效

音乐在Flash游戏中是非常重要的一种元素，大家都希望自己的游戏能够有声有色，绚丽多彩，给游戏加入适当的音效，可以为整个游戏增色不少。

项目 036 宠物网站进度条

文件位置：实例文件>CH13>项目036.fla

项目背景

本实例以制作一个宠物网站的进度条为案例背景，主要目的是提醒用户网站的加载进度以及网站的性质。

项目分析

本实例中的进度条是一个宠物网站的进度条，因此选择了生活中最常见的动物作为案例的主要表现对象，以简洁的城市插画作为背景，表示宠物的生活环境，完成后的效果如图13-196~图13-199所示。

图13-196

图13-197

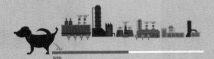

图13-198

图13-199

【制作流程】

01 新建Flash空白文档，执行【修改\文档】菜单命令，打开【文档设置】对话框，设置【舞台大小】为970像素×480像素，如图13-200所示。

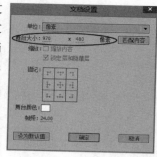

图13-200

02 执行【文件\导入\导入到舞台】菜单命令，将【素材文件\CH13\小狗进度条.ai】文件导入到舞台，然后删除背景和上下两个小狗进度条；接着将小狗进度条橙色矩形删除，如图13-201所示。

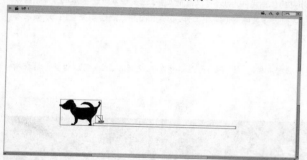

图13-201

03 选中小狗进度条，按F8键将图形转换成【名称】为【进度条背景】的【影片剪辑】元件，如图13-202所示；然后双击元件进入编辑区，接着选中工作区中的小狗和水流，按F8键将其转换成【影片剪辑】，【名称】为【狗】，如图13-203所示。

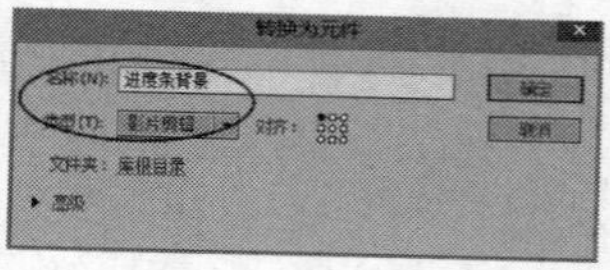

图13-202

图13-203

04 单击【狗】元件进入编辑区，选中图层的第2帧按F6键创建关键帧；然后使用【选择工具】根据水流的运动规律调整第2帧水流的形状，如图13-204所示。

图13-204

05 返回到【进度条背景】元件编辑区，选择圆角矩形框按F8键将图形转换成【名称】为【背景】的【影片剪辑】元件；然后使用【线条工具】将圆角矩形修改成直角矩形，返回到主场景，在第100帧位置添加帧，如图13-205所示。

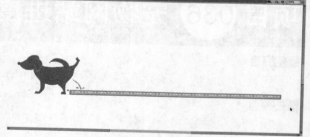

图13-205

06 按快捷键Ctrl+F8，创建一个【名称】为【进度显示】的【影片剪辑】元件，进入元件编辑区，使用【矩形工具】绘制一个【笔触颜色】为无、【填充颜色】为橙色（红:249，绿:131，蓝:0）的矩形，如图13-206所示。

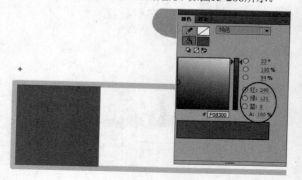

图13-206

07 选中图层的第100帧，按F6键创建关键帧，使用【任意变形工具】 将橙色矩形横向放大至如图13-207所示；选择关键帧与关键帧之间的任意一帧创建补间形状，如图13-208所示。

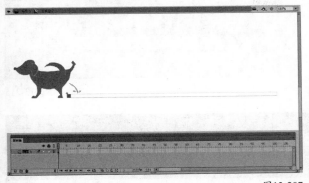

图13-207

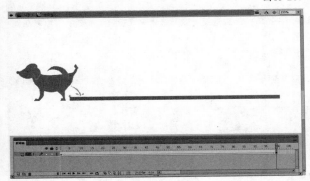

图13-208

08 新建一个名为txt的图层，在第100帧按F5键创建帧，使用【文本工具】 在进度条的下方输入文本，如图13-209所示；然后选中第2帧~第100帧的空白帧，按F6键插入关键帧，并依次修改每帧文本框内的百分比1%~100%的数字，如图13-210所示。

09 新建一个图层，执行【文件\导入\导入到舞台】菜单命令，将【素材文件\CH13\背景036.jpg】导入到舞台，如图13-211所示。

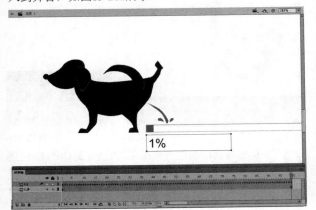

图13-209

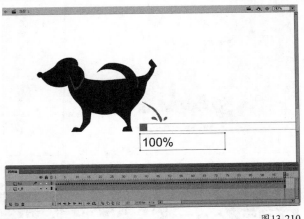

图13-210

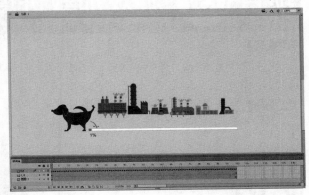

图13-211

10 按快捷键Ctrl+S保存文件，然后按快捷键Ctrl+Enter测试影片，最终如图13-212~图13-215所示。

图13-212

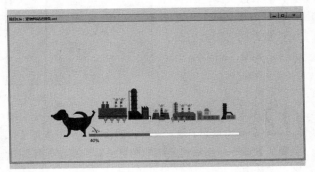

图13-213

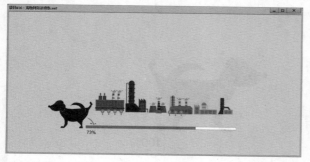

图13-214　　　　　　　　　　　　　　　　　　图13-215

项目 037 游戏加载进度条
文件位置：实例文件>CH13>项目037.fla

项目背景

　　本实例以制作一个游戏加载进度条为案例背景，主要目的是提醒用户游戏的加载进度，以及该用户等待游戏加载的过程增加趣味性。

项目分析

　　本实例中的进度条，采用一只奔跑的小鹿作为进度条的表现对象，在小鹿奔跑的过程中，进度条也会相应地增加，案例完成后的效果如图13-216~13-218所示。

图13-216

图13-217

图13-218

【制作流程】

01 新建Flash空白文档，执行【修改\文档】菜单命令，打开【文档设置】对话框，设置【舞台大小】为970像素×680像素；然后按快捷键Ctrl+F8创建一个【名称】为【小鹿行走】的【影片剪辑】元件，如图13-219所示。

图13-219

02 打开【素材文件\CH13\小鹿.fla】文件，选中图层单击鼠标右键，在弹出的快捷菜单中选择【拷贝图层】命令；然后将复制的图层粘贴到新建元件编辑区中，选中第2帧按住Alt键并单击鼠标左键，将第2帧复

制拖曳到第4帧位置；接着按F5键对每一帧插入帧，如图13-220和图13-221所示。

图13-220　　　　　　　　图13-221

03 返回场景1，新建一个图层，按快捷键Ctrl+F8创建一个默认【名称】的【影片剪辑】元件，如图13-222所示；然后选择【矩形工具】绘制一个【笔触颜色】为灰色（红:181，绿:181，蓝:182），【填充颜色】为黄色（红:255，

绿:255,蓝:51)的矩形,并调
整位置到小鹿的下方,如图
13-223所示。

图13-222

05 将【图层2】层拖曳到【图层1】层下方,选中【图层1】层的第40帧按F5键创建帧,在【图层2】层的第40帧按F6键创建关键帧,选中灰色矩形按Shift+←向左平移至如图13-227所示位置,并选中图层任意一帧创建传统补间;最后选中【图层1】层,单击鼠标右键,在弹出的快捷菜单中选择【遮罩层】命令,如图13-228所示。

图13-223

04 新建一个图层,按快捷键Ctrl+F8创建一个默认【名称】的【影片剪辑】元件;然后使用【矩形工具】绘制一个无边框的灰色矩形,如图13-224所示;接着选择【线条工具】,并在【属性】面板中设置【笔触颜色】为橙色(红:200,绿:144,蓝:38),【笔触大小】为3.00,【笔触样式】为【虚线】,如图13-225所示;最后在矩形中绘制一条虚线,如图13-226所示。

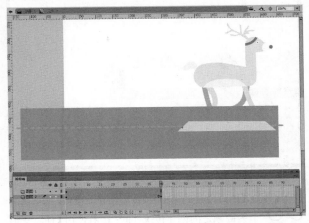

图13-227

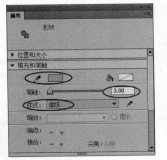

图13-224 图13-225

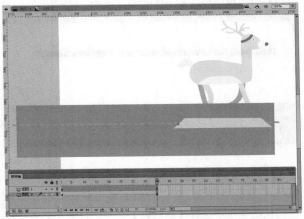

图13-228

06 新建一个图层,打开【素材文件\CH13\素材037.fla】文件,将进度条和车轮图形复制粘贴到新建元件中,然后调整进度条的位置,如图13-229所示。

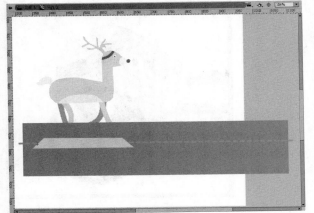

图13-226

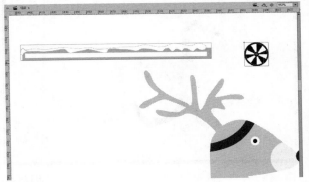

图13-229

07 选择【矩形工具】▦，并在【属性】面板中设置【笔触颜色】为无、【填充颜色】为红色（红:255，绿:153，蓝:102）；然后在舞台中绘制一个与进度条里白色部分相同高度的矩形，并将矩形转换为【影片剪辑】，【名称】为【进度】，如图13-230所示。

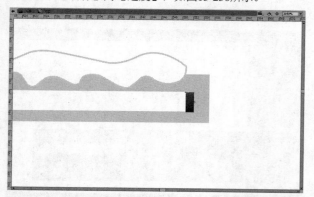

图13-230

08 在【图层1】层的第100帧位置创建关键帧，然后在两个关键帧之间创建传统补间；接着使用【任意变形工具】▦将第100帧中的元件横向拉伸，如图13-231所示。

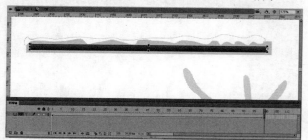

图13-231

09 将图层c_1复制粘贴到图层c_3，进入元件编辑区，选中第2帧~第8帧，单击鼠标右键，在弹出的快捷菜单中选择【删除帧】命令；选中小鹿按快捷键Ctrl+G组合图形，选中第1帧执行【修改\变形\水平翻转】命令，将小鹿水平翻转，如图13-232所示。

图13-232

10 新建图层，使用【椭圆工具】绘制一个【笔触颜色】为无，【填充颜色】为任意色的椭圆，并将椭圆调整到小鹿的脸部；选择新建图层单击鼠标右键，在弹出的快捷菜单中选择【遮罩层】命令，如图13-233和图13-234所示。

图13-233　　　　　　　　　图13-234

11 返回到场景1，使用【任意变形工具】▦等比缩小【小鹿】元件，如图13-235所示；然后选中车轮图形按F8键，将图形转换为【影片剪辑】，【名称】为【轮子】，并移动车轮至如图13-136所示位置；接着进入编辑区，选中车轮再次按F8键将图形转换成【名称】为【车轮】的【图形】元件，在第40帧按F6键，选中关键帧与关键帧之间的任意一帧创建传统补间，打开【属性】面板，设置【旋转】为【逆时针】，并旋转两次，如图13-237和图13-238所示。

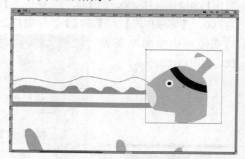

图13-235

图13-236

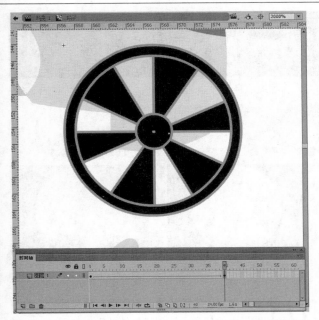

图13-237

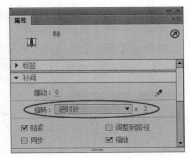

图13-238

12 执行【文件\导入\导入到舞台】菜单命令，将【素材文件\CH13\背景037.jpg】导入到舞台，如图13-239所示。

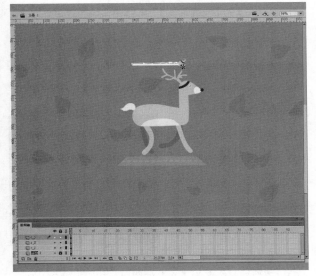

图13-239

13 按快捷键Ctrl+S保存文件，然后按快捷键Ctrl+Enter测试影片，最终如图13-240~图13-243所示。

图13-240

图13-241

图13-242

图13-243

项目 038 圆形进度条

文件位置：实例文件>CH13>项目038.fla

项目背景

本实例以制作一个圆形进度条为案例背景，主要目的是提醒用户加载进度，并使等待过程富有趣味。

项目分析

本实例中的进度条将以圆形的方式展现，随着进度的提升进度条中的液体会不短的上升，案例完成后的效果如图13-244~13-247所示。

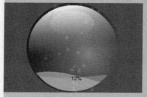  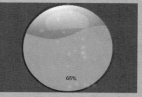 

图13-244   图13-245   图13-246   图13-247

制作进度动画

【制作流程】

01 新建一个Flash空白文档，接着执行【修改\文档】菜单命令，打开【文档设置】对话框，然后在对话框中【舞台大小】设置为400像素×300像素，【帧频】设置为30.00，【舞台颜色】为蓝色（红:0，绿:153，蓝:204），如图13-248所示。

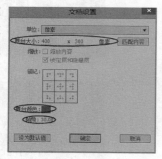

图13-248

02 然后使用【椭圆工具】◎绘制一个直径与舞台高度相同的圆形，再设置【颜色类型】为【径向渐变】，第1个色标颜色为（红:167，绿:230，蓝:0），第2个色标颜色为（红:7，绿:137，蓝:20），第3个色标颜色为（红:0，绿:85，蓝:47），按F8键将图形转换成【名称】为【圆】的【影片剪辑】元件，进入元件编辑区，选中圆按F8键将图形转换成【名称】为【底图】的【图形】元件，如图13-249和图13-250所示。

图13-249

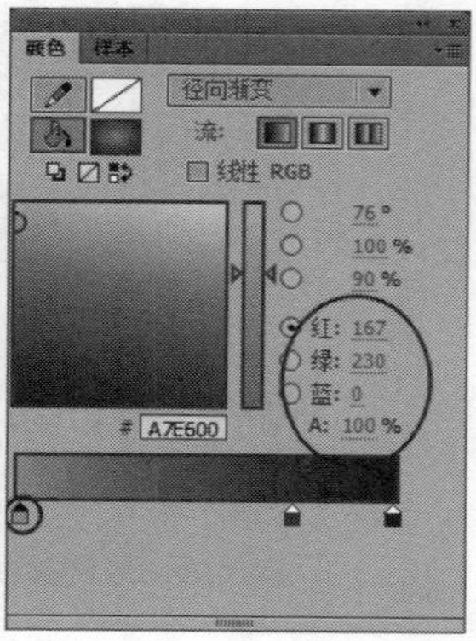

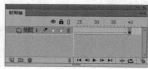

图13-250

03 选中图层中的第40帧，按F6键创建关键帧，选中图层中的任意一帧创建传统补间，如图13-251所示；然后选中补间范围的任意一帧，在【属性】面板中设置【旋转】为【顺时针】，如图13-252所示。

图13-251 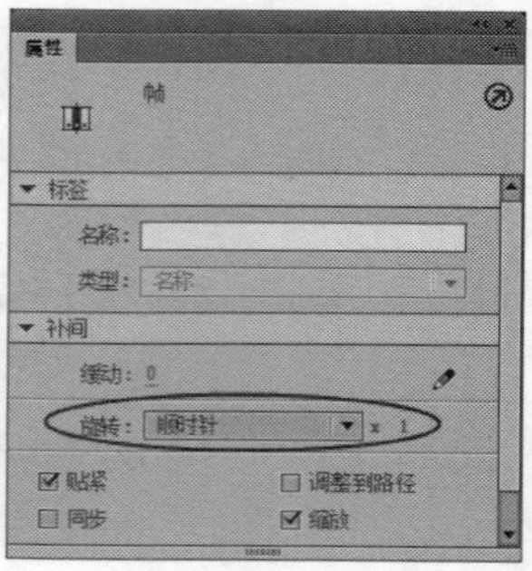   图13-252

04 新建一个名为【高光】的图层，然后使用【椭圆工具】◎绘制一个比第1个圆形稍小的同心圆，设置【颜色类型】为【线性渐变】，第1个色标颜色为（红:255，绿:255，蓝:255，A:0%），第2个色标颜色为（红:255，绿:255，蓝255，A:100%），如图13-253和图13-254所示。

图13-153 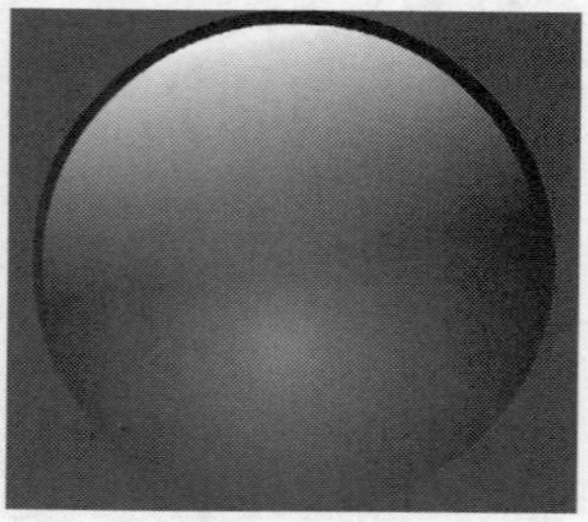   图13-254

05 新建一个名为【水】的图层，按快捷键Ctrl+F8，新建一个【名称】为【进度】的【影片剪辑】元件，使用椭圆工具绘制一个与【高光】图层相同大小的椭圆，如图13-255所示。

图13-255

06 新建一个图层，并拖曳【图层2】层到【图层1】层的下层，然后按快捷键Ctrl+F8新建【图形】元件；然后使用【线条工具】☑在工作区中绘制出如图13-256所示的绿色（红：102，绿：255，蓝204，A：80%）图形，接着按F8键将图形转换成【名称】为【绿波】的【图形】元件，如图13-257所示。

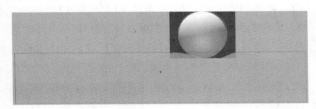

图13-256

07 新建【图层2】图层，使用【线条工具】☑绘制如图13-258所示的蓝色（红：113，绿：204，蓝204，A：90%）图形，按F8键将图形转换成【名称】为【绿波0】2的【图形】元件，并将【图层2】层拖曳到【图层2】层的下方，如图13-258所示。

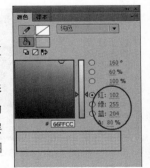

图13-257

图13-258

08 选中两个图层的第101帧，按F6键创建关键帧，在【图层1】层的第15帧插入关键帧，使用【选择工具】�向左上方移动【绿波】元件如图13-260和图13-261所示。

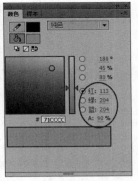

图13-259

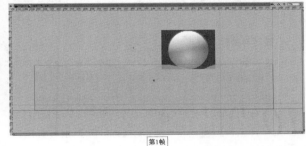

第1帧

图13-260

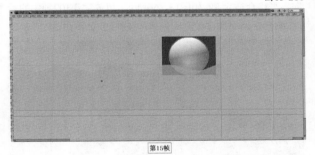

第15帧

图13-261

09 在第16帧插入关键帧，将元件向右平移合适距离，如图13-262所示；使用相同的方法将第30、31、45、46、60、61、75、76、100和101帧插入关键帧，并将元件移动到适当位置；在第102帧位置使用【任意变形工具】▦将元件放大，最后在关键帧与关键帧之间创建传统补间，如图13-263所示。

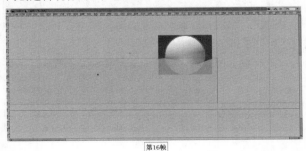

第16帧

图13-262

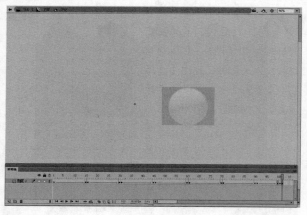

图13-263

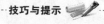
技巧与提示

这里制作的水波是从右向左波动的，在制作时要注意第30、31、45、46、60、61、75、76、100和101帧水波方向和位置。

10 在【图层2】层的第30帧插入关键帧，然后使用【选择工具】 向左上方移动【绿波02】元件，如图13-264和图13-265所示；接着在第31帧插入关键帧，并将元件向右平移合适距离，如图13-266所示；再放大第102帧中的元件，最后在所有关键帧之间创建传统补间，如图13-267所示。

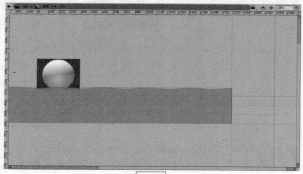

第1帧

图13-264

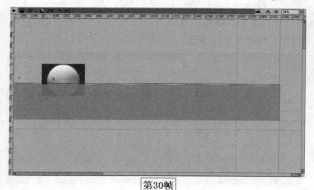

第30帧

图13-265

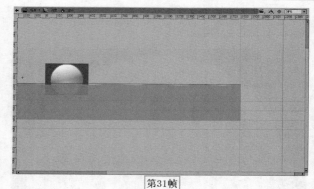

第31帧

图13-266

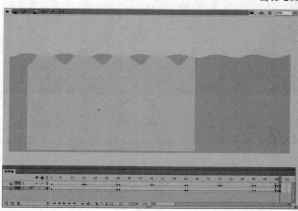

图13-267

11 返回到场景1，新建一个名为【顶部高光】的图层，然后使用【椭圆工具】 在顶部绘制一个大小合适的椭圆，设置【颜色类型】为【线性渐变】，第1个色标颜色为（红:255，绿:255，蓝:255，A:0%），第2个色标颜色为（红:255，绿:255，蓝:255，A:68%），如图13-268和图13-269所示。

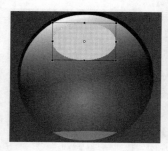

图13-268

图13-269

12 新建一个名为【百分比】的图层，打开【文件\CH13\百分比.fla】文件，将【百分比】元件复制到新建图层，如图13-270所示。

图13-270

制作场景动画

【制作流程】

01 新建一个【名称】为Ball_mc的【影片剪辑】元件，然后绘制一个直径大小约为20像素的圆形，设置【颜色类型】为【径向渐变】，第1个色标颜色为（红:255，绿:255，蓝:255，A:36%），第2个色标颜色为（红:255，绿:255，蓝:255 A:9%），第3个色标颜色为（红:255，绿:255，蓝:255，A:0%），如图13-271所示。

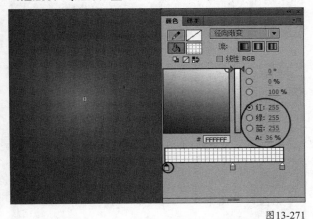

颜色
样本
径向渐变
流:
线性 RGB
0 °
0 %
100 %
红: 255
绿: 255
蓝: 255
A: 36 %
FFFFFF
图13-271

02 为Ball_mc影片剪辑添加元件类，如图13-272所示。

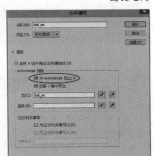

元件属性
Ball_mc
图13-272

03 新建一个ActionScript文件，并将其保存为Ball_mc类，然后编写出如图13-273所示的元件类扩展类。该类有3个私有属性（如第11~第13行代码），第22和第25行代码分别定义其属性对应的get()方法，为该元件类实例提供可访问对应属性的接口，第3个属性还提供了set（）方法（如第29行代码）。在该类构造函数中还初始化了3个属性，分别产生随机的newX和newY值（如第17~第19行代码）。

04 新建一个ActionScript文件，并将其保存为Main类，继续编写本实例的文档类，如图13-274所示。该类定义了3个属性，分别用来存储水泡总数、数量加变量和随机宽、高比例值（如第12~第14行代码）；在构造函数中调用init()方法初始化两个属性值，并注册ENTER_FRAME 事件侦听器（如第20~第22行代码）。

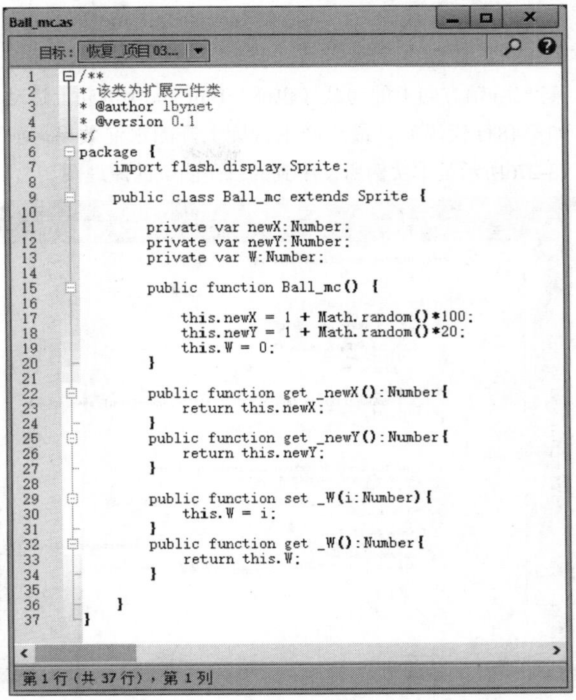

Ball_mc.as
目标: 恢复_项目 03...
1 /**
2 * 该类为扩展元件类
3 * @author lbynet
4 * @version 0.1
5 */
6 package {
7 import flash.display.Sprite;
8
9 public class Ball_mc extends Sprite {
10
11 private var newX:Number;
12 private var newY:Number;
13 private var W:Number;
14
15 public function Ball_mc() {
16
17 this.newX = 1 + Math.random()*100;
18 this.newY = 1 + Math.random()*20;
19 this.W = 0;
20 }
21
22 public function get _newX():Number{
23 return this.newX;
24 }
25 public function get _newY():Number{
26 return this.newY;
27 }
28
29 public function set _W(i:Number){
30 this.W = i;
31 }
32 public function get _W():Number{
33 return this.W;
34 }
35
36 }
37 }
第 1 行（共 37 行），第 1 列
图13-273

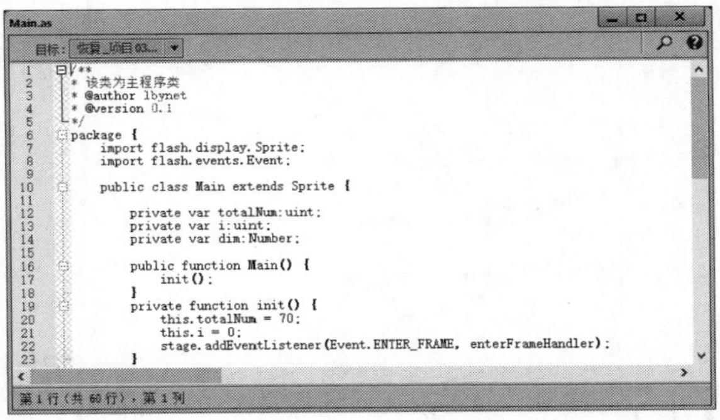

Main.as
目标: 恢复_项目 03...
1 /**
2 * 该类为主程序类
3 * @author lbynet
4 * @version 0.1
5 */
6 package {
7 import flash.display.Sprite;
8 import flash.events.Event;
9
10 public class Main extends Sprite {
11
12 private var totalNum:uint;
13 private var i:uint;
14 private var dim:Number;
15
16 public function Main() {
17 init();
18 }
19 private function init() {
20 this.totalNum = 70;
21 this.i = 0;
22 stage.addEventListener(Event.ENTER_FRAME, enterFrameHandler);
23 }
第 1 行（共 60 行），第 1 列
图13-274

05 继续编写出如图13-275所示的程序，这是两个侦听器函数，enterFrameHandler是前面注册的侦听器的对应函数，该函数创建了totalNum+1个Ball_mc实例，并将实例的y轴坐标统一设置在舞台高度之外（如第29~第31行代码）；在第33行代码中随机生成一个0~1的小数，并与生成的Ball_mc实例对应的宽、高进行相乘得到随机的宽、高值（如第33~第35行代码）；If()语句的最后代码是将Ball_mc实例添加到显示列表中，并注册ENTER_FRAME事件侦听器和对i值进行累加（如第37~第39行代码）。

06 removeEnterFrameHandler是生成的每个Ball_mc实例对应的侦听器函数，在该函数中对Ball_mc实例的W属性进行累加，并设置其*x*/*y*坐标值，（如第45~第48行代码），其中*x*坐标值被设置为舞台中间大小加上对应Ball_mc实例的newX属性值乘以其W属性的正弦

值（如第47行代码），从而使对应的Ball_mc实例在舞台中间的左右来回运动，而在y轴方向上赋予其newY值，使其产生y轴方向上的递减（也就是Ball_mc实例向上运动，如第48行代码），最终产生盘旋上升的水泡效果，如图13-276所示是本实例所使用到的三角函数的原理图。

图13-275

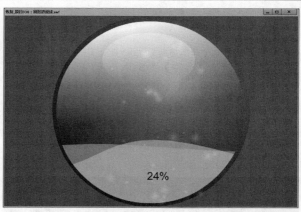

图13-278

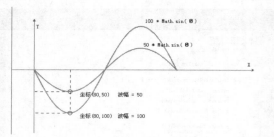

图13-276

07 当Ball_mc实例运动到舞台上方的外面时，便清除该实例注册的ENTER_FRAME事件侦听器和该实例，并进行i值的递减（如第50~第55行代码）。

08 保存文件，然后按快捷键Ctrl+Enter发布程序，最终效果如图13-277~图13-280所示。

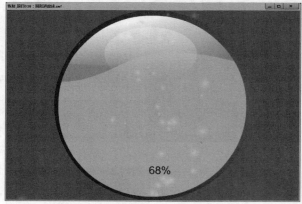

图13-279

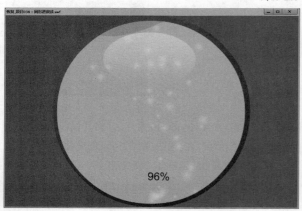

图13-280

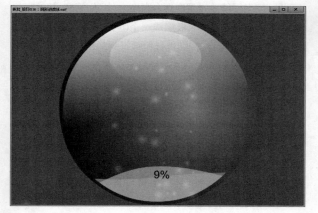

图13-277

第14章
综合实例——制作图片展示

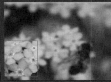

■ 制作透视图片展示/480页　　■ 制作照片墙/482页　　■ 在一定区域中显示图片/485页　　■ 图片滚动展示/488页　　■ 查看图片细节/492页

网页设计师　　广告设计师　　游戏特效师　　动画设计师　　交互设计师

项目 039 制作透视图片展示

文件位置：实例文件>CH14>项目039.fla

项目背景

本实例以制作一个风景透视展示的效果为案例背景，主要目的是使多张风景图片在有限的区域中展示，方便用户查看，提升广告的点击率。

项目分析

本实例主要使用PerspectiveProjection类来分配显示对象中子级的透视转换关系，然后统一设置其透视原点，制作出有透视的动画效果，常用于网页中的展示窗口区域。完成后的效果如图14-1~图14-4所示。

图14-1

图14-2

图14-3

图14-4

背景与素材处理

【制作流程】

01 新建一个空白文档，然后执行【文档修改】菜单命令，在弹出的【文档设置】对话框中，设置【舞台大小】为900像素×400像素，帧频为60.00，如图14-5所示。

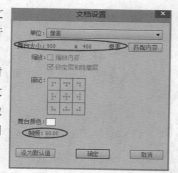
图14-5

02 使用【矩形工具】■绘制一个无边框矩形，然后在【颜色】面板中设置【填充颜色】为【径向渐变】，第1个色标颜色为（红:171，绿:222，蓝:249），第2个色标颜色为（红:30，绿:31，蓝:36），如图14-6所示，接着将矩形转换为组。

图14-6

03 使用同样的方式，绘制出舞台下半部分的矩形，并转换为组，如图14-7所示；然后设置【笔触颜色】为白色，绘制一条水平的直线，并转换为组，将其移动至两个矩形相交的位置，如图14-8所示。

图14-7

图14-8

04 执行【文件\导入\导入到库】，将【素材文件\CH14\01.jpg~07.jpg】导入到库中，如图14-9所示。

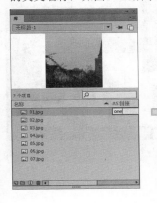

图14-9

05 选中库中的元素，在AS连接的位置双击鼠标左键，激活文本框，按照序列在文本框中输入1~7的英文名称，如图14-10所示，然后保存文件。

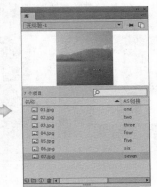

图14-10

编写程序

【制作流程】

01 执行【文件\新建】菜单命令，在弹出的新建文档对话框中，选择ActionScirpt3.0类，然后单击确定新建一个文档类，如图14-11所示。

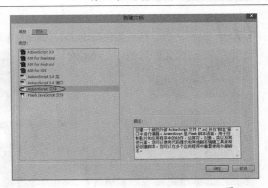

图14-11

02 在新建文档的第1~第32行输入如图14-12所示的代码。

```
1  package {
2      import de.polygonal.ds.DLinkedList;
3      import de.polygonal.ds.DListNode;
4      import org.papervision3d.render.QuadrantRenderEngine;
5
6      import gs.TweenMax;
7
8      import org.papervision3d.events.InteractiveScene3DEvent;
9      import org.papervision3d.materials.ColorMaterial;
10     import org.papervision3d.objects.primitives.Plane;
11     import org.papervision3d.view.BasicView;
12
13     import org.papervision3d.materials.BitmapMaterial;
14     import flash.display.*;
15     public class FloverCow extends BasicView
16     {
17         private static const SPACING:Number = 400;
18         private static const NUMBER_OF_PLANES:int = 10;
19         private static const TIME:Number = .5;
20         private static const Z_FOCUS:Number = -500;
21         private static const ROTATION_Y:Number = 45;
22
23         private var planeList:DLinkedList = new DLinkedList();
24         private var img_array:Array = [one, two, three, four, five, six,seven];
25
26         public function FloverCow()
27         {
28             viewport.interactive = true;
29
30
31             for(var i:int = 0; i < NUMBER_OF_PLANES; i++)
32             {
```

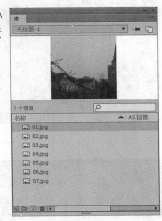

图14-12

03 在第33~第76行输入图14-13所示的代码，然后在第77~第126行输入图14-14所示的代码。

```
33                 /*
34                 var randomColor:Number = Math.random() * 0xffffff;
35                 var colorMaterial:ColorMaterial = new ColorMaterial(randomColor);
36                 colorMaterial.interactive = true;
37                 var plane:Plane = new Plane(colorMaterial, 400, 400, 4, 4);
38                 */
39
40                 var bitmapMaterial:BitmapMaterial = createRandomBitmapMaterial();
41                 bitmapMaterial.interactive = true;
42                 bitmapMaterial.doubleSided = true;
43                 bitmapMaterial.precise = true;
44
45                 //var plane:PlaneWithSlerp = new PlaneWithSlerp(bitmapMaterial);
46                 var plane:Plane = new Plane(bitmapMaterial, 400, 400, 4, 4);
47
48                 plane.x = i * SPACING;
49                 plane.addEventListener(InteractiveScene3DEvent.OBJECT_CLICK, plane_objectClickHandler);
50
51                 planeList.append(plane);
52                 scene.addChild(plane);
53
54
55             }
56
57             flow(plane);
58
59             startRendering();
60         }
61
62         private function createRandomBitmapMaterial():BitmapMaterial
63         {
64             //grab a bitmapAsset from the array (this is very ugly, but not important to the concept :) )
65             var bitmapData:BitmapData = BitmapData(new img_array[Math.floor(Math.random() * img_array.length)](400, 400));
66             var bitmapMaterial:BitmapMaterial = new BitmapMaterial(bitmapData);
67
68             return bitmapMaterial;
69         }
70
71         private function plane_objectClickHandler(event:InteractiveScene3DEvent):void
72         {
73             var plane:Plane = Plane(event.target);
74             flow(plane);
75         }
76
```

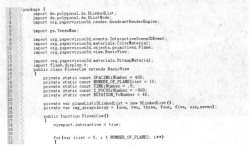

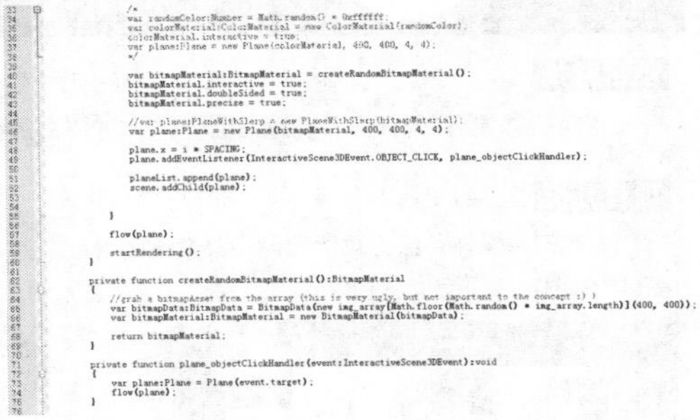

图14-13

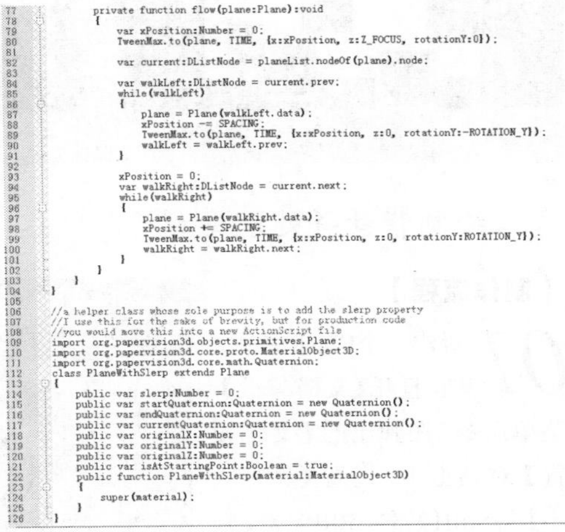

```
77         private function flow(plane:Plane):void
78         {
79             var xPosition:Number = 0;
80             TweenMax.to(plane, TIME, {x:xPosition, z:Z_FOCUS, rotationY:0});
81
82             var current:DListNode = planeList.nodeOf(plane).node;
83
84             var walkLeft:DListNode = current.prev;
85             while(walkLeft)
86             {
87                 plane = Plane(walkLeft.data);
88                 xPosition -= SPACING;
89                 TweenMax.to(plane, TIME, {x:xPosition, z:0, rotationY:-ROTATION_Y});
90                 walkLeft = walkLeft.prev;
91             }
92
93             xPosition = 0;
94             var walkRight:DListNode = current.next;
95             while(walkRight)
96             {
97                 plane = Plane(walkRight.data);
98                 xPosition += SPACING;
99                 TweenMax.to(plane, TIME, {x:xPosition, z:0, rotationY:ROTATION_Y});
100                walkRight = walkRight.next;
101            }
102        }
103    }
104 }
105
106 //a helper class whose sole purpose is to add the slerp property
107 //I use this for the sake of brevity, but for production code
108 //you would move this into a new ActionScript file
109 import org.papervision3d.objects.primitives.Plane;
110 import org.papervision3d.core.proto.MaterialObject3D;
111 import org.papervision3d.core.math.Quaternion;
112 class PlaneWithSlerp extends Plane
113 {
114     public var slerp:Number = 0;
115     public var startQuaternion:Quaternion = new Quaternion();
116     public var endQuaternion:Quaternion = new Quaternion();
117     public var currentQuaternion:Quaternion = new Quaternion();
118     public var originalX:Number = 0;
119     public var originalY:Number = 0;
120     public var originalZ:Number = 0;
121     public var isAtStartingPoint:Boolean = true;
122     public function PlaneWithSlerp(material:MaterialObject3D)
123     {
124         super(material);
125     }
126 }
```

图14-14

04 保存文档，然后按快捷键Ctrl+Enter发布程序，最终效果如图14-15所示。

图14-15

项目 040 制作照片墙

文件位置：实例文件>CH14>项目040.fla

项目背景

本实例以制作一个照片墙为案例背景，主要目的是方便用户查看照片，同时提升网站的用户体验度。

项目分析

本实例主要使用绘图功能绘制出背景区域，然后导入素材图片，再添加多个关键帧来存储导入的图片，并为其添加元件类，完成后的效果如图14-16～图14-18所示。

图14-16

图14-17

图14-18

绘制背景并处理素材

【制作流程】

01 新建一个Flash空白文档，打开【文档\修改】菜单命令，在弹出的【文档设置】对话框中，设置【舞台大小】为800像素×500像素，帧频为30.00，如图14-19所示。

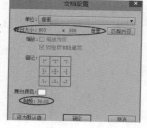
图14-19

02 执行【文件\导入\导入到舞台】菜单命令，将【素材文件\CH14\背景040.jpg】导入到舞台中，并使用【任意变形工具】等比缩小图片至舞台大小，如图14-20所示。

03 使用【矩形工具】在舞台中绘制一个【笔触颜色】为黑色的矩形，如图14-21所示；然后将绘制完成的矩形转换为【影片剪辑】，【名称】为bg_mc，接着设置【实例名称】为bg_mc，如图14-22所示。

图14-20

图14-21

图14-22

04 执行【文件\导入\导入到库】菜单命令，将【素材文件\CH14\照片1.png~照片10.png】导入到【库】中，如图14-23所示。

05 按快捷键Ctrl+F8新建一个【影片剪辑】，【名称】为PhotoGroup，然后使用【矩形工具】绘制一个边框颜色为（红:207，绿:207，蓝:207），填充色为

（红:238，绿:239，蓝:240）的矩形，如图14-24所示。

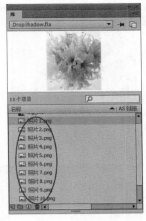

图14-23

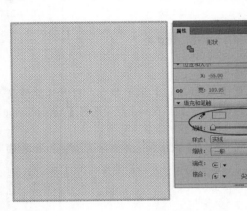

图14-24

06 将【图层1】层更名为bg，然后新建一个图层，将其命名为【边框】；接着使用【矩形工具】绘制出一个无边框、【填充颜色】为（红:203，绿:144，蓝:128）的矩形，绘制完成后在矩形上绘制一个无边框、【填充颜色】为红色的矩形，最后删除中间的矩形，得到相册边框，如图14-25所示。

图14-25

07 在两个图层的第10帧位置添加帧，然后在bg层的上层新建一个图层，并将该图层的所有帧转换为关键帧；接着分别将【库】的照片图像依次拖曳到序列帧中，并调整图像至合适大小，如图14-26所示。

08 在【库】中选中PhotoGroup【影片剪辑】，然后单击鼠标右键，在弹出的快捷菜单中选择【属性】命令，打开【元件属性】对话框，并设置元件的高

级选项，将【影片剪辑】转换为元件类，如图14-27所示。

图14-26　　　　　　　　　　　图14-27

编写DropShadow类

【制作流程】

01 执行【文件\新建】菜单命令，打开【新建文档】对话框，然后在对话框中选择【ActionScript文件】选项，如图14-28所示。

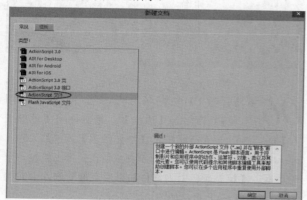

图14-28

02 按快捷键Ctrl+S将文件保存为DropShadow，然后在文件中输入代码，该类主要处理对象被拖动后产生的投影效果，如图14-29所示是程序的第1部分。

　技巧与提示

　　首先导入自定义事件类，该类主要用于侦听和处理ActionScript 3.0中没有的RELEASE_OUTSIDE事件（如第8、9、31和第32行代码）；DropShadow类的构造函数接收两个参数，分别是被拖动对象以及其所在的容器，然后将接收到的这两个参数分别赋予该类的两个属性（如第28和第29行代码）；第31~第37行代码分别为被拖动对象注册事件侦听器。

03 下面编写程序的第2部分，如图14-30所示；该部分的5个侦听器函数全部是target对象（被拖动对象）的侦听器函数。

图14-29

图14-30

　技巧与提示

　　第1个是downHander侦听器函数，当单击被拖动对象时，先取得被单击对象以及其所在的容器（如第40和第42行代码），然后设置被单击对象的深度，使其显示在最上方；第46行代码将变量can设置为true，表明可以被拖动；第49和第50行代码分别是拖动对象时产生跟随缓冲的一些参数。第2个是upHander侦听器函数，其功能是将变量can设置为false。第3个是MoveHander侦听器函数，首先判断变量can是否为true，如果是，则重新设置拖动后鼠标跟随的缓冲系数，并调用move（）方法来产生跟随和投影效果。第4个是releaseHandler侦听器函数，与upHander侦听器函数的原理是相同的。第5个是EnterFrameHander侦听器函数，判断变量can是否为true，如果不是（也就是停止拖动），则清除投影效果（如第71行代码）。

04 下面编写程序的第3部分，如图14-31所示。
第76行和第77行代码的move（）方法是鼠标跟随原理，当对象被拖动后，调用该方法来创建DropShadowFilter实例，并相应地改变其水平（blurX）和垂直模糊（blurY）数值（如第79和第80行代码）；第

83行代码用来设置投影的偏移距离，在设置完投影参数后将投影赋予被拖动对象（如第84行代码）。

图14-31

05 返回到【主场景】，新建一个AS图层，然后打开【动作】面板，并在面板中输入代码，如图14-32所示。首先通过for（）循环语句来创建10个实例，并控制其跳转到第i帧，然后将其添加到舞台中（如第3~第5行代码），并设置其随机位置（如第7和第8行代码），在创建完实例后，便可创建其对应的处理类，即DropShadow类（如第10行代码）。

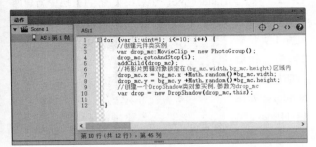

图14-32

06 保存文件，然后按快捷键Ctrl+Enter发布本实例的所有程序，最终效果如图14-33~图14-35所示。

图14-33

图14-34

图14-35

项目 041 在一定区域中显示图片

文件位置：实例文件>CH14>项目041.fla

项目背景

本实例以制作一个在限定区域中查看图片的效果为案例背景，主要目的是查看更多的图片细节。

项目分析

本实例主要使用startDrag（）来控制拖动对象在一定的区域内显示效果，首先导入素材，并添加文件类，创建出背景，然后创建容器关联和属性，并为被拖动对象注册侦听器，控制其拖动范围，案例完成效果如图14-36~图14-38所示。

图14-36

图14-37

图14-38

背景与素材处理

【制作流程】

01 新建一个Flash空白文档，然后执行【文档\修改】菜单命令，打开【文档设置】对话框，并在对话框中设置【舞台大小】为910像素×560像素，【帧频】为30.00，如图14-39所示。

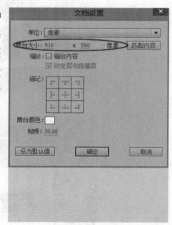

图14-39

02 执行【文件\导入\导入到库】菜单命令，将【素材文件\CH14\Bg.jpg、风景.jpg、mouse1.png、mouse2.png】导入到【库】中，如图14-40所示；然后选中Bg图片，并在其AS链接位置输入Bg，如图14-41所示。

图14-40

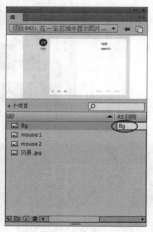

图14-41

03 新建一个图层，将其命名为AS，然后选中该图层的第1帧，并打开【动作】面板，在面板中输入背景平铺代码，如图14-42所示；简单创建出平铺背景，效果如图14-43所示。

图14-42

图14-43

背景与素材处理

【制作流程】

01 按快捷键Ctrl+F8新建一个【影片剪辑】，【名称】为Hander_mc，然后在【图层1】层中新建两个元件，并将【库】中的mouse 1.png和mouse2.png拖曳到第1帧和第2帧中；接着将图层更名为hander，如图14-44所示。

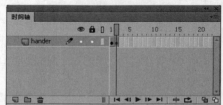

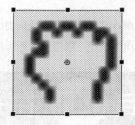

图14-44

02 新建一个图层，将其命名为AS，然后选中第1帧，并打开【动作】面板，添加stop（）：语句，如图14-45所示。

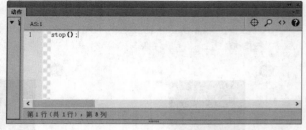

图14-45

03 新建两个【影片剪辑】，分别命名为Kuang和Mask_mc，然后分别在两个影片剪辑中绘制一个白色矩形边框和一个透明度为50%的白色矩形，其中的Kuang将作为查看效果的窗口区域，如图14-46和图14-47所示。

图14-46　　　　　　　　　　　　图14-47

04 新建一个【影片剪辑】，【名称】为Move_mc，然后将【库】中的【风景.jpg】拖曳到工作区中，并使用【任意变形工具】 ![icon] 等比缩小图片至合适大小，如图14-48所示。

图14-48

05 分别为前面的4个影片剪辑添加元件类，其中Hander_mc元件类的基类为MovieClip，其余元件类的基类均为Sprite类，如图14-49~图14-52所示。

图14-49　　　　　　　　　　　　图14-50

图14-51　　　　　　　　　　　　图14-52

技巧与提示

用户可事先打开本实例的swf文件来查看实例效果，然后再观察如图14-53所示的图解，Kuang、Mask_mc和Move_mc对象都将被统一添加到container_mc容器中，下图显示它们在container_mc容器中的初始位置，以及它们之间存在的关系。

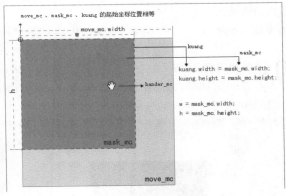

图14-53

06 回到主场景，然后选中AS层的第1帧，打开动作面板，并在面板中建显示对象以及初始参数，如图14-54所示是本实例的程序部分。

图14-54

技巧与提示

第35和第36行代码为move_mc注册事件侦听器，事件侦听器函数均是mouseEventHandler，分别接收鼠标单击和松开事件，然后通过取得遮罩对象和被遮罩对象之间的关系得到move_mc对象的可拖动范围，下面看下如图14-55所示的图解，从图中很容易得出mask_mc和move_mc对象在宽度和高度上的差值（_width和_height），因为mask_mc.x和mask_mc.y都等于0，所以这里可以将其去掉。

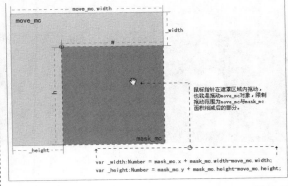

图14-55

07 从上面的图解
中已经得出差
值_width和_height，接
下来很容易得出move_
mc对象的可拖动区域，
开始编辑第2部分代
码，如图14-56所示。

图14-56

图14-58

08 按快捷键Ctrl+S保存文件，然后按快捷键Ctrl+Enter
发布所有程序，最终效果如图14-57~图14-59所示；移
动鼠标指针至图片区域，可以拖曳显示范围中的图像。

图14-57

图14-59

项目 **042** 图片滚动展示

文件位置：实例文件>CH14>项目042.fla

项目背景

本实例以制作一个图片滚动的效果为案例背景，主要目的是查看外部图片。

项目分析

本实例主要通过xml配置文件来存储图片的路径等信息，加载xml配置文件后提取对应的
信息作为数据来源。使用绘图功能绘制界面的各元素，再将配置文件中存储的图片路径依次加
载到容器中，案例完成效果如图14-60~图14-63所示。

图14-60

图14-61

图14-62

图14-63

创建元素

【制作流程】

01 新建一个Flash空白文档，然后按快捷键Ctrl+J打开【文档设置】对话框，并在对话框中设置【舞台大小】为600像素×300像素，【帧频】为30.00，【舞台颜色】为灰色，如图14-64所示。

图14-64

02 按快捷键Ctrl+F8，新建一个【影片剪辑】，【名称】为bg，然后使用【矩形工具】绘制出两个无边框矩形，【填充颜色】分别为黑色和灰色，【大小】分别为600像素×70像素和600像素×330像素，如图14-65和图14-66所示。

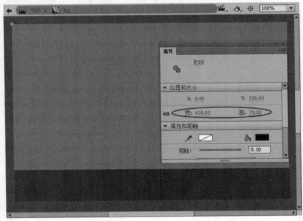

图14-65

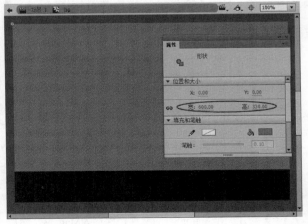

图14-66

03 新建一个【影片剪辑】，【名称】为bt，然后使用【基本矩形工具】绘制一个圆角半径为5像素的黑色

圆角矩形，如图14-67所示；接着按Ctrl+B将矩形分离为形状，然后选中矩形的下半部分，将其删除，如图14-68所示。

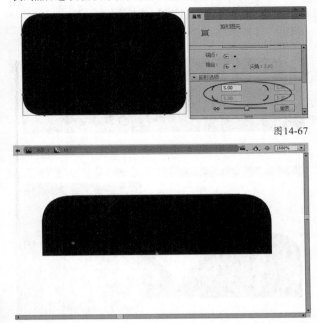

图14-67

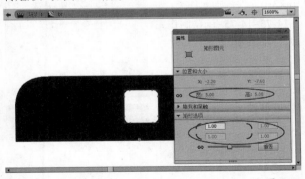

图14-68

04 新建一个图层，然后使用【基本矩形工具】在舞台中绘制出一个无边框的白色圆角矩形，该矩形的【大小】为（宽:5.00，高:5.00）、圆角半径为1.00，如图14-69所示；然后使用【任意变形工具】旋转矩形，如图14-70所示。

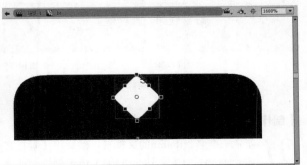

图14-69

图14-70

05 将白色矩形分离为形状，然后删除矩形的上半部
分，制作出一个向下的镜头，如图14-71所示；接着
将三角形状转换为【影片剪辑】，【名称】为arrowhead_mc，
接着输入【实例名称】为arrowhead_mc，如图14-72所示。

图14-71

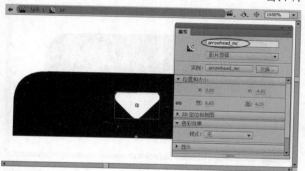

图14-72

06 新建一个【影片剪辑】，【名称】为link，不需要在工
作区中绘制任何图
形，然后打开【库】面板，分
别为已经创建完成的bg、bt和
link3个元件添加元件类，如
图14-73~14-75所示，制作完
成后保存文件。

图14-73

图14-74

图14-75

编写程序

【制作流程】

01 新建一个名为thumb的文件夹，然后将【素材文
件\CH14\tmb1.jpg~tmb30.jpg】放置到该文件夹

中，如图14-76所示；接着新建一个记事本文档，并将其
命名为thumb.xml，最后编写出如图14-77所示的程序。

图14-76

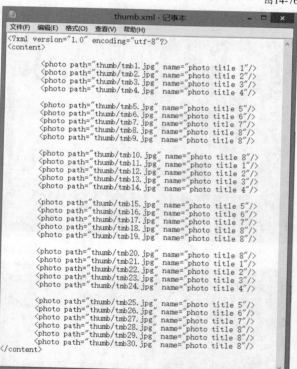

图14-77

02 新建一个名为ipages的文件夹，然后将【素材文
件\CH14\img1.jpg~img30.jpg】放置到该文件夹
中，如图14-78所示；接着新建一个记事本文档，并将其
命名为ipages.xml，最后编写出如图14-79所示的程序。

03 新建一个ActionScript文件，保存为Main.as，然后
在新建文档中输入第1部分代码，如图14-80所示。

04 在第26行~第43行输入第2部分代码，如图14-81所示，
再构造函数中接收xml配置文件的路径参数，并将该

路径传入到loadData（）方法中来加载所需要的配置文件。

图14-78

```
ipages.xml - 记事本
文件(F) 编辑(E) 格式(O) 查看(V) 帮助(H)
<?xml version="1.0" encoding="utf-8"?>
<content>
        <photo path="ipages/img1.jpg" name="photo title 1"/>
        <photo path="ipages/img2.jpg" name="photo title 2"/>
        <photo path="ipages/img3.jpg" name="photo title 3"/>
        <photo path="ipages/img4.jpg" name="photo title 4"/>

        <photo path="ipages/img5.jpg" name="photo title 5"/>
        <photo path="ipages/img6.jpg" name="photo title 6"/>
        <photo path="ipages/img7.jpg" name="photo title 7"/>
        <photo path="ipages/img8.jpg" name="photo title 8"/>
        <photo path="ipages/img9.jpg" name="photo title 8"/>

        <photo path="ipages/img10.jpg" name="photo title 8"/>
        <photo path="ipages/img11.jpg" name="photo title 1"/>
        <photo path="ipages/img12.jpg" name="photo title 2"/>
        <photo path="ipages/img13.jpg" name="photo title 3"/>
        <photo path="ipages/img14.jpg" name="photo title 4"/>

        <photo path="ipages/img15.jpg" name="photo title 5"/>
        <photo path="ipages/img16.jpg" name="photo title 6"/>
        <photo path="ipages/img17.jpg" name="photo title 7"/>
        <photo path="ipages/img18.jpg" name="photo title 8"/>
        <photo path="ipages/img19.jpg" name="photo title 8"/>

        <photo path="ipages/img20.jpg" name="photo title 8"/>
        <photo path="ipages/img21.jpg" name="photo title 1"/>
        <photo path="ipages/img22.jpg" name="photo title 2"/>
        <photo path="ipages/img23.jpg" name="photo title 3"/>
        <photo path="ipages/img24.jpg" name="photo title 4"/>

        <photo path="ipages/img25.jpg" name="photo title 5"/>
        <photo path="ipages/img26.jpg" name="photo title 6"/>
        <photo path="ipages/img27.jpg" name="photo title 7"/>
        <photo path="ipages/img28.jpg" name="photo title 8"/>
        <photo path="ipages/img29.jpg" name="photo title 8"/>
        <photo path="ipages/img30.jpg" name="photo title 8"/>
</content>
```

图14-79

```
Main.as*
目标: test.fla
1  □package {
2      import flash.display.DisplayObject;
3      import flash.display.DisplayObjectContainer;
4      import flash.display.Sprite;
5      import flash.display.Stage;
6      import flash.display.StageAlign;
7      import flash.display.StageScaleMode;
8
9      import flash.events.Event;
10
11     import photo.*;
12     import photo.event.*;
13     import photo.managers.*;//注意：在使用时要导入
14     import photo.components.*;//注意：在使用时要导入
15     import caurina.transitions.*;
16
17     public class Main extends Sprite {
18
19         private var photoSprite:PhotoSprite;
20         private var thumbSprite:ThumbSprite;
21
22         private var stageW:Number, stageH:Number;
23         private var bg_mc:Sprite;
24         public function Main() {
25
第 14 行 (共 68 行)，第 43 列
```

图14-80

```
Main.as*
目标: test.fla
26              this.bg_mc = new bg();
27              this.addChild(bg_mc);
28
29              this.photoSprite = new PhotoSprite(this);
30              this.photoSprite.loadData("ipages/ipages.xml");
31              //http://www.ebwing.com/gt/lbynet/rims/
32              this.thumbSprite = new ThumbSprite(this);
33              this.thumbSprite.loadData("thumb/thumb.xml");
34
35              this.thumbSprite.addEventListener(OrderEvent.ORDER_ITEM, this.photoSprite.BindData);
36
37              initThumbSprite();
38          }
39
40          public function BindData(event:OrderEvent):void {
41              trace("Main click");
42              trace(event.Item);
43          }
44
45
46          /**
47          * 窗体改变大小后控制位置.
48          * @param   event
49          * @return
50          */
第 31 行 (共 68 行)，第 52 列
```

图14-81

05 在文档的第51行~第68行输入第3部分代码，如图14-82所示。

```
Main.as*
目标: test.fla
45
46          /**
47          * 窗体改变大小后控制位置.
48          * @param   event
49          * @return
50          */
51          private function initThumbSprite():void{
52              stage.align = StageAlign.TOP_LEFT;
53              stage.scaleMode = StageScaleMode.NO_SCALE;
54
55              stage.addEventListener(Event.RESIZE, this.thumbSprite.onResize);
56              stage.addEventListener(Event.RESIZE, this.photoSprite.onResize);
57              stage.addEventListener(Event.RESIZE, this.onResize);
58          }
59          private function onResize(event:Event):void {
60              var _stage:DisplayObjectContainer= event.target as DisplayObjectContainer;
61              this.stageW = _stage.stage.stageWidth;
62              this.stageH = _stage.stage.stageHeight;
63
64              bg_mc.width = this.stageW;
65              bg_mc.height = this.stageH;
66          }
67      }
68
第 40 行 (共 68 行)，第 47 列
```

图14-82

06 保存文件，然后按快捷键Ctrl+Enter发布本实例的所有程序，最终效果如图14-83~图14-86所示。

图14-83

图14-84

图14-85　　　　　　　　　　　　　　　　　　　图14-86

项目 043 查看图片细节

文件位置：实例文件>CH14>项目043.fla

项目背景

本实例以制作一个查看清晰图片效果为案例背景，主要目的是查看当前图片的清晰状态。

项目分析

本实例将详细介绍鼠标跟随的基本原理以及如何创建鼠标跟随遮罩图形的效果，这种效果常被用于在网页中展示商品的细节部分，完成后的效果如图14-87~图14-89所示。

图14-87　　　　　　　　　　图14-88　　　　　　　　　　图14-89

素材处理与制作遮罩区域

【制作流程】

01 新建一个空白文档，然后执行【文档\修改】菜单命令，在弹出的【文档设置】对话框中，设置【舞台大小】为970像素×480像素，如图14-90所示。

图14-90

02 执行【文件\导入\导入到舞台】菜单命令，将【素材文件\CH14\背景043.jpg】导入到舞台，并使用【任意变形工具】 将图片调整至舞台大小，如图14-91所示。

图14-91

03 将【图层1】层更名为【背景】，然后选中该图层，并复制该图层，将其更名为【细节】；接着使用【任意变形工具】 将【细节】层中的图片等比放大至合适大小，如图14-92所示。

度】为2.00，如图14-95所示。

图14-92

04 选中【背景】层中的图片，按F8键将图片转换为【影片剪辑】，然后在【属性】面板中为图片添加一个【模糊】滤镜，如图14-93所示。

图14-93

05 再次新建一个图层，将其命名为【遮罩】，然后使用【矩形工具】▣在舞台中绘制一个方形，并按F8键，将其转换为【影片剪辑】；接着在【属性】面板中输入实例名称maskMc，如图14-94所示。

图14-94

06 复制遮罩层，并将复制图层更名为【方形】，然后按快捷键Ctrl+B分离元件，并在【颜色】面板中更改其【填充颜色】的透明度为0%；接着在【属性】面板中设置该形状的【笔触颜色】为浅灰色，【笔触高

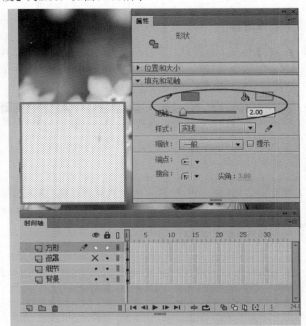

图14-95

07 将透明的方形转换为【影片剪辑】，然后在【属性】面板中输入【实例名称】为magnifier，如图14-96所示。

图14-96

08 选中【遮罩】图层，单击鼠标右键，在弹出的快捷菜单中选择【遮罩层】选项，更改图层属性，如图14-97所示。

图14-97

编写程序

【制作流程】

09 在最上层新建一个图层，将其命名为AS，然后选择第1帧，再按F9键打开【动作】面板，并在该面板中输入如图14-98所示的代码。

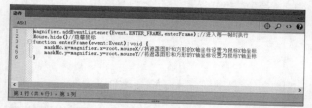

图14-98

> **技巧与提示**
>
> 　程序第1行先添加一个事件，进入每帧时都会执行这个事件，在事件函数enterFrame中将遮罩图形和方形元件的坐标设置为鼠标坐标，这样就能让放大镜和圆都跟着鼠标移动，同时将鼠标指针隐藏起来，这样运行后的效果就很自然了。

10 保存文件，然后按快捷键Ctrl+Enter发布实例，最终效果如图14-99~图14-101所示。

图14-99

图14-100

图14-101

15

第15章
综合实例——制作片头与课件

■ 企业网站片头/496页

■ 房地产网站片头/501页

■ 游戏网站片头/508页

■ 小学几何课件/517页

网页设计师　　广告设计师　　游戏特效师　　动画设计师　　交互设计师

项目 044 企业网站片头

文件位置：实例文件>CH15>项目044.fla

项目背景

本实例以制作一个阅读网站的片头为案例背景，主要目的是提高网站的记忆性，同时达到宣传网站的目的。

项目分析

本实例中的片头选择了白色作为背景色，主要目的是突出企业标志，本实例首先使用光点的移动引出企业标志，接着使其标准字和公司宗旨出现，整个动画采用最为简单的补间动画制作完成，案例最终效果如图15-1~图15-4所示。

图15-1

图15-2

图15-3

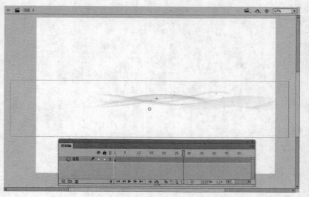

图15-4

制作第1部分

【制作流程】

01 新建一个空白文档，然后执行【文档\修改】菜单命令，在弹出的【文档设置】对话框中，设置【舞台大小】为1200像素×800像素，帧频为24.00，如图15-5所示。

图15-5

02 执行【文件\打开】菜单命令，打开【素材文件\CH15\素材044.fla】，然后将该文档中的元件

复制到实例文档中，并将元件调整至合适位置；接着将【图层1】层重命名为【背景】，再选中第120帧，按F5键添加帧，如图15-6所示。

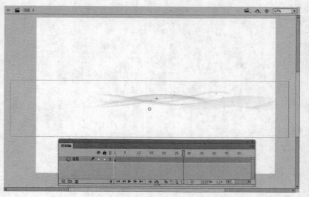

图15-6

技巧与提示

片头的尺寸和计算机的分辨率是息息相关的，不同的分辨率会产生不同的片头尺寸，片头尺寸的算法如下。

宽=计算机横向分辨率-浏览器滑块宽度

高=计算机纵向分辨率-(浏览器菜单栏尺寸+浏览器滑块宽度)

这里需要注意的一点是，这种算法并非固定的，设计师可以根据自己的设计需求或者商家需求确定合理的尺寸。

03 新建一个图层，将其命名为【标志】，然后打开【素材文件\CH15\标志044.fla】文档，并将该文档中的标志和文字复制到案例文档中，如图15-7所示。

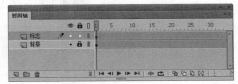

图15-7

04 新建一个【影片剪辑】元件，【名称】为【页面】，然后使用绘图工具在工作区中绘制出页面的形状，【填充颜色】为红色；接着将绘制好的图形转换为【图形】元件，并在【图层1】层的第55帧位置添加帧，如图15-8所示。

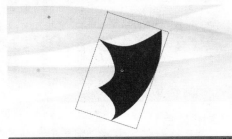

图15-8

05 新建一个【引导层】，然后使用【钢笔工具】 在【引导层】中绘制出图形的运动轨迹，如图15-9所示。

图15-9

06 将【图层1】层的第55帧转换为关键帧，然后在该图层的两个关键帧之间创建传统补间，并分别将两个关键帧中的元件调整至引导线的对应位置；接着设置第1帧中的元件的Alpha值为0%，最后在第50帧位置插入关键帧，并设置第55帧中的元件的Alpha值为0%，如图15-10所示。

图15-10

07 新建一个图层，将其命名为AS，然后在该图层的第55帧位置创建关键帧，并打开【动作】面板，在该面板中输入停止代码，如图15-11所示。

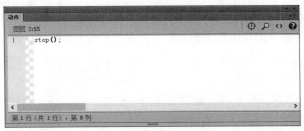

图15-11

08 回到主场景，然后新建一个图层，将其命名为【红页】，并在第47帧位置插入关键帧；接着将【库】中的【页面】元件拖曳5次至舞台中，并分别调整元件的方向，如图15-12所示。

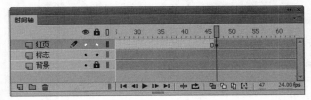

图15-12

09 将【红页】层拖曳至【标志】层的底层，如图15-13所示；然后选中【标志】层中的文字，单击

鼠标右键，在弹出的快捷菜单中选择【分散到图层】命令，将文字分离至独立的图层中，如图15-13所示。

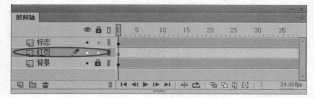

图15-13

图15-14

10 将【标志】层的第1帧移动至第35帧位置，然后选中该图层的第29帧，将其转换为关键帧；接着在两个关键帧之间创建传统补间，并使用【任意变形工具】纵向压缩第35帧中的元件，如图15-15所示。

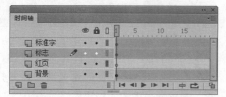

图15-15

11 在【标志】层的第26帧、第31帧和第33帧位置插入关键帧，并分别在第29帧~第33帧之间创建传统补间；然后选中第26帧中的元件，打开【属性】面板，为其添加一个【模糊】滤镜，其参数设置如图15-16所示。

图15-16

12 选中第31帧中的元件，然后在【属性】面板中为其添加【模糊】滤镜，该滤镜的具体参数设置如图15-17所示。

图15-17

13 将【标准字】层的第1帧移动至第36帧位置，如图15-18所示；然后在该图层的第46帧位置插入关键帧，并在两个关键帧之间创建传统补间；接着选中第36中的元件，将元件纵向压缩至合适大小，再设置该元件的Alpha值为0%，如图15-19所示。

图15-18

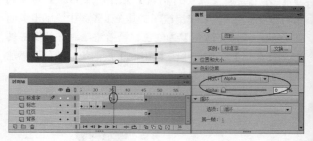

图15-19

制作第2部分

【制作流程】

01 新建一个图层，将其命名为【直线】，并在第46帧位置插入关键帧，然后使用【线条工具】在文字右侧绘制一条垂直的直线，【笔触颜色】为枚红色，如图15-20所示。

图15-20

02 将【直线】层的第53帧转换为关键帧，然后在第46帧~第53帧之间创建补间形状，并调整第46帧中的直线，使其纵向缩短，如图15-21所示。

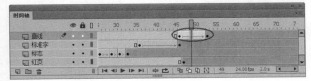

图15-25

图15-21

03 新建一个图层，将其命名为【文字1】，然后使用【文本工具】 T 在舞台中输入文本，并将文本转换为【图形】元件，如图15-22所示。

06 在【颜色】面板中设置【笔触颜色】为【无】，【填充颜色】为【线性渐变】，然后设置渐变色标的颜色均为白色，Alpha值依次为100%和0%，如图15-26所示。

图15-26

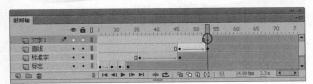

图15-22

04 将【文字1】层的第63帧转换为关键帧，并在第53帧~第63帧创建传统补间，然后选中第53帧中的元件，在【属性】面板中设置该元件的Alpha值为%；接着将元件垂直向下移动一段距离，如图15-23所示。

07 选中浅灰色的元件矩形，按住Alt键拖曳矩形，复制出一个相同的矩形；然后使用【颜料桶工具】 将渐变填充至矩形中，并将渐变调整至合适效果，最后将有渐变的矩形放置到与灰色矩形重合的位置，如图15-27所示。

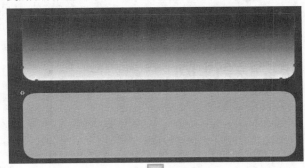

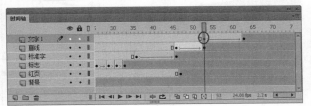

图15-23

05 按快捷键Ctrl+F8新建一个【按钮】元件，【名称】为【进入网站】，如图15-24所示；接着使用【基本矩形工具】 在元件的编辑区中绘制出一个浅灰色的元件矩形，如图15-25所示。

图15-24

图15-27

08 使用同样的方式，绘制出按钮的顶部高光，如图15-28所示；然后使用【文本工具】 T 在按钮图形上输入文本，并将文本转换为【影片剪辑】，接着在属性面板中为其添加【发光】滤镜，具体参数设置如图15-29所示。

09 新建一个图层，将其命名为【按钮】，并在该图层的第59帧位置插入关键帧；然后将【库】中的【进入网站】元件拖曳至舞台中，接着为元件添加【投

影】滤镜，滤镜的具体参数设置如图15-30所示。

图15-28

图15-29

图15-30

10 在【按钮】层的第72帧位置插入关键帧，然后在第59帧~第72帧创建传统补间，并选中第59帧中的元件，将其横向压缩，再设置该元件的Alpha值为0%，如图15-31所示。

图15-31

11 按快捷键Ctrl+S保存文件，然后按快捷键Ctrl+Enter测试影片，最终效果如图15-32~图15-35所示。

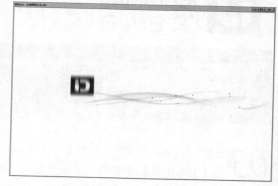

图15-32

图15-33

图15-34

图15-35

项目 045 房地产网站片头

文件位置：实例文件>CH15>项目045.fla

项目背景

本实例以制作一个房地产网站的片头为案例背景，主要目的是提前告知浏览者网站的主要内容，同时吸引更多的浏览者驻足。

项目分析

本实例主要制作的是一个房地产网站的片头，因此楼房成为了必不可少的元素。在案例中首先使用热气球的出现引出人们对居住环境的追求，然后添加楼房生长的动画，体现房地产公司的修建楼房的方式，接着出现房地产公司的标志、主题和联系方式，案例完成效果如图15-36~图15-39所示。

图15-36

图15-37

图15-38

图15-39

制作第1部分

【制作流程】

01 新建一个Flash空白文档，【文档\修改】菜单命令，在弹出的【文档设置】对话框中，设置【舞台大小】为1200像素×800像素，如图15-40所示。

图15-40

02 执行【文件\导入\导入到舞台】菜单命令，将

【素材文件\CH15\背景045.jpg】导入到舞台中，并使用【任意变形工具】将图片调整至合适大小，如图15-41所示。

图15-41

03 将【图层1】层重命名为【背景】，然后选中该图层的第200帧，按F5键添加帧，如图15-42所示。

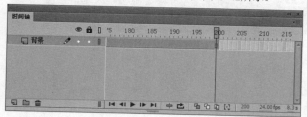

图15-42

04 按快捷键Ctrl+F8新建一个【图形】元件，【名称】为【热气球】，如图15-43所示；接着导入【素材文件\CH15\热气球.png】到工作区，并将导入图片转换为【图形】元件，如图15-44所示。

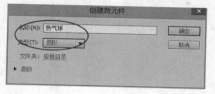

图15-43

图15-44

05 选中【图层1】图层，然后单击鼠标右键，并在弹出的快捷菜单中选择【添加传统运动引导层】命令；接着使用【钢笔工具】 在引导层中绘制出热气球的运动轨迹，并将第1帧中的热气球调整至引导线的位置，如图15-45所示。

> **技巧与提示**
>
> 在擦除藤蔓的形状时，按照藤蔓生长的反方向擦除，即从藤蔓顶端一点一点向底端擦除。

06 选中两个图层的第140帧，按F5键添加帧，然后将【图层1】层的第140帧转换为关键帧，并在

【图层1】层的两个关键帧之间创建传统补间；接着将第140帧中的热气球调整至引导线末端，如图15-46所示。

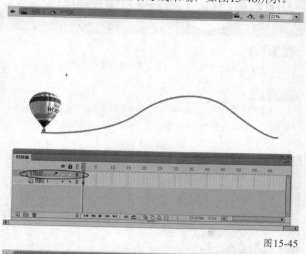

图15-45

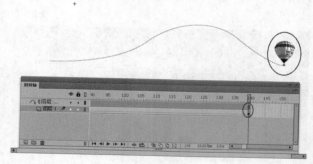

图15-46

07 单击 场景1 按钮回到主场景，然后新建一个图层，将其命名为【热气球】；接着将【库】中的【热气球】元件拖曳到舞台中，并将其调整至合适大小，如图15-47所示。

图15-47

08 选中热气球，然后在【属性】面板中设置色彩

样式为Alpha，Alpha值为0%，设置【循环】为【单帧】，如图15-48所示。

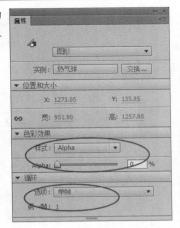

图15-48

09 选中【热气球】层的第41帧，按F6件插入关键帧，然后选中该帧中的热气球，在【属性】面板中设置颜色样式为【无】、【循环】为【播放一次】；接着在第1帧~第41帧之间创建传统补间，如图15-49所示。

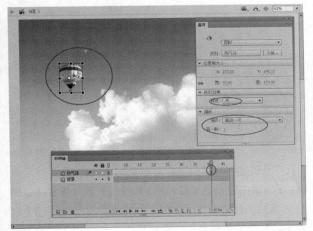

图15-49

10 新建一个图层，将其命名为【底色】，然后打开【颜色】面板，并设置【笔触颜色】为无、【填充颜色】为【径向渐变】；接着设置两个色标的颜色均为灰色（红:51，绿:51，蓝:51），Alpha值依次为20%和0%，如图15-50所示。

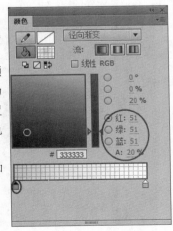

图15-50

11 使用【矩形工具】 在舞台下方绘制出一个矩形，然后使用【渐变变形工具】 调整渐变范

围，如图15-51所示。

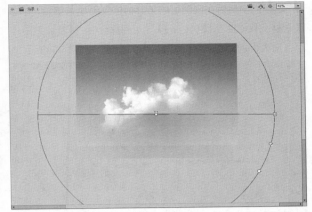

图15-51

12 选中【底色】层的第1帧，然后按住鼠标左键拖曳选中帧至第31帧位置，并将矩形转换为【图形】元件，如图15-52所示；接着在【底色】层的第41帧位置插入关键帧，并在第31帧~第41帧之间创建传统补间，最后选中第31帧中的元件，在【属性】面板中设置Alpha值为0%，如图15-53所示。

图15-52

图15-53

13 在【底色】层上层新建一个图层，将其命名为【楼房2】，然后在该图层的第41帧位置创建关键帧，并将【素材文件\CH15\楼房1.png】导入到舞台中；接着调整图片至合适大小，并将图片转换为【图形】元件，如图15-54所示。

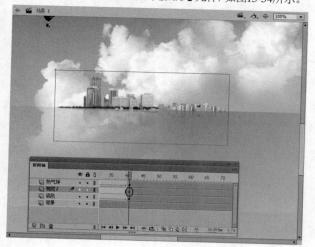

图15-54

14 在【楼房2】层的第48帧位置插入关键帧，然后在该图层的第41帧~第48帧之间创建传统补间，并选中第41帧中的元件，在【属性】面板中设置元件的Alpha值为0%；接着垂直向下移动元件至合适位置，如图15-55所示。

图15-55

15 新建一个图层，将其命名为【楼房3】，然后在该图层的第47帧位置创建关键帧，并导入【素材文件\CH15\楼房2.png】至舞台中；接着调整图片至合适大小，再将图片转换为【图形】元件，如图15-56所示。

16 在【楼房2】层的第54帧位置插入关键帧，然后在第48帧~第54帧之间创建传统补间，并选中第48帧中的元件，在【属性】面板中设置元件的Alpha值为0%；接着将元件垂直向下移动至合适位置，如图15-57所示。

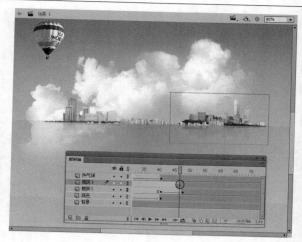

图15-56

图15-57

17 新建一个图层，将其命名为【楼房1】，然后将该图层调整至【楼房2】层的下层；接着在该图层的第53帧位置创建关键帧，并将【素材文件\CH15\楼房.png】导入到舞台中，最后将图片转换为【图形】元件，并调整元件的中心点位置，如图15-58所示。

图15-58

18 选中【楼房1】层的第70帧，按F6键将其转换为关键帧，然后在第53帧~第70帧之间创建传统补间，并选中第53帧中的元件，使用【任意变形工具】纵向压缩元件，如图15-59所示。

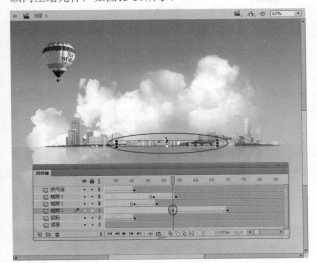

图15-59

制作第2部分

【制作流程】

01 在【楼房3】层上新建一个图层，将其命名为【标志】，然后在该图层的第68帧位置创建关键帧；接着将【素材文件\CH15\标志.png】导入到舞台中，并将图片转换为【图形】元件，如图15-60所示。

图15-60

02 将【标志】层的第83帧转换为关键帧，然后在第68帧~第83帧之间创建传统补间；接着选中第68帧中的标志，在【属性】面板中设置元件的Alpha值为0%，再将元件垂直向下移动至合适位置，如图15-61所示。

图15-61

03 新建一个图层，将其命名为【标语】，然后在该图层的第131帧位置创建关键帧，并使用【文本工具】在标志下方输入文本；接着将文本转换为【图形】元件，如图15-62所示。

图15-62

04 在【标语】层的第146帧插入关键帧，然后在第131帧~第146帧之间创建传统补间，并选中第131帧中的元件，在【属性】面板中设置Alpha值为0%；接着将元件水平向左移动至合适位置，如图15-63所示。

05 新建一个图层，将其命名为【文本】，然后在该图层的第163帧中创建关键帧，并使用【文本工具】在舞台中输入文本；接着将文本转换为【图形】元件，如图15-64所示。

06 在【文本】层的第175帧位置插入关键帧，然后在该图层的第163帧~第175帧之间创建传统补间，并选中第163帧中的元件，在【属性】面板中设置

Alpha值为0%，如图15-65所示。

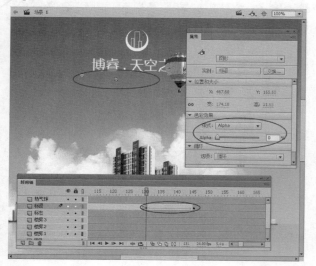

图15-63

图15-64

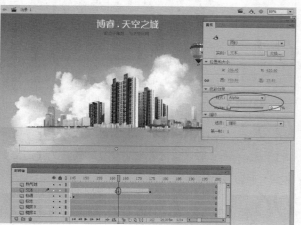

图15-65

07 按快捷键Ctrl+F8，新建一个【按钮】元件，将其命名为【进入官网】，如图15-66所示；然后使用绘图工具在舞台中绘制出一个三角形，【填充颜色】为绿色（红:28，绿:76，蓝:26），如图15-67所示。

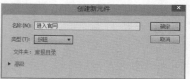

图15-66

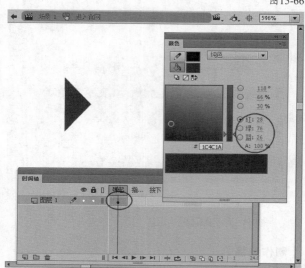

图15-67

08 选中绘制完成的三角形，按F8键将其转换为【图形】元件，然后双击元件进入该元件的编辑区，并在【图层1】层的第5帧位置添加帧；接着将第3帧转换为关键帧，并将该帧中的三角形放大至合适大小，更改【填充颜色】的Alpha值为70%，如图15-68所示。

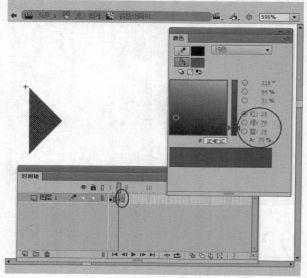

图15-68

09 回到【进入官网】元件的编辑区，然后新建一个图层，并在工作区中输入文本；接着按两次快捷键Ctrl+B将文本分离为形状，如图15-69所示。

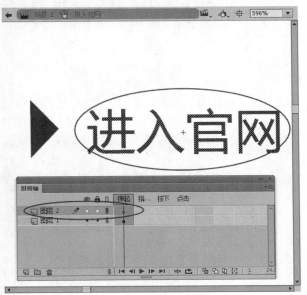

图15-69

10 选中所有图层的【指针经过】帧位置添加帧，然后将【图层1】层的【指针经过】帧转换为关键帧，并使用绘图工具绘制出按钮图形；接着选中该图形，在【颜色】面板中设置【填充颜色】为【线性渐变】，色标颜色依次为黄色（红:255，黄:255，蓝:51）和绿色（红:102，黄:153，蓝:0），最后删除轮廓线，并调整渐变，如图15-70所示。

图15-70

11 选中绘制完成的图形，然后按F8键将其转换为【影片剪辑】，【名称】为【按钮动画】，如图15-71所示。

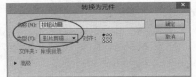

图15-71

12 双击元件，进入该元件的编辑区，在【图层1】层的第5帧位置插入关键帧，并在【图层1】层的两个关键帧之间创建补间形状；接着选中第1帧中的图形，使用【部分选取工具】调整图形，最后新建一个图层，为动画添加停止代码，如图15-72所示。

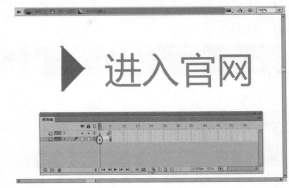

图15-72

13 回到【进入官网】元件编辑区，然后将【图层2】层的【指针经过】帧转换为关键帧，如图15-73所示。

图15-73

14 新建一个图层，将其命名为【按钮】，然后将【库】中的【进入官网】元件拖曳到舞台中，并使用传统补间制作出按钮渐显的动画，如图15-74所示。

图15-74

技巧与提示

　　在选择文字和按钮的颜色时，最好选取整段动画中包含的颜色，这样做的目的是达到颜色的统一。

15 新建一个图层，将其命名为AS，然后在该图层的第200帧位置创建关键帧，并打开【动作】面板，在面板中输入停止代码，如图15-75所示。

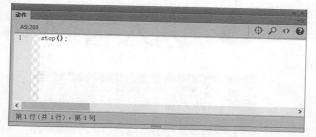

图15-75

16 按快捷键Ctrl+S保存文件，然后按快捷键Ctrl+Enter测试影片，最终效果如图15-76~图15-79所示。

图15-76

图15-77

图15-78

图15-79

项目 046 游戏网站片头
文件位置：实例文件>CH15>项目046.fla

项目背景

　　本实例以制作一个游戏网站的片头为案例背景，主要目的是凸显网站主题，同时宣传游戏。

项目分析

　　本实例使用一幅游戏场景作为背景，然后使用切割动画引入游戏场景，营造出敌对的感觉；接着切入背景动画，最后出现按钮，案例最终效果如图15-80~图15-83所示。

图15-80

图15-81

图15-82

图15-83

制作第1部分

【制作流程】

01 新建一个Flash空白文档,然后执行【文档\修改】菜单命令,打开【文档设置】对话框,并在对话框中设置【舞台大小】为1200像素×800像素,【舞台颜色】为浅灰色(红:153,绿:153,蓝:153)如图15-84所示。

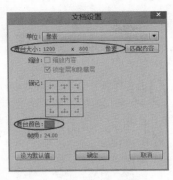

图15-84

02 执行【文件\导入\导入到舞台】菜单命令,将【素材文件\CH15\场景.jpg】导入到舞台中,并调整图片至合适大小,如图15-85所示。

图15-85

03 选中导入图片,按F8键将图片转换为【图形】元件,【名称】为【背景】,然后选中该元件,在【属性】面板中设置色彩样式为【亮度】,亮度值为-42%,如图15-86所示;接着在【图层1】层的第200帧位置添加帧,如图15-87所示。

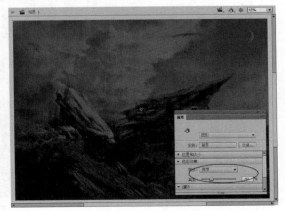

图15-86

图15-87

04 新建一个图层,然后在舞台中绘制一个黑色的无边框矩形,如图15-88所示。

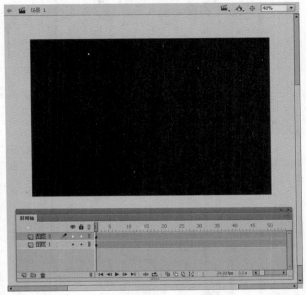

图15-88

05 在【颜色】面板中设置【笔触颜色】为无,【填充颜色】为【径向渐变】,渐变色标的颜色均为黑色,Alpha值依次为0%和100%,如图15-89所示。

图15-89

06 在【图层3】层的第20帧位置创建关键帧,然后使用【颜料桶工具】将渐变填充至第20帧中的矩形中,并调整渐变,如图15-90所示。

07 在第1帧~第20帧之间创建补间形状,然后在【图层3】层的第26帧位置插入关键帧,并在第20帧~第26帧之间创建补间形状;接着将第23帧转换为关键帧,并调整该帧中的渐变,如图15-91所示。

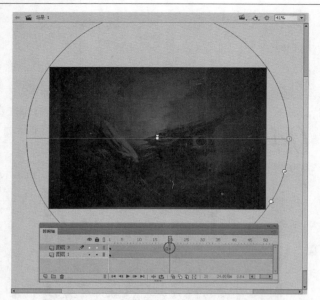

图15-90

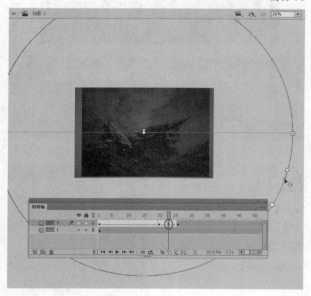

图15-91

08 选中第20帧~第26帧，按住Alt键拖曳选中帧，将其拖曳至第26帧位置释放鼠标，即可将选中帧复制到对应的位置，如图15-92所示；接着再次执行上述操作复制选中帧至第32帧位置，如图15-93所示。

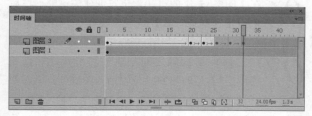

图15-92

图15-93

09 新建一个图层，将其命名为bg，并在该图层的第38帧位置插入关键帧，然后使用【矩形工具】■在舞台中绘制一个矩形，【填充颜色】和【笔触颜色】为任意色，如图15-94所示。

图15-94

10 选中绘制完成的矩形，然后按F8键将其转换为【图形】元件，【名称】为【背景1】，如图15-95所示，

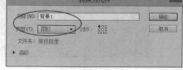

图15-95

11 双击元件进入元件编辑区，然后新建一个图层，使其位于【图层1】层的下层；接着将【库】中的【场景.jpg】拖曳至工作区中，并选中【图层1】层将其转换为遮罩层，如图15-96所示。

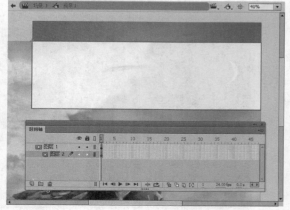

图15-96

12 在两个图层的第130帧位置添加帧，并将【图层2】层的第130帧转换为关键帧；接着将第130帧中的场景图片向右移动至合适位置，如图15-97所示；最后在【图层2】层的两个关键帧之间创建传统补间，并锁定图层，如图15-98所示。

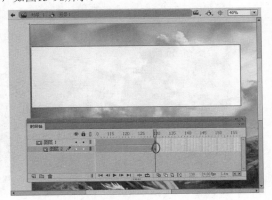

图15-97

图15-98

13 回到主场景，然后选中舞台中的【背景1】元件，并在【属性】面板中设置该元件的【循环】为【单帧】，如图15-99所示。

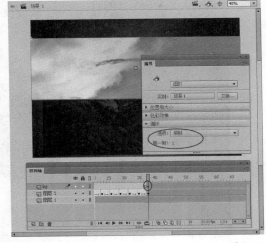

图15-99

14 在bg层的第52帧位置插入关键帧，然后在第38帧~第52帧之间创建传统补间；接着选中第38帧中的元件，并将其向左平移至舞台外侧，如图15-100所示。

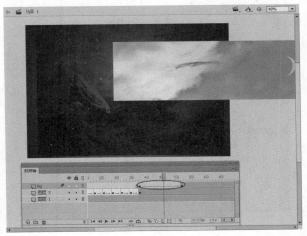

图15-100

15 选中bg层的第92帧，按F6键将其转换为关键帧，然后选中该帧中的元件，并设置该元件的【循环】为【播放一次】，如图15-101所示。

图15-101

制作第2部分

【制作流程】

01 新建一个【图形】元件，【名称】为【动画1】，如图15-102所示；然后将【库】中的【场景.jpg】拖曳到工作区中，并将其调整至合适位置，如图15-103所示。

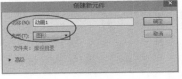

图15-102

图15-103

02 新建一个图层，然后使用绘图工具在工作区中绘制出一个平行四边形，如图15-104所示；接着将【图层2】层转换为【遮罩层】，如图15-105所示。

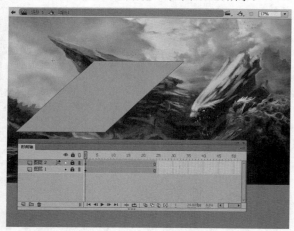

图15-104

图15-105

03 在两个图层的第24帧位置添加帧，然后在【图层1】上层新建一个图层，并使用【矩形工具】在该图层中绘制一个无边框矩形，如图15-106所示。

图15-106

04 选中绘制完成的矩形，然后打开【颜色】面板，并在面板中设置【填充颜色】为【线性渐变】，渐变色标的颜色均为白色，Alpha值依次为0%、100%和0%，如图15-107所示；接着使用【渐变变形工具】调整矩形的渐变，如图15-108所示。

图15-107

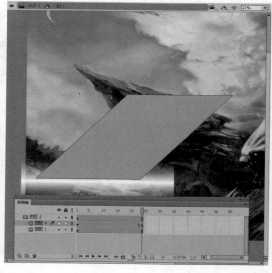

图15-108

05 将【图层4】层的第20帧转换为关键帧，并将该帧中的图形向下移动至合适位置，然后在两个关键帧之间创建补间形状，最后锁定图层，如图15-109所示。

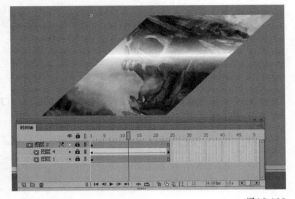

图15-109

06 使用同样的方式制作出另外一个四边形的过光动画，如图15-110所示。

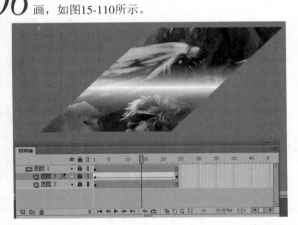

图15-110

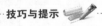

技巧与提示

两个四边形带的高宽比例必须是一致的。

07 回到主场景，新建两个图层，分别将其命名为【动画1】和【动画2】，然后在两个图层的第71帧位置插入关键帧；接着将【库】中的【动画1】和【动画2】元件分别拖曳至对应的图层中，并设置两个元件的【循环】为【单帧】，如图15-111所示。

08 在【动画1】和【动画2】两个图层的第82帧位置插入关键帧，并在两个图层的第71帧~第82帧之间创建关键帧，然后分别移动第71帧中的元件至合适位置，并设置两个元件的Alpha值均为0%，如图15-112所示。

技巧与提示

在调整第71帧中的元件时，注意两个元件移动的方向与其纵向边线相平行，即【动画1】元件向右上角移动，【动画2】元件向左下角移动。

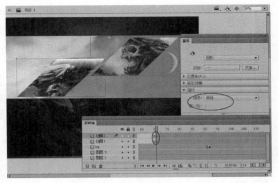

图15-111

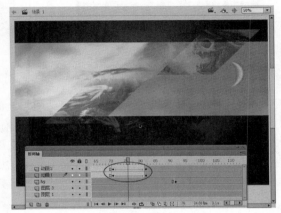

图15-112

09 分别在【动画2】层的第94帧和【动画1】层的第106帧插入关键帧，然后分别选中两个关键中的元件，设置【循环】为【播放一次】，如图15-113和图15-114所示。

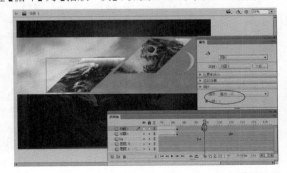

图15-113

图15-114

10 新建一个图层，将其命名为【切割】，并在该图层的第62帧位置插入关键帧，然后使用绘图工具在舞台中绘制出切割的刀痕，【填充颜色】为白色的透明径向渐变，如图15-115所示。

图15-115

11 选中绘制完成的图形，按F8键将其转换为【影片剪辑】，【名称】为【切割线】，如图15-116所示；然后选中元件，在属性面板中为其添加【发光】滤镜，具体参数设置如图15-117所示。

图15-116

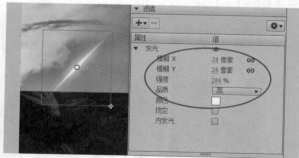

图15-117

12 保持对【切割线】元件的选中，然后按F8键将其转换为【图形】元件，【名称】为【切割动画】，如图15-118所示；双击元件进入该元件的编辑区，接着选中【图层1】层的第18帧，按F5键添加帧，如图15-119所示。

图15-118

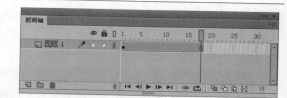

图15-119

13 将【图层1】层的第20帧转换为关键帧，然后选中该帧中的元件，将其向右上角移动，如图15-120所示；接着在两个关键帧之间创建传统补间，并分别在【图层1】层的第4帧和第15帧位置插入关键帧，如图15-121所示。

图15-120

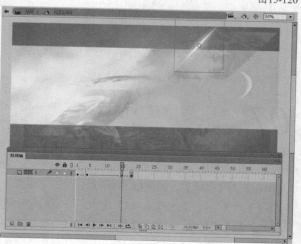

图15-121

技巧与提示

移动刀痕时，注意刀痕与切割图像的边缘是否吻合。

14 分别选中【图层1】层的第1帧和第20帧中的元

件，然后在【属性】面板中设置选中元件的Alpha值为0%，如图15-122所示。

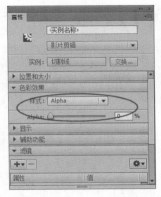

图15-122

15 回到主场景，然后选中【切割动画】元件，将其复制一个，并调整好切割线的朝向；接着选中两个元件，在【属性】面板中设置【循环】为【播放一次】，如图15-123所示。

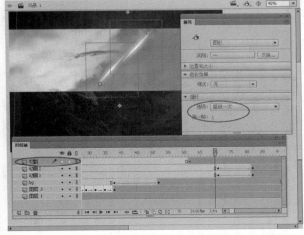

图15-123

制作第3部分

【制作流程】

01 新建一个【影片剪辑】，【名称】为【开始】，如图15-124所示；然后使用【矩形工具】 ▦ 在工作区中绘制出3个方形，并分别将方形转换为【图形】元件，如图15-125所示。

图15-124

图15-125

02 将绘制完成的矩形组合起来，形成一个中国结的图形，如图15-126所示；然后选中所有元件，使用【分散到图层】命令，将元件分散到独立的图层中，如图15-127所示。

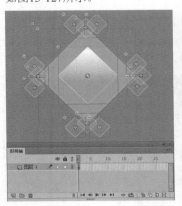

图15-126

图15-127

03 在所有图层的第13帧位置插入关键帧，然后调整该帧位置为所有元件；接着在【图层1】层以下所有图层的第1帧~第13帧之间创建传统补间，如图15-128所示。

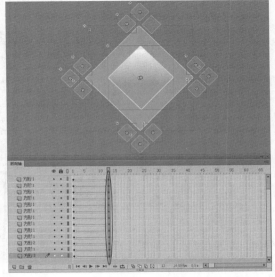

图15-128

04 选中【图层1】层的第13帧，然后打开【动作】面板，在面板中输入停止代码，如图15-129所示。

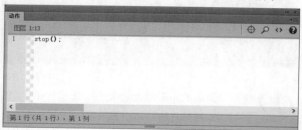

图15-129

05 新建一个【按钮】元件，【名称】为【按钮】，然后将【库】中的【开始】元件拖曳到工作区中，并选中该元件，在【属性】面板中设置【元件类型】为【图形】，【循环】为【单帧】，如图15-130所示。

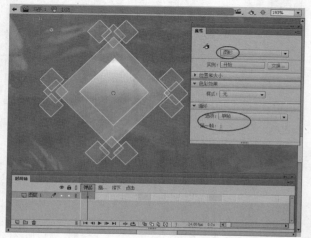

图15-130

06 选中【指针经过】帧，按F6键插入关键帧，然后选中该帧中的元件，在【属性】面板中设置【元件类型】为【影片剪辑】，如图15-131所示。

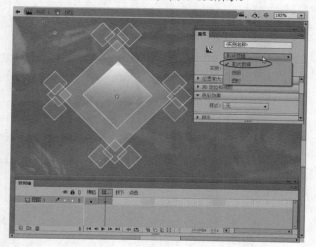

图15-131

07 新建一个图层，然后使用【文本工具】 T 在按钮图形上输入文本，并将其分离为形状，如图15-132所示。

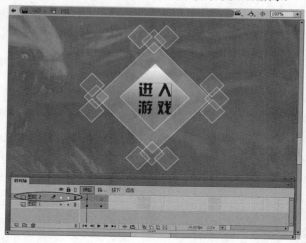

图15-132

08 新建一个图层，将其命名为【按钮】，并在该图层的第99帧位置插入关键帧，然后将【库】中的【按钮】元件拖曳至舞台中，并将其调整至合适大小，如图15-133所示。

图15-133

09 在【按钮】层的103帧位置插入关键帧，然后在第99帧~第103帧之间创建传统补间；接着选中第99帧中的元件，将其向左旋转，在【属性】面板中设置其Alpha值为0%，如图15-134所示。

10 新建一个图层，将其命名为AS，然后在该图层的第200帧位置插入关键帧；接着打开【动作】面板，并输入停止代码，如图15-135所示。

11 按快捷键Ctrl+S保存文件，然后按快捷键Ctrl+Enter测试影片，最终效果如图15-136~图15-139所示。

图15-134

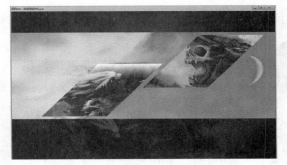

图15-137

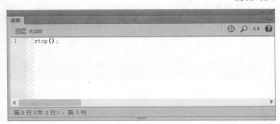

图15-135

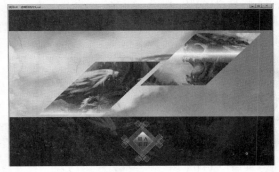

图15-138

图15-136

图15-139

项目 047 小学几何课件

文件位置：实例文件>CH15>项目047.fla

项目背景

本实例以制作一个小学几何课件为案例背景，主要目的是帮助学生理解教学内容。

项目分析

在制作本实例中的课件时，首先创建在各个画面中跳转的按钮元件，再制作课件中需要播放的影片剪辑；然后编辑各个场景，并在合适的帧上添加ActionScript 3.0代码，完成后的效果如图15-140~图15-143所示。

图15-140

图15-141

图15-142

图15-143

制作按钮

【制作流程】

01 新建一个Flash空白文档，接着执行【修改\文档】菜单命令，打开【文档设置】对话框，然后在对话框中将【舞台大小】设置为660像素×420像素，【帧频】设置为12.00，如图15-144所示。

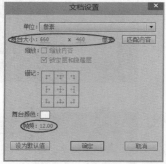

图15-144

02 执行【插入\新建元件】菜单命令，打开【创建新元件】对话框，在【名称】文本框中输入【导入】；在【类型】下拉列表中选择【按钮】选项，如图15-145所示。

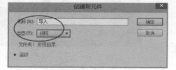

图15-145

03 单击【确定】按钮进入元件编辑区，然后执行【文件\导入\导入到舞台】菜单命令，将【素材文件\CH15\按钮1.png】文件夹中的一幅图像导入到工作区中，如图15-146所示。

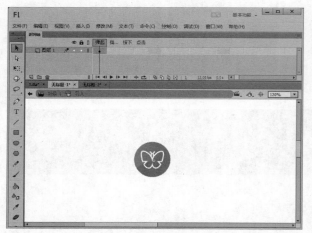

图15-146

04 选择【文本工具】 **T**，然后在【属性】面板中设置【字符】的【系列】为【微软雅黑】，【大小】为21.0磅，【颜色】为黑色，如图15-147所示。

05 在元件编辑区中输入文本【导入】，然后分别在【指针经过】帧、【按下】帧和【点击】帧处创建关键帧，如图15-148所示；接着使用【任意变形工具】 将【指针经过】帧处的内容放大，如图15-149所示。

图15-147

图15-148

图15-149

06 按快捷键Ctrl+F8新建一个【按钮】元件，【名称】为【定义】，如图15-150所示；然后执行【文件\导入\导入到舞台】菜单命令，将【素材文件\CH15\按钮2.png】导入到工作区中，如图15-151所示。

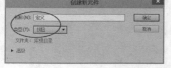

图15-150

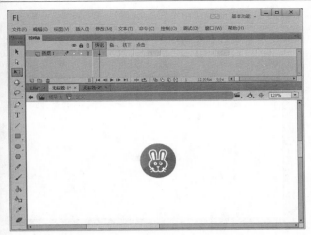

图15-151

07 使用【文本工具】 T，在导入的图像右侧输入红色的文字【定义】，如图15-152所示。

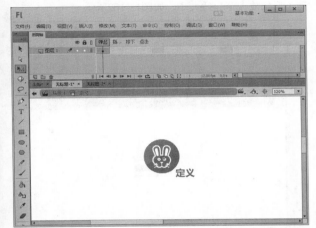

图15-152

08 分别在【指针经过】帧、【按下】帧和【点击】帧处插入关键帧，然后将【指针经过】帧处的图像与文字放大至合适大小，如图15-153所示。

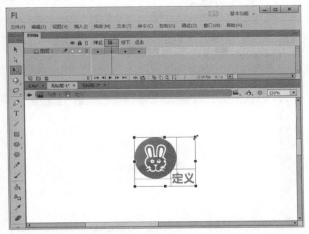

图15-153

09 按快捷键Ctrl+F8新建一个【按钮】元件，【名称】为【小结】，如图15-154所示；然后将【素材文件\CH15\按钮3.png】导入到工作区中，再使用【文本工具】 T 在图像右侧输入紫色的文字【小结】，如图15-155所示。

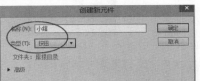

图15-154

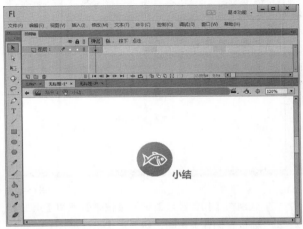

图15-155

10 分别在【指针经过】帧、【按下】帧和【点击】帧位置创建关键帧，然后将【指针经过】帧处的图像与文字放大至合适大小，如图15-156所示。

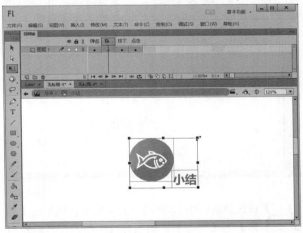

图15-156

11 按快捷键Ctrl+F8新建一个【按钮】元件，【名称】为【退出】，如图15-157所示；然后将【素材文件\CH15\按钮4.png】导入到工作区中，再使用【文本工具】 T 在图像右侧输入棕色的文字【退出】，如图15-158所示。

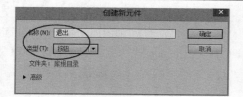

图15-157

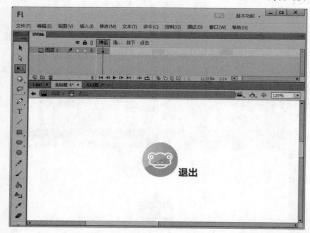

图15-158

12 分别在【指针经过】帧、【按下】帧和【点击】帧位置创建关键帧，然后将【指针经过】帧处的图像与文字放大至合适大小，如图15-159所示。

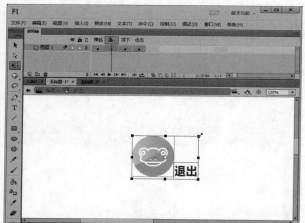

图15-159

13 按快捷键Ctrl+F8新建一个【按钮】元件，【名称】为【后退】，如图15-160所示；然后使用【线条工具】 ✎ 在按钮元件编辑区中绘制一个绿色的箭头形状，如图15-161所示。

图15-160

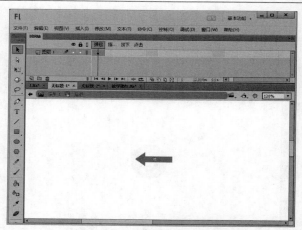

图15-161

14 分别在【指针经过】帧、【按下】帧和【点击】帧位置创建关键帧，然后将【指针经过】帧处的箭头形状放大至合适大小，如图15-162所示。

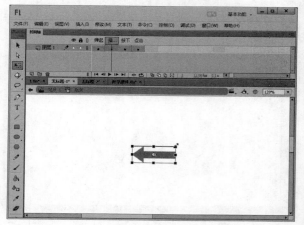

图15-162

15 新建一个【名称】为【前进】的【按钮】元件，然后使用【线条工具】 ✎ 绘制一个红色的箭头形状，如图15-163所示。

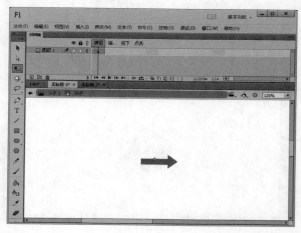

图15-163

16 分别在【指针经过】帧、【按下】帧和【点击】帧处插入关键帧，然后将【指针经过】帧处的箭头形状放大至合适大小，如图15-164所示。

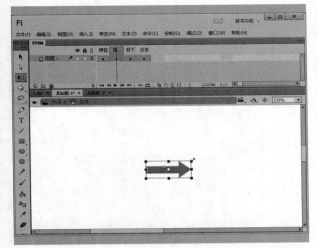

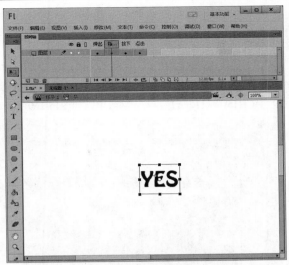

图15-166

图15-164

17 新建一个【名称】为【是】的【按钮】元件，然后在编辑区中输入黑色的英文YES，如图15-165所示。

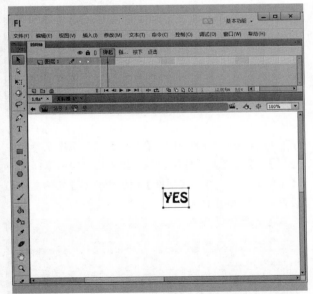

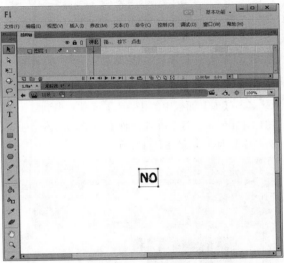

图15-167

图15-165

18 分别在【指针经过】帧、【按下】帧和【点击】帧位置创建关键帧，并将【指针经过】帧处的文字放大至合适大小，如图15-166所示。

19 新建一个名称为【不】的按钮元件，然后在编辑区中输入黑色的英文NO，如图15-167所示。

20 分别在【指针经过】帧、【按下】帧和【点击】帧位置创建关键帧，然后将【指针经过】帧处的文字放大至合适大小，如图15-168所示。

图15-168

制作场景1

【制作流程】

01 单击 场景1 按钮，返回【场景1】编辑区，执行
【文件\导入\导入到舞台】菜单命令，将【素材
文件\CH15\背景1.jpg】导入到舞台中，如图15-169所示。

图15-169

02 锁定【图层1】图层，新建【图层2】图层，将
【库】面板中的【导入】元件拖曳到舞台上，如
图15-170所示；接着在【属性】面板设置该元件的【实
例名称】为xx1，如图15-171所示。

图15-170

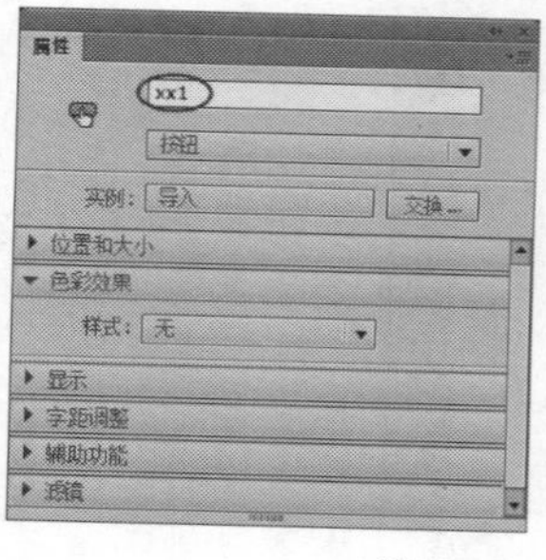

图15-171

03 将【库】面板中的【定义】元件拖曳至舞台中，
【导入】元件的右侧，如图15-172所示；然后
选择舞台中的【定义】元件，并在【属性】面板中将其
【实例名称】设置为xx2，如图15-173所示。

图15-172

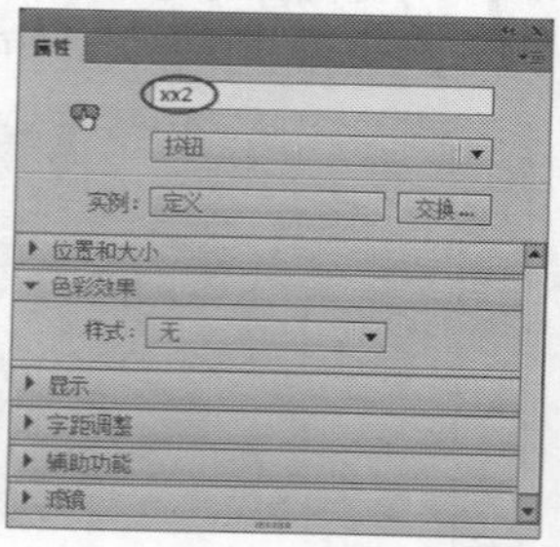

图15-173

04 将【库】面板中的【小结】元件拖曳至舞台中
【定义】元件的右侧，如图15-174所示；选中
【小结】元件，并在【属性】面板中将其【实例名称】
设置为xx3，如图15-175所示。

图15-174

图15-175

05 将【库】面板中的【退出】元件拖曳至舞台中【小结】元件的右侧,如图15-176所示;选中【退出】元件,在【属性】面板中将其【实例名称】设置为xx4,如图15-177所示。

图15-176

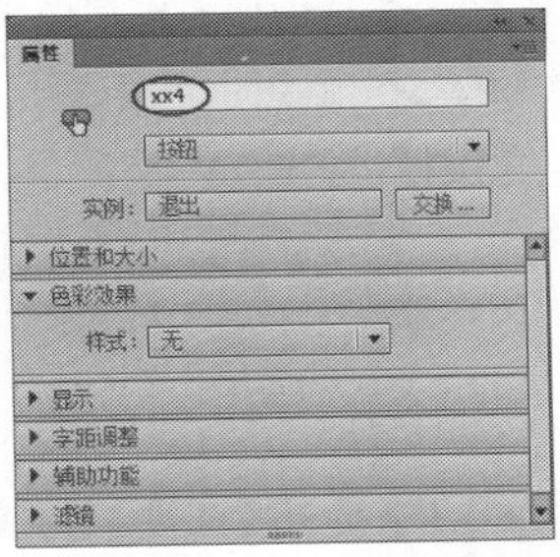

07 新建【图层4】图层,执行【文件\导入\导入到舞台】菜单命令,将【素材文件\CH15\小孩5.png】导入到舞台中,然后将图像移动至舞台的右下角,如图15-179所示。

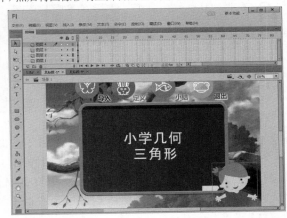

图15-179

08 新建【图层5】图层,选择该层的第1帧,按F9键打开【动作】面板,然后在面板中输入代码stop();,如图15-180所示。

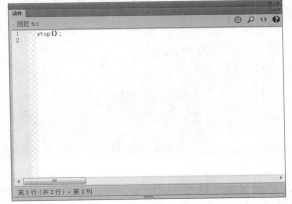

图15-180

图15-177

06 新建【图层3】图层,使用【文本工具】T在舞台中输入文字【小学几何三角形】,如图15-178所示。

图15-178

09 新建【图层6】图层,选择该层的第1帧,按F9键打开【动作】面板,然后在面板中添加如图15-181所示的代码。

图15-181

523

制作场景2

【制作流程】

01 按快捷键Shift+F2，打开【场景】面板，在【场景】面板中单击【添加场景】按钮新建【场景2】，如图15-182所示。

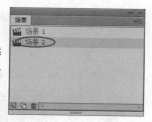

图15-182

02 进入【场景2】中，按照制作【场景1】同样的方法，在【图层1】层中导入【素材文件\CH15\背景1.jpg】文件；然后新建【图层2】图层，并将【按钮】元件拖曳至舞台中；接着分别将【按钮】元件的【实例名称】设置为xx5、xx6、xx7和xx8，如图15-183所示。

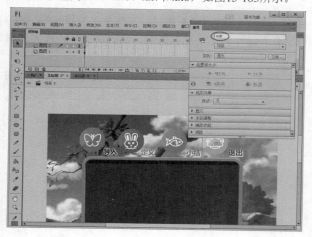

图15-183

03 新建【图层3】图层，然后将【素材文件\CH15\铅笔.png】导入到舞台中，如图15-184所示。

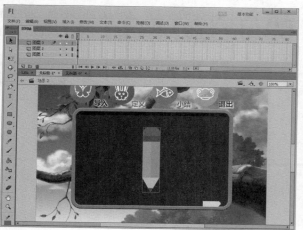

图15-184

04 将导入的图像转换为【名称】为【铅笔】的【影片剪辑】元件，然后分别在【图层3】层的第20帧、第46帧和第62帧位置创建关键帧，如图15-185所示。

图15-185

05 分别在【图层3】的第1帧~第20帧之间、第46帧~第62帧之间创建传统补间，然后选择第1帧和第62帧处的铅笔，并在【属性】面板中设置铅笔的Alpha值为0%，如图15-186所示。

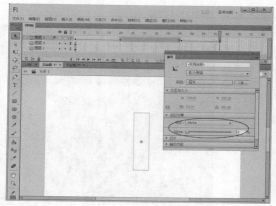

图15-186

06 选中所有图层的第96帧，按F5键添加帧，然后新建【图层4】图层，并在该层的第56帧位置插入关键帧，如图15-187所示。

图15-187

07 选择【图层4】层的第56帧，然后将【素材文件\CH15\房子.png】导入到舞台中，如图15-188所示。

图15-188

08 将导入的图像转换为【名称】为【房屋】的【影片剪辑】元件，然后在【图层4】层的第70帧位置插入关键帧；接着在第56帧~第70帧之间创建传统补间，如图15-189所示。

图15-189

09 选择【图层4】层的第56帧处的房屋，然后在【属性】面板中设置房屋的Alpha值设置为0%，如图15-190所示。

图15-190

技巧与提示

使用两短补间制作出两个图形的渐变转换，这样做的目的可以使学生很快适应这种循序渐进的转变，使新的图形的出现不至于太突然。

10 新建【图层5】图层，在该层的第25帧位置插入关键帧，然后使用【线条工具】沿着铅笔笔头绘制3条白色的直线，如图15-191所示。

图15-191

技巧与提示

用生活中的实际例子告诉学生什么是三角形，能更好地帮助学生理解知识点，并且还能激发学生的学习欲望。

11 分别在【图层5】层的第27帧、第29帧、第31帧和第33帧位置插入关键帧，然后在【图层5】的第26帧、第28帧、第30帧和第32帧位置插入空白关键帧，如图15-192所示。

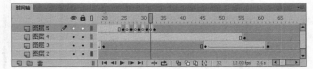

图15-192

12 在【图层5】层的第46帧处插入关键帧，然后将该帧处的图形向右上方移动，最后在第33帧~第46帧之间创建补间形状，如图15-193所示。

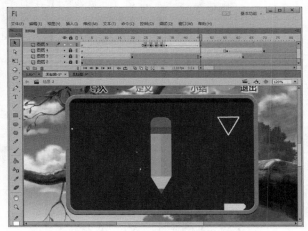

图15-193

13 新建【图层6】图层，在该层的第71帧处插入关键帧，然后使用【线条工具】沿着屋顶绘制3条黄色的直线，如图15-194所示。

图15-194

14 分别在【图层6】层的第74帧、第76帧、第78帧和第80帧位置插入关键帧，然后在【图层6】的第73帧、第75帧、第77帧和第79帧位置插入空白关键帧，如图15-195所示。

525

图15-195

15 在【图层6】层的第90帧位置插入关键帧，然后将该帧处的图形向右下方移动，最后在第80帧~第90帧之间创建补间形状，如图15-196所示。

图15-196

16 新建【图层7】图层，然后将【素材文件\CH15\小孩1.png】导入到舞台的右下角，如图15-197所示；接着新建【图层8】图层，并使用【文本工具】T在舞台中输入文字，如图15-198所示。

图15-197

图15-198

17 在【图层8】层的第91帧位置插入空白关键帧，然后使用【文本工具】T在舞台中输入文字，如图15-199所示。

图15-199

18 新建【图层9】图层，在第96帧处插入关键帧，然后按F9键打开【动作】面板，并在面板中输入代码stop();，如图15-200所示。

图15-200

19 新建【图层10】图层，选择该层的第1帧，然后打开【动作】面板，并在面板中添加如图15-201所示的代码。

```
xx5.addEventListener("click",fun5);
function fun5(e):void
{
gotoAndPlay(1,"场景 2");
}
xx6.addEventListener("click",fun6);
function fun6(e):void
{
gotoAndPlay(1,"场景 3");
}
xx7.addEventListener("click",fun7);
function fun7(e):void
{
gotoAndPlay(1,"场景 4");
}
xx8.addEventListener("click",fun8);
function fun8(e):void
{
gotoAndPlay(1,"场景 5");
}
```

图15-201

问：为什么本实例使用场景动画来制作？

答：场景动画的优势是拥有独立的工作区，并且在不同的场景之间编辑动画不会影响到其他的图层，使用场景动画制作耗时较长的项目，可以将不同的动画区分开，提高工作效率。

图15-204

制作场景3

【制作流程】

01 按快捷键Shift+F2，打开【场景】面板，在【场景】面板中单击【添加场景】 按钮新建【场景3】，如图15-202所示。

图15-202

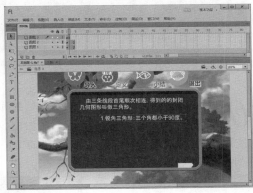

图15-205

02 进入【场景3】中，按照制作【场景2】同样的方法，在【图层1】层中导入背景图像，将按【钮元】件拖曳至【图层2】层中，并分别将【按钮】元件的【实例名称】设置为xx9、xx10、xx11和xx12，如图15-203所示。

图15-203

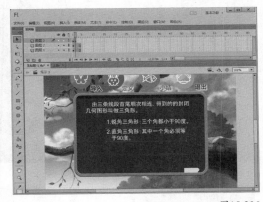

图15-206

03 新建【图层3】图层，然后使用【文本工具】 在舞台中输入文字，如图15-204所示。

04 分别在【图层1】和【图层2】层的第4帧位置添加帧，然后在【图层3】层的第2帧位置创建关键帧，并在舞台上输入文字，如图15-205所示。

05 在【图层3】层的第3帧位置创建关键帧，然后在舞台上输入文字，如图15-206所示；接着在【图层3】层的第4帧位置创建关键帧，并在舞台上输入文字，如图15-207所示。

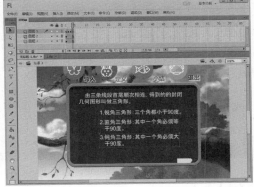

图15-207

06 新建【图层4】图层，然后将【库】面板中的
【前进】和【后退】元件拖曳到舞台中，并分别
将元件移动至合适位置，如图15-208所示。

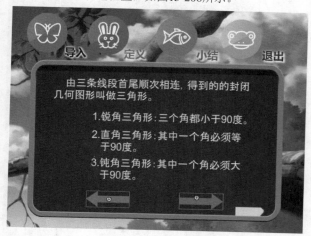

图15-208

07 选中【前进】元件，然后在【属性】面板中设置
元件的【实例名称】为btn1，如图15-209所示；
接着选中【后退】元件，并设置该元件的【实例名称】
为btn2，如图15-210所示。

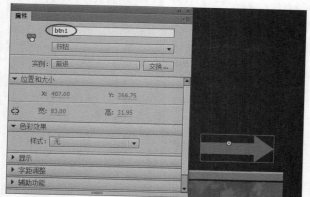

图15-209

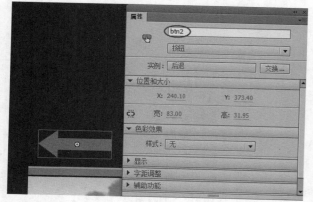

图15-210

08 新建【图层5】图层，选择该层的第1帧，然后打开

【动作】面板，并在面板中输入代码，如图15-211所示。

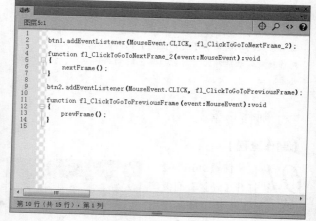

图15-211

09 新建【图层6】图层，选择该层的第1帧，然后打
开【动作】面板，并在面板中输入代码stop();，
如图15-212所示。

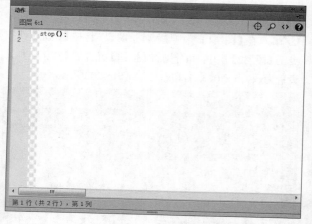

图15-212

10 新建【图层7】图层，将【素材文件\CH15\小孩
2.png】导入到舞台中，然后将图片移动至舞台
的左下角，如图15-213所示。

图15-213

11 新建【图层8】图层,选择该层的第1帧,然后打开【动作】面板,并在面板中输入代码,如图15-214所示。

图15-214

制作场景4

【制作流程】

01 按快捷键Shift+F2,打开【场景】面板,在【场景】面板中单击【添加场景】按钮新建【场景4】,如图15-215所示。

图15-215

02 进入【场景4】中,按照制作【场景3】同样的方法,在【图层1】层中导入背景图像,将【按钮】元件拖曳至【图层2】层中,并分别将【按钮】元件的【实例名称】设置为xx13、xx14、xx15和xx16,如图15-216所示。

图15-216

03 新建【图层3】图层,然后使用【文本工具】在舞台中输入文字,如图15-217所示;接着新建

【图层4】图层,并在舞台中文字的下方绘制一个绿色的三角形,如图15-218所示。

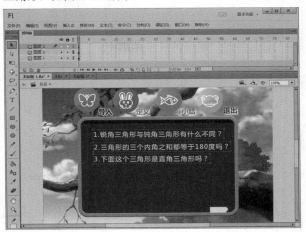

图15-217

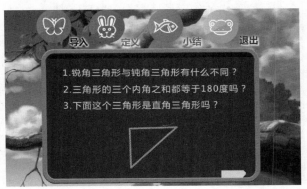

图15-218

04 新建【图层5】图层,将【素材文件\CH15\小孩3.png】导入到舞台中,然后将图片移动至舞台的右下角,如图15-219所示。

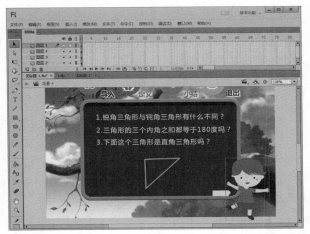

图15-219

05 新建【图层6】图层,然后选中第1帧,并打开【动作】面板,在面板中添加代码stop();,如图15-220所示。

529

图15-220

06 新建【图层7】图层，选中该层的第1帧，然后打开【动作】面板，并在面板中输入代码，如图15-221所示。

```
1   xx13.addEventListener("click",fun13):
2   function fun13(e):void
3   {
4   gotoAndPlay(1,"场景 2"):
5   }
6   xx14.addEventListener("click",fun14):
7   function fun14(e):void
8   {
9   gotoAndPlay(1,"场景 3"):
10  }
11  xx15.addEventListener("click",fun15):
12  function fun15(e):void
13  {
14  gotoAndPlay(1,"场景 4"):
15  }
16  xx16.addEventListener("click",fun16):
17  function fun16(e):void
18  {
19  gotoAndPlay(1,"场景 5"):
20  }
21
```

图15-221

制作场景5

【制作流程】

01 按快捷键Shift+F2，打开【场景】面板，在【场景】面板中单击【添加场景】按钮新建【场景5】，如图15-222所示。

图15-222

02 进入【场景5】中，然后将【素材文件\CH15\背景2.png】导入到舞台中，如图15-223所示。

03 新建【图层2】图层，然后将【按钮】元件拖曳至【图层2】层中；接着分别将【按钮】元件的【实例名称】设置为xx17、xx18、xx19和xx20，如图15-224所示。

图15-223

图15-224

04 新建【图层3】图层，然后将【素材文件\CH15\小孩4.png】导入到舞台中，并将图片移动至舞台左侧，如图15-225所示。

图15-225

05 新建【图层4】图层，然后使用【文本工具】在舞台中输入文字【你确定要退出吗?】，如图15-226所示。

图15-226

06 新建【图层5】图层，然后将【库】面板中的
【是】元件拖曳到舞台上，如图15-227所示；接
着选中舞台中的【是】元件，并在【属性】面板设置元
件的【实例名称】为btn3，如图15-228所示。

图15-227

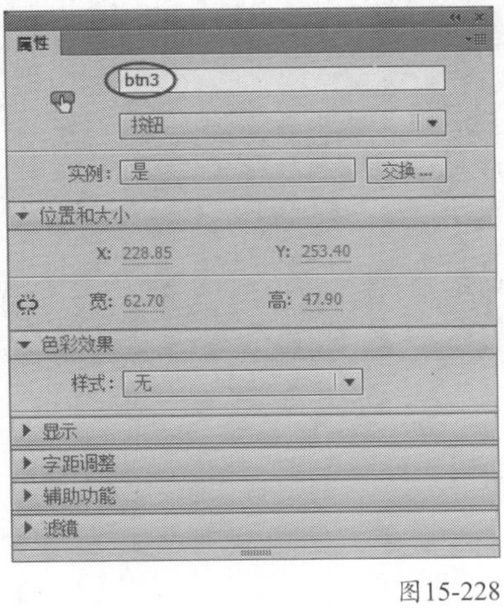

图15-229

例名称】为btn4，如图15-230所示。

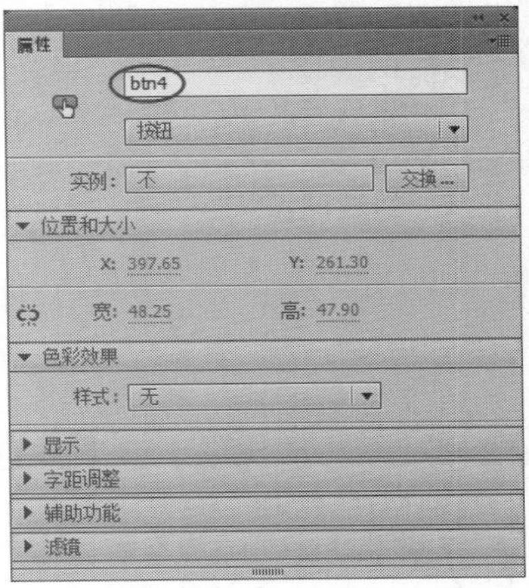

图15-230

08 新建【图层6】图层，选择该层的第1帧，然后打开【动作】
面板，并在面板中输入代码stop();，如图15-231所示。

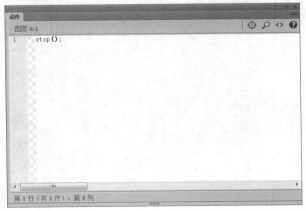

图15-231

07 将【库】面板中的【不】元件拖曳到舞台中，然
后将该元件调整至【是】元件的右侧，如图15-
229所示；接着在【属性】面板中设置【不】元件的【实

图15-228

09 新建【图层7】图层，选择该层的第1帧，然后打开【动作】面板，并在面板中输入代码，如图15-232所示。

10 新建【图层8】图层，选择该层的第1帧，然后打开【动作】面板，并在面板中输入代码，如图15-233所示。

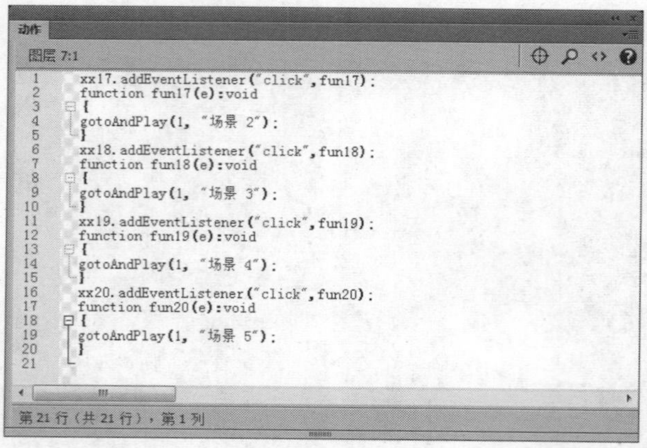

图15-232

图15-233

11 按快捷键Ctrl+S保存文件，然后按快捷键Ctrl+Enter
测试影片，最终效果如图15-234~图15-237所示。

图15-235

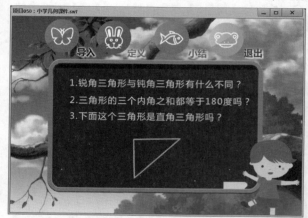

图15-236

图15-237

图15-234